专业识图篇

附　　录

建筑识图基础篇

第 1 章　建筑制图国家标准及制图用具

知识储备

工程图样可以比喻是工程技术界的共同语言，为了便于工程建设和技术交流，对工程形体的表达方法、尺寸标注、图样画法、图纸幅面等都要有统一的规定，这些统一规定就是制图标准。

通过本章的学习，我们应该：

掌握建筑制图标准的有关规定，熟记各种符号和图例，了解制图工具的使用方法。

1.1　制图基本规定

1.1.1　图纸的图幅

图纸的图幅是指图纸的大小。为了使图纸整齐，便于装订和保管，国家标准对建筑工程图纸的幅面做了规定。图纸的幅面及图框尺寸应根据所画图样的大小来选定，其具体尺寸应符合表 1-1 的规定。

表 1-1　图纸幅面及图框尺寸　　（单位：mm）

幅面代号 尺寸代号	A0	A1	A2	A3	A4
$b \times l$	841 × 1189	594 × 841	420 × 594	297 × 420	210 × 297
c	10			5	
a	25				

在表 1-1 中 b 及 l 分别代表图幅长边和短边，其短边和长边之比为 $1:\sqrt{2}$，a 和 c 分别表示图框线到图纸边线的距离。图纸以短边作为垂直边称为横式，以短边作水平边称为立式。一般 A1 ~ A3 图纸宜横式，必要时，也可立式使用，如图 1-1 所示。单项工程中每一个专业所用的图纸，不宜多于两种，但目录及表格所采用的 A4 幅面，可不在此限。

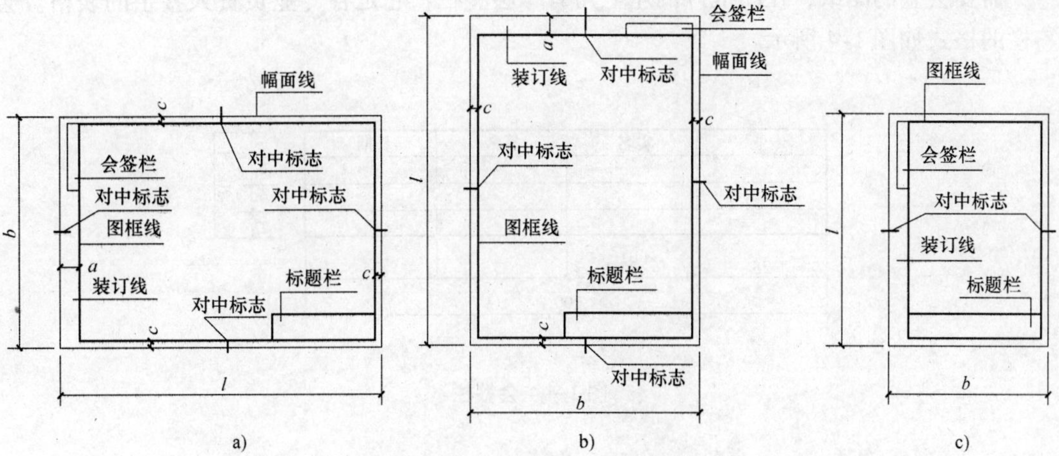

图 1-1　图纸幅面格式及尺寸代号

a) A0 ~ A3 横式幅面　b) A0 ~ A3 立式幅面　c) A4 幅面

1.1.2　标题栏与会签栏

在图框内侧右下角的表格称为标题栏（简称图标），用以填写建设单位名称、工程名称、设计单位名称、图名、图号、设计编号及设计人、制图人、审核人的签名和日期等。横式使用图纸，标题栏应按图 1-1a 形式布置；立式使用的图纸，应按图 1-1b 形式布置；立式使用的 A4 图纸，应按图 1-1c 形式布置。

标题栏应按图 1-2 的格式分区。学生作业标题栏，建议采用图 1-3 格式。

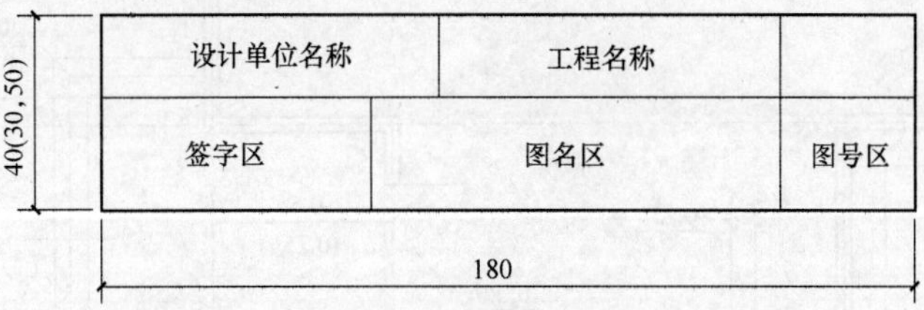

图 1-2　标题栏

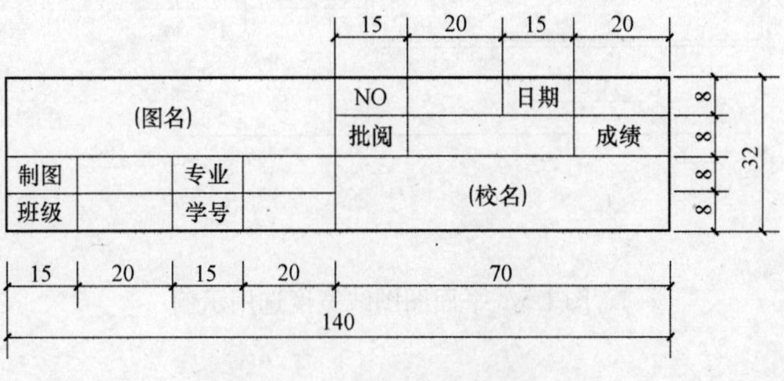

图 1-3　学生作业标题栏

需要会签的图纸，在图框外的左上角有一会签栏，它是各专业负责人签字的表格。会签栏的格式如图 1-4 所示。

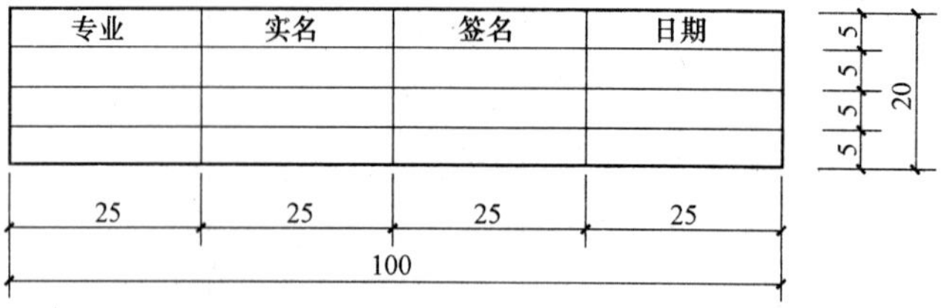

图 1-4　会签栏

1.1.3　图线

工程图样，主要是采用粗细线和线型不同的图线来表达不同的设计内容。图线是构成图样的基本元素。因此，熟悉图线的类型及用途，掌握各类图线的画法是建筑工程制图中最基本的技术。

建筑制图采用的图线分为实线、虚线、单点长画线、波浪线、折断线几种。按线的宽度不同又分为粗、中、细三种，图 1-5 所示为图线宽度选用示例。各类图线的线型、宽度及用途见表 1-2。

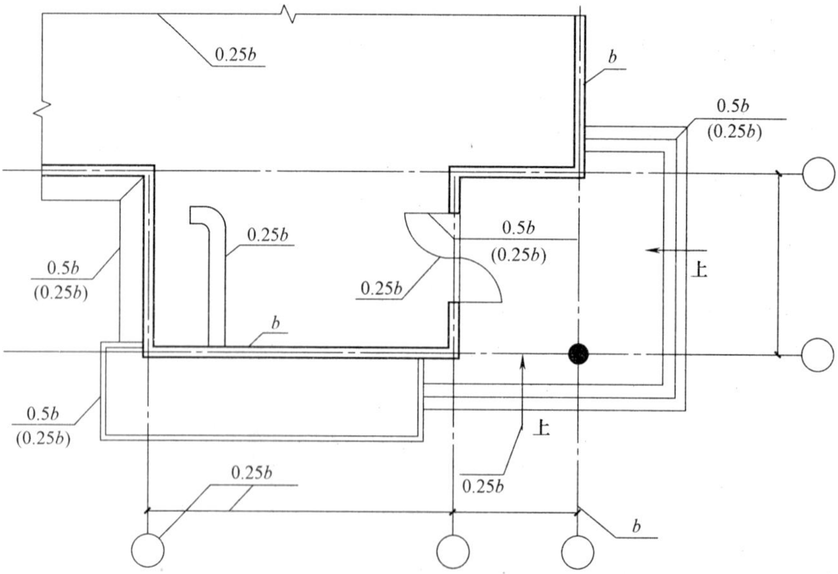

图 1-5　平面图图线宽度选用示例

画图时，每个图样应根据复杂程度与比例大小，先确定基本线宽 b，则中粗线 0.5b 和细线 0.25b 的线宽也就随之而定，可参照表 1-3 中适当的线宽组。

表 1-2　图线的线型、宽度及用途

名　称	线　型	线宽	用　途
粗实线		b	主要可见轮廓线。平、剖面图中被剖切的主要建筑构造的轮廓线。立面图的外轮廓线
中实线		0.5b	室内平、立、剖面图中建筑构配件的轮廓线。建筑构造详图及构配件详图中一般轮廓线
细实线		0.25b	图例线、尺寸线、尺寸界线、索引符号等
粗虚线	1.5 6	b	不可见的钢筋、螺栓线，结构平面图中的不可见的单线结构构件及钢、木支撑
中虚线		0.5b	拟扩建的建筑物轮廓线。结构平面图中的不可见构件、墙身轮廓线及钢、木构件轮廓线
细虚线		0.25b	不可见轮廓线、图例线。基础平面图中的管沟轮廓线，不可见的钢筋混凝土构件轮廓线
粗单点长画线		b	起重机（吊车）轨道线、柱间支撑、垂直支撑
细单点长画线	3 15	0.25b	中心线、定位轴线、对称中心线
粗双点长画线		b	预应力钢筋线
细双点长画线		0.25b	原有结构轮廓线
折断线		0.25b	不需要画全的断开界线
波浪线		0.25b	1. 不需要画全的断开界线 2. 构造层次的断开界线

注：地坪线的线宽可用 1.4b。

表 1-3　线宽组　　（单位：mm）

线　宽	线　宽　组					
b	2.0	1.4	1.0	0.7	0.5	0.35
0.5b	1.0	0.7	0.5	0.35	0.25	0.18
0.25b	0.5	0.35	0.25	0.18		

1.1.4　字体

1. 汉字

图样上及说明的汉字，应采用长仿宋字。汉字的简化书写，必须遵守国务院颁布的《汉字简化方案》和有关规定。

长仿宋字有笔划粗细一致、起落转折、顿挫有力、笔锋外露、棱角分明、清秀美观、挺拔刚韧又清晰好认的特点，所以是工程图样上适宜的字体。

为了使字写得大小一致，排列整齐，在写字前先画好格子，再进行写字。字高与字宽之比为 3:2，字距约为字高的 1/4，行距约为字高的 1/3，如图 1-6 所示。

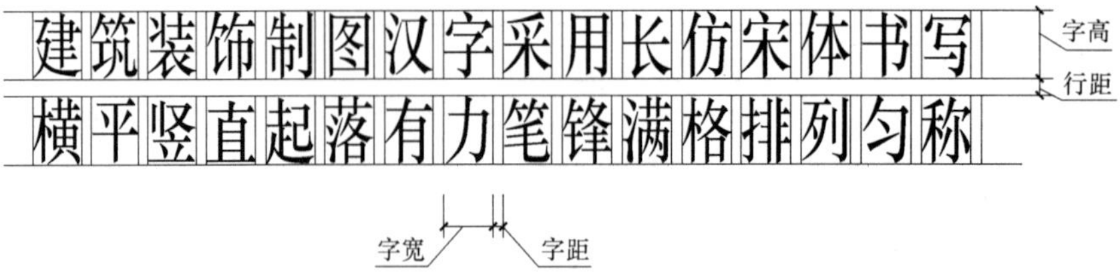

图 1-6　字格

字大小用字号表示，字号即为字的高度，各字号的高度和宽度的关系应符合表 1-4 的规定。

表 1-4　长仿宋体字高宽关系　　（单位：mm）

字号	20	14	10	7	5	3.5
字高	20	14	10	7	5	3.5
字宽	14	10	7	5	3.5	2.5

仿宋字的书写要领是：横平竖直，起落分明，填满方格，结构均匀。

2. 数字及字母

数字及字母在图样上的书写分直体和斜体两种。它们和中文字混合书写时应稍低于书写仿宋字体的高度。斜体书写应向右倾斜，并与水平线成 75°。图样上数字应采用阿拉伯数字，其字高应不小于 2.5mm。

1.1.5　比例

图样的比例是图形与实物相对应的线性尺寸之比。

比例 = 图线画出的长度 / 实物相应部位的长度

使用比例的作用，是为了将建筑、结构和暖通工程设备不变形地缩小或放大在图纸上。比例应用阿拉伯数字表示，如 1:1、1:2、1:10 等。1:10 表示图纸上所画物体比实体缩小 10 倍，1:1 表示图纸上所画物体与实体一样大。

如图 1-7 所示，采用不同比例绘制窗的立面图，图样上的尺寸标注必须为实际尺寸。

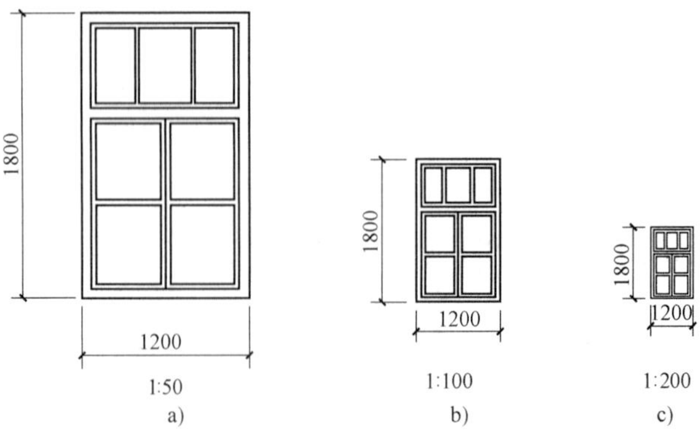

图 1-7　窗的立面图

a）立面图 1:50　b）立面图 1:100　c）立面图 1:200

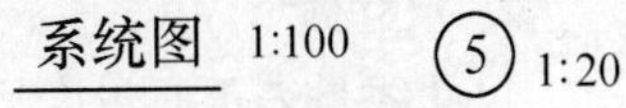

图 1-8　比例的注写

图纸上比例的注写位置：当整张图纸只用一种比例时，可注写在标题栏中比例一项中；如一张图纸中有几个图形并各自选用不同的比例时，可注写在图名的右侧，比例的字高，应比图名的字高小一号或两号，如图 1-8 所示。

工程图样的绘制应根据图样的用途与被绘制对象的复杂程度选择合适的比例和图纸幅面，以确保所示物体图样的精确和清晰。

小知识

制图标准的制定：由国家职能部门（住房和城乡建设部）制定、颁布的制图标准，是国家级标准，简称国标，代号为 GB。国标包括的内容很多，制图标准只是其中的一种。它是在全国范围内使图样标准化、规范化的统一准则，大家都要遵守。但除此以外，对于某些行业仅靠国家标准可能适应不了某些特殊需要，所以这些部门还制定有部颁标准作为一种补充。就世界范围来说，为了促进各国间的技术交流与合作，国际标准化组织（ISO）制定有国际标准，这些标准的代号为 ISO。

1.2　尺寸标注

工程图样上的尺寸标注是图样组成的重要部分，它是施工、制造的重要依据，因此它们的标注方法应按照国标进行。图样上标注尺寸的要求是：正确、完整、清晰。任何模糊和错误的尺寸，都会给施工造成困难和损失。

1.2.1　尺寸标注的组成

一个完整的尺寸标注应包括尺寸界线、尺寸线、尺寸起止符号和尺寸数字，如图 1-9 所示。

1. 尺寸界线

尺寸界线是表示所量度尺寸范围的边界，它用细实线绘出。必要时可利用定位轴线、中心线或图形的轮廓线来代替，如图 1-9 所示。

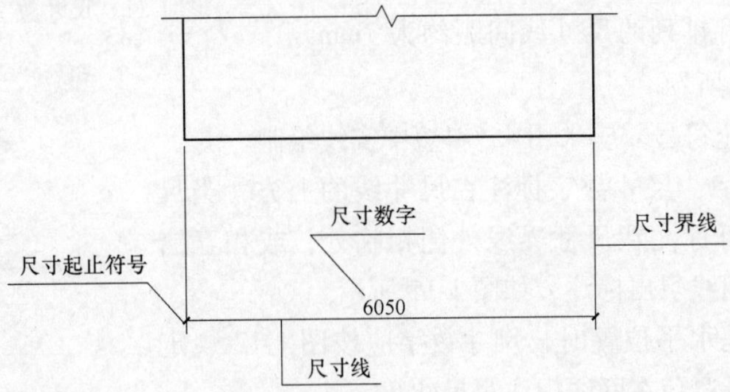

图 1-9　尺寸的组成和标注

2. 尺寸线

尺寸线是表示所量度尺寸方向的线，它用细实线绘出，任何图线均不能来代替，如图1-10所示。

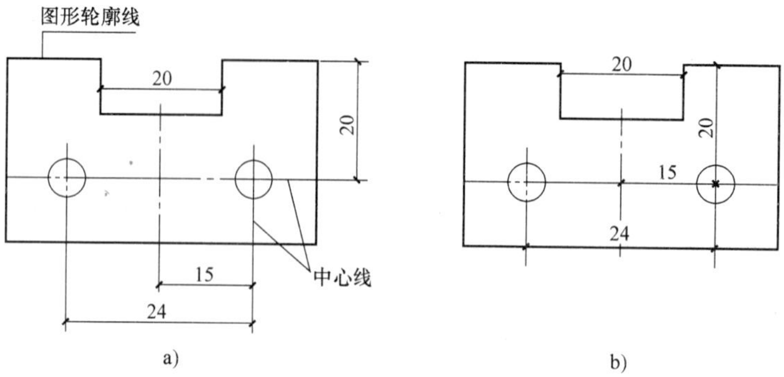

图 1-10　尺寸标注示例

a）正确的标注　b）错误的标注

3. 尺寸起止符号

尺寸起止符号一般应用中粗45°斜短线和箭头两种。

4. 尺寸数字

图样上的尺寸，应以尺寸数字为准，不得从图上直接量取。

图样上的尺寸单位，除标高及总平面图以米为单位外，其余均必须以毫米为单位。图中尺寸后面可以不写单位。

1.2.2　图样上尺寸的标注方法

1. 直线段尺寸的标注

（1）尺寸界线　应垂直于被标注的直线段，不应与轮廓线相连，如图1-10b所示。

（2）尺寸线　必须与标注的线段平行。当有几条相互平行的尺寸线时，大尺寸要注在小尺寸的外面。平行排列的尺寸线间距约为7mm左右，如图1-10a所示。

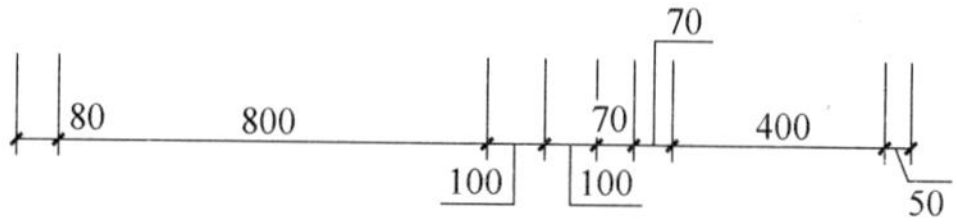

图 1-11　尺寸数字的注写位置

（3）尺寸起止符号　应采用45°斜短中实线绘制。

（4）尺寸数字　尺寸数字标注在尺寸线的上方，当尺寸界线较密时，可标注在尺寸界线外侧相临处，或相互错开，必要时也可用线引出标注，如图1-11所示。

当尺寸线不是水平位置时，尺寸数字应按图1-12规定的方向注写，尽量避免在网线内注写尺寸数字。

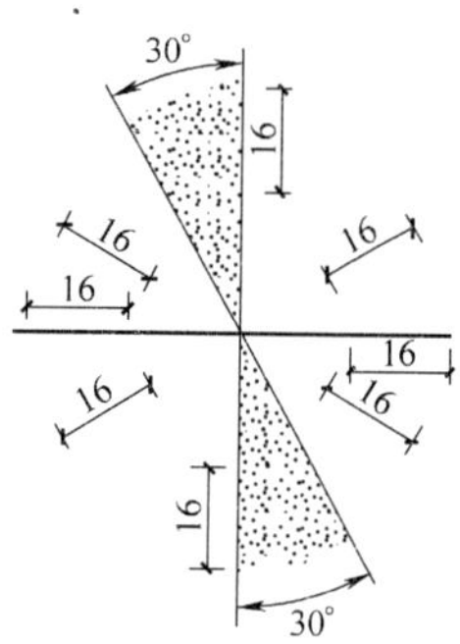

图 1-12　尺寸数字的注写位置

2. 圆、圆弧及球尺寸的标注

1）尺寸界线。用圆及圆弧的轮廓线代替。

2）尺寸线和尺寸起止符号。尺寸线应通过圆心，尺寸线起止符号采用箭头符号或圆点表示。

3）尺寸数字。根据国标规定，圆及圆弧的尺寸数字是以直径和半径的长度来表示的，在尺寸数字前面均应加注“ϕ”和“R”代号，如图 1-13 所示。标注球的直径尺寸或半径尺寸时，应在尺寸数字前面均加注“$S\phi$”和“SR”代号。

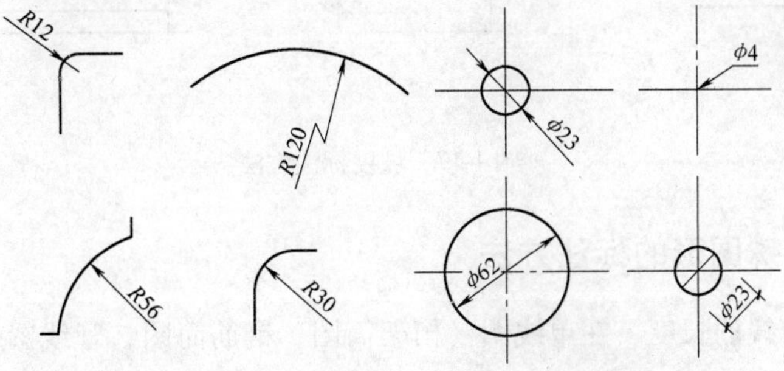

图 1-13　圆及圆弧尺寸的标注

3. 角度尺寸的标注

1）尺寸界线。它一般是以角的两边来代替的。

2）尺寸线、起止符号。尺寸线是以该角的顶点为圆心的圆弧线来代替的，起止符号应以箭头表示。

3）尺寸数字。它是用角度来计量的，其单位为度、分、秒，并应水平注写，如图 1-14 所示。

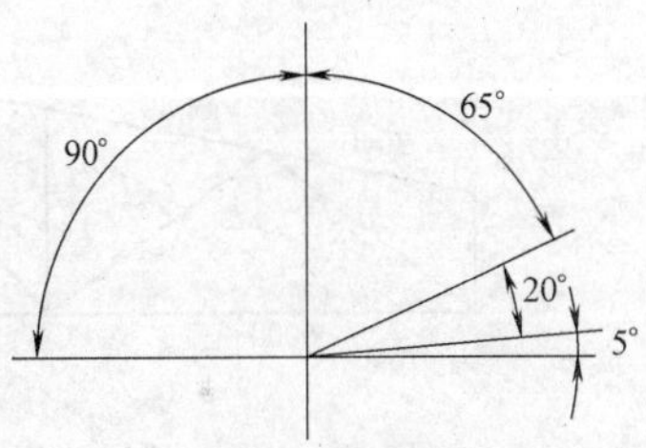

图 1-14　角度标注方法

4. 弧长、弦长的标注

标注圆弧的弧长时，尺寸界线应垂直于该圆弧的弦，尺寸线应以与该圆弧同心的圆弧线表示，起止符号应以箭头表示，弧长数字的上方应加注圆弧符号，如图 1-15 所示。标注圆弧的弦长时，尺寸线应垂直于该弦，尺寸线应以平行于该弦的直线表示，起止符号应以中实斜短线表示，如图 1-16 所示。

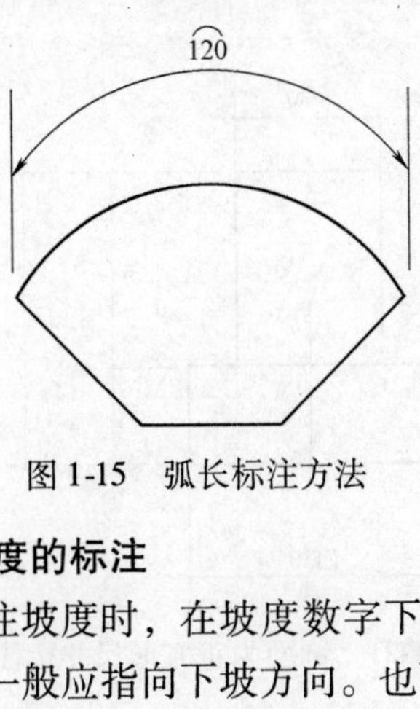

图 1-15　弧长标注方法

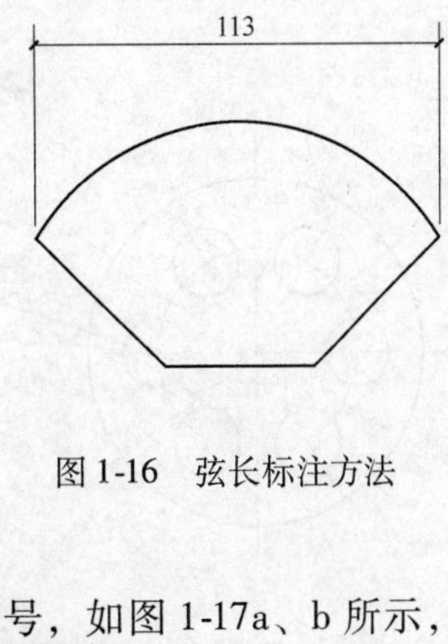

图 1-16　弦长标注方法

5. 坡度的标注

在标注坡度时，在坡度数字下方，应加注坡度符号，如图 1-17a、b 所示，坡度符号的箭头，一般应指向下坡方向。也可用三角形形式标注如图 1-17c 所示。

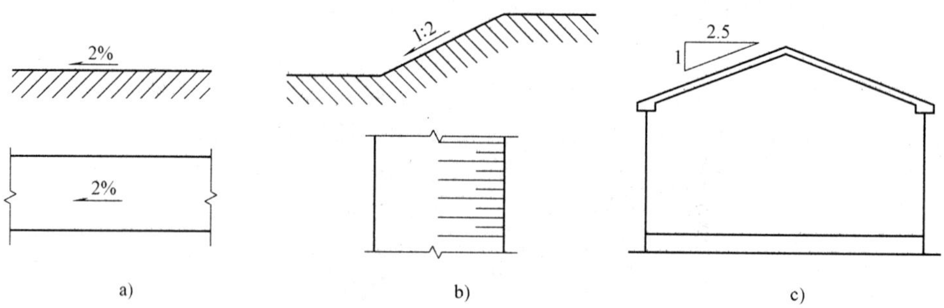

图 1-17　坡度标注方法

1.2.3　几种特殊图形的标注方法

1）杆件或管线的长度。在单线图（桁架简图、钢筋简图、管线图等）上，可直接将尺寸数字沿杆件或管线的一侧注写，如图 1-18 所示。

2）对仅用一个图形表示的薄板（如扁钢、钢板制件），在图中其厚度尺寸数字前加厚度符号“t”，如图 1-19 所示。

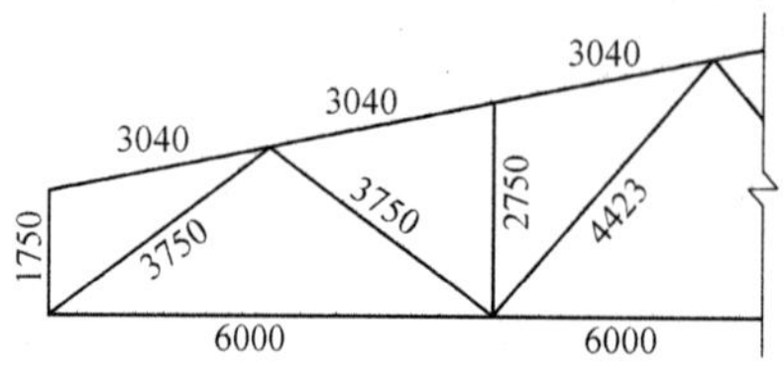

图 1-18　单线图尺寸标注方法

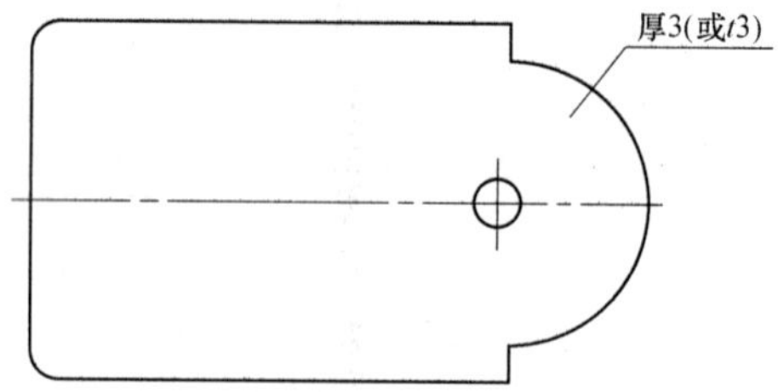

图 1-19　薄板厚度标注方法

3）对于构配件内的构造要素（如孔、槽）相同，可只标注一个要素的尺寸，如图 1-20 所示。

4）对于构配件，其剖面为正方形时，可在边长数字前加注正方形符号“□”，如图 1-21 所示。

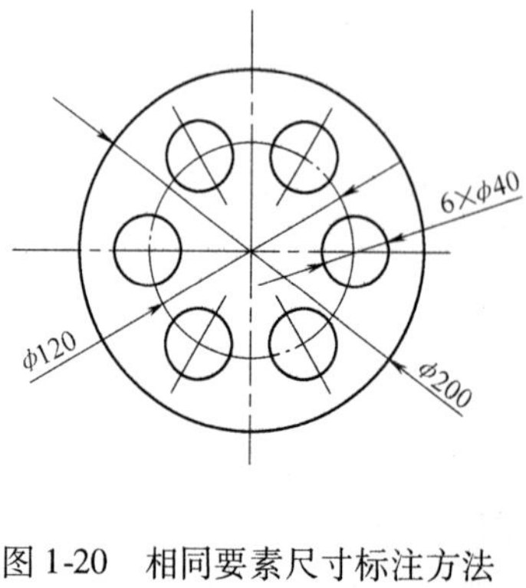

图 1-20　相同要素尺寸标注方法

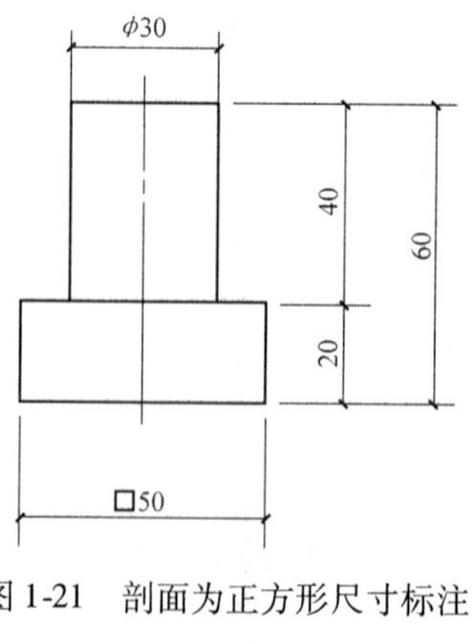

图 1-21　剖面为正方形尺寸标注

1.2.4　标高

1. 标高

建筑装饰中，在各细致装饰部位的上下表面标注高度的方法叫标高。如室内地面、楼面、顶棚、窗台、门窗上沿、窗帘盒的下皮、台阶上表面、墙裙上皮、门廊下皮、檐口下皮、女儿墙顶面等部位的高度注法。

2. 标高符号

1）标高符号应以等腰直角三角形表示，用细实线绘制，形式如图 1-22 所示。

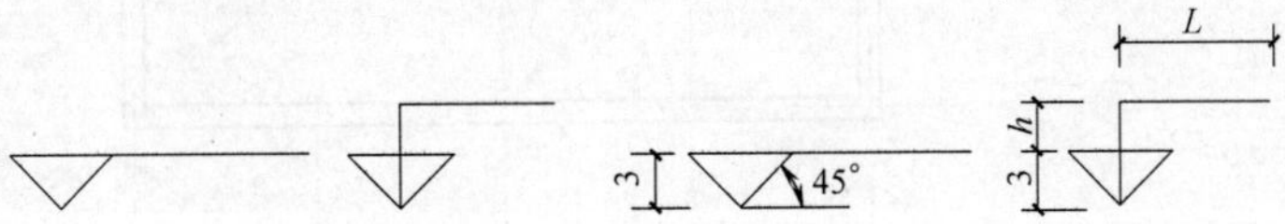

图 1-22　标高符号（一）

L—取适当长度注写标高数字　h—根据需要取适当高度

2）总平面图室外地坪标高符号，宜用涂黑的三角形表示，如图 1-23 所示。

3）标高符号的尖端应指至被注高度的位置。尖端一般应向下，也可向上。标高数字应注写在标高符号的左侧或右侧，如图 1-24 所示。

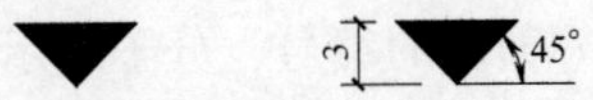

图 1-23　标高符号（二）

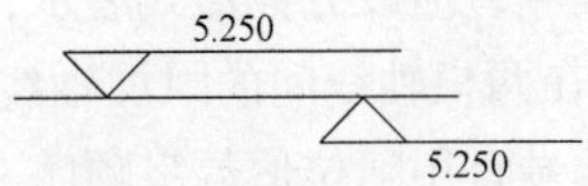

图 1-24　标高符号（三）

3. 标高单位

标高均以米（m）计，注写到小数点后第三位。总平面图上注写到小数点后第二位。

4. 标高的分类

建筑图上的标高，多数是以建筑首层地面作为零点，这种标高叫相对标高。高于建筑首层地面的高度均为正数，低于首层地面的高度均为负数，并在数字前面注写“-”，正数字前面不加“+”。相对标高又可分为建筑标高和结构标高，装饰完工后的表面高度，称为建筑标高；结构梁、板上下表面的高度，叫结构标高。装饰工程虽然都是表面工程，但是它也占据一定的厚度，分清装饰表面与结构表面位置是非常必要的，以防把数据读错。

1.3　定位轴线

房屋的主要承重构件（墙、柱、梁等），均用定位轴线确定基准位置。定位轴线应用细单点长画线绘制并进行编号，以备设计或施工放线使用。

1.3.1　定位轴线的编号顺序

制图标准规定，平面图定位轴线的编号，宜标注在下方与左方。横向编号应用阿拉伯数字，从左至右顺序编写，竖向编号应用大写拉丁字母，从下至上编写。编号应注写在轴线端部的圆内，圆应用细实线绘制，直径为 8 ~ 10mm，如图 1-25 所示。

拉丁字母的 I、O、Z 不得用做轴线编号。如字母数量不够使用，可增加双字母或单字母加数字注脚，如 A_A、B_A、…、Y_A 或 A_1、B_1、…、Y_1。

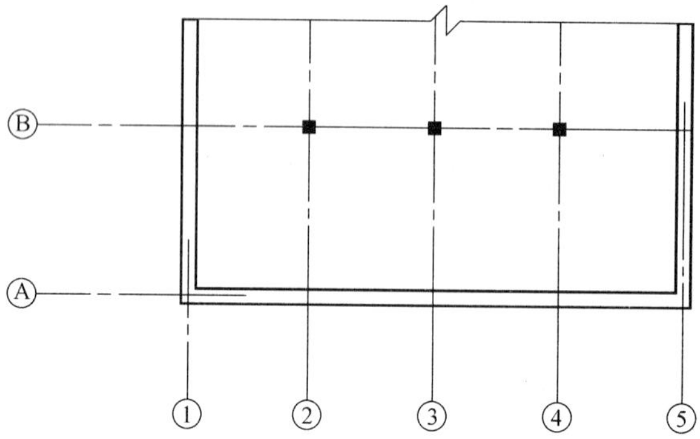

图 1-25　平面图定位轴线

1.3.2　附加定位轴线的编号

附加定位轴线是在两条轴线之间，遇到较小局部变化时的一种特殊表示方法。附加定位轴线的编号，应以分数形式表示，并按下列规定编写。

1）若在两根轴线间的附加轴线，应以分母表示前一轴线的编号，分子表示附加轴线的编号，编号宜用阿拉伯数字顺序书写，如：

(1/2)表示横向 2 轴线后的第一条附加定位轴线；

(3/C)表示纵向 C 轴线后的第三条附加定位轴线。

2）若在 1 号轴线或 A 号轴线之前的附加轴线时，分母应以 01 或 0A 表示，如：

(1/01)表示横向 1 轴线前的第一条附加定位轴线；

(3/0A)表示纵向 A 轴线前的第三条附加定位轴线。

1.3.3　一个详图适用于几根定位轴线的表示方法

一个详图适用于几根定位轴线时，应同时注明各有关轴线的编号，如图 1-26 所示。

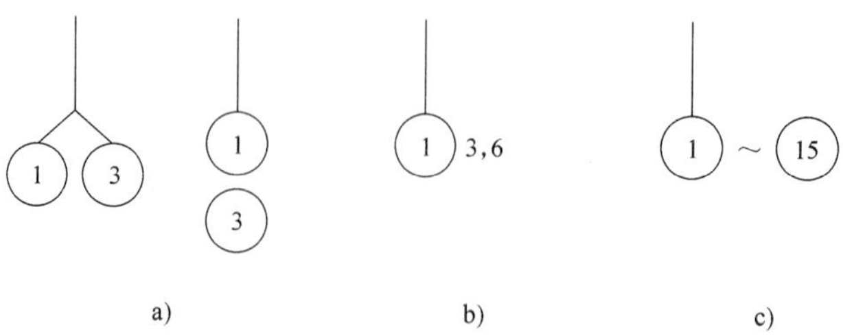

图 1-26　详图定位轴线

a）适用两条轴线　b）适用三条轴线　c）适用多条轴线

通用详图中的定位轴线，应画圆，不注写轴线编号。

1.3.4　圆形平面图中定位轴线的编号

圆形平面图中直径定位轴线从左下角逆时针方向用阿拉伯数字顺序编号，圆周定位轴线从外向里大写拉丁字母编号，如图 1-27 所示。

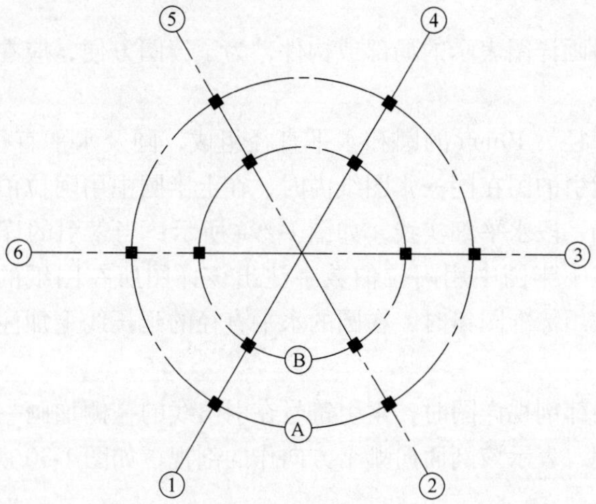

图 1-27　圆形平面图中定位轴线

1.3.5　折线平面图中定位轴线的编号

折线平面图中定位轴线的编号如图 1-28 所示。

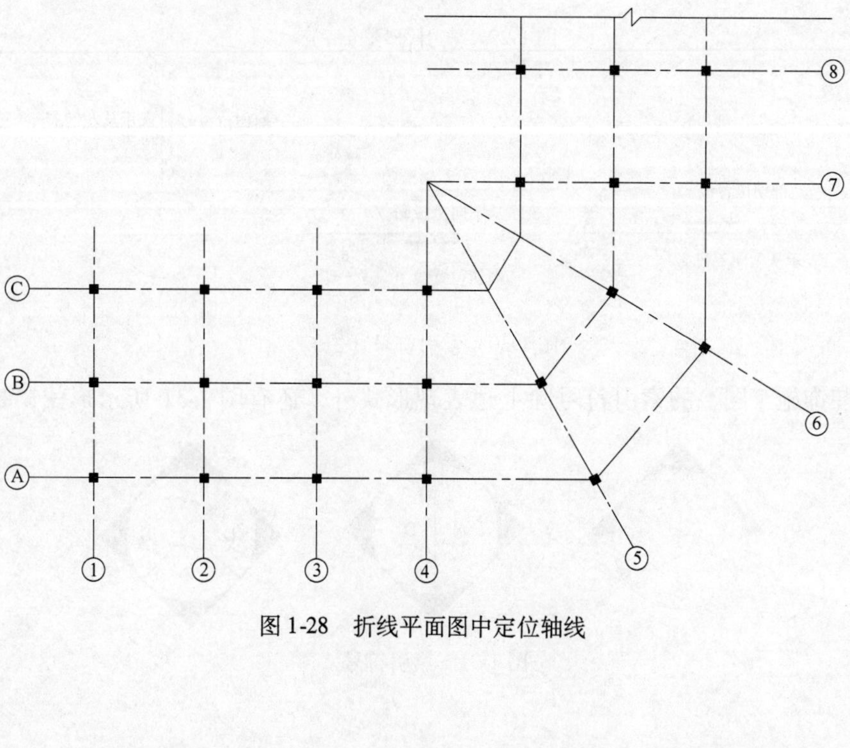

图 1-28　折线平面图中定位轴线

1.4 常用符号和图例

1.4.1 索引符号与详图符号

1. 索引符号

对于图中需要另画详图表示的局部或构件，为了读图方便，应在图中的相应位置以索引符号标出。

索引符号是由直径为 10mm 的圆和水平直径组成，圆及水平直径均应以细实线绘制。当索引的详图与被索引的图在同一张图纸内时，在上半圆中用阿拉伯数字注出该详图的编号，在下半圆中间画一段水平细实线，如图 1-29a 所示；当索引的详图与被索引的图不在同一张图纸内时，在下半圆中用阿拉伯数字注出该详图所在图纸的编号，如图 1-29b 所示；当索引的详图采用标准图集时，在圆的水平直径的延长线上加注标准图册的编号，如图 1-29c 所示。

索引的详图是局部剖视详图时，索引符号在引出线的一侧加画一剖切位置线，引出线在剖切位置的哪一侧，表示该剖面向哪个方向作的剖视，如图 1-30 所示。

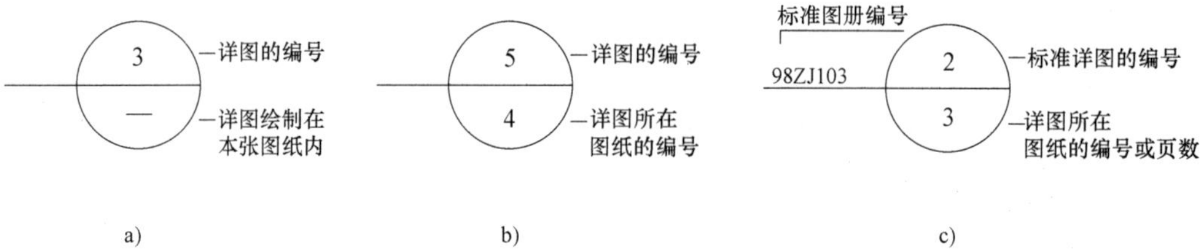

图 1-29 索引符号（一）

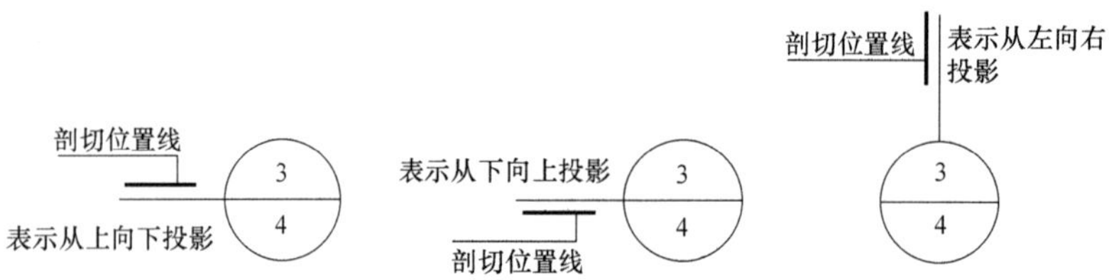

图 1-30 索引符号（二）

用在装饰施工图上的索引符号除上述表现形式外，还有图 1-31 所示形式，是指这一

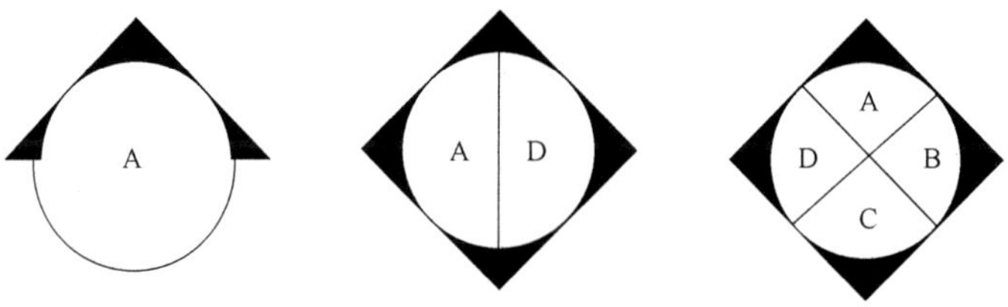

图 1-31 索引符号

方向全体，都需要画出详图的索引符号。看图方向为涂黑部位的等腰三角形直角尖端所指的方向，圆圈用直径为 10mm 细实线绘圆。多用于室内平面装饰图内，表现房间内某一立面投影方向，如图 1-32 所示。

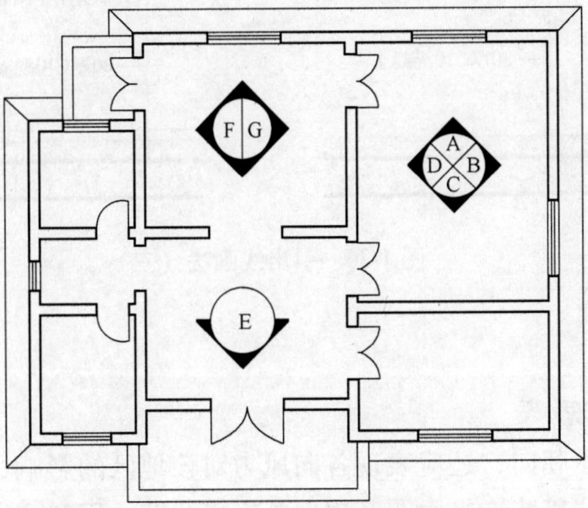

图 1-32　平面图上内视符号事例

2. 详图符号

详图符号应根据详图位置或剖面详图位置来命名，采用同一个名称进行表示。详图符号的圆应以直径为 14mm 粗实线绘制。

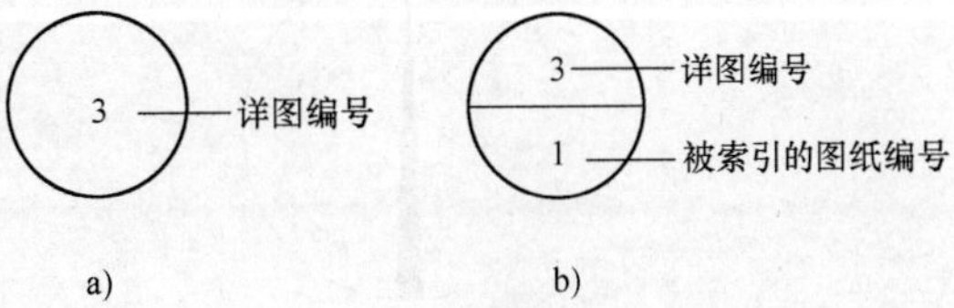

图 1-33　详图符号

图 1-33a 表示的意义是详图与被索引的图样在同一张图纸内；图 1-33b 是详图与被索引的图样不在同一张图纸内。

1.4.2　引出线

引出线以细实线绘制，宜采用水平方向的直线或与水平方向成 30°、45°、60°、90°的直线，或经上述角度再折为水平线。文字说明宜写在水平线的上方，也可注写在水平线的端部，如图 1-34 所示。

同时引出几个相同部分的引出线，宜互相平行，也可画成集中于一点的放射线，如图 1-35 所示。

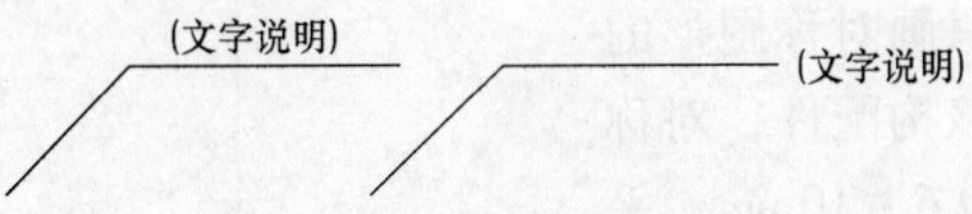

图 1-34　引出线画法（一）

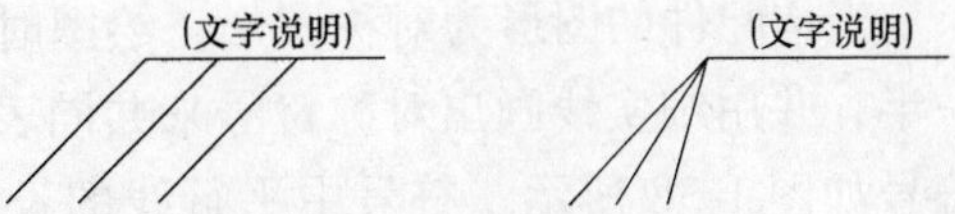

图 1-35　引出线画法（二）

多层构造或多层管道共用引出线，应通过被引出的各层。文字说明注写在水平线的上方，或注写在水平线的端部，说明的顺序应由上至下，并应与被说明的层次相互一致。如层次为横向排序，则由上至下的说明应与左至右的层次相互一致，如图 1-36 所示。

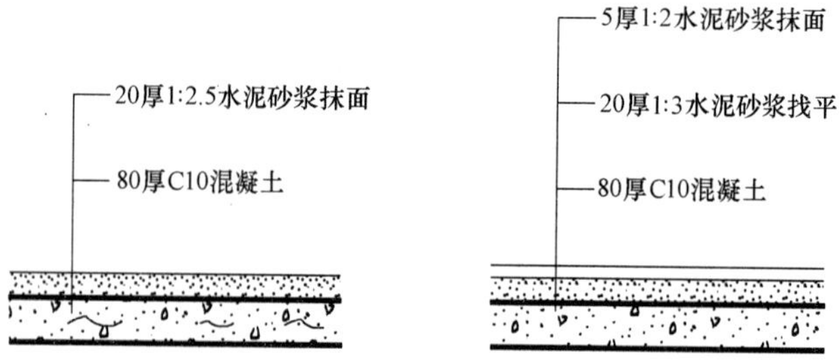

图 1-36　引出线画法（三）

1.4.3　其他符号

1. 指北针和风玫瑰

总平面图中应表示朝向，还应表现各向风力对该地区的影响，因此在图样旁还绘有指北针和风玫瑰。首层建筑装饰平面图旁边也画出指北针，用来表示朝向。指北针和风玫瑰的符号见图 1-37。

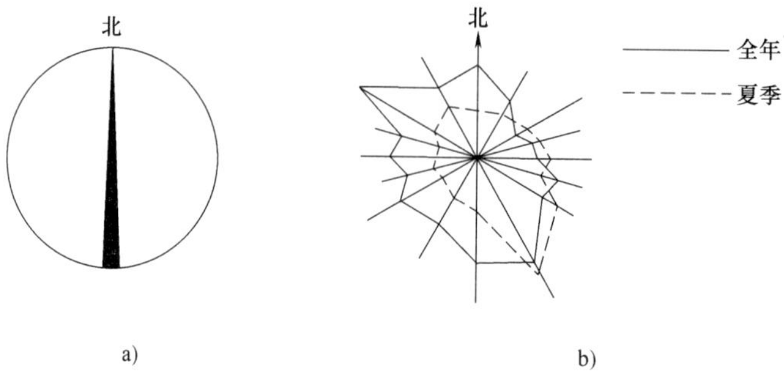

图 1-37　指北针和风玫瑰

a）指北针　b）风玫瑰

指北针的画法是以 24mm 为直径画圆，然后在内部过圆心并对称画一瘦长形箭头，箭头尾宽取圆直径的 1/8，即 3mm，圆用细实线绘制，箭头涂黑。通常指北针只画在首层平面图旁边适当位置。

风玫瑰是风向频率玫瑰图的简称，它表明该地区各风向的频率，频率最高，表示该风向的吹风次数最多。

2. 对称符号

当构配件的图形为对称图形，绘图时可只画对称图形的一半，并用细实线画出对称符号来共同表示该构配件，对称符号如图 1-38 所示。符号中平行线的长度为 6 ~ 10mm，平行线的间距宜为 2 ~ 3mm，平行线在对称线两侧的长度应相等。

图 1-38　对称符号

1.4.4　常用图例

1. 建筑材料图例

建筑材料图例见表 1-5。

2. 总平面图图例

总平面图图例见表 1-6。

表 1-5　建筑材料图例

序号	名　称	图　例	说　明
1	毛　石	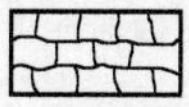	
2	天然石材	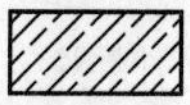	包括岩层、砌体、铺地、贴面等石材
3	金　属		在一般装饰结构中的金属剖面符号，按建筑制图规则画。图形小时可涂黑
4	砖		包括实心砖、多孔砖、砌块等砌体。断面较窄不易绘出图例线时，可涂红
5	混凝土	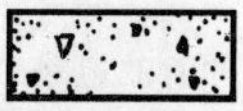	1. 本图例指能承重的混凝土及钢筋混凝土 2. 包括各种强度等级、骨料、添加剂的混凝土 3. 在剖面图上画出钢筋时，不画图例线 4. 断面图形小，不易画出图例线时，可涂黑
6	钢筋混凝土		
7	饰面砖		包括铺地砖、瓷砖、陶瓷锦砖、人造大理石
8	木　材	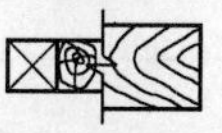	木材纵剖时若影响图面清晰可不画剖面符号
9	胶合板 （不分层数）	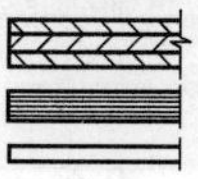	夹板材断面不用交叉直线符号，层数用文字注明，在投影图中很薄时可不画剖面符号
10	纤维板	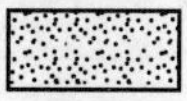	
11	细木工板	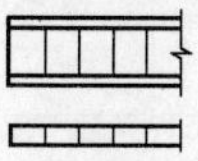	在投影图中很薄时，可不画剖面符号
12	覆面刨花板	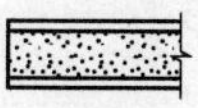	
13	多孔材料		
14	软质填充料		棉花、泡沫塑料、棕丝等
15	玻　璃	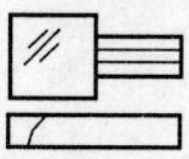	包括平板玻璃、夹丝玻璃、钢化玻璃等
16	镜　子	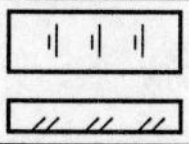	

表 1-6　总平面图图例

名　　称	图　　例	说　　明	名　　称	图　　例	说　　明
新建的建筑物	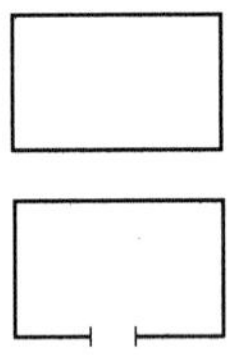	1. 上图为不画出入口图例，下图画出入口图例 2. 需要时，可在图形内右上角以点数（高层宜用数字）表示层数	分水脊线		
			合水谷线		
			雨水井		
			消火栓井		
原有的建筑物	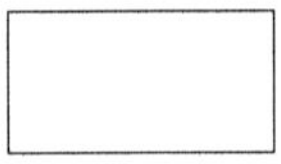	应注明拟利用者用细实线表示	室内标高	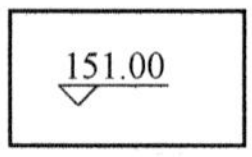	
计划扩建的预留地或建筑物		用中虚线表示	室外标高		
拆除的建筑物	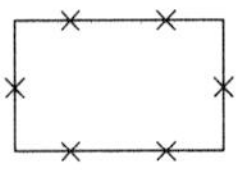	用细实线表示	新建的道路	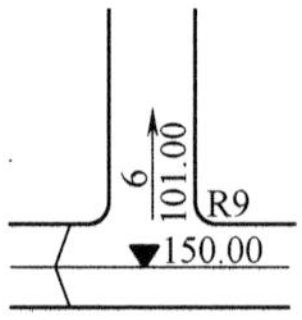	
新建的地下建筑物或构筑物					
散状材料露天堆场	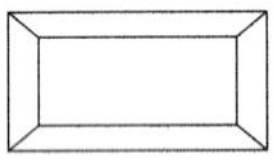	可注明材料名称	原有的道路	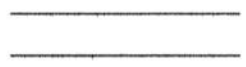	
			计划扩建的道路	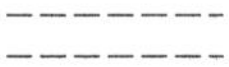	用细虚线表示
烟囱	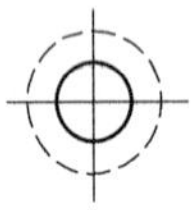	实线为烟囱下部直径，虚线为基础，可注写高度及上下口直径	阔叶乔木	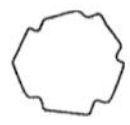	
			针叶灌木		
围墙及大门	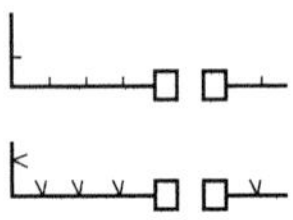	上为砖石或金属材料的围墙，下面为镀锌铁丝网和篱笆等围墙，如仅表示围墙时不画大门	针叶乔木		
			阔叶灌木	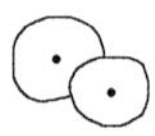	
挡土墙		被挡土在“突出”的一侧	修剪的树篱		
坐标	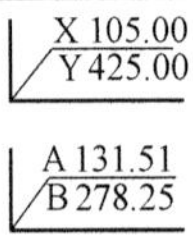	上图表示测量坐标 下图表示施工坐标	草地	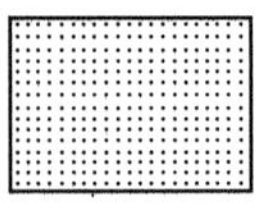	
方格网交叉点标高	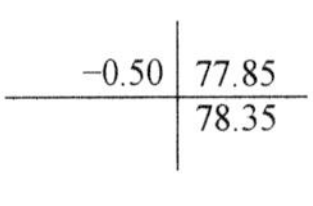	“78.35”为原地面标高 “77.85”为设计标高 “-0.50”为施工高度 “+”表示挖方，“-”表示填方	填挖边坡	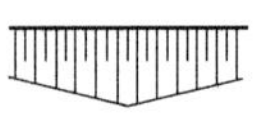	边坡较长时，可在一端或两端局部表示
			护坡	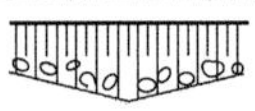	

小知识

在土木工程制图中，涉及的国家标准有技术制图标准和有关建筑工程制图方面的标准。有关建筑制图方面的标准共有 6 个分册，即：《房屋建筑制图统一标准》（GB/T 50001—2001）；《总图制图标准》（GB/T 50103—2001）；《建筑制图标准》（GB/T 50104—2001）；《建筑结构制图标准》（GB/T 50105—2001）；《给水排水制图标准》（GB/T 50106—2001）；《暖通空调制图标准》（GB/T 50114—2001）。学生根据第 12 章的学习要求，学会查阅建筑制图标准。

1.5　绘图工具、仪器和用品

图样一般都是借助绘图工具和仪器绘制的，因此了解它们的性能，熟练掌握它们的正确使用方法，经常维护、保养，才能保证制图质量、提高绘图速度。

1.5.1　绘图工具、仪器

在绘图的时候，最常用的绘图工具和仪器有图板、丁字尺或一字尺、三角板、比例尺（三棱尺）、圆规、分规，还有绘图笔、橡皮、模板等。

1. 图板、丁字尺、三角板

图板是铺放图纸用的工具，常见的是两面有胶合板的空芯板，四周镶有硬木条。板面要平整、无节疤，图板的四边要求十分平直和光滑。画图时，丁字尺靠着图板的左边上下滑动画平行线，这时左边叫“工作边”，如图 1-39 所示。

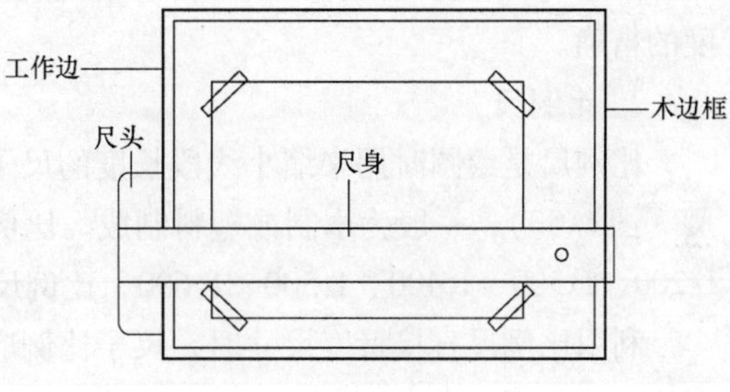

图 1-39　图板和丁字尺

图板是绘图的主要工具，应防止受潮湿或日晒；板面上也不可以放重的东西，以免图板变形走样或压坏板面；贴图纸宜用透明胶带纸，不宜使用图钉。不用时将图板竖向放置保管。

图板有几种规格，可根据需要选用，它的常用规格见表 1-7。

表 1-7　图板的规格　（单位：mm）

图板的规格	0	1	2
图板尺寸（宽×高）	900×1200	600×900	450×600

与图板相配的还有丁字尺或一字尺和三角板，它们是用来画水平线的。丁字尺是由尺头和尺身两部分组成，尺头应牢固地连接在尺身上，尺头内侧应与尺身上边保持垂直。

使用丁字尺时，必须将尺头紧靠图板在左侧工作边滑动，画出不同高度的水平线，如图 1-40 所示。丁字尺、一字尺尺身的上侧（常用刻度线）是供画线用的，不要在下侧画线。丁字尺用后应悬挂起来，以防发生弯曲或不慎折断。

三角板是工程制图的主要工具之一，与丁字尺或一字尺配合使用，三角板靠着丁字尺或一字尺上侧可画垂直线（图 1-41）及各种角度倾斜线和平行线（图 1-42）。

图 1-40　丁字尺画水平线

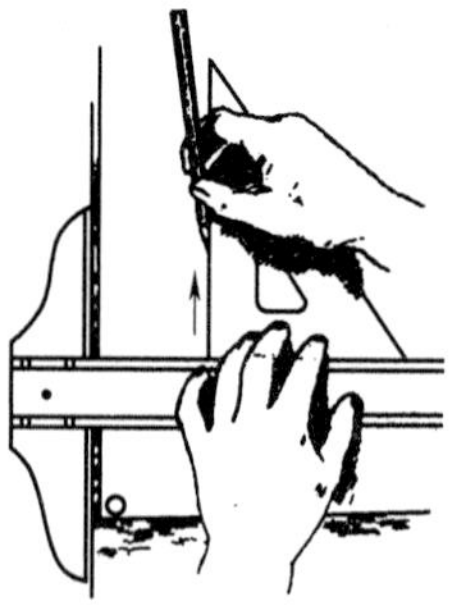

图 1-41　用三角板和丁字尺配合画垂直线

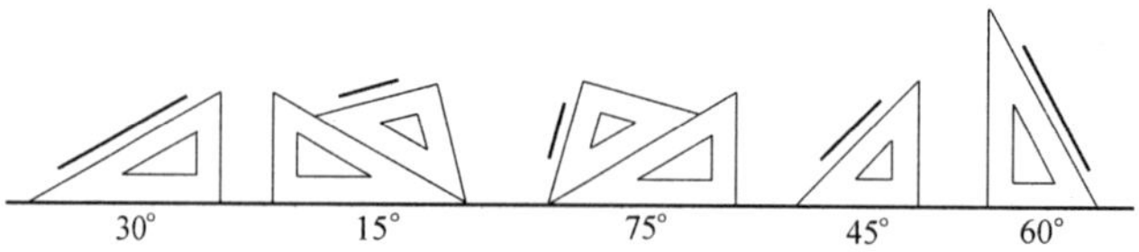

图 1-42　三角板与丁字尺配合画线

三角板以透明胶质材料制成，一副两块。三角板应注意保护其板边的平直、光滑和角度的精确。

2. 比例尺

比例尺是绘图时用来缩小线段长度的尺子。比例尺通常制成三棱柱状，故又称为三棱尺（图 1-43），一般为木制或塑料制成。比例尺的三个棱面刻有六种比例，通常有 1:100、1:200、1:300、1:400、1:500、1:600，比例尺上的数字以米为单位。

利用比例尺直接量度尺寸时，尺子比例应与图样比例相同，先将尺子置于图上要量距离之外，并需对准量度方向，便可直接量出；若有不同，可采用换算方法求得。如图 1-44 所示，该线段采用 1:300 比例量出读数为 12m；若采用 1:30 比例，它的读数为 1.2m；若采用 1:3 比例，它的读数为 0.12m。为求绘图精确起见，使用比例尺时切勿累计其距离，应注意先绘制整个宽度和长度，然后再进行分割。

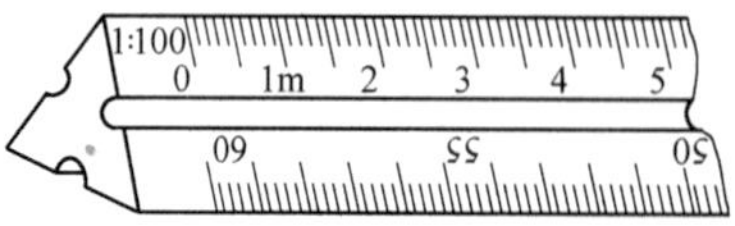

图 1-43　比例尺

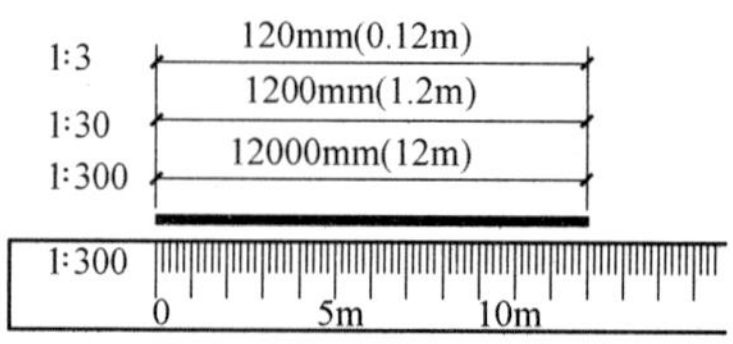

图 1-44　比例换算

比例尺不可以用来画线，不能弯曲，尺身应保持平直完好，尺子上的刻度要清晰、准确，以免影响使用。

3. 圆规和分规

（1）圆规　圆规是用来画圆和圆弧曲线的绘图仪器。通常用的圆规为组合式，有固定针脚、可移动的铅笔脚、鸭嘴脚及延伸杆等几种（图 1-45）。其中，有两种常用的特殊小圆规如下。

1）弓形小圆规：用以画小圆。

2）精密小圆规：画小圆用，迅速方便，使用时针尖固定不动，将笔绕它旋转。

（2）分规 分规是用来量取线段、量度尺寸和等分线段的一种仪器（图 1-46）。

分规的两脚端部均固定钢针，使用时要检查两脚高低是否一致，如不一致则要放松螺钉调整。

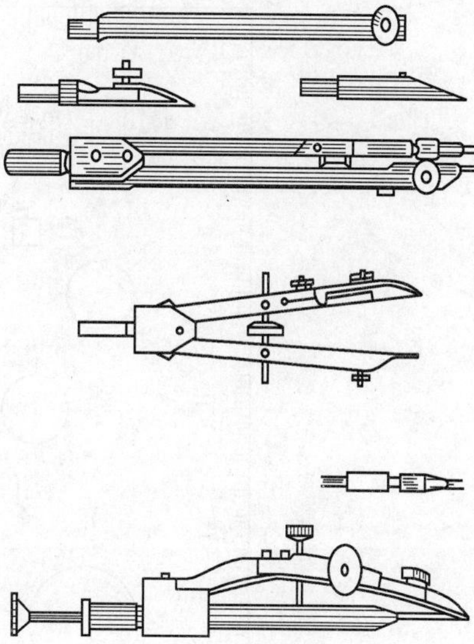

图 1-45　圆规

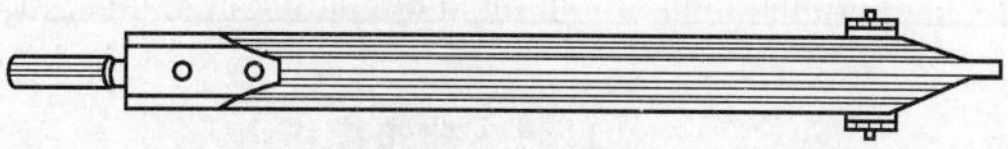

图 1-46　分规

1.5.2　绘图用品

1. 绘图笔

绘图笔的种类很多，有绘图铅笔、鸭嘴笔、绘图墨水笔等。

绘图铅笔的型号以软硬程度来分，分别用笔端字母“H”或“B”表示，“H”表示硬的，“B”表示软的，“HB”表示软硬适宜，“H”或“B”前面的数字越大表示铅芯越硬或越软。一般先用“H”型铅笔打底稿，原图加深时再用稍软的铅笔，如“HB”或“B”等。

鸭嘴笔和绘图墨水笔是画墨线图用的，鸭嘴笔已很少使用。绘图墨水笔笔尖的粗细口径分为多种规格，可按不同线型粗细选用，画线方法与铅笔类同。

2. 模板、擦图片

（1）模板　为了提高绘图速度和质量，把图样上常用符号、图例和比例等，刻在透明胶质板上，制成模板使用。建筑制图中常用的建筑模板如图 1-47 所示。

在模板上刻有可用于画出各种图例的孔，如其大小已符合一定比例，只要用笔在孔内画一周，图例就画出来了。

（2）擦图片　擦图片是用来修改错误图样的。它是用透明塑料或不锈钢制成的薄片，薄片上刻有各种形状的模孔，其形状如图 1-48 所示。

使用时，应使画错的线在擦图片上适当的小孔内露出来，再用橡皮擦拭，以免影响其临近的线条。

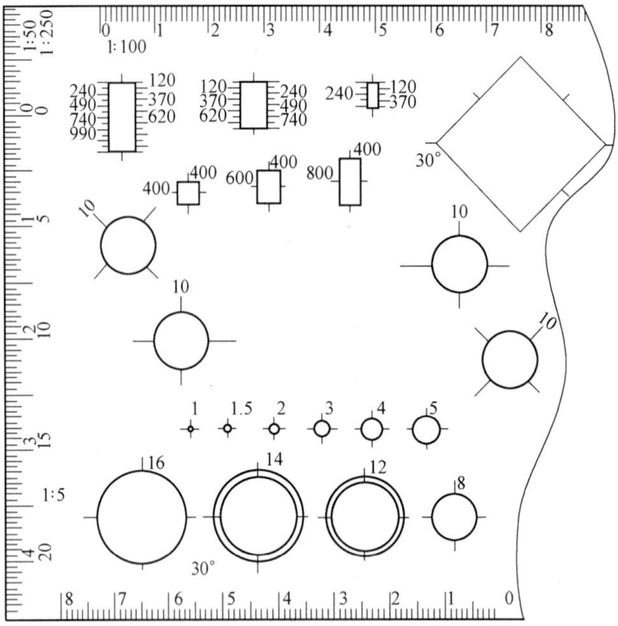

图 1-47　建筑模板

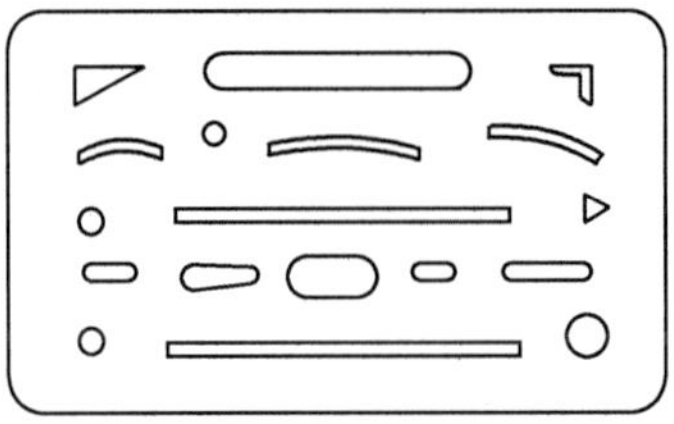

图 1-48　擦图片

制图时还应准备橡皮、擦图片、胶带纸等用品。

小知识

目前，计算机技术在各行各业得到了普遍的应用。建筑设计工作全部是采用 AUTO-CAD（或专业绘图软件）用计算机完成，大大提高了绘图速度和绘图质量，为我们创造了全新的工作环境，改变了原有的工作方式。但是，传统的手工绘图方法仍是计算机绘图的基础。

本 章 回 顾

1. 建筑制图标准，是绘制建筑图样时必须遵守的统一规定。要正确学习和运用国家规定的制图标准，如图纸幅面、图线线型、比例和尺寸标注等。

2. 图线在一般图样中应用最多的是粗实线、细实线、中虚线、细单点长画线和折断线等。在制图标准中，规定了各种图线的适用范围，如粗实线表示的是一张图的重点内容，墙体上的孔洞用中虚线绘制，定位轴线、中心线用细单点长画线绘制。

3. 尺寸标注是由尺寸线、尺寸界线、起止符号和数字组成；除总平面图和标高符号上的尺寸数字单位以 m 为单位外，其他均以 mm 为单位；半径、直径、坡度应加符号“R、ϕ、i”；以及尺寸的几种特殊标注方法。

4. 绘制建筑图采用比例，无论图样采用多大比例绘制，所标注的尺寸都是实际尺寸。

5. 本章所介绍的制图工具，在绘图前都要准备好，并擦拭干净。使用中要注意它们的正确用法，用完要注意保管。

6. 建筑工程图是施工的依据，不允许有差错，以免给施工带来麻烦和损失，所以在学习时，一定养成校核的习惯。检查尺寸是否准确、完全，绘制的图是否符合国家制图标准等。

第2章　图样的画法

知识储备

工程施工图多数是采用正投影法，按照国家制图标准绘制的。在国家制图标准中规定工程图的图幅有五种，在实际工程中常用的是A2（$b \times l = 420\text{mm} \times 594\text{mm}$）图幅；图样采用比例绘制，但大小用尺寸标注来反映，其大小以所标注的数字为准，不得用尺子量图。

通过本章的学习，我们应该：

掌握正投影概念及正投影特性；了解三面投影图的形成；重点掌握三面投影图的投影规律；重点掌握形体投影图的图示方法；了解轴测图。

2.1　正投影的基本知识

导入案例

粉笔盒是一个正四棱柱（三维空间体），如何用画法简单的图样把它的真实形状反映出来，并通过图样计算其表面积和体积？

2.1.1　正投影的形成及投影特性

1. 正投影的形成

工程图样的基本要求是在一平面上准确、完整地表达物体的几何形状和大小。

工程图样的形成是参照物体在光线照射后在地面或墙面上产生与物体相同或相似的影子（如图2-1所示）这一道理绘制出来的。这种用投影原理在平面上表示物体的方法称为投影法。

采用投影法绘制图样时，设想把图纸平面作为地面或墙面，称为投影面；光源称为投射中心；光线称为投射线并假定它是可以透过物体的；光源的射向称为投射方向；图纸上的图形称为投影图或简称为投影，如图2-2所示。

正投影图是用平行的投射线与墙面垂直进行投影而得到的图样。施工图上用的各种图样，绝大部分是应用这种投影方法得到。例如要画一块三角板的正投影图，就是如图2-3那样画出来的。

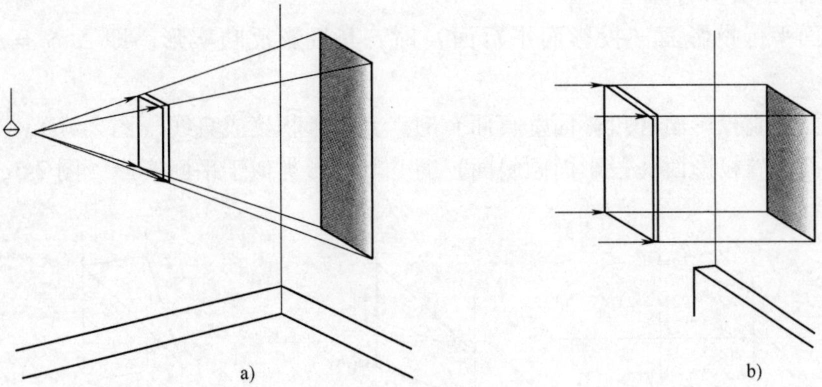

图 2-1　投影的形成

a）光线由灯光发射出来　b）光线由太阳发射出来

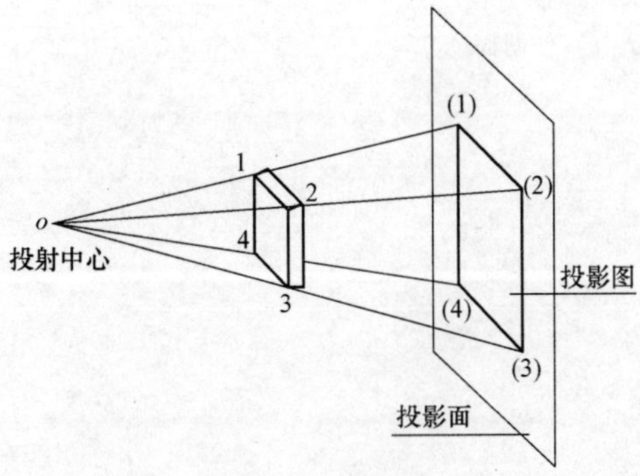

图 2-2　中心投影

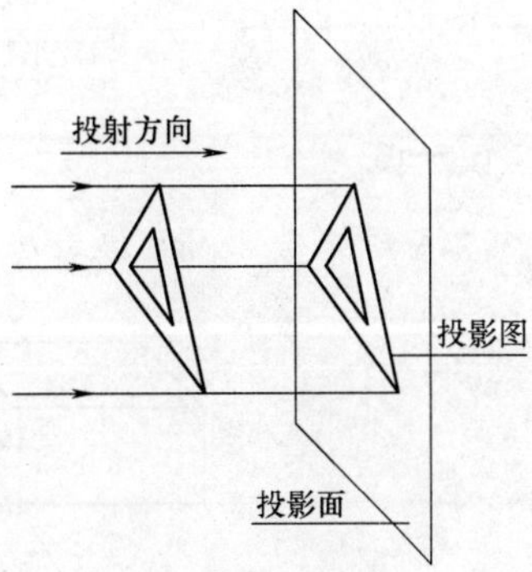

图 2-3　正投影

2. 正投影的特性

（1）直线的投影特性

1）线段平行投影面（投影面平行线）时，其投影反映实长，即 $ab=AB$（图 2-4a）。

2）线段垂直投影面（投影面垂直线）时，其投影积聚为一点（图 2-4b）。

3）线段倾斜投影面（投影面倾斜线）时，其投影小于实长，即 $ef<EF$（图 2-4c ）。

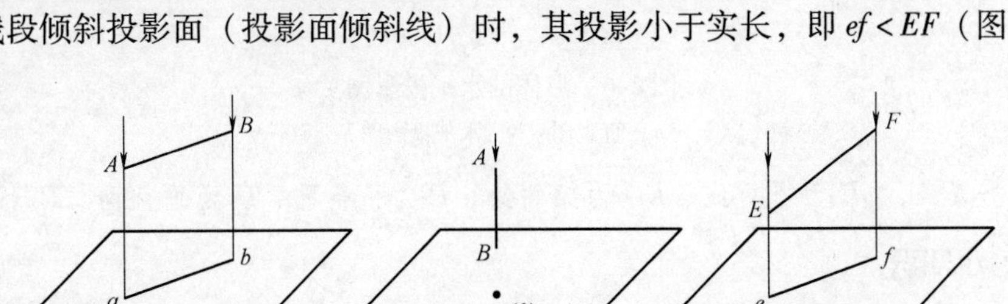

图 2-4　直线的投影特性

a）平行线　b）垂直线　c）倾斜线

（2）平面的投影特性

1）平面平行投影面（投影面平行面）时，其投影反映实形，即 $\Delta abc = \Delta ABC$（图 2-5a）。

2）平面垂直投影面（投影面垂直面）时，其投影积聚成直线（图 2-5b）。

3）平面倾斜投影面（投影面倾斜面）时，其投影类似于平面实形（图 2-5c）。

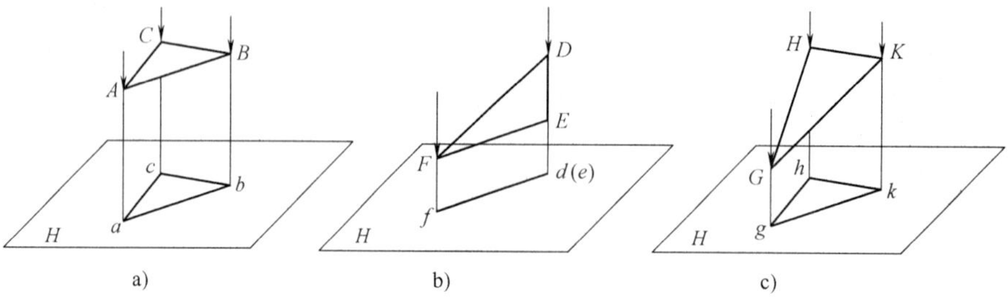

图 2-5　平面的投影特性

a）平行面　b）垂直面　c）倾斜面

试一试

分析图 2-6 所示线、面与投影面的相对位置。

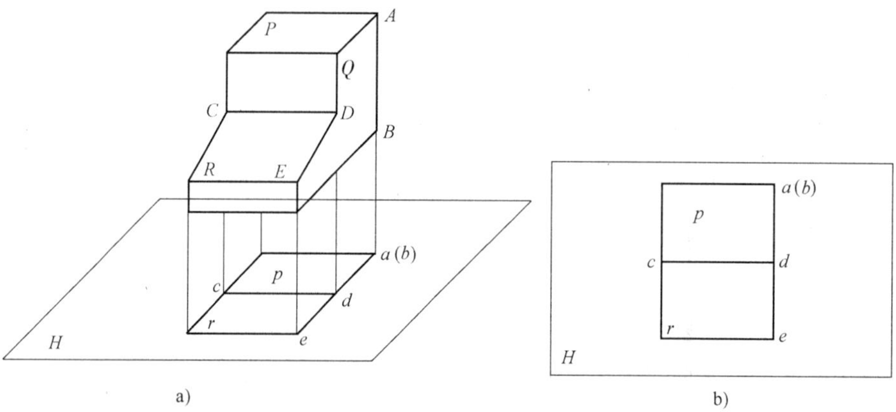

图 2-6　形体的水平投影图

a）直观图　b）水平投影图

AB 为垂直线、*CD* 为平行线、*ED* 为倾斜线，*P* 为平行面、*Q* 为垂直面、*R* 为倾斜面。

小知识

图 2-7 所示的裕达国贸大厦是由台湾著名设计师李祖原先生设计，高 45 层，建设共耗资 3 亿美元，为河南省最高的建筑物，也是郑州市十大标志性建筑之一。其外观设计为双塔形体，又像双手合掌。如果地面视为投影面，其屋面是投影面倾斜面，外墙面是投影面垂直面，楼（地）面是投影面平行面。

图 2-7　裕达国贸大厦

2. 1. 2　三面正投影图

如图 2-8 所示，一个投影图不能确定形体的形状，一般需要三个投影图。

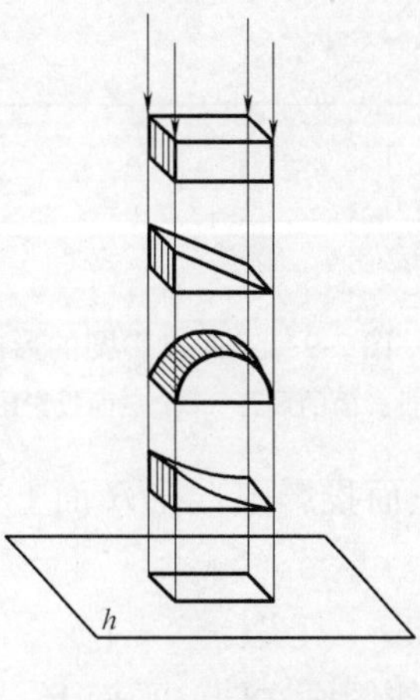

图 2-8　单面投影图

1. 三面正投影图的形成

通常把物体放在由三个相互垂直的投影面所组成的体系中，然后用正投影法由前向后投影、由上面向下投影、由左面向右投影（见图 2-9a），由此可得到物体在三个不同方向的正投影图，见图 2-9b。

在三个互相垂直的投影面中，呈正立面位置的称为正立投影面 *V*（简称正面）；呈水平位置的称为水平投影面 *H*（简称水平面）；呈侧立面位置的称为侧立投影面 *W*（简称侧面）。这三个投影面的交线 *OX*、*OY*、*OZ* 也互相垂直，分别代表长、宽、高三个方向，称为投影轴。三轴的交点称为原点 *O*，见图 2-9b。

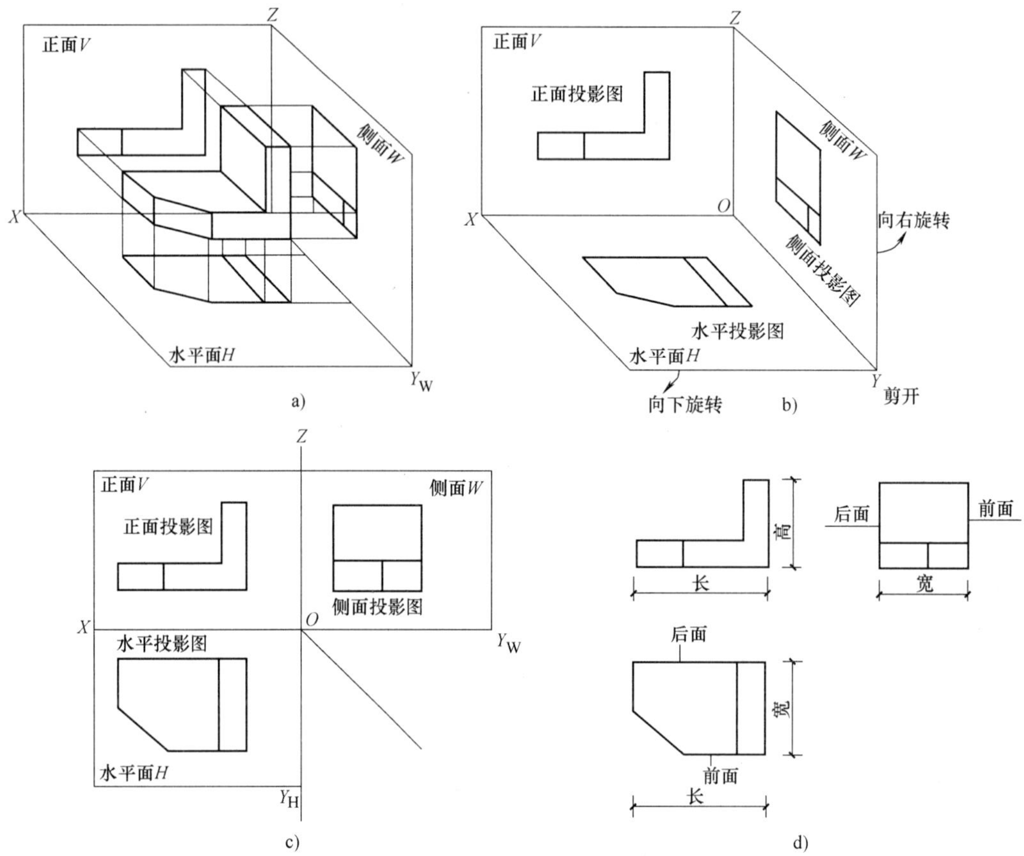

图 2-9　三面投影图的形成

a）物体向投影面投影　b）投影面的展开　c）三面投影图　d）三面投影图及其投影规律

在 *V* 面上产生的投影称为正面投影图，在 *H* 面上产生的投影称为水平投影图，在 *W* 面上产生的投影称为侧面投影图。

2. 三个投影面的展开

为了把在空间位置的三个投影图画在同一平面上，因此必须将三个相互垂直的投影面进行展开。展平规则为：*V* 面保持不动，将 *H* 面向下旋转，将 *W* 面向右旋转，使它们都与 *V* 面处在同一平面上（图 2-9b、c）。这时，*OY* 轴分为两条，一条为 OY_H 轴，另一条为 OY_W 轴。由于投影面的大小与投影图无关，故有时在画三面投影图时可不画出投影面的边界，见图 2-9d。

3. 三面投影图的投影规律

从三面投影图的形成过程中，可以进一步归纳出三面投影图之间的相互关系及投影规律。由图 2-9d 可以看出，每个投影图只能反映物体长、宽、高中的两个方向的大小，即：正面投影图反映物体的长（x）和高（z）；水平投影图反映物体的长（x）和宽（y）；侧面投影图反映物体的宽（y）和高（z）。

从物体的投影图和投影面的展开过程中，还可看出：

正面、侧面投影图反映了物体上、下方向的同样高度（等高）；物体上各个面和各条线在正面、侧面投影面上的投影图，应在高度方向分别平齐。

正面、水平投影图反映物体左、右方向的同样长度（等长）；物体上各个面和各条线在正面、水平投影面上的投影图，应在长度方向分别对正。

水平、侧面投影图反映物体前、后方向的同样宽度（等宽）；物体上各个面和各条线在水平、侧面投影面上的投影图，应在宽度方向分别相等。

必须指出，在投影面的展开过程中，当水平面 H 绕 OX 轴向下旋转到和正面 V 重合时，原来向前的 OY 轴转向 OY_H 轴了。就是说，水平投影图的下方，实际上代表了物体的前方；水平投影图的上方，代表了物体的后方。当侧面 W 绕 OZ 轴向右旋转到和正面 V 重合时，原来向前的 OY 轴转成向右的 OY_W 轴了。就是说，侧面投影图的右方，实际上代表了物体的前方；侧面投影图的左方，实际上代表了物体的后方。如图 2-9d 所示物体的底板上的缺角，在水平、侧面投影图中，不仅反映缺角的宽度都是 y_1；而且还反映缺角在底板的前方。

通过以上分析，可以概括出三面投影图的投影规律是：正面、侧面投影图高平齐（等高）；正面、水平投影图长对正（等长）；水平、侧面投影图宽相等（等宽），前后对应。

这三条规律，必须在初步理解的基础上，经过画图和看图的反复实践逐步达到熟练和融会贯通的程度。用三面投影图表示一个物体，是各种工程图常采用的表现方法。

相关链接

粉笔盒的三面投影图如图 2-10 所示。其水平投影图反映顶面的实形、正面投影图反映前面的实形，侧面投影图反映侧面的实形。

其表面积 $S = 100\text{mm} \times 75\text{mm} \times 2 + 100\text{mm} \times 50\text{mm} \times 2 + 50\text{mm} \times 75\text{mm} \times 2 = 3.25 \times 10^4\text{mm}^2$

其体积 $V = 100\text{mm} \times 50\text{mm} \times 75\text{mm} = 3.75 \times 10^5\text{mm}^3$

4. 三面投影图的作图方法

绘制三面投影图时，一般先绘制 V 面投影图或 H 面投影图，然后再绘制 W 面投影图。下面是绘制三面投影图的具体方法和步骤。

1）在图纸上先画出水平和垂直的十字相交线，作投影轴，如图 2-11b 所示。

2）根据形体在三面投影体系中的放置位置，画出能够反映形体特征的 V 面投影图或 H 面投影图，如图 2-11c 所示。

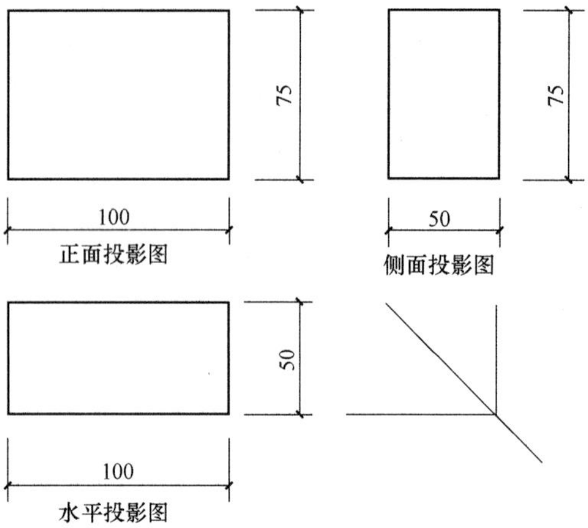

图 2-10　四棱柱三面投影图

3）根据投影关系，由“长对正”的投影规律，画出 *H* 面或 *V* 面投影图；由“高平齐”的投影规律，把 *V* 面投影图中各相应部位向 *W* 面投影面作“等高的投影连线”；由“宽相等”的投影规律，用过原点 *O* 向右下方做 45°斜线或以原点 *O* 为圆心作圆弧的方法，将 *H* 面投影的宽度过渡到 *W* 投影上，求出与“等高”投射线的交点，连接关联点而得到 *W* 面投影图，如图 2-11e 所示。

在三面投影图中，有投影轴可以反映形体与投影面的相对位置。熟练掌握三面投影图的投影规律后，也可以画出无轴的三面投影图，如图 2-11f 所示。

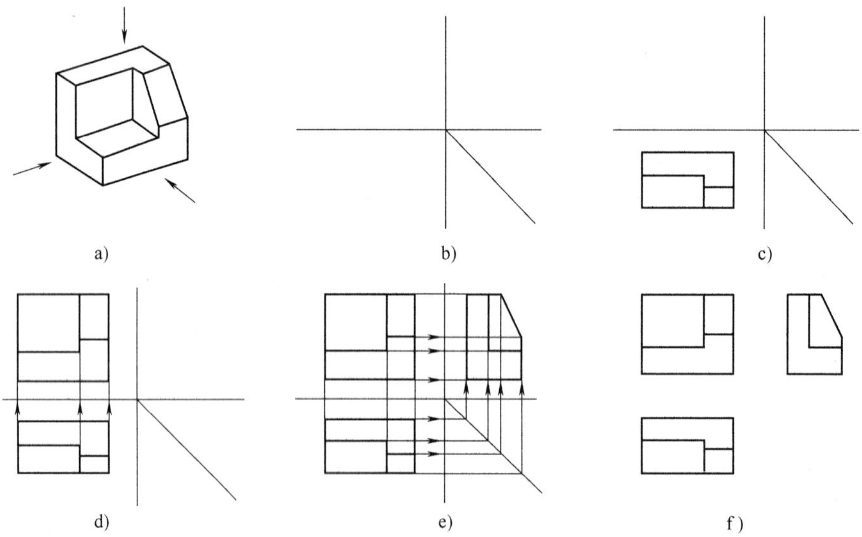

图 2-11　三面投影图的绘制步骤

2.1.3　镜像投影

在实际工程中，建筑物的某些工程构造的装饰图形直接用正投影法绘制时，不易表达出真实形状，甚至会出现与实际相反的情况，造成施工误解。对于这类图样，可采用与正投影法不同的镜像投影法绘制。

1. 镜像投影的形成

假设将玻璃镜放在物体的下方，代替水平投影面 H，在镜面中得到反映物体底面形状的平面图形，称为镜像投影图，如图 2-12 所示，且在图名后注写“镜像”二字。

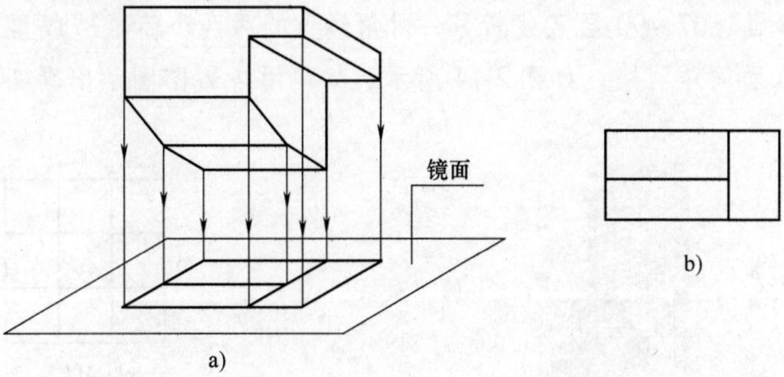

图 2-12　镜像投影法

a）镜像投影的形成　b）平面图（镜像）

2. 镜像投影图的应用

镜像投影法主要用于绘制建筑室内顶棚的装饰平面图。

对顶棚图案的施工图，无论用一般的正投影法还是用仰视法绘制的顶棚图案平面图，都不利于看图施工。而采用镜像投影法，将地面视为一面玻璃镜，得到的吊顶图案平面图（镜像），就能真实反映吊顶图案的实际情况，有利于施工人员看图施工，如图 2-13 所示。

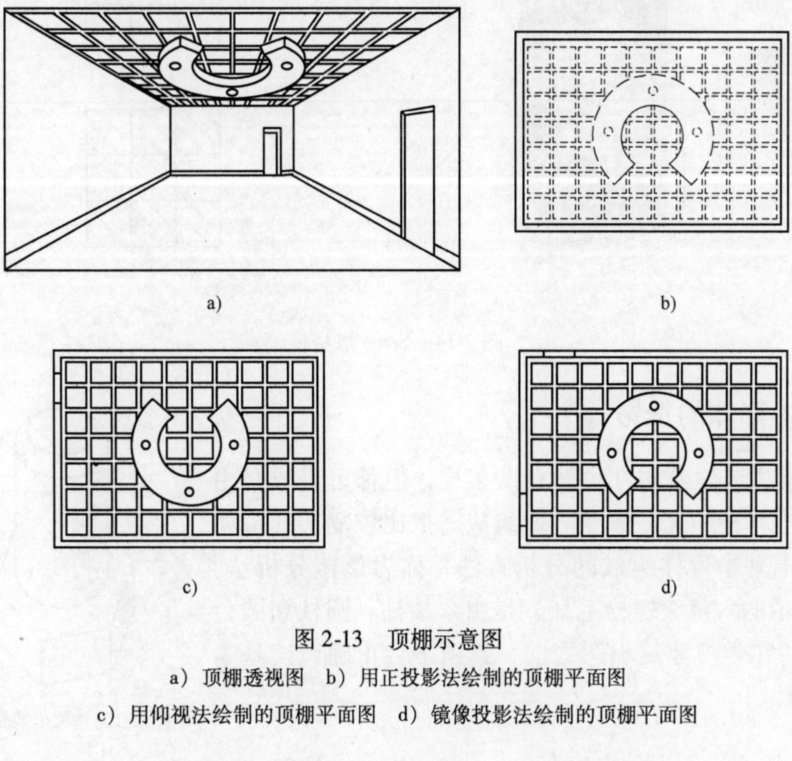

图 2-13　顶棚示意图

a）顶棚透视图　b）用正投影法绘制的顶棚平面图

c）用仰视法绘制的顶棚平面图　d）镜像投影法绘制的顶棚平面图

2.2 形体的投影图

导入案例

著名的美国芝加哥Sears塔楼，1~50层有9个连成方形的“大筒”。在51~66层截去一条对角线上的两个筒，67~90层又截断另一对角线上的另两个筒，造成里面参差错落，使富有变化和层次，立面简洁明快，如图2-14所示。如何用投影图图示出真实的外形形状？

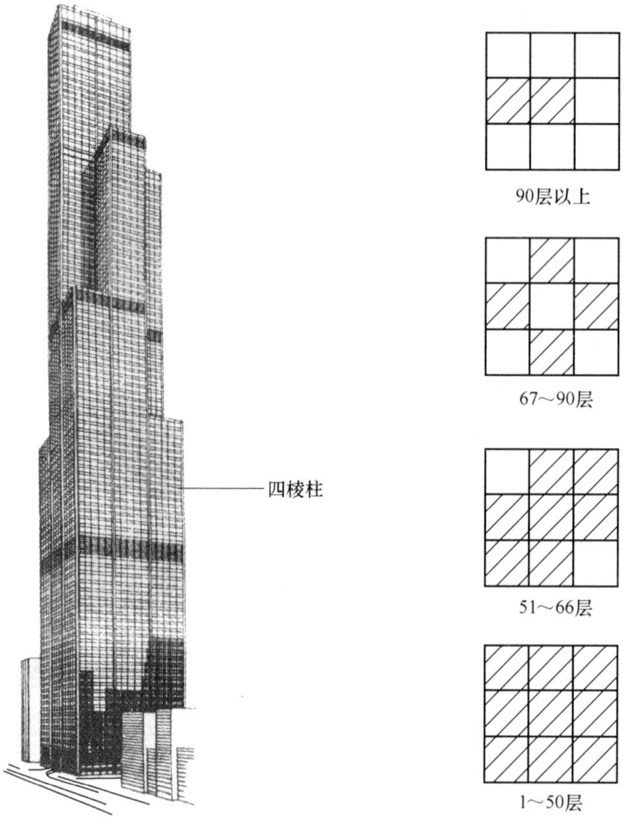

图2-14 Sears塔楼

2.2.1 基本形体的投影

一般建筑物或建筑构件虽然复杂多样，但都可看成是由一些基本形体（柱、锥、球等）所组成。把比较复杂的形体分析成由若干基本形体组成的分析方法，称为形体分析法。如图2-15所示的六角头螺栓毛坯，是由六棱柱、圆柱和圆台组成。因此，在学习建筑识图之前，必须学会正确识读基本形体的投影图。

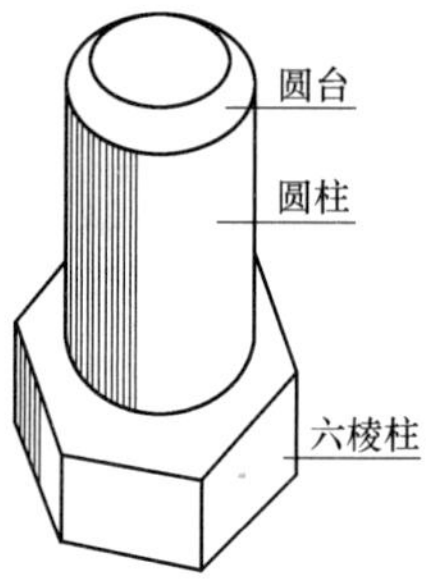

图2-15 六角头螺栓毛坯

基本形体按照其表面的几何性质，可以分为平面立体和曲面立体两大类。

1. 平面立体的投影

所有表面均由平面围成的立体称为平面立体。平面立体的基本类型主要有棱柱、棱锥、棱台等。

作平面立体的投影图，其关键是在于作出平面立体上的点（棱角）、直线（棱线）和平面（棱面）的投影。

（1）棱柱体　棱柱体是由侧表面和顶面、底面所围合而成。为了画图简单，读图容易通常是将形体的各个面与投影面保持平行或垂直的位置。图 2-16 为正六棱柱的三面投影图，其投影特性如下。

1）两个底面的投影在其所平行的投影面上反映实形并重合，而在另外两个投影面上积聚成为一直线。

2）棱柱体的各侧表面的投影是根据它与投影面所处位置的不同，其投影有的反映实形，有的为缩小的类似形，有的积聚成一直线。

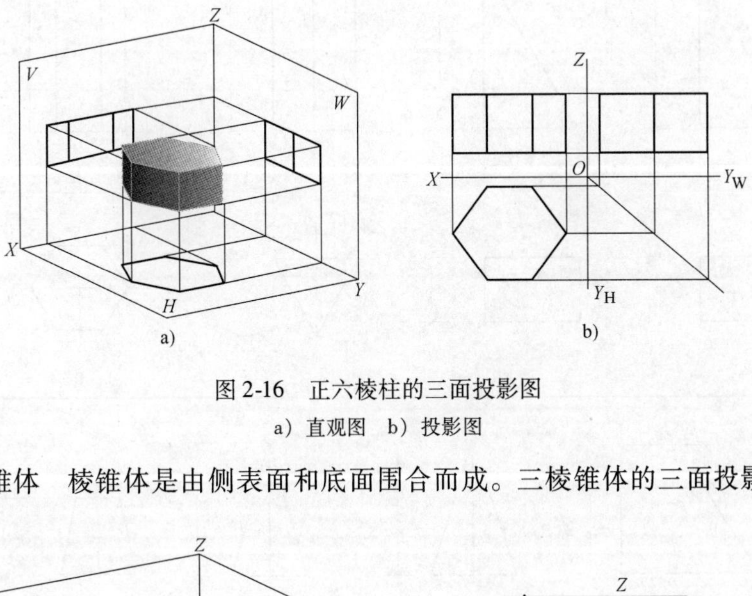

图 2-16　正六棱柱的三面投影图

a）直观图　b）投影图

（2）棱锥体　棱锥体是由侧表面和底面围合而成。三棱锥体的三面投影图如图 2-17

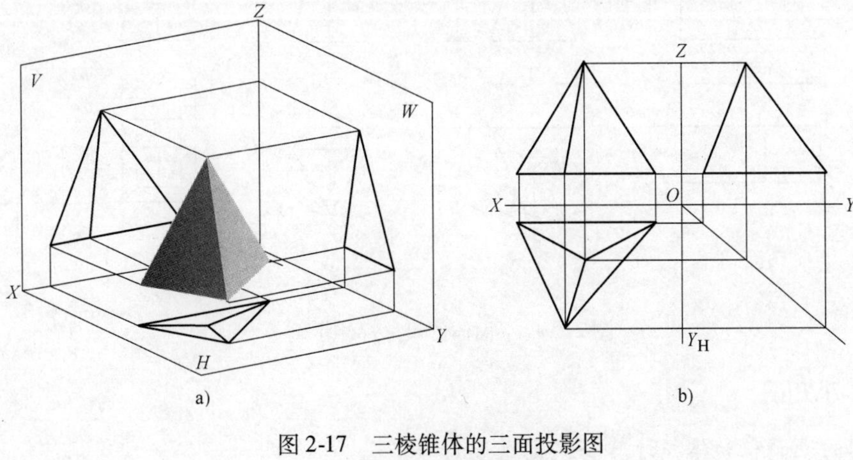

图 2-17　三棱锥体的三面投影图

a）直观图　b）投影图

所示，其投影特性和棱柱体基本相同。

（3）棱台体　棱台体是由侧表面和顶面、底面所围合而成。棱台体的三面投影图如图 2-18 所示，其投影特性和棱柱体基本相同。

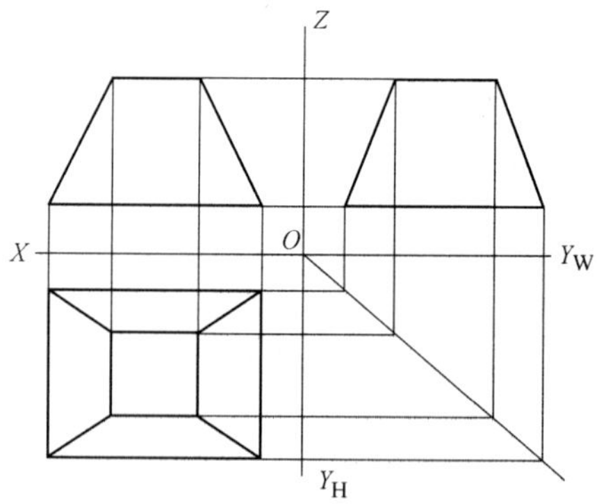

图 2-18　棱台体的三面投影图

（4）平面体的尺寸标注　标注尺寸的要求有以下几点。

1）必须严格遵守制图标准中的有关尺寸标注的规定。

2）所注尺寸必须齐全，应能完全确定立体的形状和大小，既不能有所遗漏，也不应有相互矛盾的多余尺寸。

3）尺寸布置得当，标注清晰，便于看图。平面体的尺寸标注示例见图 2-19。

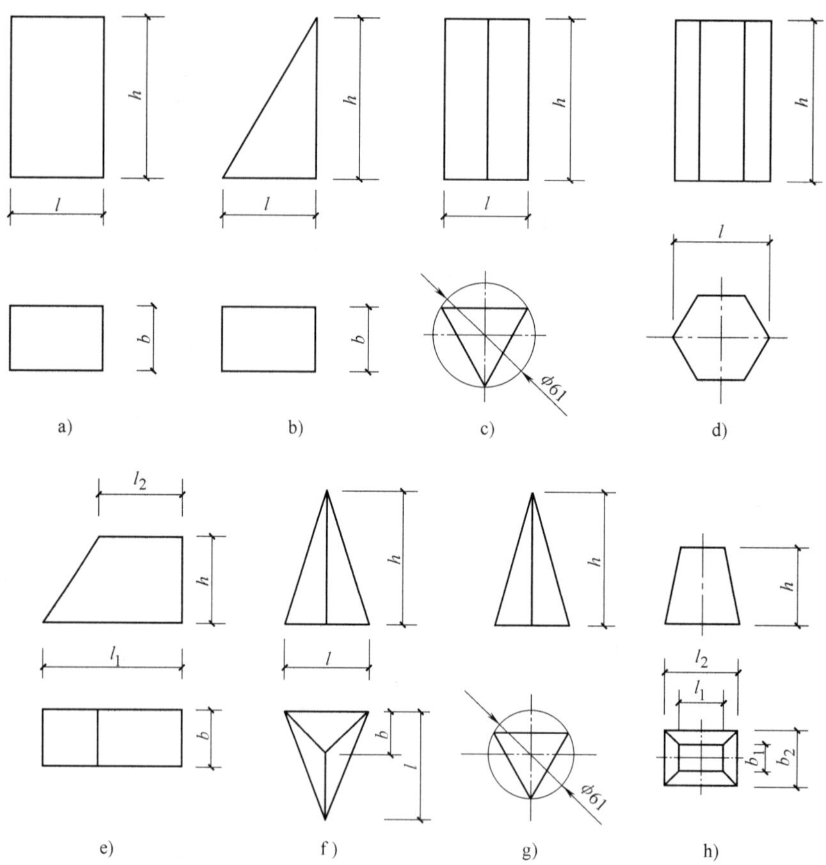

图 2-19　平面体的尺寸标注示例

小知识

平面体的表面积和体积计算公式见表 2-1。

表 2-1 平面体的表面积和体积计算公式

名称	符号	表面积 S 和体积 V
正方体	a——边长	$S=6a^2$ $V=a^3$
长方体	a——长，b——宽，c——高	$S=2(ab+bc+ac)$，$V=abc$
棱柱	s——底面积，h——高	$V=sh$
棱锥	s——底面积，h——高	$V=sh/3$
棱台	S_1——上底面积，S_2——下底面积	$V=\left[S_1+S_2+(S_1S_2)^{\frac{1}{2}}\right]H/3$

2. 曲面立体的投影

由曲面或者由曲面和平面围合而成的形体称为曲面体，其基本类型有圆柱、圆锥、球体等。

（1）基本知识

1）回转体的形成。圆柱、圆锥、球体等都是回转体。因为它们的曲表面均可看成由一根动线绕一固定轴线旋转而成的回转曲面，故这类形体又可称为回转体，如图 2-20 所示。这条固定轴线称为回转轴，动线称为母线。

当母线为直母线且与回转轴平行时，形成的曲面为圆柱面，如图 2-20a 所示。

当母线为直母线且与回转轴相交时，形成的曲面为圆锥面，如图 2-20b 所示。圆锥面上所有母线交于一点。

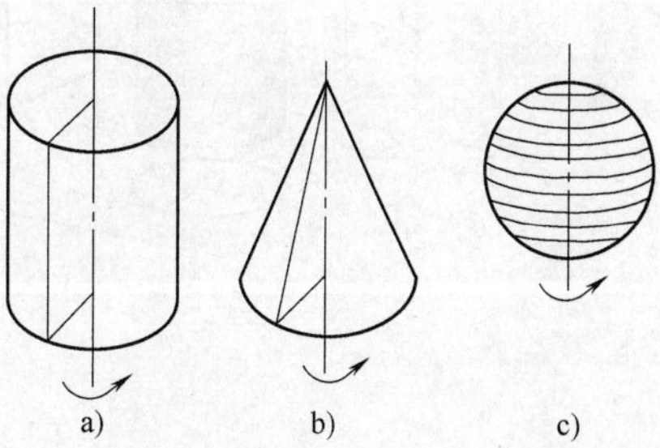

图 2-20 回转曲面的形成
a）圆柱面 b）圆锥面 c）球面

由圆母线绕其直径回转而成的曲面称为圆球面，如图 2-20c 所示。

在回转曲面的投影图中，其回转轴是用单点长画线画出，当轴线的投影积聚成一个点时，为确定其位置，常作十字相交的两条单点长画线标定。

2）素线。形成回转曲面的母线在曲面上的任何位置都称为素线。圆柱体的素线都是互相平行直线；圆锥体的素线是汇集在锥顶的倾斜线；圆球体的素线是通过球体上下顶点的半圆弧线。

3）纬圆。在回转曲面中，过母线上任一点的轨迹是一个圆，该圆垂直于回转轴，圆心在回转轴上，此圆称为纬圆。

4）回转面投影的轮廓线。对平面体的投影实质上就是对其棱线的投影，并依此表明平面体的形状。而曲面体由于不存在棱线，所以其投影是用它的轮廓线表示，曲面轮廓线不仅可以反映曲面的范围和外形，同时还可反映曲面在按某一个投射方向投影时的可见部分和不可见部分的分界线。

（2）圆柱体的投影图及投影特性　圆柱体是由一个圆柱面和顶面、底面所围合而成。

圆柱体的三面投影图如图 2-21 所示，图中圆柱的轴线为铅垂线，所以圆柱面的水平投影是个圆，且有积聚性，圆柱面上所有的点、线，其水平投影都在圆周上。圆柱的正面投影和侧面投影是两个相同的矩形，矩形的水平边是上、下底面的投影，矩形的竖直边是四条轮廓素线 *AA*、*BB*、*CC*、*DD*。正面投影的左右两竖直边是圆柱面的最左、最右轮廓素线的投影，它们的侧面投影重合在轴线侧面投影的位置，不再单另画线。侧面投影的左右两竖直边是圆柱面的最后、最前轮廓素线的投影，它们的正面投影重合在轴线正面投影的位置，不再单另画线。其投影特性如下。

1）两个底面的投影，在其所平行的投影面上反映重合的实形，而在另外两个投影面上则积聚成直线。

2）圆柱面的投影如垂直于投影面的则积聚成一个圆，而在另外两个投影面上反映的是处在不同位置的四条素线的投影。

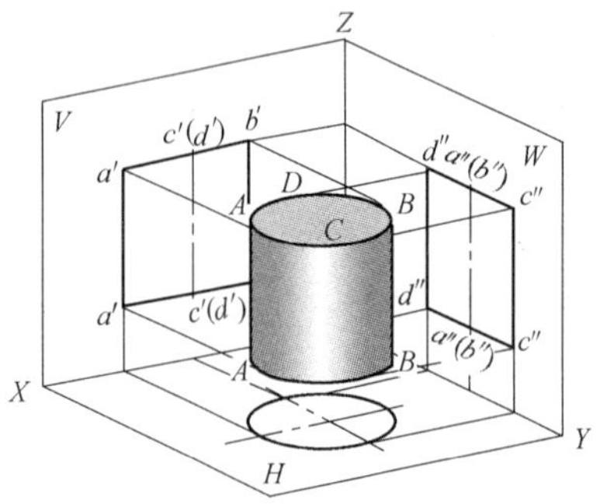

a)

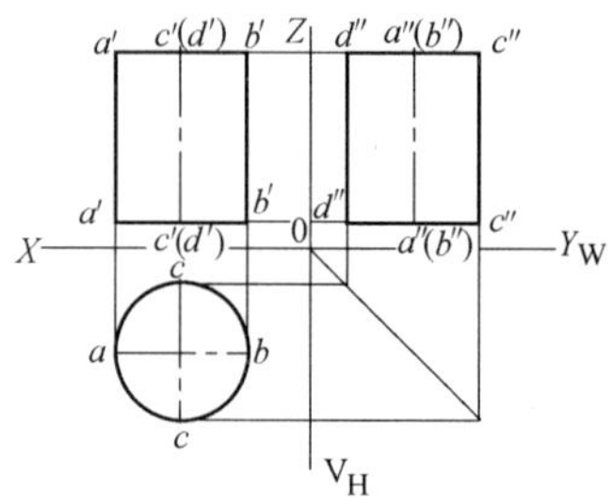

b)

图 2-21　圆柱体的三面投影图

a）直观图　b）投影图

圆柱的大小由其直径和高度确定，圆柱的位置由其轴线确定，图 2-22 所示为圆柱和圆孔的尺寸标注。

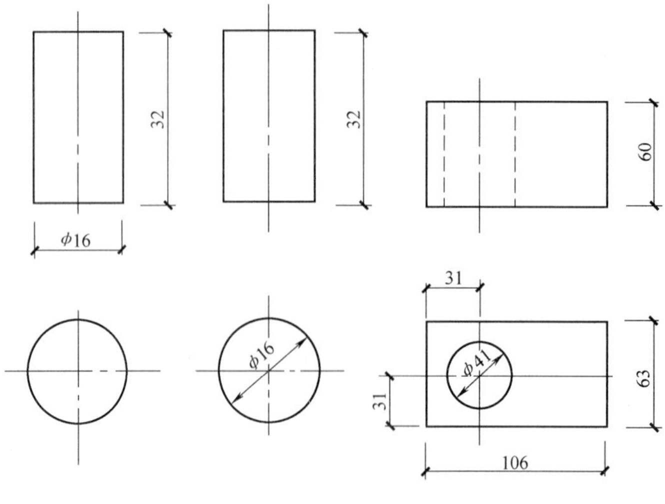

图 2-22　圆柱和圆孔的尺寸标注

（3）圆锥体的三面投影图及投影特性　圆锥体是由一个圆锥面和一个底面所围合而成。圆锥体的三面投影图如图 2-23 所示，其投影特性如下。

1）底面的投影在其所平行的投影面上反映实形（即是一个圆），而在另两个投影面上积聚为一直线。

2）圆锥曲面的投影在其回转轴所垂直的投影面上是一个圆，它与底面圆的投影相重合，其底圆的圆心与圆锥顶的投影相重合；在另外两投影上反映的是处在不同的位置四条直线（*SA*、*SB*、*SC*、*SD*）的投影，即曲面轮廓线 *sa*、*sb*、*sc*、*sd*、…表示。

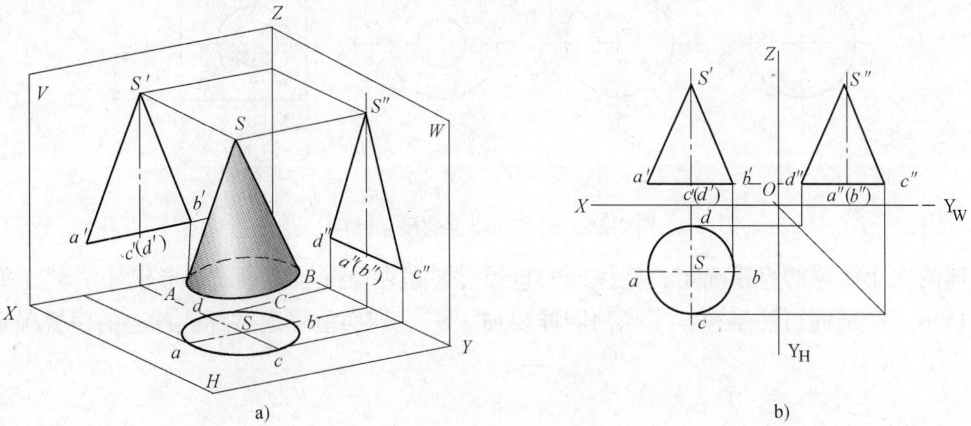

图 2-23　圆锥体的三面投影图

a）直观图　b）投影图

图 2-24 所示为圆台的投影图。

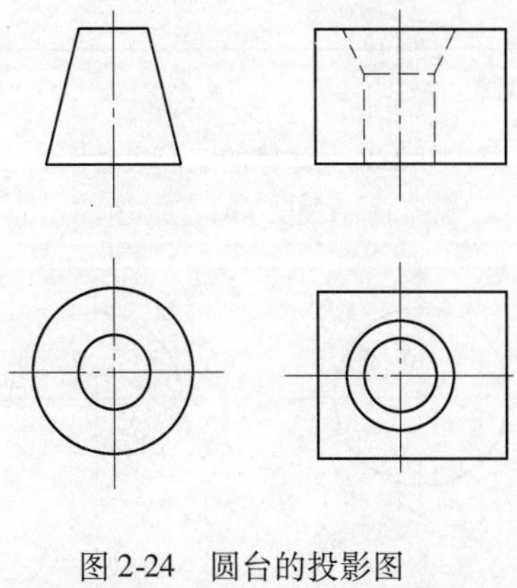

图 2-24　圆台的投影图

圆锥的大小由底圆直径和锥高确定，圆台的大小由上下底圆的直径和圆台高确定，它们的位置由轴线的位置确定，图 2-25 为圆锥和圆台的尺寸标注。

（4）球体　球体是由半圆的弧线回转而成，其球面是曲线曲面。球体的三面投影图如图 2-26 所示，其投影特性是：各个投影都为圆，它们分别是与三个投影面平行并通过球心与球等直径的三个圆（素线和纬圆）的投影。

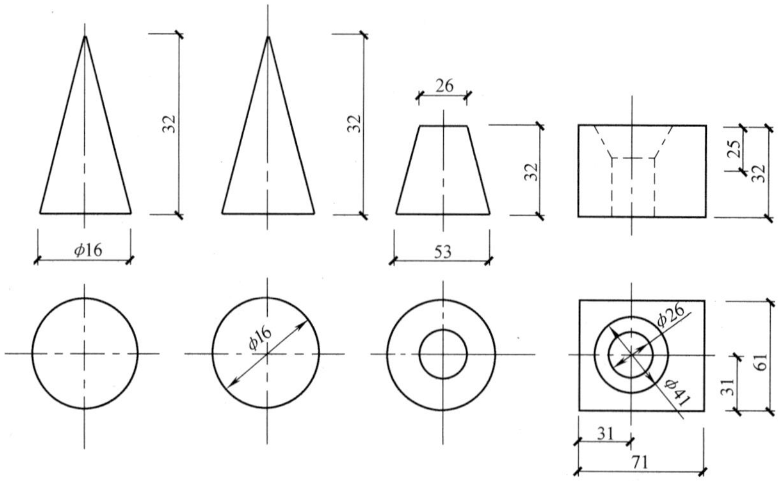

图 2-25 圆锥和圆台的尺寸标注

球的大小由球的直径确定，标注球的直径时要在直径符号前冠以球形代号“*S*”，如图 2-27 所示。半球面可注半径，半径前同样要加“*S*”。球的位置通过标注球心的位置确定。

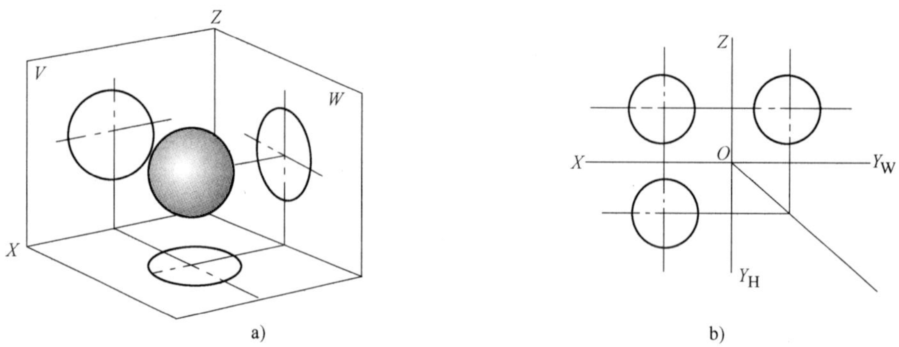

图 2-26 球体的三面投影图

a）直观图 b）投影图

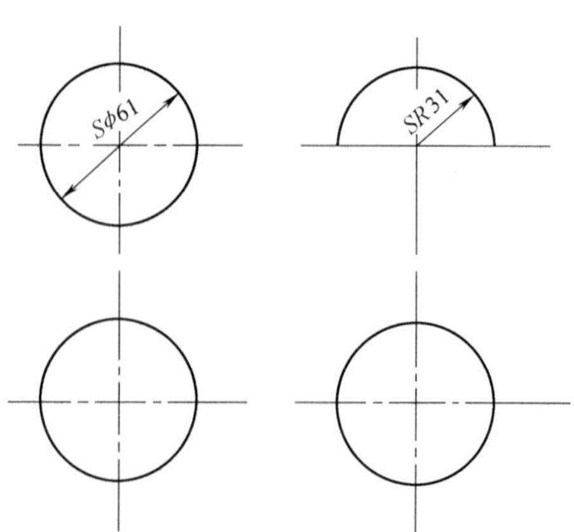

图 2-27 球体的尺寸标注

物体的形状多种多样，有简有繁，有些简单的物体只需用两个甚至一个投影图就能表达清楚，如图 2-28 所示。一个投影图表达时必须加标注。

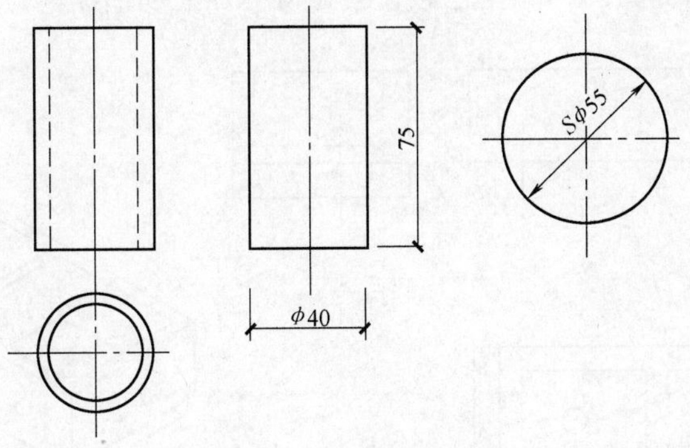

图 2-28　球体的尺寸标注

a）圆筒　b）圆柱　c）球

小知识

在基础工程中，四边放坡长（方）地坑和圆形放坡底坑，分别是四棱台和圆台。

曲面体的几何计算公式见表 2-2。

表 2-2　曲面体的几何计算公式

名称	符　号	计 算 公 式	名称	符　号	计 算 公 式
圆柱	r—底面半径 h—高 c—底面周长 $S_{底}$—底面积 $S_{侧}$—侧面积 $S_{表}$—表面积	$C=2\pi r$ $S_{底}=\pi r^2$ $S_{侧}=ch$ $S_{表}=ch+2S_{底}$ $V=S_{底}h=\pi r^2 h$	空心圆柱	R—外圆半径 r—内圆半径	$V=\pi h(R^2+r^2)$
			直圆锥	r—底半径 h—高	$V=\pi r^2 h/3$
			圆台	r—上底半径 R—下底半径 h—高	$V=\pi h(R^2+Rr+r^2)/3$
球	r—半径 d—直径	$V=\frac{4}{3}\pi r^3=\frac{\pi d^3}{6}$	球缺	h—球缺高 r—球半径 a—球缺底半径	$V=\pi h(3a^2+h^2)/6$ $V=\pi h^2(3r-h)/6$ $a^2=h(2r-h)$

2.2.2　轴测投影图

1. 轴测投影的用途

应用正投影法画出的三面投影图（图 2-29a），虽然能准确地表达出形体的形状，但由于一个投影图一般不能同时反映出形体长、宽、高三个方向的形状，直观性不强，要想象形体的形状，需要把几个投影图联系起来看，没有投影知识的人不易看懂。

轴测图是用平行投影法将形体的长、宽、高三个方向的形状在一个投影面上同时反映出来的图形，如图 2-29b 所示。轴测图的直观性较强，容易看懂。

轴测图是装饰专业重要效果图之一。虽然没有透视图的感受，但立体形象足以说明问题。装饰效果图采用轴测图，配上色彩，会显得更加生动活泼。

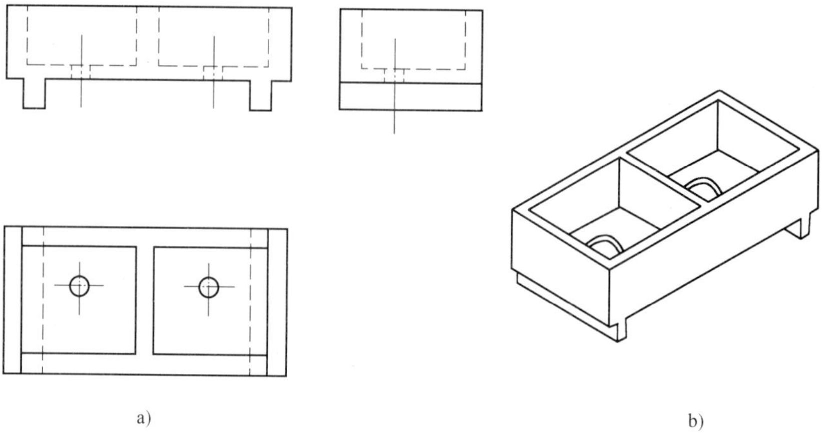

图 2-29 投影图与轴测图

a）投影图 b）轴测图

2. 轴测投影的分类与画法

如图 2-30 所示，在形体上建立空间直角坐标系 OX、OY、OZ，将形体连同坐标系一起沿着 S 方向（不平行于任何一坐标轴），向 P 平面作平行投影，所得到的投影图即称为轴测图。其中，P 称为轴测投影面；S 方向称为轴测投射方向；OX、OY、OZ 称为坐标轴；O_1X_1、O_1Y_1、O_1Z_1 称为轴测轴，它们是坐标轴在轴测投影面上的投影。

轴测投影图（轴测图）具有立体感的原因是，它能把一个形体的长、宽、高尺寸和形状同时投影到一个投影面上，属于单面的平行投影。

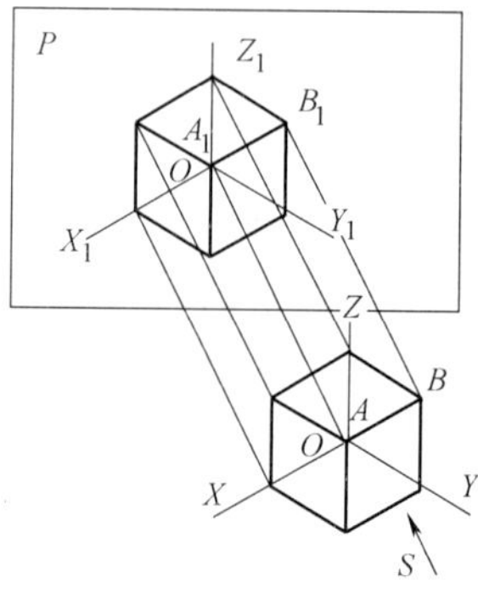

图 2-30 轴测图的形成

作为建筑识图，要求学生重点学会阅读图样，而不是要求学生严格画图，因此理论阐述从略。这里只叙述结果和最简单、最基本的入门画法，以加深学生对轴测图的了解和认识。

轴测图的通常画法有两种，一种是正等测投影图，另一种是斜轴测投影图。

（1）正等测投影图 其主要特点是，投射线与投影面垂直，形体上代表长、宽、高的三轴对投影面的倾角都相同，形体上的线段对投影面是倾斜状态，投影长度比空间线段长度短。三根轴变短的情况相同，即由原来的 1，变成 0.82，也就是说正等测投影图比实物缩小了 0.82 倍，为方便画图，均按原来的 1 画正等测投影图。具体画法如图 2-31b 所示。

（2）斜轴测投影图 其主要特点是，投射线与投影面倾斜，在轴测图中有一个面保持原形，另外两个面产生变形。这种轴测图多用在曲面的形体上，使曲面部位的曲线画成原形。这种斜轴测投影图分成两种情况，即正面斜轴测投影图和水平斜轴测投影图。画图时，需要采取哪种，要由曲面、曲线所在的部位决定。

画斜轴测投影图时，应尽量将正面保持原形，符合习惯。因为它有一个面可以保持原形，即按 1:1 比例绘图，另一个轴向一般取 0.5 倍画图。具体画法如图 2-32 所示。

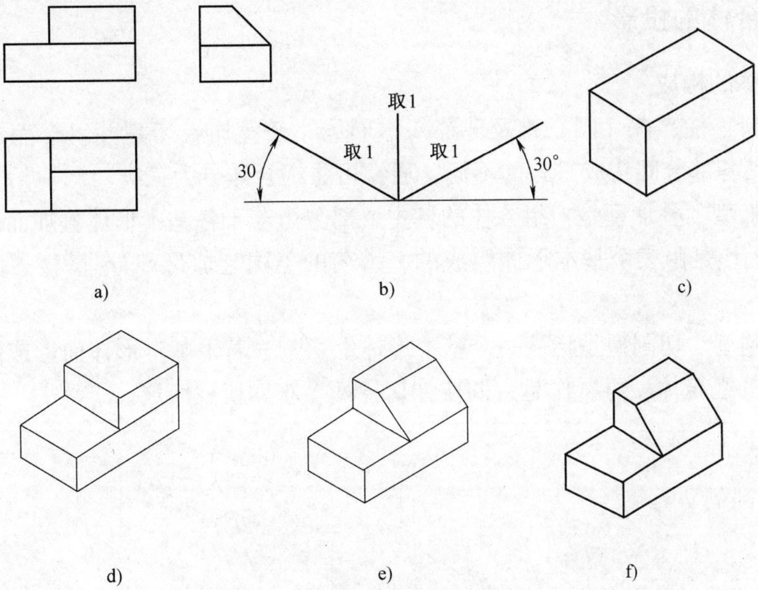

图 2-31　正等测投影图的画法

a）已知条件　b）画出投影轴　c）画出外框

d）分成两块　e）留下斜坡面　f）最后加工

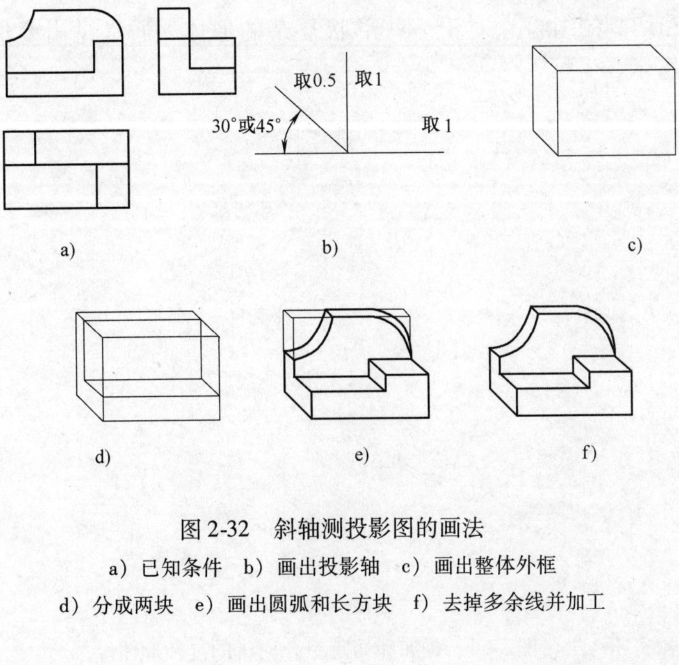

图 2-32　斜轴测投影图的画法

a）已知条件　b）画出投影轴　c）画出整体外框

d）分成两块　e）画出圆弧和长方块　f）去掉多余线并加工

小知识

图 2-14 所示的 Sears 塔是轴测投影图。房地产公司做的小区规划图广告牌也常常是轴测投影图。

2.2.3 组合体的投影

1. 组合体的构成

由棱（圆）柱、棱（圆）锥及球等基本形体，经叠加或切割并组合而成的体称为组合体。根据其各部分间构成方式的不同，通常可将组合体分为三类。

（1）叠加型　叠加型是指组合体的各主要部分由若干各基本形体叠加而成。如图 2-15 所示，螺栓毛坯是由三个基本形体组成的，著名的美国芝加哥 Sears 塔楼，由 9 个四棱柱叠加而成的。

（2）切割型　切割型是指从一个基本形体上切割去若干基本形体而形成的组合体。如图 2-33 所示的组合体，可看作是由四棱柱切掉两个小四棱柱而成。

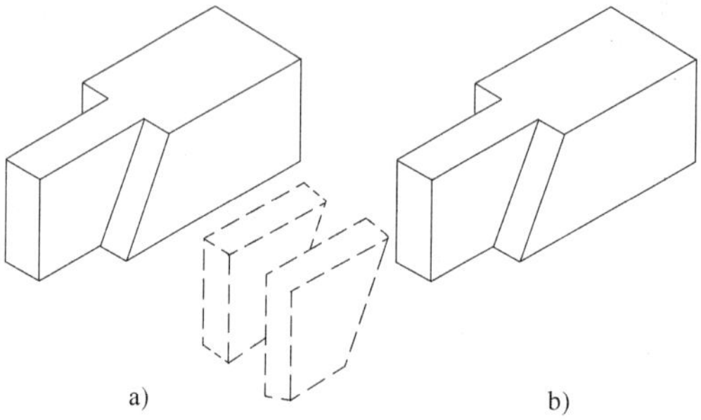

a)　　b)

图 2-33　切割体

（3）叠加和切割的组合　对于一些形状复杂的形体，通常是由叠加和切割组合而成的，如图 2-34 所示。

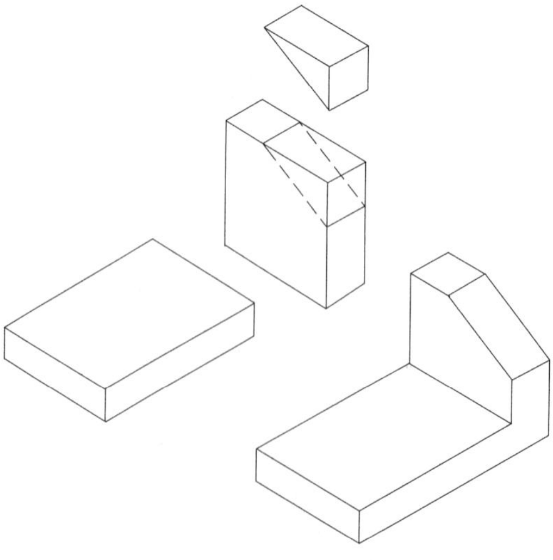

图 2-34　叠加和切割组合而成的复杂形体

2. 组合体投影图的识读

根据组合体投影图去想象它的空间形状，称为组合体识读。识读是边看图、边想象的思维过程。一般来说，识读能力的基础，一是要熟练掌握投影原理，二是要有丰富的知识储备。

（1）识读要领

1）联系各个投影图识读，综合想象物体的形状。图 2-35 所示的四个物体的平面图相同，但结合它们各自的正面投影图，就会知道它们表达的是不同的物体。图 2-36 所示的三个物体的正面投影图、水平投影图都是一样的，只有联系各自的侧面图，才能断定它们各自所表达的物体形状。

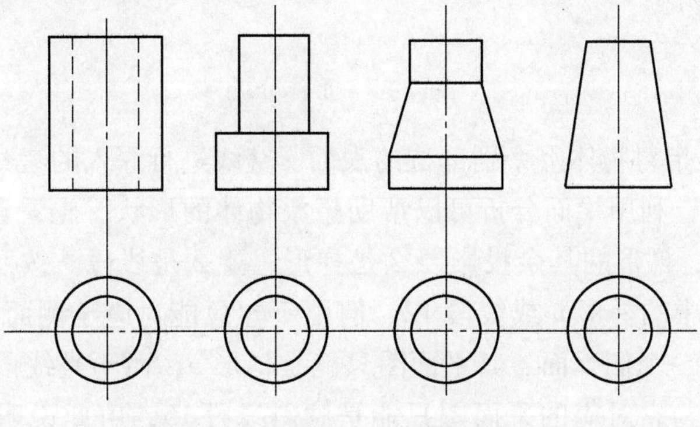

图 2-35　联系两投影图识读

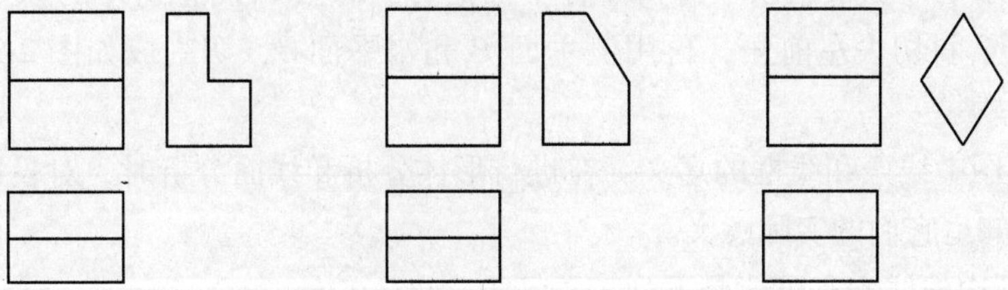

图 2-36　联系三面投影图识读

识读过程中，一般是先根据某一投影图作设想，然后把这种设想在其他投影图上验证。

2）对线框进行投影分析。投影图中有一条条的图线，图线围成了一个个的封闭线框，利用投影关系查对每个线框在另外投影图上的对应部分，即所谓的对线框。通过对线框，进行两方面分析，即形体分析和线面分析。

① 形体分析是认识组合体构成的基本方法，其实质是：假想组合体是由一些基本形体组合而成的，通过对这些基本形体的分析，间接地完成对复杂组合体的研究。形体分析是解决组合体问题的一种行之有效的方法。图 2-37 所示组合体的三面投影图中，通过对线框，该物体可分解为Ⅰ、Ⅱ、Ⅲ三个物体。分别想象出每个部分的形状，然后根据它们间的相互位置，综合想象出物体的整体形状。

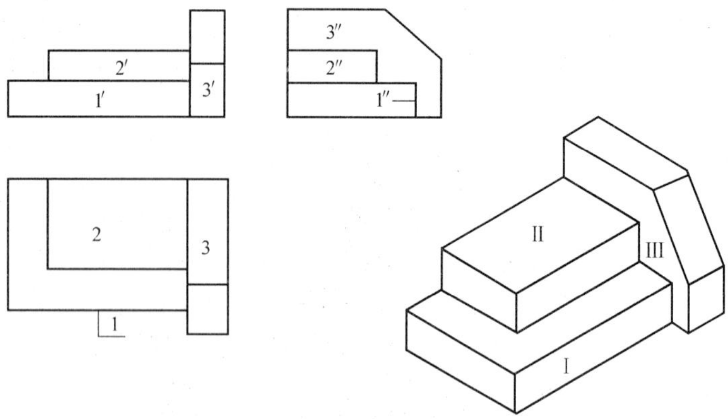

图 2-37　形体分析

② 线面分析是指对物体上个别部位的表面、交线进行深入的考察。图 2-38 所示组合体的三面投影图上，利用线面分析可以帮助想象物体的形状。先看正面投影图中的线框 p'，它是一个梯形，梯形的其余投影要么是梯形，要么是线段。按照投影关系。线框 p' 可能对应于平面图中的梯形 p 或线段 12，但由于 p' 只能对应于侧面图中的倾斜线段 p''，所以物体表面 P 是一个侧垂面，其平面图只能是梯形 p，而不是线段 12。在从正面投影图中分析线框 q'，与它对应的平面图只能是倾斜线段 15，由此说明平面 Q 是一个铅垂面，它的侧面图是与 q' 同边数的图形。用同样的方法可以分析出平面 R 是一个正平面，平面 S 是一个水平面。根据以上对物体各个面的分析，可以设想物体的原始形状是长方体，用铅垂面 Q 斜切去左前角，再用侧垂面 P 和水平面 S，切割成如图 2-38b 所示的形状。

（2）投影图中线条和线框的意义　在进行形体分析和线面分析时，对投影图中出现的线条和线框要知道它们的实际意义。

1）投影图中的线条有可能是下列三种情形之一。

① 形体表面有聚积性的投影，如图 2-38a 中水平投影上的线段 15 代表的是平面 Q 的积聚投影。

② 表面与表面交线的投影，如图 2-38a 中正面投影上的线段 $1'3'$ 代表的是平面 P 与 Q 两平面交线的正面投影。

③ 曲面的外形轮廓线，如图 2-39a 中正面投影上的 $a'b'$ 和 $c'd'$，它们是圆柱面的最左、最右两条轮廓素线。

2）投影图中的封闭线框，一般情况下它是表面的投影，可能是下列三种情形之一。

① 平面的投影。当线框是多边形时，一般情况下它是某个平面的投影，它在另外投影图上的对应投影，要么是一条直线，要么是同边数的多边形。如图 2-38a 中的五边形线框 q'，在水平投影上对应的是直线 q，在侧面图上对应的是五边形 q''。

② 曲面的投影。图 2-39a 中的 $a'b'c'd'$ 代表的是圆柱面。

③ 组合表面的投影。由曲面平滑过渡到曲面时，由于它们之间没有分解线，组合表

面的周边就会形成一个封闭的线框。如图 2-39b 所示的正面投影线框代表的就是平面与圆柱面的组合。

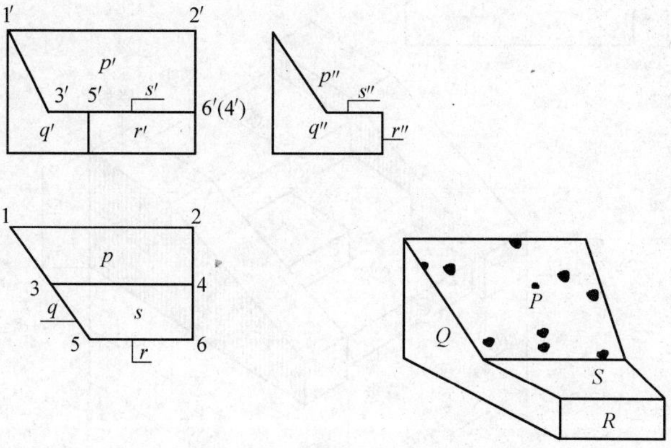

a)　　b)

图 2-38　线面分析

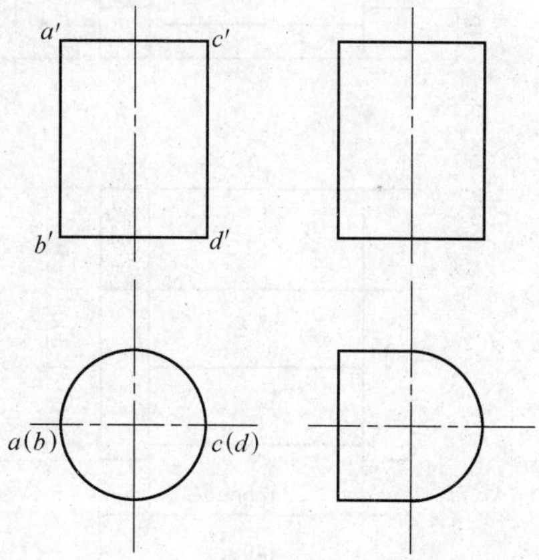

a)　　b)

图 2-39　曲面体的两面投影图

试一试

已知物体的水平投影图和正面投影图（如图 2-40所示），补绘第三投影图。

作法：

首先读图。根据水平投影图和正面投影图，可以看出此物体为一台阶，属于平面体。由形体分析可知，沿 Y 方向放置了四个棱柱体，采用叠加组合关系的形式，形成四级踏步，并且最上面四棱柱体的顶面最大。

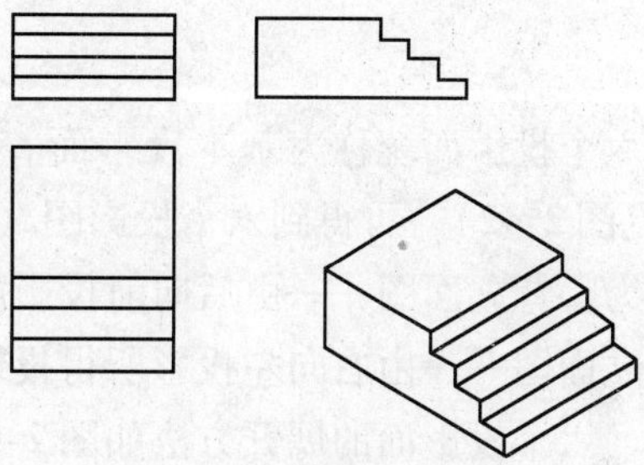

图 2-40　求侧面投影图

通过读图，可以想象出物体的形状，就可以按照投影关系，逐步画出右侧立面图，如图 2-40 所示。

3. 组合体投影图的尺寸标注

组合体的尺寸应包括下列三种。

（1）定形尺寸　确定组合体中各基本形体形状的尺寸，如图 2-41 中的 300、150、1000 为踏步的定形尺寸。

（2）定位尺寸　确定组合体中各基本形体间的相互位置的尺寸，如图 2-41 中的 60 为栏板的定位尺寸。

（3）总体尺寸　表示组合体的总长、总宽和总高的尺寸，如图 2-41 中的 1400、1160、510。

4. 六面投影图

工程物体的形状和结构是各种各样的，只用三面投影图可能难以充分满足表达的要求。根据制图标准规定，在原有三个投影面的基础上可以再增加三个与其相对的投影面，

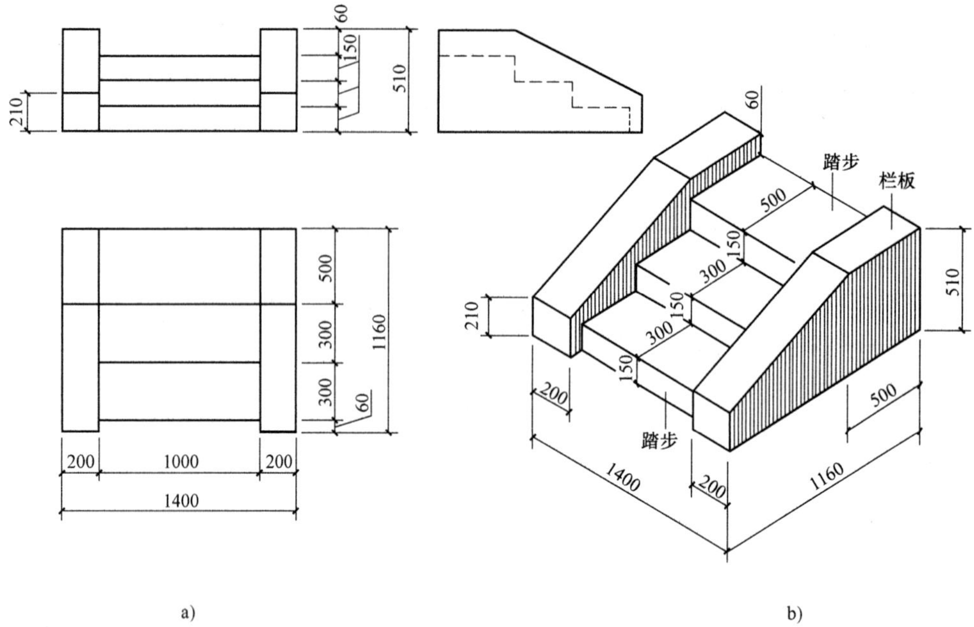

图 2-41　组合体的尺寸标注

a）投影图　b）直观图

这六个投影面统称为基本投影面。将物体置于投影面之间，分别向六个基本投影面投影（见图 2-42），可得到六个投影图（见图 2-43）。在增设的三个基本投影面上所得到的投影图为：背立面图——由后向前投影所得投影图；底面图——由下向上投影所得投影图；右侧立面图——由右向左投影所得投影图。

六个投影面的展开方法如图 2-43 所示。六个投影图的配置关系如图 2-44 所示。在同一张图纸上按此关系布置投影图时，每个投影图一般均应标注图名，且图名宜标注在投影图的下方。

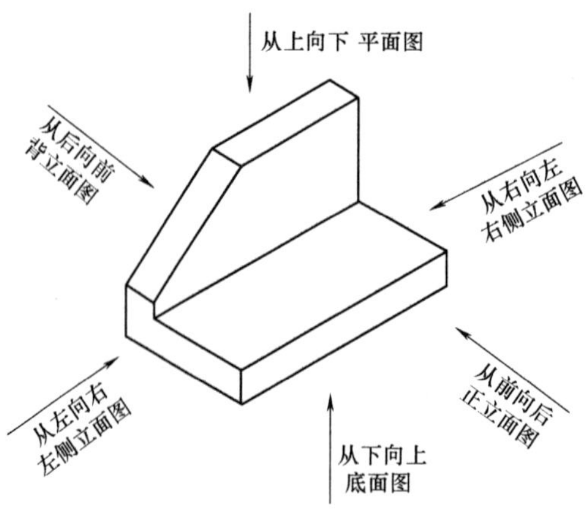

图 2-42　基本投射方向

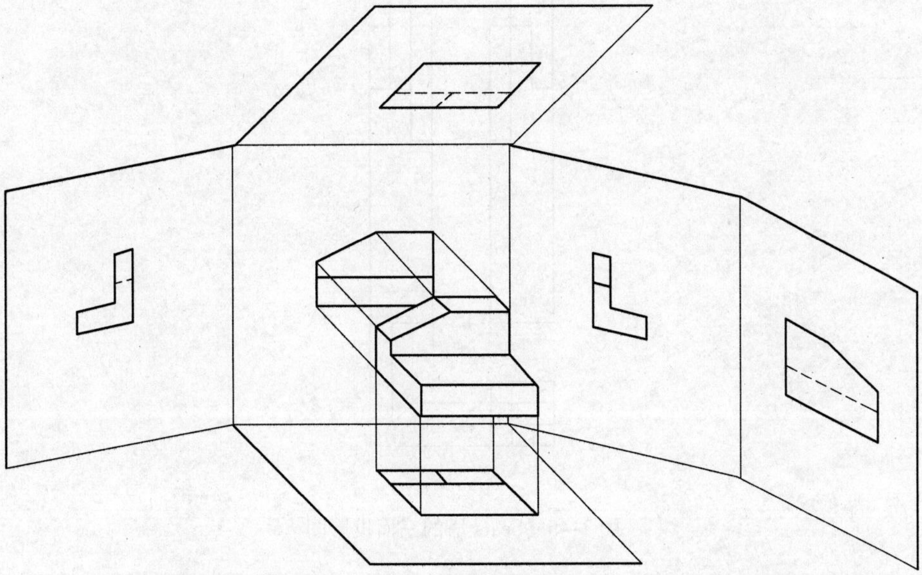

图 2-43　六个基本投影面的展开方法

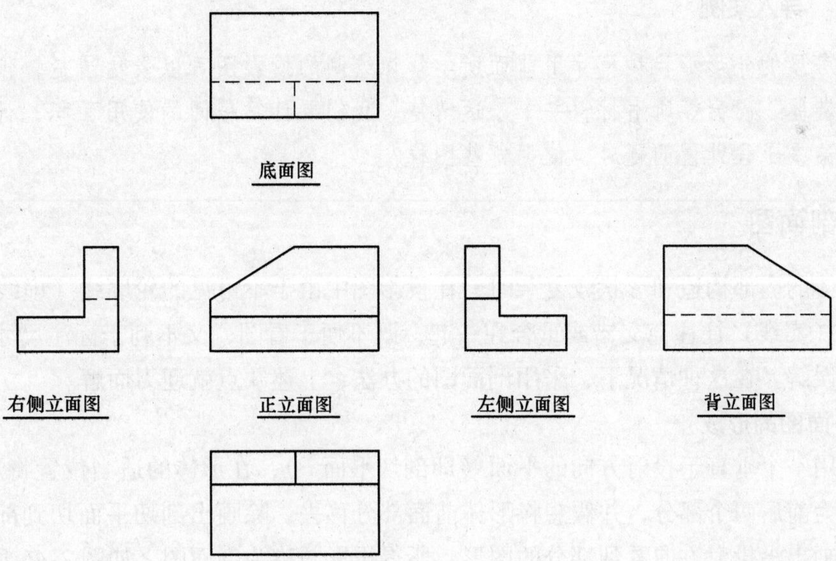

图 2-44　六面投影图的配置关系

相关链接

绘制出 Sears 塔的三面投影图（见图 2-45）。

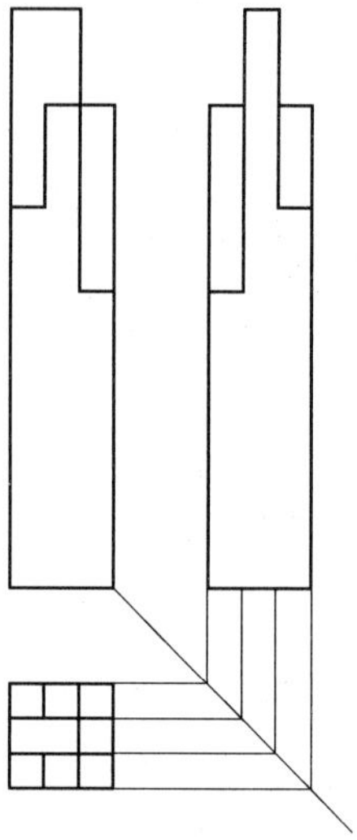

图 2-45　Sears 塔的三面投影图

2.3　剖面图和断面图

导入案例

一幢房屋的外形形状和尺寸用前面所学知识绘制的投影图可以表达清楚，但房屋的内部布置及墙体、门窗等所用材料并未表达清楚。我们要计算房间的使用面积，计算各种材料用量等诸多工程计量问题时，依据哪些图样？

2.3.1　剖面图

当形体的内部构造和形状较复杂时，在投影图中由于不可见的轮廓线（虚线）和可见的轮廓线（实线）往往会交错或重合在一起，既不便于看图，又不利于标注尺寸，同时也容易产生误解。在这种情况下，采用剖面图的办法，上述缺点就迎刃而解。

1. 剖面图的形成

假想用一个垂直于投射方向的平面（即剖切平面 P），在形体的适当位置将形体剖开，使形体分为前后两个部分，并假想将形体前面部分移去，除画出剖切平面切到部分的图形外，还应画出沿投射方向看到部分的图形，所得投影图称为剖面图，如图 2-46 所示。

2. 基本规定

为了分清剖面图与其他投影图之间的对应关系，制图标准规定，应对剖面图进行标注（如图 2-47 所示）。

（1）剖切位置线的标注　剖切位置线由两段粗实线（即为剖切平面的积聚投影）组成，用以表示剖切平面所在的位置。该符号每段长度约为 6 ~ 10mm，且不得与投影图上的其他图线相接触。

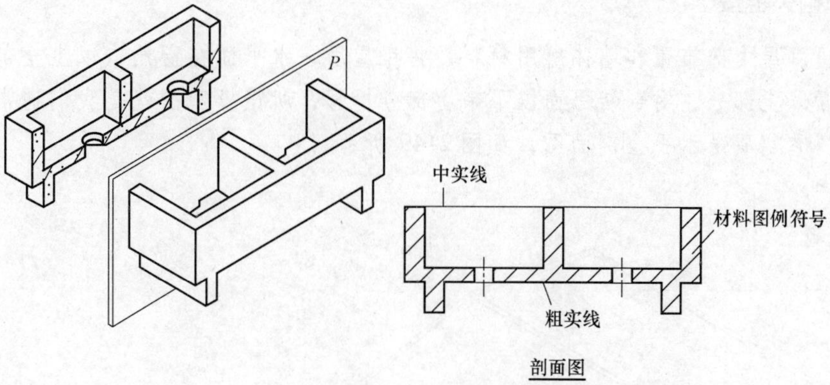

图 2-46　剖面图的形成

（2）投射方向线的标注　投射方向线位于剖切位置线的外侧且与剖切位置线垂直。它用来表示剖面图的投射方向，投射方向线仍由粗实线组成，其每段长度约为 4～6mm。

（3）剖面图名称的标注　剖面图的名称通常可用阿拉伯数字或拉丁字母表示。在标注过程中，它们应成对出现，且同时标注两处——投射方向线的端部和剖面图的正下方。

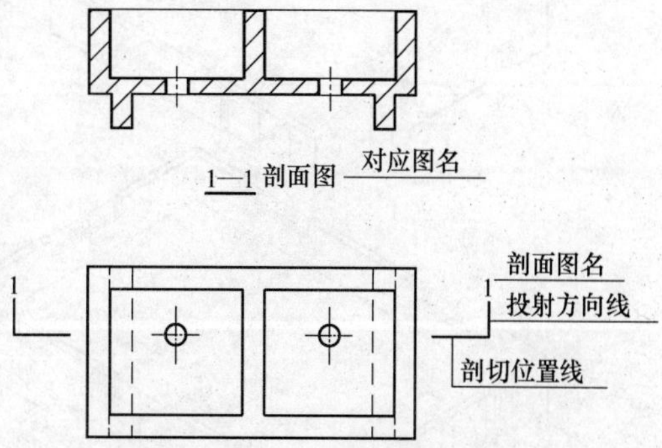

图 2-47　剖面图的标注及画法

3. 剖面图的分类

（1）全剖面图　用一个剖切平面将形体完全剖开后所得的剖面图，称为全剖面图。如图 2-48 所示，用 1—1 平面剖切台阶，形体的内部形状就清楚地在 1—1 剖面图中表达出来。

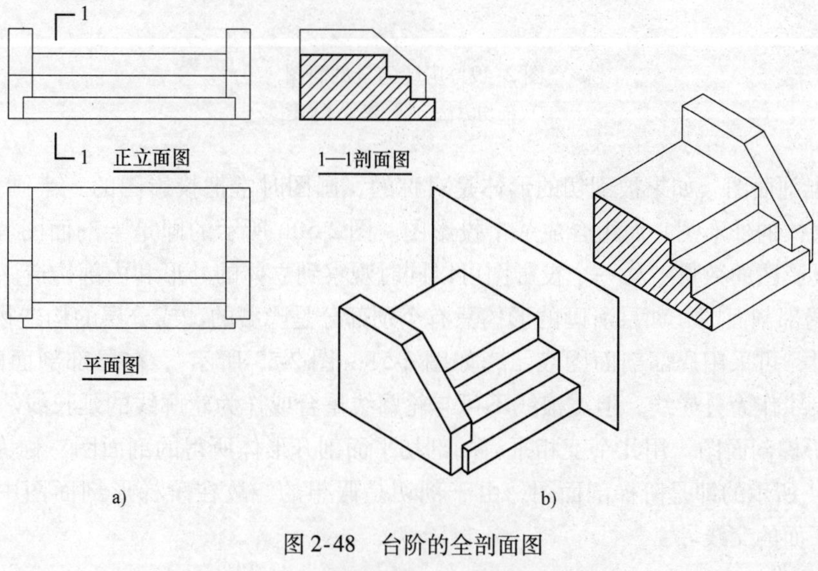

a)　　b)

图 2-48　台阶的全剖面图

a）三面投影图　b）剖切方法

相关链接

为反映房屋内部布置和墙体所用材料，将房屋用一水平面在窗洞口以上全部切开，移去剖切平面以上部分，对剖切平面以下余留部分投影，所得投影图就是我们通常称之的建筑平面图，它实质是水平全剖面图，如图 2-49 所示。

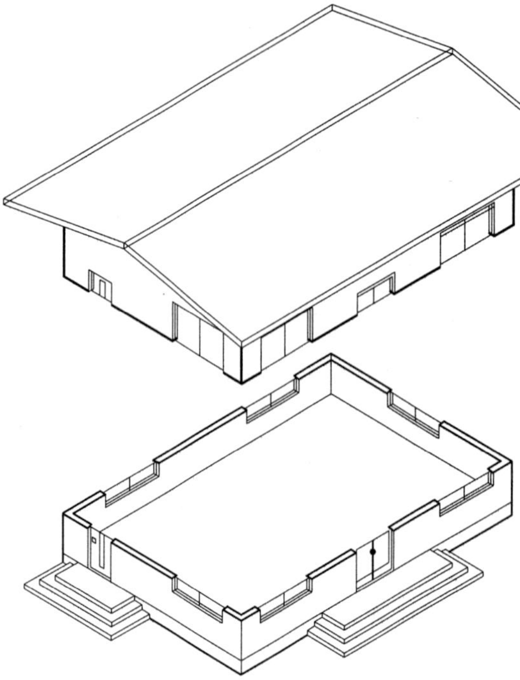

a)

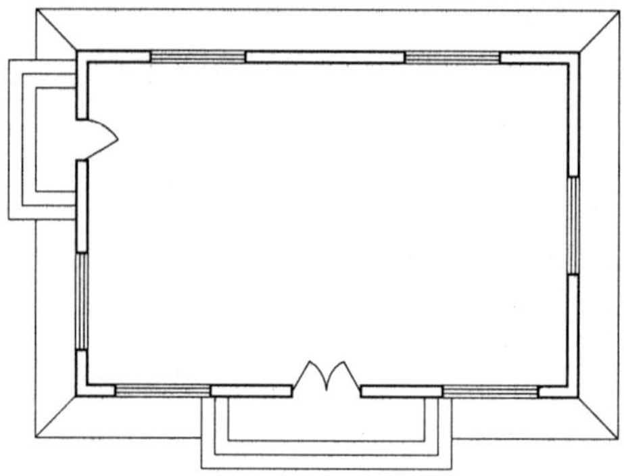

b)

图 2-49　房屋的全剖面图

a）剖切方法　b）建筑平面图

（2）半剖面图　如果被剖切的形体是对称的，画图时常把投影图的一半画为剖面图；另一半画立体的外形图，而组合成一个投影图。图 2-50b 所示的即是半剖面图。这种画法可以节省投影图的数量，从一个投影图可以同时观察到立体的外形和内部构造。

（3）局部剖面图　如果所画的形体只有个别部分是隐藏的，或分层的构造物需要同时表示出来时，可采用局部剖面图表示，如图 2-51 ~ 图 2-53 所示 。在局部剖面的折断处，也可用波浪线作为分界线，但波浪线不可与轮廓线重合或作为轮廓线的延长线。

（4）阶梯剖面图　用几个互相平行的剖切平面剖开形体所得的剖面图，称为阶梯剖面图。图 2-54 所示的即是阶梯剖面图，由于剖切是假想的，故在阶梯形剖面图中不应画出两个剖切平面的交线。

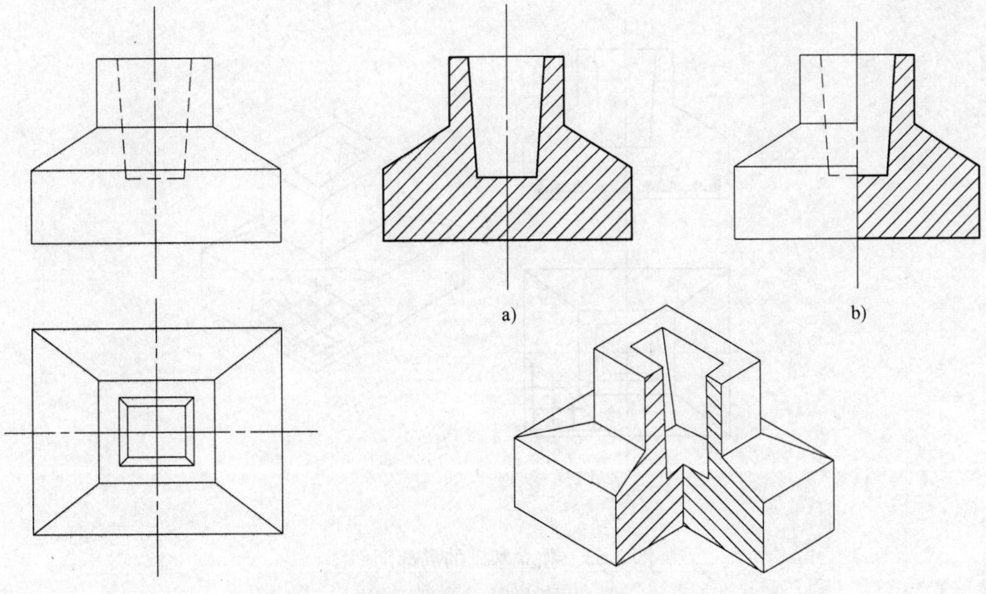

图 2-50　独立基础的半剖面图

a）全剖面图　b）半剖面图

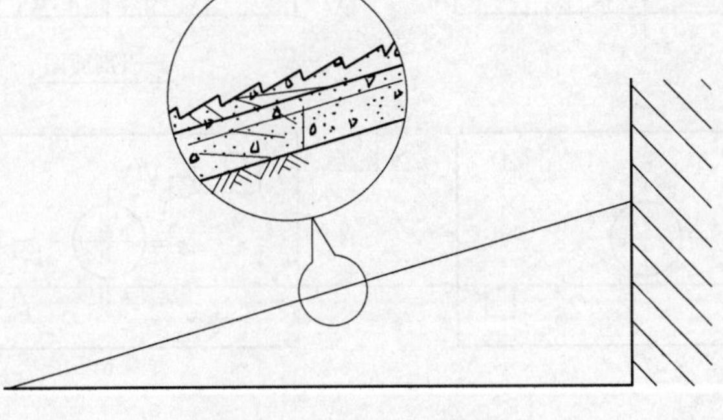

图 2-51　局部剖面图

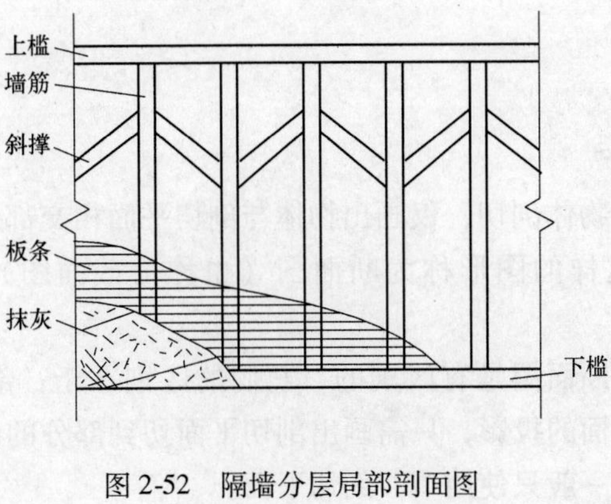

图 2-52　隔墙分层局部剖面图

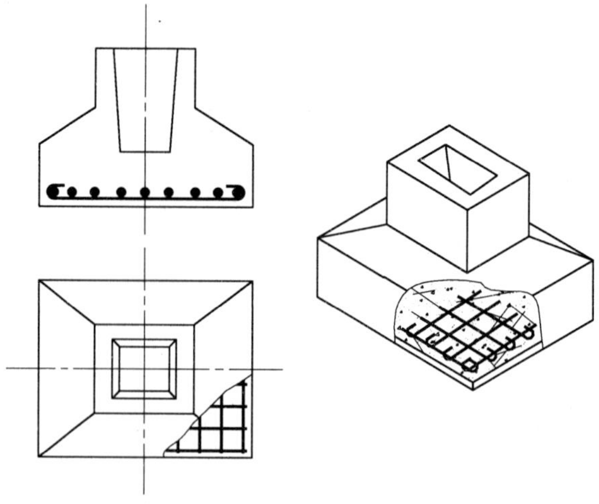

a)　　b)

图 2-53　独立基础的局部剖面图
a）两面投影图　b）剖切方法

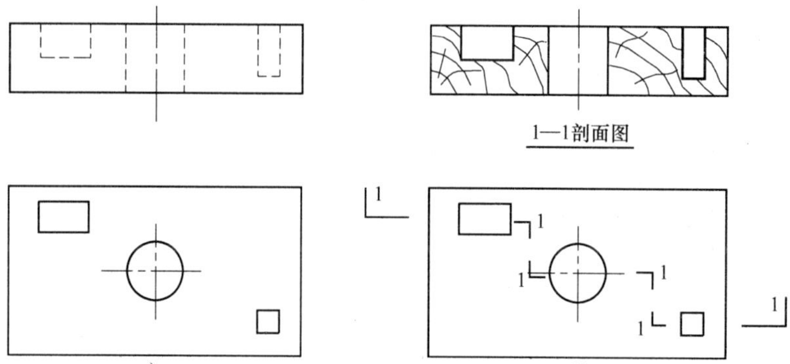

a)　　b)

图 2-54　阶梯剖面图
a）两面投影图　b）剖切方法

2.3.2　断面图

1. 断面图的概念

假想用剖切平面将物体剖切，仅画出物体与剖切平面相交部分的投影，并在投影内画出相应的材料图例，这样的图形称为断面图（也称为截面图）。图 2-55 中的“3—3”、“4—4”即为断面图。

应该注意剖面图与断面图是有区别的，它们的区别在于：剖面图画的是余留体的投影，而断面图画的是平面的投影，只需画出剖切平面切到部分的图形；剖面图可以采用多个剖切平面，而断面图一般只使用单一剖切平面。

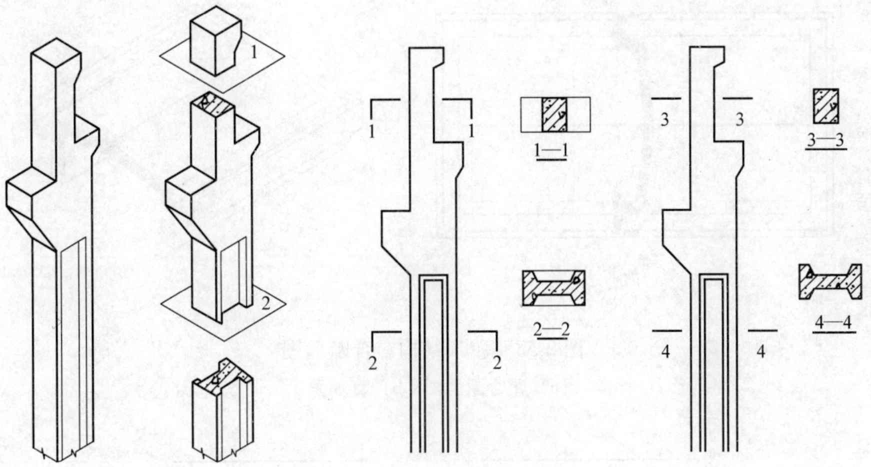

图 2-55　剖面图与断面图的区别

2. 基本规定

注写的剖切符号由剖切位置线和编号两部分组成。

剖切位置线与剖面图中相同。剖切符号的编号采用阿拉伯数字或拉丁字母，且必须注写在剖切符号的一侧，编号所在的一侧即为剖切后的投影方向，如图 2-55 中的“3—3”。

3. 断面图的分类

按照断面图所在位置的不同，可将其分为移出断面图、重合断面图、中断断面图。

（1）移出断面图　画在物体投影图以外的断面图称为移出断面图。图 2-56 所示的“A—A”即为移出断面图，从中可知玻璃隔断中梃所用的材料及断面形状、构造做法。

（2）重合断面图　画在物体投影图以内的断面图称为重合断面图。图 2-57 为一角钢的重合断面图，该断面没有标注断面的剖切符号。

图 2-58 所示是一屋顶平面图，用一假想剖切平面垂直将屋盖剖开，将断面画在屋顶平面图上，以此表示屋顶结构、屋面坡度、屋檐及天沟的形状。

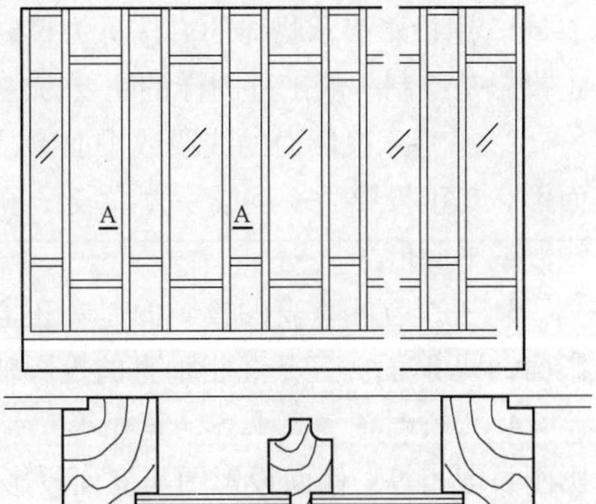

图 2-56　玻璃隔断移出断面图

（3）中断断面图　画在投影图中断处的断面图称为中断断面图。图 2-59 所示的角钢，由于断面形状相同，可假想把角钢从中间断开，将断面图画在中断处，不必标注剖切符号。

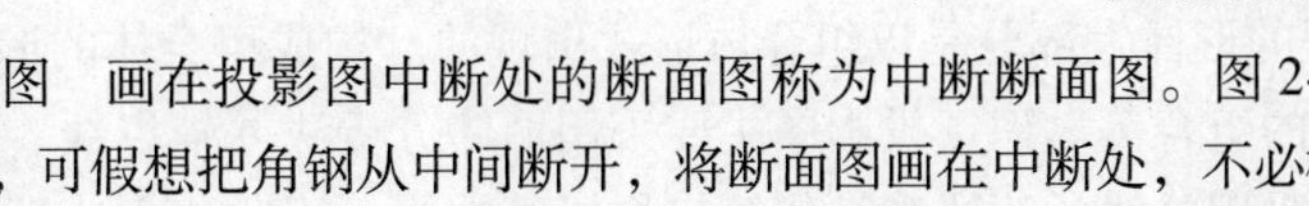

图 2-57　重合断面图

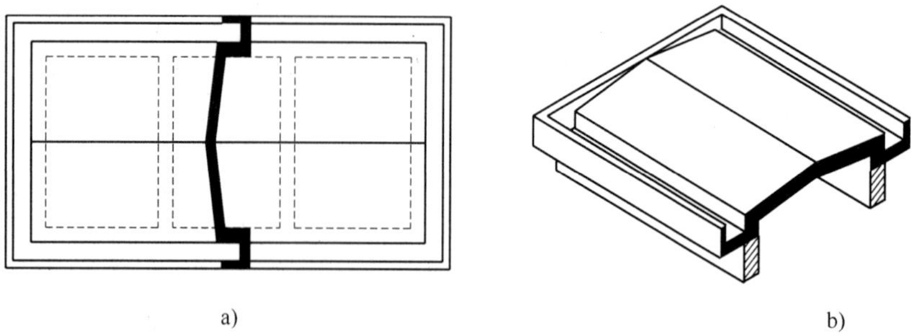

图 2-58　屋顶结构重合断面图
a）重合断面图　b）直观图

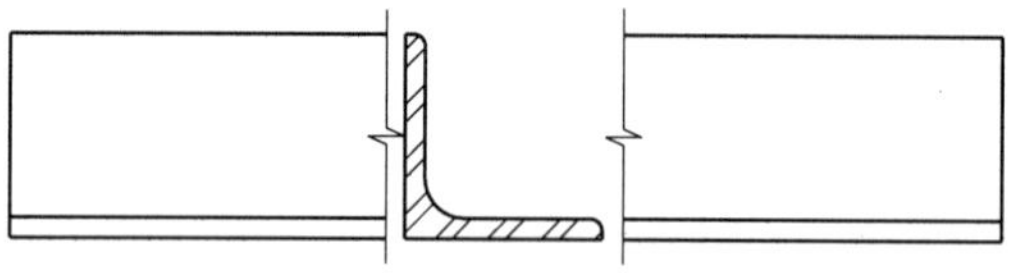

图 2-59　角钢的中断断面图

本 章 回 顾

1. 用投影表示物体的方法称为投影法，投影线互相平行并垂直于投影面称为正投影，正投影是绘制一般工程图样的主要方法。

2. 平行于投影面的线段或平面形，它们的正投影反映实大；垂直于投影面的直线或平面形，其正投影为一点或一直线段；倾斜于投影面的直线段或平面形，其正投影小于原直线段或平面形。

3. 三个互相垂直的投影面是：正立投影面，即 V 面；水平投影面，即 H 面；侧立投影面，即 W 面。三条互相垂直的投影轴为 OX、OY 及 OZ 轴，三轴相交于原点 O。

4. “长对正、高平齐、宽相等”是投影图的重要关系。即形体的立面投影图与平面投影图长度相等；侧面投影图与立面投影图的高度相等；平面投影图与侧面投影图的宽度相等。

5. 投影图也称视图。做投影图时，假想观察的人站在物体正前方无限远处，面对投影面观看物体，把看到的形状画在投影面上。即物体放在观察者和投影面之间。

6. 建筑工程的形体大部分是以组合体形式出现的。构成组合体的形式主要有叠加、切割、叠加和切割的组合等。识读投影图主要采用形体分析法并辅以线、面分析法。为练习识读投影图，常采用补线、改错和补作第三投影等方法，用这些方法可以判断是否已读懂了投影图。

7. 轴测投影图是一种画法比较简单的立体图，简称轴测图。轴测图在建筑工程图纸中只作为辅助图，用以表示建筑构件或局部的立体形状。

8. 剖面图用以表示整幢房屋或整个构件的内部构造以及较复杂的局部构造。如果只需表示构件的断面，而没有必要作剖面图，则可用断面图。

9. 根据剖切方式的不同，剖面图有全剖面图（主要用于剖面图形为非对称时）、阶梯形剖面图（用于一个剖切平面不能将形体上需要表达的内部构造表示清楚时）、局部剖面图（用于形体中局部比较复杂或需表达分层构造时）、半剖面图（用于形体对称而外形又比较复杂时）。

10. 断面图的画法有三种：移出断面图（断面图画在投影图之外）、重合断面图（断面图画在剖切处与投影图重合）、中断断面图（断面图画在投影图假想的断裂间隙处）。

知识应用

实测教学楼阶梯，画出其三面投影图，然后进行尺寸标注，并计算体积及表面积。

1. 条件准备

在校园内选择形状比较典型的室外台阶为测绘对象（根据学生的学习能力，老师可以指定），将每班学生分成若干组（3 ~ 5 人一组），每组有一组长，到学校测量工具室借钢尺和记录板。

2. 操作步骤

1）带学生进入工作项目现场。

2）徒手画出测绘对象的形象图（可以是轴测图，也可以是三面投影图）。

3）两名学生拉尺子读尺寸，一名学生在形象图上标注尺寸。

4）检查量测尺寸，要求齐全、正确。

5）根据三面投影图的规律，用绘图工具完成三面投影图，并标注尺寸。

6）计算其体积及表面积。

3. 小贴士

三面投影图反映形体的外形形状，量测尺寸时应将尺子拉直，尺寸数字符合要求（指导老师要逐一检查量测数字，不符合要求的，让学生重新量测，同时再给学生一次成绩）。

建筑构造篇

第3章　房屋构造的基本知识

知识储备

我们周围有着各种各样的建筑物，为我们提供工作居住的场所，为我们遮风避雨，在我们生活中起着重要作用。

通过本章的学习，我们应该：

了解建筑的分类及民用建筑的特点，重点掌握房屋建筑构造基本知识和建筑物定位轴线的布置。

导入案例

我们生活中经常见到各种各样的建筑物，那么建筑物都有哪些组成部分，各构件的作用又是什么呢？

3.1　房屋的构造组成

3.1.1　建筑物的分类

建筑物是供人们生活、学习、工作、居住以及从事各种生产和文化活动的场所。其他如水池、水塔、支架、烟囱等间接为人们提供服务的设施称为构筑物。

建筑物可以从许多方面来对其进行分类，常见的有如下4种方法。

1. 按使用性质分

（1）民用建筑　民用建筑指主要用途是供人们工作、学习、生活、居住的建筑。如住宅、单身宿舍、招待所等居住建筑和写字楼、教学楼、影剧院、商场、医院以及邮电、广播、交通等公共建筑。

（2）工业建筑　工业建筑指各类工业生产用房和直接为生产提供服务的附属用房。常见的有单层工业厂房、多层工业厂房、层次混合的工业厂房。

（3）农业建筑　农业建筑指各类供农业生产使用的建筑，如种子库、拖拉机站等。

2. 按结构类型分

结构类型是根据承重构件所选用的材料、制作方式、传力方法的不同来划分的，一般分为如下4种。

（1）砖混结构　砖混结构的竖向承重构件是采用烧结多孔砖或承重混凝土小砌块砌筑的墙体，水平承重构件为钢筋混凝土梁、板。这种结构一般用于多层建筑中。

（2）框架结构　框架结构是利用钢筋混凝土或钢的梁、板、柱形成的骨架构成承重部分，墙体一般只起围护和分隔作用。这种结构可以用于多层和高层建筑中。

（3）剪力墙结构　剪力墙结构是指房屋的内、外墙都做成实体的钢筋混凝土墙体，由剪力墙承受竖向和水平作用。这种结构可以用于小开间的高层建筑中。

（4）特种结构　特种结构又称为空间结构，它包括拱、壳体、网架、悬索等结构形式。这种结构多用于大跨度的公共建筑中。

3. 按建筑层数或总高度分

层数是建筑的一项非常重要的控制指标，但必须结合建筑总高度综合考虑。

（1）住宅建筑　1~3 层为低层，4~6 层为多层，7~9 层为中高层，10 层及以上为高层。

（2）公共建筑及综合性建筑　总高度超过 24m 为高层，总高度小于 24m 为多层。

（3）超高层建筑　建筑总高度超过 100m 时均为超高层，不论其是居住建筑或公共建筑。

4. 按施工方法分

按照建造建筑所采用的施工方法，建筑物可以分为如下 3 类。

（1）现浇现砌式　这是指建筑物的主要构件在施工现场砌筑（如空心砖墙等）或浇注（如钢筋混凝土构件等）的方法建造的建筑物。

（2）预制装配式　这是指建筑物的主要构件在加工厂预制，在施工现场进行装配而建造的建筑物。

（3）部分现浇现砌、部分预制装配式　这是指建筑物采用一部分构件在现场浇注或砌筑（多为竖向构件），一部分构件预制装配（多为水平构件）的方法施工建造的建筑物。

3.1.2 民用建筑的基本构造组成

图 3-1 为一民用建筑的构造组成图，从中我们能清楚地看到一幢建筑的重要组成部分。

（1）基础　基础是建筑物下部的承重构件，作用是承受建筑物的全部荷载，并传递给地基。

（2）墙体和柱　墙体和柱是建筑物的承重与围护构件。作为承重构件，它们要承受屋顶和楼层传来的荷载，并将这些荷载传给基础。当然，可能要承受一些水平方向的荷载。墙体的围护作用主要体现在抵御各种自然因素的影响与破坏。

（3）楼地层　楼地层是建筑中的水平承重构件，它要承受楼层上的家具、设备和人的重量，并将这些荷载传给墙或柱。

（4）楼梯　楼梯是楼房建筑中的垂直交通设施，其作用是供人们平时上下楼房，并供紧急疏散时使用。

（5）屋顶　屋顶是建筑物顶部的围护和承重构件，由屋面和屋面承重结构两部分组成。屋面抵御自然界雨、雪等的侵袭，屋面承重结构承受建筑顶部的荷载。

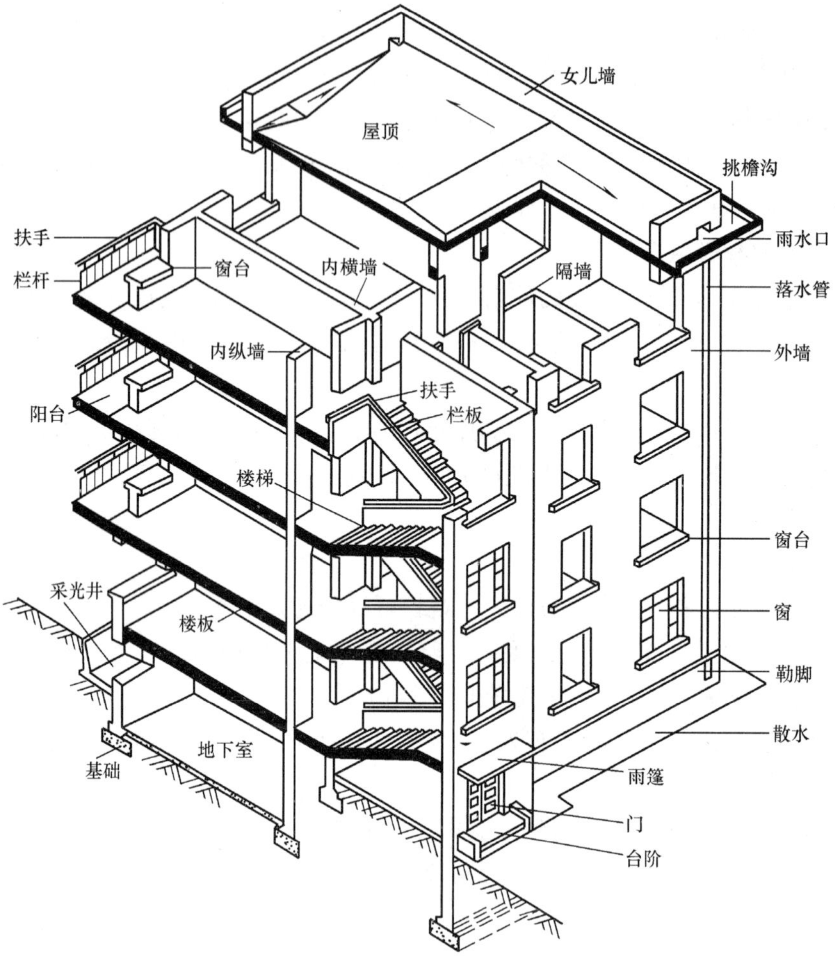

图 3-1　民用建筑的构造组成

（6）门窗　门的主要作用是提供建筑物室内外及不同房间之间的联系；窗的作用是采光和通风。门窗均属于非承重构件。

在建筑物中，除上述六大组成部分以外，还有一些附属部分，如阳台、雨篷、台阶、勒脚等。建筑各组成部分起着不同的作用，但概括起来主要是两大类，即承重作用和围护与分隔作用。

3.2　民用建筑的定位轴线布置

定位轴线是确定建筑构配件位置及相互关系的基准线。建筑设计和建筑施工需要引入定位轴线作为确定建筑平面及相关构件之间位置关系的依据。我国制定有相应的技术标准，对定位轴线的划分原则作出了具体的规定。

下面以砖混结构建筑为例，介绍定位轴线的划分原则。

3.2.1 墙体的平面定位轴线

（1）承重外墙的定位轴线 当底层墙体与顶层墙体厚度相同时，平面定位轴线与外墙内缘距离为120mm（图3-2a）；当底层墙体与顶层墙体厚度不同时，平面定位轴线与顶层外墙内缘距离为120mm（图3-2b）。

（2）承重内墙的定位轴线 承重内墙的平面定位轴线应与顶层墙体中线重合。为了减轻建筑自重和节省空间，承重内墙往往是变截面的，即上部墙厚变薄。如果墙体是对称内收，则平面定位轴线中分底层墙身（图3-3a）；如果墙体是非对称内收，则平面定位轴线偏分底层墙身（图3-3b）。当内墙厚度≥370mm时，为了便于圈梁或墙内竖向孔道的通过，往往采用双轴线形式（图3-3c）；有时根据建筑空间的要求，也可以把平面定位轴线设在距离内墙某一外缘120mm处（图3-3d）。

（3）非承重墙定位轴线 由于非承重墙没有支撑上部水平承重构件的任务，因此平面定位轴线的定位就比较灵活。非承重墙除了可按承重墙定位轴线的规定定位之外，还可以使墙身内缘与平面定位轴线相重合。

（4）变形缝处定位轴线 为了满足变形缝两侧结构处理的要求，变形缝处通常设置双轴线。

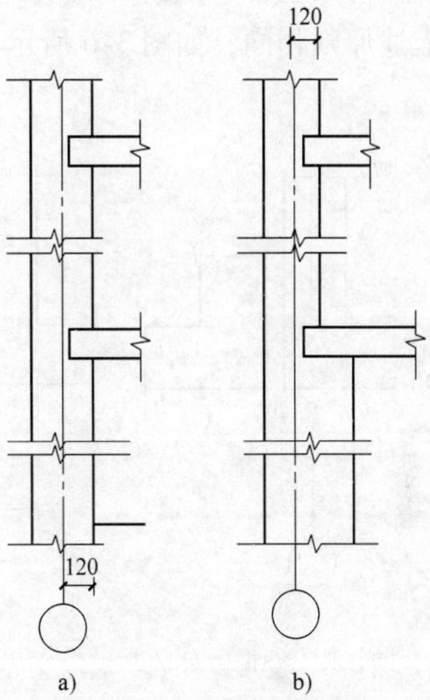

图3-2 承重外墙的定位轴线

a）底层墙体与顶层墙体厚度相同

b）底层墙体与顶层墙体厚度不同

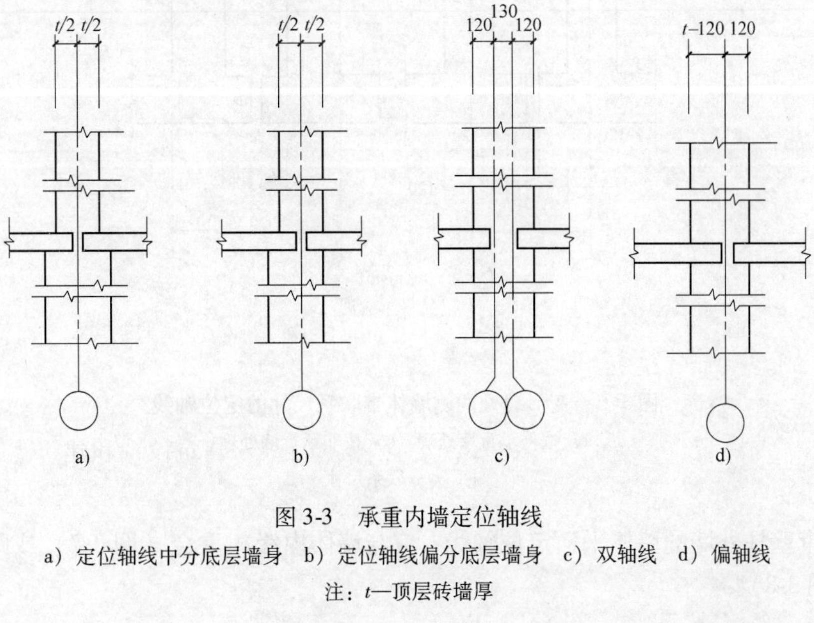

图3-3 承重内墙定位轴线

a）定位轴线中分底层墙身 b）定位轴线偏分底层墙身 c）双轴线 d）偏轴线

注：t—顶层砖墙厚

当变形缝处一侧为墙体，另一侧为墙垛时，平面定位轴线应与墙垛的外缘重合。墙体如果是外承重墙时，平面定位轴线距顶层墙身内缘 120mm（图 3-4a）；如果是非承重墙时，平面定位轴线与顶层墙身内缘重合（图 3-4b）。

当变形缝处两侧均为墙体时，如两侧墙体均为承重墙，平面定位轴线应分别设在距顶层墙体内缘 120mm 处（图 3-5a）；如两侧墙体均为非承重墙，平面定位轴线应分别与顶层墙体内缘重合（图 3-5b）。当变形缝处两侧墙体带联系尺寸时，其平面定位轴线的划分与上述原则相同，如图 3-6 所示。

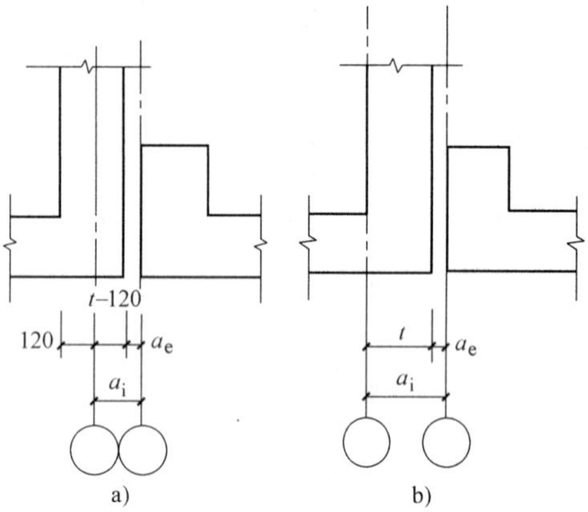

图 3-4　变形缝外墙与墙垛交界处定位轴线

a）按外承重墙处理　b）按非承重墙处理

注：a_i—插入距　a_e—变形缝宽度

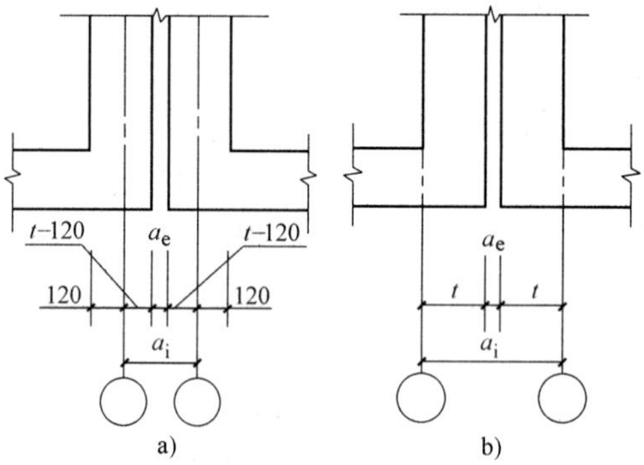

图 3-5　变形缝处两侧均为墙体的定位轴线

a）按外承重墙处理　b）按非承重墙处理

注：a_i—插入距　a_e—变形缝宽度

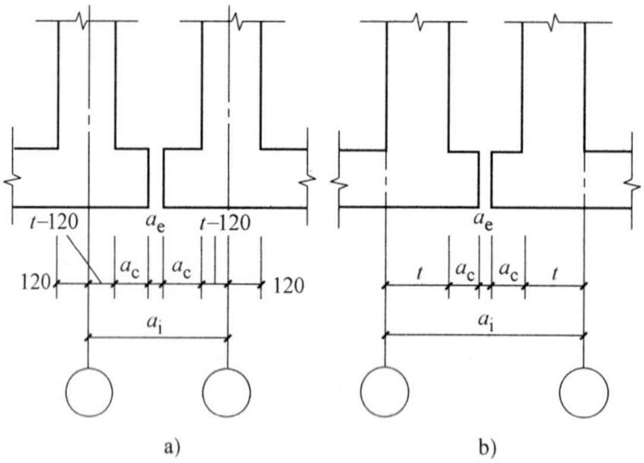

图 3-6　变形缝处两侧墙体带联系尺寸的定位轴线

a）按外承重墙处理　b）按非承重墙处理

注：a_c—联系尺寸

（5）带壁柱外墙的墙体平面定位轴线　应与墙体内缘相重合（图 3-7）或距墙体内缘 120mm（图 3-8）。

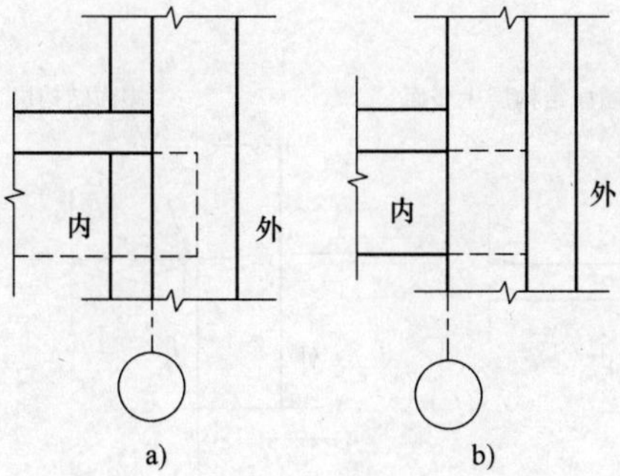

图 3-7　定位轴线与墙身内缘重合
a）内壁柱时　b）外壁柱时

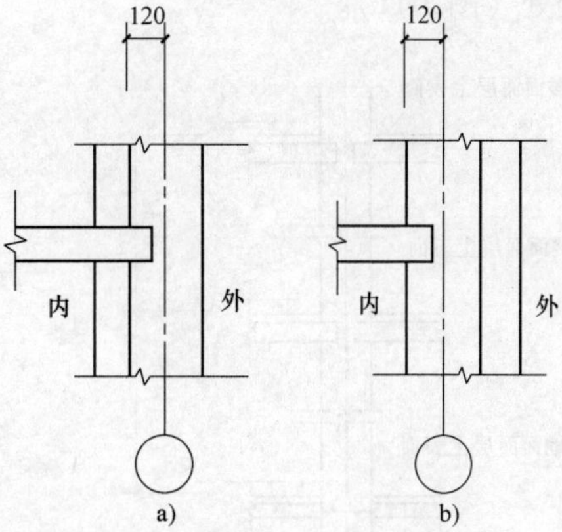

图 3-8　定位轴线距墙体内缘 120mm
a）内壁柱时　b）外壁柱时

（6）高低层分界处的墙体定位轴线　当高低层分界处不设变形缝时，应按高层部分承重外墙定位轴线处理，平面定位轴线应距墙体内缘 120 mm 处，并与底层定位轴线重合（图 3-9）；当高低层分界处设变形缝时，应按变形缝处墙体平面定位处理。

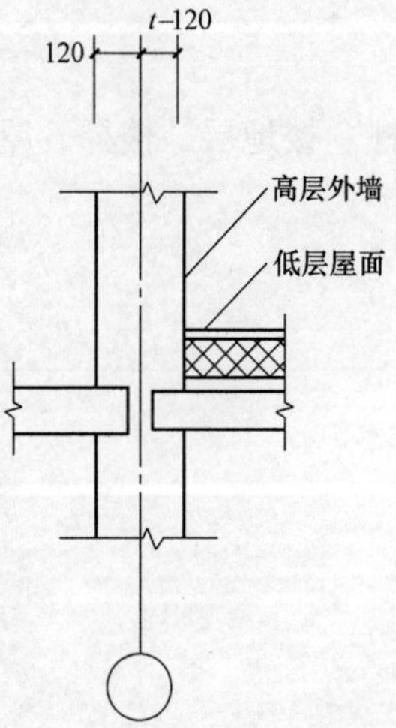

图 3-9　高低层分界处不设变形缝时定位

（7）框架结构的定位轴线　建筑底层为框架结构时，框架结构的定位轴线应与上部砖混结构平面定位轴线一致。

3.2.2　墙体的竖向定位

（1）砖墙楼（地）面竖向定位　应与楼（地）面面层上表面重合（图 3-10），由于结构构件的施工先于楼（地）面面层进行，因此要根据建筑的竖向定位确定结构构件的控制高程。一般情况下，建筑标高减去楼（地）面面层构造厚度等于结构标高。

（2）屋面竖向定位　应为屋面结构层上表面与距墙内缘120mm处的外墙定位轴线的相交处（图3-11）。

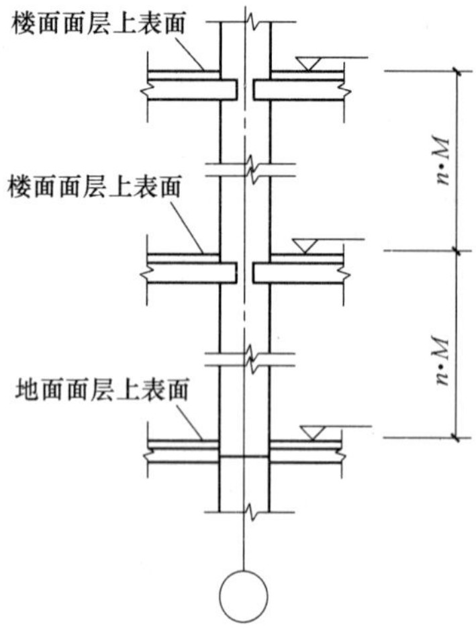

图3-10　楼地面的竖向定位轴线

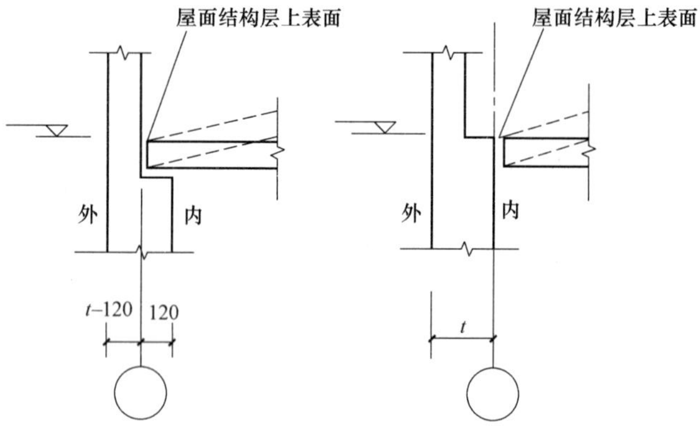

图3-11　屋面竖向定位轴线

本 章 回 顾

1. 房屋的分类。

2. 民用房屋是由基础、墙和柱、楼地层、楼梯、屋顶、门窗等主要部分组成，各组成部分的作用。

3. 房屋定位轴线的布置、编号。

第4章 基础与地下室

知识储备

万丈高楼平地起，基础可以说是一个建筑的“根”，它起着承担建筑物上部荷载，并把这些荷载传给地基的重要作用。随着越来越多的高层建筑的出现，对基础和地基的设计提出了更高要求。

通过本章的学习，我们应该：

了解地基与基础的基本概念、地基与基础的重要性以及相互关系，了解各种常用基础构造及适用范围。

导入案例

比萨斜塔是意大利比萨城大教堂的独立式钟楼，位于比萨大教堂的后面，是奇迹广场的三大建筑之一。钟楼始建于1173年，设计为垂直建造，但是在工程开始后不久便由于地基不均匀和土层松软而倾斜，1372年全塔建成后，塔顶中心点还是偏离塔体中心垂直线2m左右。600多年来，因松散的地基难以承受塔身的重压，仍然继续缓慢地向南倾斜。塔基南面已开始下沉。特别是近一个世纪以来，塔已向南倾斜了大约30cm，斜度达到8°，塔身超过垂直平面5.1m。

4.1 基础

4.1.1 地基与基础的概念

图4-1为一条形基础的剖面图，从中可以看出地基和基础的构成，其构成部分如下。

(1) 基础　基础为建筑物地面以下的承重构件。它的作用是承受建筑物上部结构传下来的荷载，并把这些荷载连同自重一齐传给地基。

(2) 地基　地基是承受由基础所传下来荷载的土层。地基承受上部荷载而产生的应力和应变随着土层深度的增加而减小，在达到一定深度后，就可以忽略不计。

(3) 持力层　持力层是直接承受上部荷载的土层。

(4) 下卧层　持力层下面的土层称为下卧层。

(5) 基础埋深　从室外地坪至基础底面的垂直距

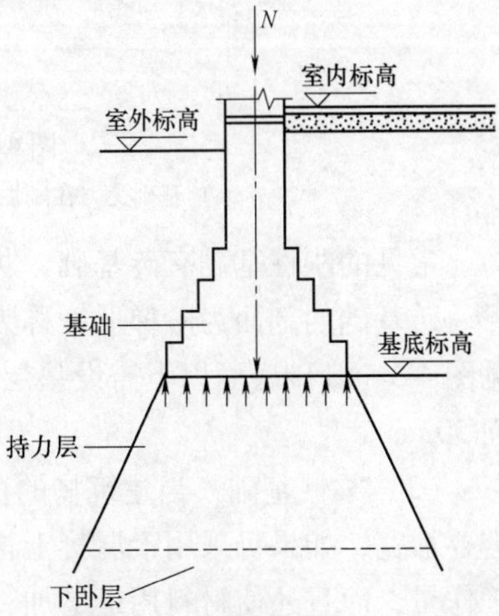

图4-1　地基与基础的构成

离称为基础埋深。它一般由勘测部门根据地基情况确定。

（6）基础宽度　基础宽度是基础底面的宽度，由计算确定。

4.1.2　基础的类型

基础的类型较多，按基础所采用材料和受力特点分，有刚性基础和柔性基础；依构造形式分，有条形基础、独立基础、筏形基础、桩基础、箱形基础等。

1. 按材料和受力特点分

（1）刚性基础　由刚性材料制作的基础称为刚性基础。在常用的建筑材料中，砖、石、素混凝土等抗压强度高，而抗拉、抗剪强度低，这些均属刚性材料。由这些材料制作的基础都属于刚性基础。

从受力和传力的角度考虑，由于土壤单位面积的承载能力小，上部结构通过基础将其荷载传给地基时，只有将基础底面积不断扩大，才能适应地基受力的要求。根据试验得知，上部结构（墙或柱）在基础中传递压力是沿一定角度分布的，这个传力角度称为刚性角，以 α 表示（图 4-2a）。

由于刚性材料抗压能力强，抗拉能力差，因此压力分布角只能在材料的抗压范围内控制。如果基础底面宽度超过控制范围，即由图中的 B_0 增大到 B_1，致使刚性角扩大。这时，基础会因受拉而破坏（图 4-2b）。所以，刚性基础底面宽度的增大要受到刚性角的限制。不同材料的刚性角是不同的。

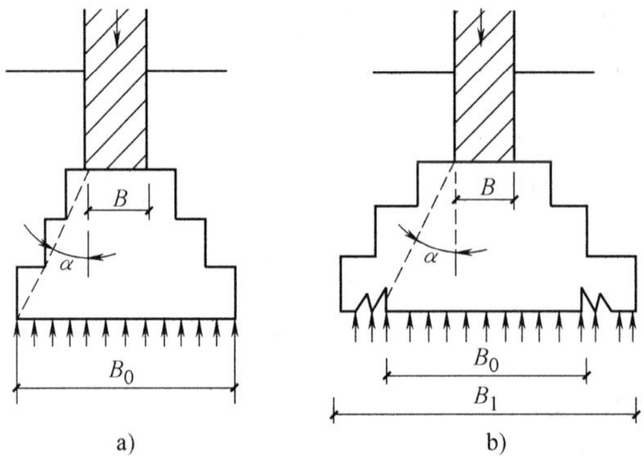

图 4-2　刚性基础的受力、传力特点

a）基础受力在刚性角范围内　b）基础宽度超过刚性角的范围而破坏

常见的刚性基础有砖基础、灰土基础、毛石基础、三合土基础等。

砖基础的剖面为阶梯形，称为大放脚。砖基础刚性角控制在 26°～33°之间，具体构造见图 4-3。基础底面以下需设垫层，垫层材料可选用灰土、素混凝土等，每边扩出基础顶面 50mm。

（2）柔性基础　当建筑物的荷载较大而地基承载能力较小时，由于基础底面宽度 B_0 需要加宽，如果仍采用素混凝土材料，势必导致基础深度也要加大。这样，既增加了挖土工作量，而且还使材料用量增加，对工期和造价都十分不利（图 4-4a）。如果在混凝土基础的底部配以钢筋，利用钢筋来承受拉力（图 4-4b），使基础底部能够承受较大弯矩。这

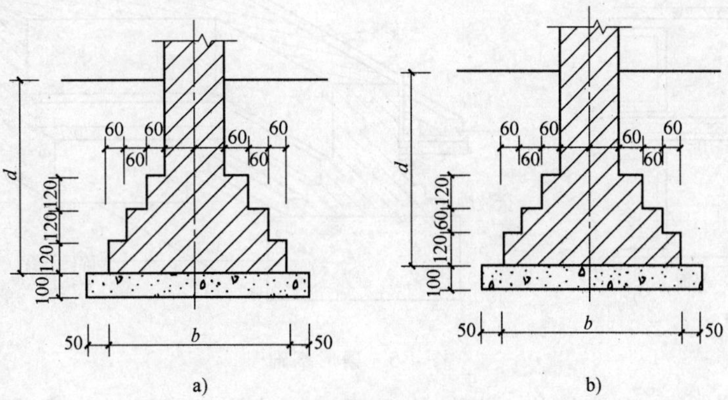

图 4-3　砖基础剖面图

a）“二皮一收”砌法　b）“二一间隔收”砌法

时，基础宽度的加大可不受刚性角的限制，故有人称钢筋混凝土基础为柔性基础。在同样条件下，采用钢筋混凝土与混凝土基础比较，可节省大量的混凝土材料和挖土工作量。

为了保证钢筋混凝土基础施工时钢筋不致陷入泥土中，常须在基础与地基之间设置混凝土垫层。

常见的柔性基础有条形基础、独立基础、井格式基础、筏式基础等。

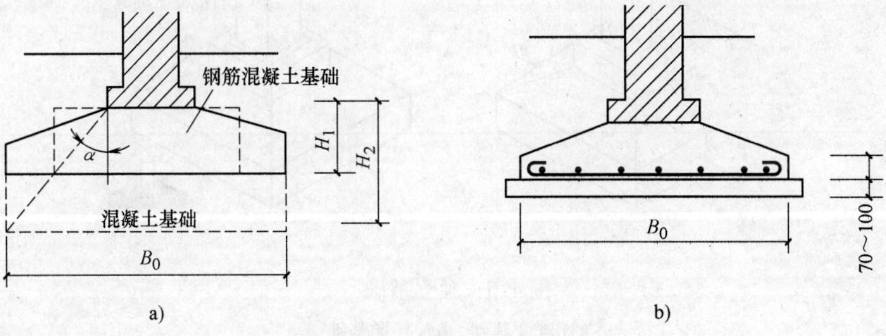

图 4-4　钢筋混凝土基础

a）混凝土基础与钢筋混凝土基础比较　b）基础配筋情况

2. 按构造形式分

基础构造形式的确定随建筑物上部结构形式、荷载大小及地基土质情况而定。在一般情况下，上部结构形式直接影响基础的形式。当上部荷载增大，且地基承载能力有变化时，基础形式也随之变化。

（1）条形基础　当建筑物上部结构采用砖墙或石墙承重时，基础沿墙身设置，多做成长条形，这种基础称条形基础或带形基础（图 4-5）。所以，条形基础往往是砖石墙的基础形式。

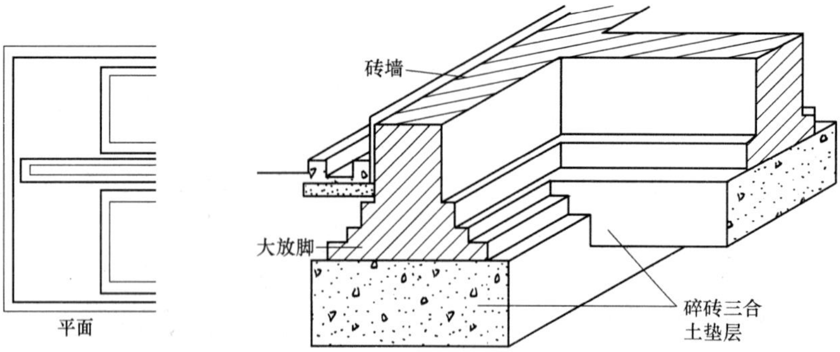

图 4-5　条形基础

（2）独立基础　当建筑物上部结构采用框架结构或单层排架及门架结构承重时，其基础常采用方形或矩形的单独基础，这种基础称独立基础或柱式基础。当柱采用预制构件时，则基础做成杯口形，然后将柱子插入并嵌固在杯口内，故称杯形基础（图 4-6b）。

（3）井格式基础　当框架结构处在地基条件较差的情况时，为了提高建筑物的整体性，以免各柱子之间产生不均匀沉降，常将柱下基础沿纵、横方向连接起来，做成十字交叉的井格式基础，故又称十字带形基础（图 4-7）。

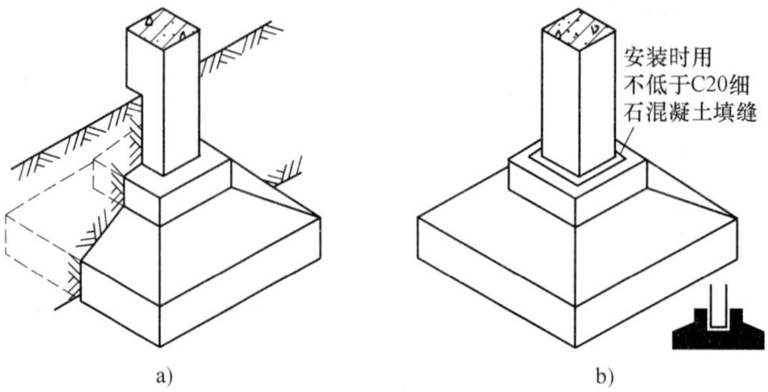

图 4-6　独立基础

a）现浇基础　b）杯形基础

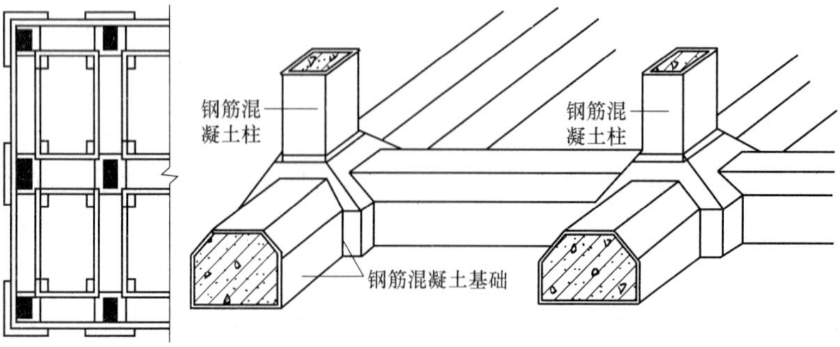

图 4-7　井格式基础

（4）筏式基础　当建筑物上部荷载较大，而所在地的地基承载能力又比较弱，这时采用简单的条形基础或井格式基础已不能适应地基变形的需要时，常将墙或柱下基础连成一片，使整个建筑物的荷载承受在一块整板上，这种满堂式的板式基础称筏式基础。筏式基础有梁板式（图4-8）和平板式（图4-9）。

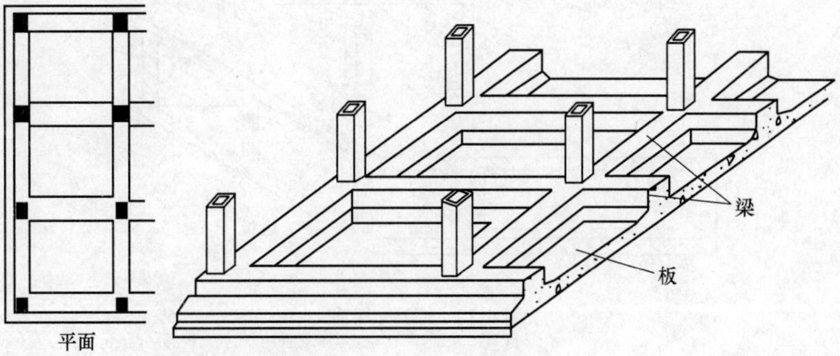

图4-8　梁板式筏式基础

（5）桩基础　当建筑物的上部荷载较大，需要将其荷载传至深层较为坚硬的地基中去，有时会使用桩基础（图4-10）。它是由若干个桩来支撑一个平台，然后由这个平台托住整个建筑物，这叫桩承台。桩基础多用于高层建筑或土质不好的情况。

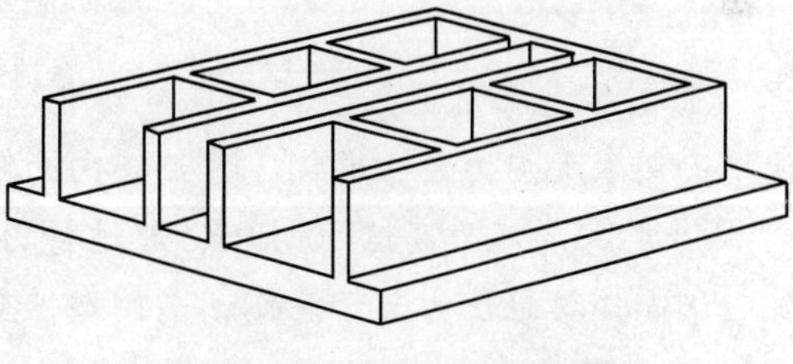

图4-9　平板式筏式基础

（6）箱形基础　箱形基础是由钢筋混凝土的底板、顶板和若干纵横墙组成的，这些构件

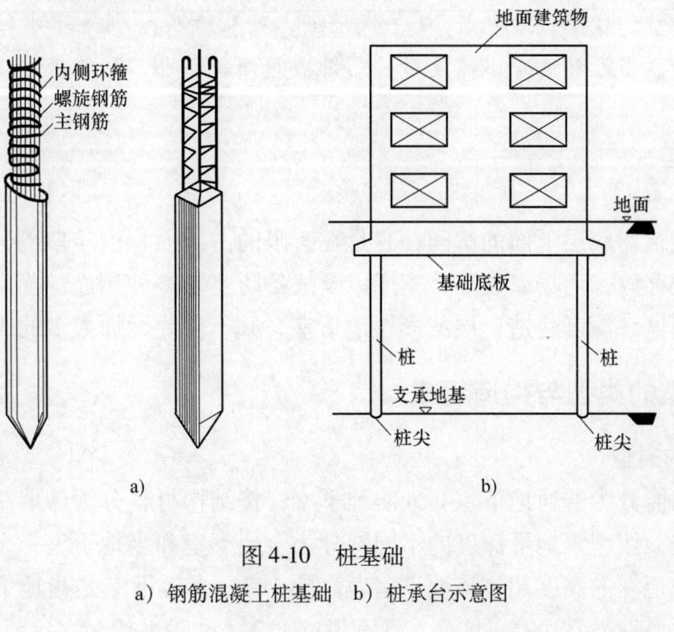

图4-10　桩基础

a）钢筋混凝土桩基础　b）桩承台示意图

形成空心箱体的整体结构，共同来承受上部结构的荷载（图4-11）。箱形基础整体空间刚度大，对抵抗地基的不均匀沉降有利，一般适用于高层建筑或在软弱地基上建造的上部荷载较大的建筑物。当基础的中空部分尺度较大时，可用作地下室。

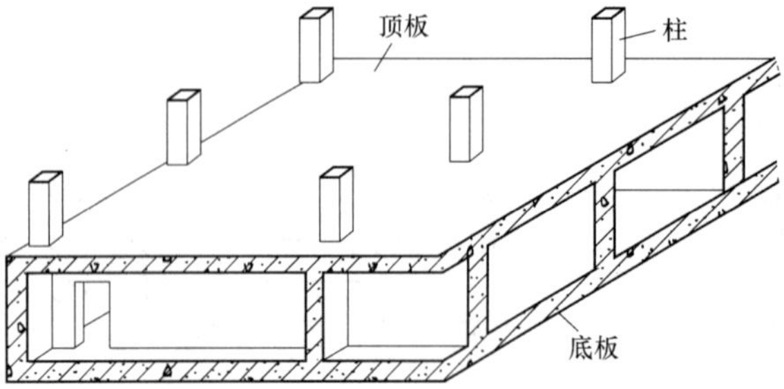

图4-11　箱形基础

小知识

比萨斜塔倾斜的原因

① 钟塔基础底面位于第2层粉砂中。施工不慎，南侧粉砂局部外挤，造成偏心荷载，使塔南侧附加应力大于北侧，导致塔向南倾斜。

② 塔基底压力高达500kPa，超过持力层粉砂的承载力，地基产生塑性变形，使塔下沉。塔南侧接触压力大于北侧，南侧塑性变形必然大于北侧，使塔的倾斜加剧。

③ 钟塔地基中的粘土层厚近30m，位于地下水位下，呈饱和状态。在长期重荷作用下，土体发生蠕变。这也是钟塔继续缓慢倾斜的一个原因。

④ 在比萨平原深层抽水，使地下水位下降，相当于大面积加载，这是钟塔倾斜的重要原因。在20世纪60年代后期与70年代早期，观测者观察到地下水位下降的同时钟塔的倾斜率也增加。当天然地下水恢复后，则钟塔的倾斜率也回到常值。

4.2　地下室

地下室是建筑物底层下面的房间，它是在有限的占地面积内争取到的使用空间，可作安装设备、储藏存放、商场、餐厅、车库以及战备防空等多种用途。当高层建筑的基础埋深很深时，利用这一深度建造一层或多层地下室，并不需要增加太多的投资，比较经济。

4.2.1　地下室的类型与构造组成

1. 地下室的类型

地下室按功能分为普通地下室和人防地下室；按结构材料分为砖墙结构地下室和混凝土墙结构地下室；按埋入地下深度的不同，分为全地下室和半地下室：全地下室是指地下室地面低于室外地坪的高度超过该地下室净高的1/2；半地下室是指地下室地面低于室外地坪的高度超过该地下室净高的1/3，且不超过1/2（见图4-12）。

2. 地下室的组成

地下室一般由墙体、底板、顶板、门窗、楼梯等几部分组成（图 4-13）。

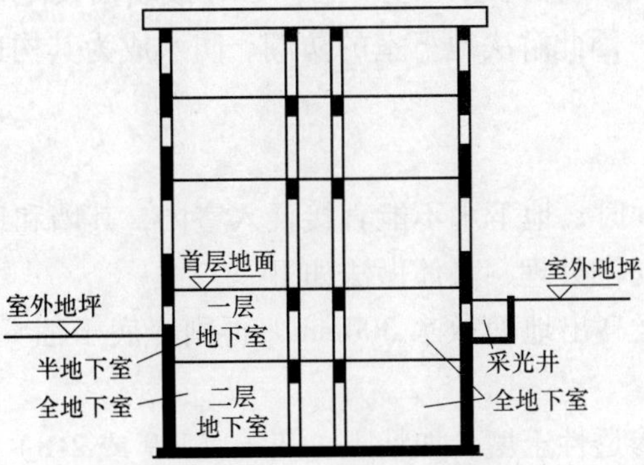

图 4-12　地下室示意图

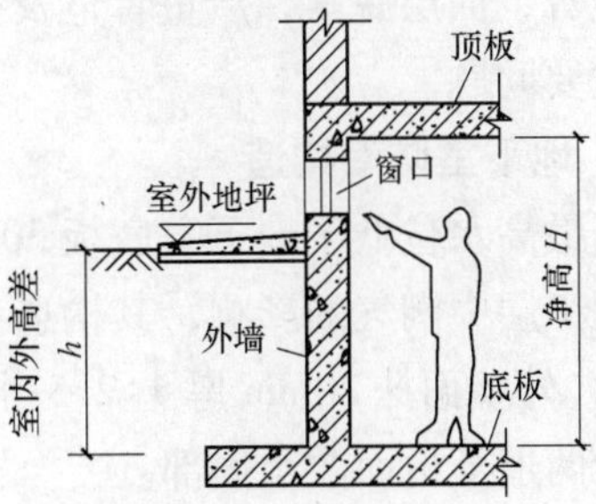

图 4-13　地下室组成

（1）地下室的墙体　地下室的墙体不仅要承受上部的垂直荷载，还要承受土、地下水及土壤冻结时的侧压力，所以采用砖墙时其厚度一般不小于 490mm。荷载较大或地下水位较高时，最好采用钢筋混凝土墙，其厚度不小于 200mm。

（2）地下室的底板　地下室的底板主要承受地下室地坪的垂直荷载，当地下水位高于地下室地面时，还要承受地下水的浮力，所以底板要有足够的强度、刚度和抗渗能力。常用现浇混凝土板配双层钢筋，并在底板下垫层上设置防水层。底板处于最高地下水位以上时，底板宜按一般地面工程考虑，即在夯实的土层上浇筑 60 ~ 100mm 混凝土垫层，再做面层。

（3）地下室的顶板　地下室顶板主要承受首层地面荷载，可用预制板、现浇板或预制板上做现浇层，要求有足够的强度和刚度。如为防空地下室，顶板必须采用钢筋混凝土现浇板并按有关规定确定其跨度、厚度和混凝土的强度等级。

（4）地下室楼梯　地下室楼梯可与上部楼梯结合设置，层高小或用作辅助房间的地下室可设单跑楼梯。防空地下室的楼梯，至少要设置两部楼梯通向地面的安全出口，并且必须有一个独立的安全出口。

（5）地下室的门窗　普通地下室的门窗与地上房间门窗相同，窗口下沿距散水面的高度应大于 250mm，以免灌水。当地下室的窗台低于室外地面时，为达到采光和通风的目的，应设采光井（图 4-14）。采光井由底板和侧墙组成，底板一般用混凝土浇注，侧墙多用砖砌筑，但应考虑其挡土作用，应由结构计算确定其厚度。采光井上应设防护网，井下应有排水管道。防空地下室一般不允许设窗，如需开窗，应设置战时堵严措施。防空地下室的外门应按防护等级要求设置相应防护构造。

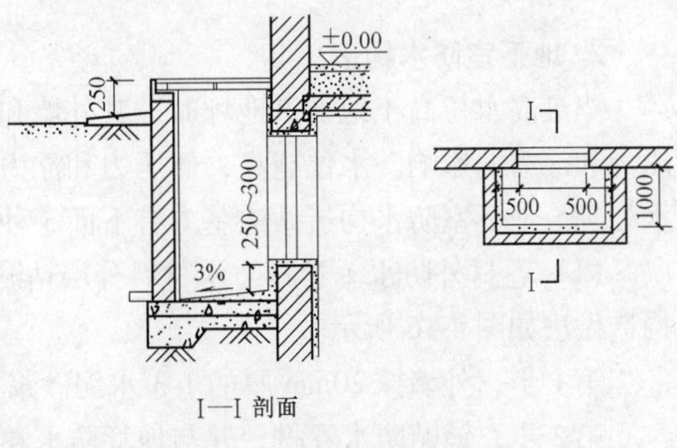

图 4-14　地下室采光井构造

4.2.2 地下室的防潮和防水

由于地下室必然受到地潮和地下水的侵蚀，忽视或处理不当，必导致墙面及地面受潮、生霉、面层脱落，严重者危及其耐久性。因此解决地下室的防潮、防水成为其构造设计的主要问题。

1. 地下室防潮构造

当最高水位低于地下室底板300~500mm时，地下水不能直接侵入室内，其墙和地坪仅受到土层中潮气的影响，其构造一般只做防潮处理，具体做法如下。

1）外墙面抹20mm厚1:2.5水泥砂浆至高出地面散水300mm，再刷冷底子油一道，热沥青两道至地面散水底部。

2）地下室外墙四周500mm左右回填低渗透性土壤，如粘土、灰土（1:9或2:8）等，并逐层夯实。

3）此外地下室的所有墙体都必须设两道水平防潮层：一层设在地下室底板附近，另一道设在室外地坪以上150~200mm处，如图4-15所示。

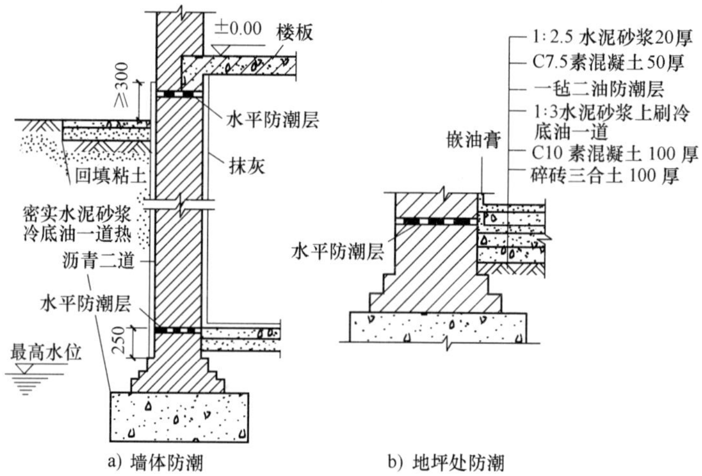

图4-15 地下室防潮构造

2. 地下室防水构造

当最高水位高于地下室地坪时，其外墙和地坪均受到水的侵袭，同时，还受到水的侧压力和浮力的影响。水位越高，侧压力和浮力越大，室内受到的侵袭越严重，故必须做防水处理。地下室防水构造做法基本有下面3种。

（1）卷材外防水　卷材防水材料分层粘贴在结构层外表面的做法称为卷材外防水。其构造做法如图4-16所示。

第1步，外墙抹20mm厚的1:3水泥砂浆，并刷冷底子油一道。

第2步，铺贴防水卷材，并与地坪防水卷材搭接合为一体。防水卷材层数视地下水位高出地下室地坪高度H确定，当$H \leqslant 3m$时，为3层；当$3m < H < 6m$时，为4层；当$6m <$

$H<12m$ 时，为5层；当 $H>12m$ 时，为6层。同时，铺贴高度应高出最高水位500mm以上。

第3步，在防水层外砌筑120mm厚保护砖墙，其间用水泥砂浆填实，保护砖墙底部干铺油毡一层，沿长度方向约8m及转折处设垂直断缝一道，作用是在土侧压力作用下，使保护墙能将力均匀传递给防水层，避免防水层受力不均匀而破裂。

第4步，距地下室外墙500mm左右回填低渗透土壤并夯实。

（2）卷材内防水　卷材防水材料分层粘贴在结构层内表面的做法称为卷材内防水。此法防水效果差，但施工简单，常用于维护修缮工程，如图4-17所示。

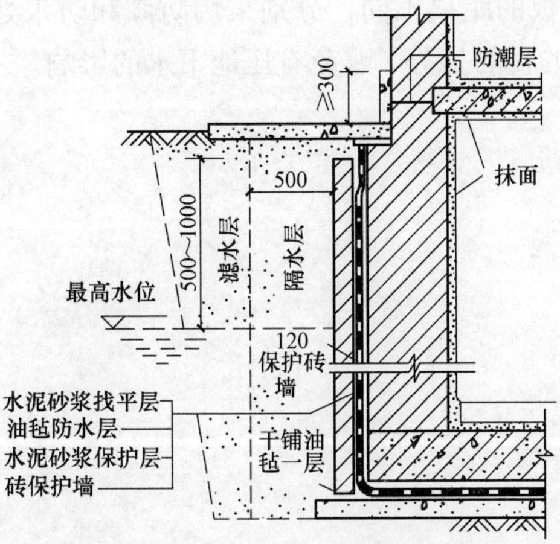

图4-16　地下室卷材外防水构造做法

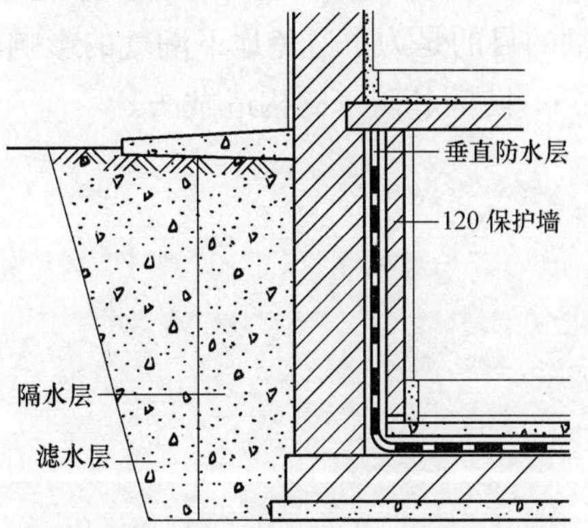

图4-17　地下室卷材内防水构造做法

（3）防水混凝土自防水　当地下室的外墙和底板均为钢筋混凝土结构时，可通过调整混凝土的配合比或在混凝土中掺入外加剂等手段，改善混凝土构件的密实性，提高其抗渗性能，这种方法称防水混凝土自防水。其构造做法见图4-18所示。

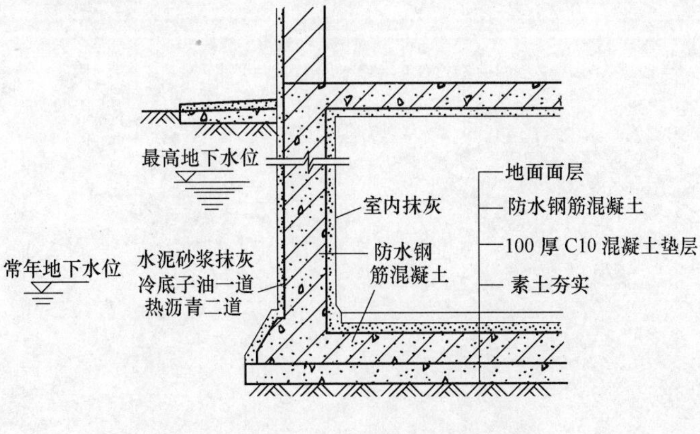

图4-18　地下室混凝土构件自防水构造

本章回顾

1. 地基和基础的关系。

2. 刚性基础是由有刚性角限制的材料构成的基础。砖基础是刚性基础，其刚性角控制在26°～33°之间。

3. 柔性基础能承受弯矩，一般墙下常用条形基础，柱下常用独立基础。

4. 地下室的构造组成：顶板、墙、底板、门窗、楼梯共5个主要部分组成，有窗的地下室要设采光井。

5. 地下室因设计最高地下水位至地下室底板的距离不同，分别采用防潮和防水处理。防潮的目的是为了避免地下潮气的影响，防水的目的是为了避免有压地下水的影响。

6. 防潮和防水的构造做法。

第5章 墙 体

知识储备

墙体是房屋的重要组成部分。在一般民用建筑中，墙体的工程量占相当大的比重，墙和楼板被称为房屋的主体结构。墙的造价约占工程总造价的30%～40%，墙的重量约占建筑物总重量的40%～65%。

通过本章的学习，我们应该：

掌握墙体的类型、作用和要求；对砖和砂浆材料的种类、强度有所了解；掌握砖墙的名称和组砌方式；掌握墙脚的构造及墙面装修做法。

导入案例

我们居住的学生宿舍楼（多层建筑），由多面墙体组成，并由墙体分隔出各个房间。每面墙体用什么材料砌筑？墙体的厚度是多少？用什么材料做的饰面？

5.1 概述

5.1.1 墙的类型与作用

图5-1所示是某单身宿舍楼的水平剖切轴测图，从中可以看到很多面墙。由于这些墙所处位置不同，以及建筑结构布置方案的原因，它们在建筑中起的作用也不同。

1. 墙体的种类

（1）按受力分　可分为承重墙、非承重墙。

（2）按方向分　可分为纵墙、横墙（两端称为山墙）。凡沿建筑物纵轴方向的墙称为纵墙，沿横轴线方向的墙称为横墙，通常还把外横墙称为山墙。

（3）按位置分　可分为外墙（围护墙）、内墙（分隔墙）。窗与窗或窗与门之间的墙称为窗间墙，窗洞下方的墙称为窗下墙，屋顶上高出屋面的墙称为女儿墙。

（4）按构造方法分　可分为实体墙、空体墙和组合墙，如图5-2所示。

（5）按材料分　可分为砖墙、石墙、土墙、混凝土墙、中小砌块墙、大型板墙、框架轻板等，如图5-3所示。

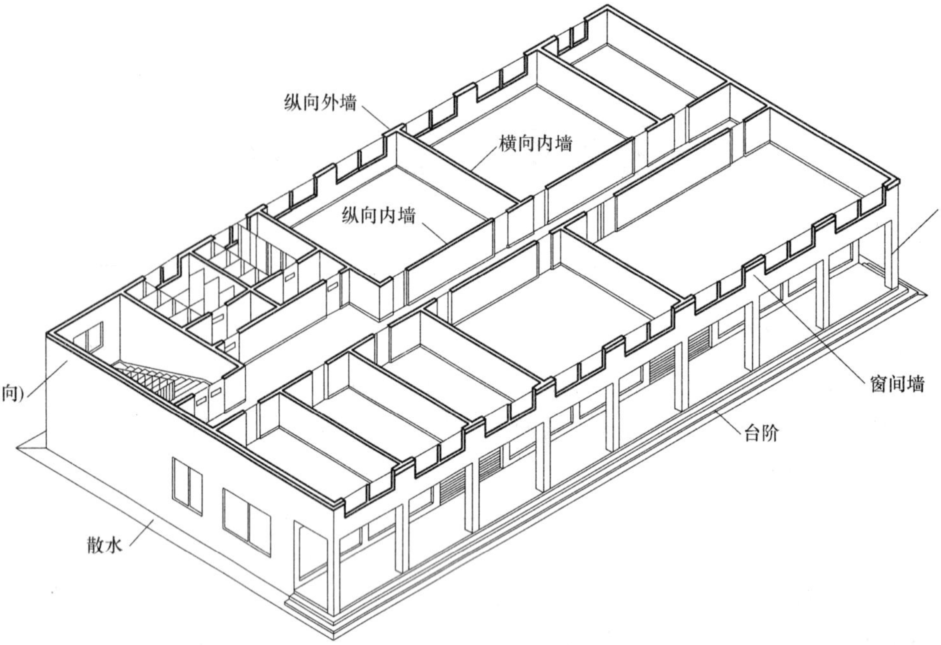

图 5-1　某单身宿舍楼的水平剖切轴测图

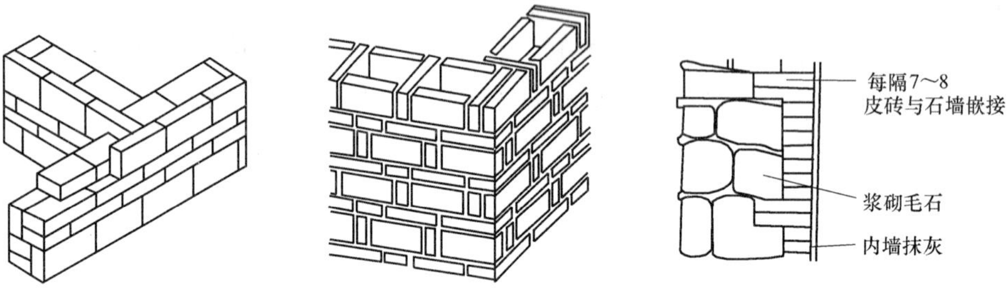

图 5-2　墙体的种类（按构造方式）
a）实体墙　b）空体墙　c）组合墙（砖、石组合）

（6）按施工方法分　可分为叠砌式、现浇整体式和预制装配式。

2. 墙的作用

（1）墙体的承重作用　墙体需承受从屋面、楼板等构件传下来的荷载及自重荷载，同时还要承受外来的荷载，如人和家俱的重力，风力，地震力等。

（2）墙体的围护作用　墙体需抗御风、雨、雪、太阳辐射、噪声等的自然侵袭，以及保证建筑物内具有良好的生活环境和工作条件。

（3）墙体的分隔作用　建筑物内的纵横墙和隔墙将建筑物分隔成不同大小的房间，以满足不同使用的要求。

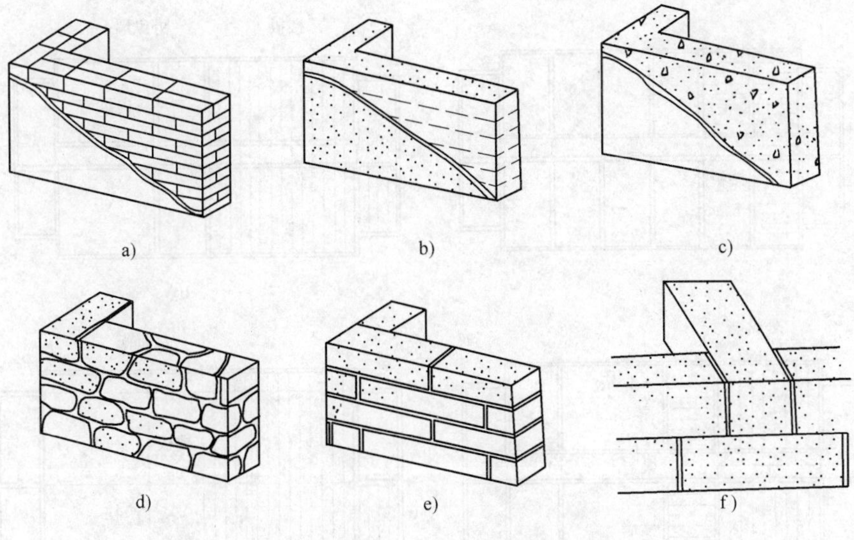

图5-3 墙体的种类（按墙体材料）

a）砖墙 b）土墙 c）混凝土墙 d）毛石墙 e）条石墙 f）砌块墙

5.1.2 对墙体的要求

对墙体主要考虑以下要求。

1）满足建筑物坚固耐久的要求。

2）满足防寒和隔热的要求，以保证房间内具有良好的气候条件和卫生条件。

3）满足隔声的要求，以避免室外或相邻房间的噪声影响，从而获得安静的生活与工作环境。特别是对隔墙的隔声要求应高于外墙。

4）满足防火的要求。墙体材料的燃烧性能和耐火极限应符合防火规范的要求。

除此之外，墙体还要满足不同房间的使用功能，如仓库、储藏室的防潮，X光室的防射线要求等。

在墙体材料的选择上，应尽量就地取材，并采用自重轻的材料。

5.1.3 墙体结构的布置方案

一般民用建筑有两种承重方式，一种是框架承重，一种是墙体承重。墙体承重又可分为横墙承重、纵墙承重、纵横墙混合承重、墙与内柱混合承重等结构布置方案。

（1）横墙承重 它是将预制楼板、屋面板的两端搁置在横墙上，纵向墙只起纵向稳定和拉结的作用。这种结构的布置方案优点是跨度小、弯矩小，建筑物刚性好。但开间尺寸不够灵活，房间不易过大，消耗材料。此种承重方案适用于单身宿舍、住宅、旅馆等小开间房屋，见图5-4a。

（2）纵墙承重 它是将预制楼板、屋面板的两端搁置在纵墙上，横墙只起分隔房间的作用，有的起横向稳定作用。这种结构的布置方案优点是房间划分灵活，构件规格小，但房间进深较浅，门窗洞受限制，刚度较差。此种承重方案适用于教学楼、办公楼、商店等

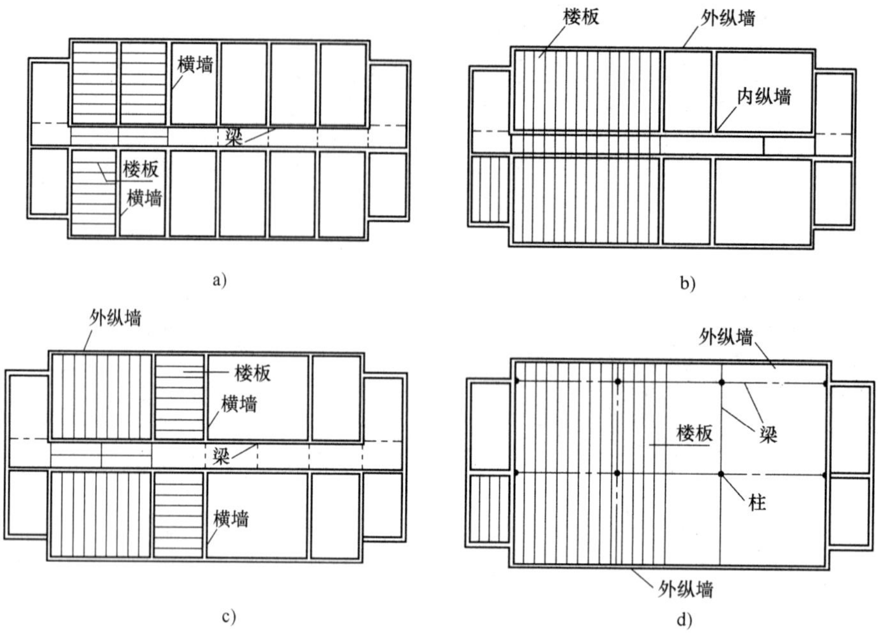

图 5-4　墙体的结构布置

a）横墙承重　b）纵墙承重　c）纵横墙混合承重　d）半框架承重

公共建筑，不易用于地震区，见图 5-4b。

（3）纵横墙混合承重　它是将预制楼板、屋面板根据设计需要布置在纵横墙上，因此纵横墙均为承重墙。这种结构布置方案的优点是平面布置灵活，缺点是楼板、屋面板类型偏多，施工较麻烦，适用于进深较大、变化较多的房屋，如教学楼、医院等建筑，见图 5-4c。

（4）墙与内柱混合承重　当建筑物内需设置较大房间时，可采用墙与内柱混合承重的方案（如多层住宅的底层商店、餐厅等）。构造方式为室内设钢筋混凝土柱，柱上搁置大梁和连系梁，梁上搁置楼板和二层以上的墙体，如图 5-4d 所示。它较适用于室内需要较大使用空间的建筑，如商场等。

5.2　砖墙的构造

5.2.1　砖墙的材料

砖墙是用砂浆将砖按一定技术要求砌筑成的砌体，其主要材料是砖与砂浆。

1. 砖

砖的品种有烧结普通砖、粉煤灰砖、灰砂砖、耐久砖等。烧结普通砖又分为青砖、红砖、空心砖等。标准砖的尺寸为 240mm × 115mm × 53mm。空心砖的尺寸随各地形式的不同而不同，如三孔砖为 240mm × 115mm × 115mm（相当于 2 块标准砖），七孔砖为

240mm × 180mm × 115mm（相当于 3 块标准砖），如图 5-5 所示。

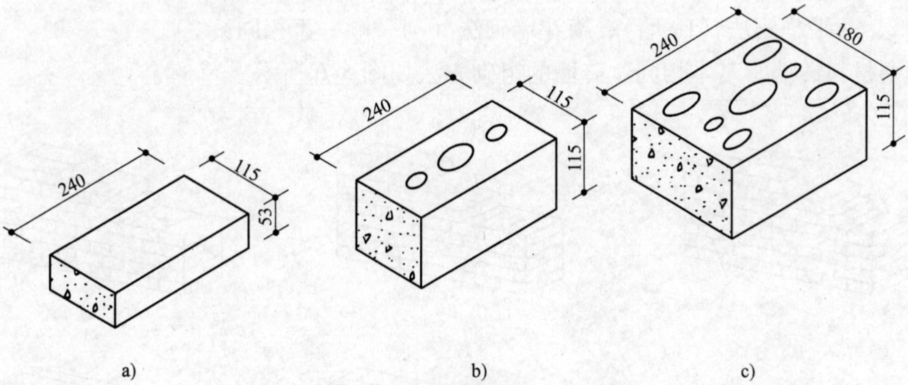

图 5-5 砖的尺寸
a）标准砖 b）三孔砖 c）七孔砖

标准砖的强度等级分为 Mu30、Mu25、Mu20、Mu15、Mu10。

2. 砂浆

砌墙用的砂浆有水泥砂浆（水泥、砂）、混合砂浆（水泥、石灰、砂）、石灰砂浆（石灰、砂）。砂浆强度等级的表示方法为 M15、M10、M7.5、M5、M2.5。

3. 砖砌体的强度

1）砖砌体的强度比砖和砂浆的强度均低。

2）砖砌体的强度主要取决于砖和砂浆的强度，其中砖的作用大于砂浆的作用（砖的强度等级号一般比砂浆的高）。

3）墙体的材料选用。砖墙所用的砖和砂浆，主要应依据承载能力、耐久性以及保温、隔热等要求选择。对于一般房屋：承重墙用砖的强度等级常采用 MU10、MU7.5；砂浆一般采用 M5、M7.5，受力较大的部位可采用 M10。地面以下或防潮层以下的砖墙，所用材料的最低强度等级应按相关规定确定。

5.2.2 砖墙的砌法

1. 砖墙的名称

墙厚的名称习惯以砖长的倍数来称呼，根据砖块的尺寸和数量可组合成不同厚度的墙体，见表 5-1。

表 5-1 墙厚名称

墙厚名称	1/4 砖墙	1/2 砖墙	3/4 砖墙	1 砖墙	1 砖半墙	2 砖墙	2 砖半墙
标志尺寸	60	120	180	240	370	490	620
构造尺寸	53	115	178	240	365	490	615
习惯称呼	60 墙	12 墙	18 墙	24 墙	37 墙	48 墙	62 墙

2. 砌法

砌法有全顺法（12 墙）、一顺一丁法（24 以及 24 以上墙）、三顺一丁法（24 以及 24 以上墙）、两平一侧法（18 墙）、梅花墙砌法（与一顺一丁相同）。

其余材料砖墙，基本相同。砖墙的组砌方法如图 5-6 所示。

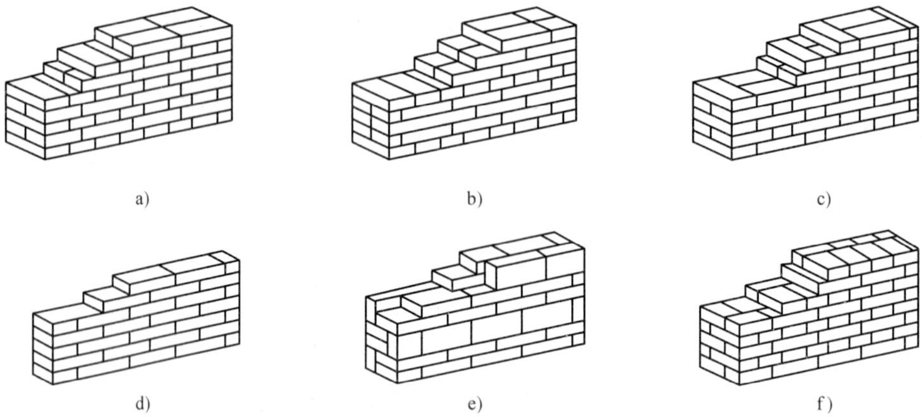

图 5-6　砖墙的组砌方式

a）240 砖墙（一顺一丁法）　b）240 砖墙（多顺一丁法）　c）240 砖墙（梅花墙砌法）
d）120 砖墙　e）180 砖墙　f）370 砖墙

要求：砖缝必须横平、竖直；错缝搭接，避免上下通缝；同时，砖缝砂浆必须饱满。

小知识

砖尺寸的模数

1 米 = 长 4 块（缝 10mm）= 宽 8 块（缝 10mm）= 高 16 块（缝 9.5mm）

即：

$$4\times(240+10)=1000$$

$$8\times(115+10)\text{mm}=1000\text{mm}$$

$$16\times(53+9.5)\text{mm}=1000\text{mm}$$

砖的理论体积：$1\text{m}^3=(4\times8\times16)$ 块 = 512 块（包括砂浆）

砖的密度：$1600\sim1800\text{kg/m}^3$

5.2.3　墙身节点构造

1. 勒脚

勒脚在外墙身下部靠近室外地面的部位。勒脚经常受地面水、屋檐滴下的雨水的侵蚀，容易因受碰撞而损坏。所以，勒脚的作用是保护墙面，防止受潮，如图 5-7 所示。勒脚的做法有以下几种。

1）水泥砂浆勒脚。它采用 M5 水泥砂浆抹面，20mm 厚，高出地面 300 ~ 600mm，常采用 450mm（当室内外高差为 300mm 时，高于室内地面 150mm）。

2）将勒脚部分墙身加厚 60～120mm，再抹灰。

3）镶贴天然石材。

4）用天然石材砌筑。

5）水刷石勒脚。底层 1:3 水泥砂浆，10mm 厚；面层水刷石，10mm 厚。

一般，勒脚的高度不受严格限制，常至窗台。当墙体材料防水性能较差时，勒脚部分的墙体应换用防水性能好的材料。

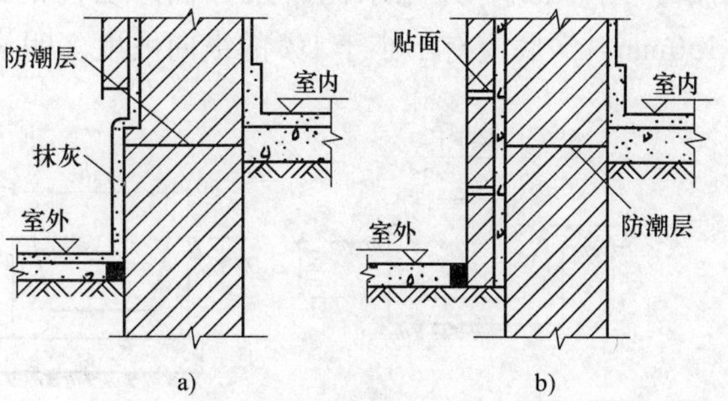

图 5-7 勒脚构造

a）抹灰、加厚砖墙 b）贴面

2. 散水

散水用来排除房屋四周积水，保护房基，做法一般如下。

1）混凝土散水：C15 素混凝土，60～80mm 厚，基层为素土夯实。

2）铺砖散水：平铺砖，砂浆嵌缝，砂垫层，基层为素土夯实。

3）块石散水：片石平铺，1:3 水泥砂浆嵌缝，基层为素土夯实。

散水宽 800～1000mm，比屋檐挑出宽度大 200mm 左右。坡度一般为 3%～5%。外边缘比室外地面高出 20mm。混凝土散水每隔 1～15m 设宽为 20～30mm 的伸缩缝，用热沥青灌满，如图 5-8 所示。

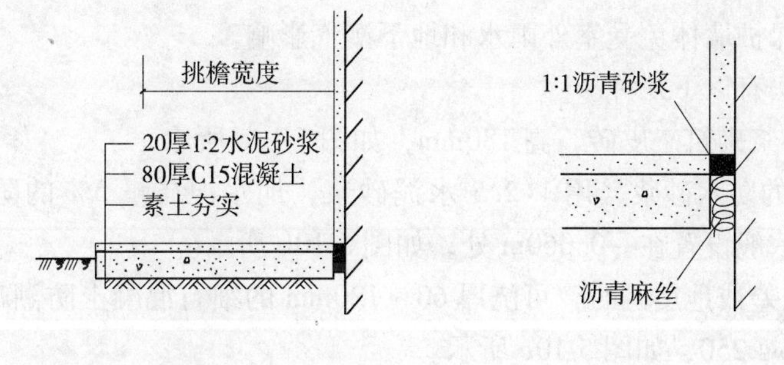

图 5-8 散水的构造

3. 明沟

明沟又称阳沟、排水沟。明沟一般在降雨量较大的地区采用，布置在建筑物四周。其作用是把屋面下落的雨水引导至集水井，进入排水管道。明沟通常采用混凝土浇筑，也可用砖、石砌筑，并用水泥砂浆抹面。明沟的断面尺寸一般宽不小于 180mm，深不小于 150mm，沟底应有不小于 1% 的纵向坡度。明沟构造如图 5-9 所示。

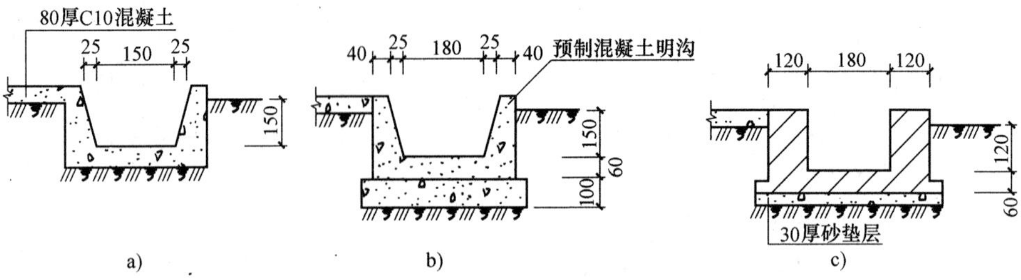

图 5-9　明沟的构造

a）80 厚 C10 素混凝土　b）预制混凝土明沟　c）砖砌明沟

4. 防潮层

勒脚的作用是防止地面水对墙身的侵蚀，墙身防潮层的作用是防止地面水、土壤中的潮气和水分因毛细管沿墙面上升，提高墙身的坚固性和耐久性，并保证室内干燥卫生，防止物品霉烂等。

一般在墙身底部，基础墙的顶部（-0.060m 处）设置防潮层。为了防止地表水反渗的影响，防潮层应设置在距室外地面 150mm 以上的墙体内。同时，防潮层应设置在首层地面结构层（如混凝土垫层）厚度范围之内的墙体之中。它与室外墙基勒脚、散水、明沟组成一道防线，保护墙体免受室外雨水和地下潮气影响。

防潮层的做法有以下几种。

1）用防水砂浆砌筑三皮砖，高 180mm，如图 5-10a 所示。

2）20mm 厚的防水砂浆。用 1∶2.5 水泥砂浆，加水泥质量 5% 的防水粉配成防水砂浆，防潮层位置一般设置在 -0.060m 处，如图 5-10b 所示。

3）在土质较差或地震区时，可浇厚 60～120mm 的细石混凝土防潮带，内设 3 Φ 8 的钢筋，分布筋Φ 6@250，如图 5-10c 所示。

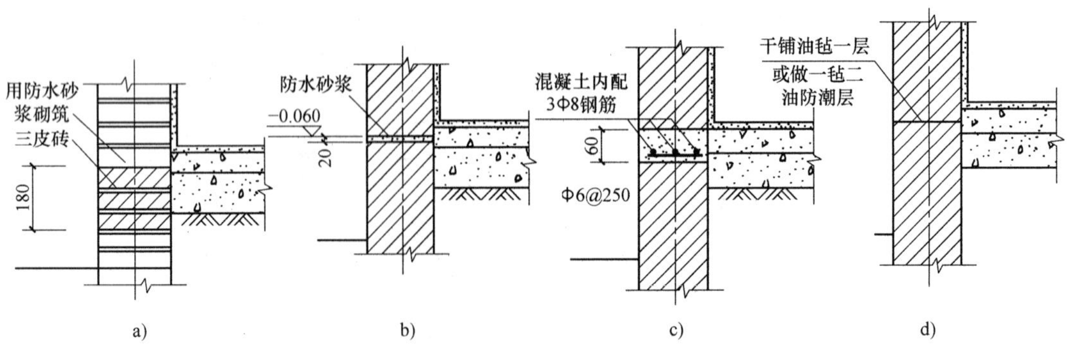

图 5-10　防潮层的构造

a）用防水砂浆砌三皮砖　b）防水砂浆防潮层　c）细石混凝土防潮带　d）油毡防潮层

4）先抹一层20mm厚1:3的水泥砂浆，再干铺一层油毡或做一毡二油，油毡比墙宽20mm，如图5-10d所示。油毡防潮效果最好，但由于它使墙身与基础完全脱开成两部分，降低了房屋的抗震能力，所以油毡防潮不宜用于有强烈震动的建筑和地震区。

当基础顶面设置钢筋混凝土地圈梁时，可不另做防潮层，因为它本身具有足够的防潮能力。

5. 窗台

窗洞矩形时，窗洞底边为窗台，其他形状的窗洞以下部为窗台。设于窗外的称为外窗台，用于排除雨水，保护墙面。设于窗内的称为内窗台，用于放置物品和观赏性的盆花之类，同时也为了防止该处墙角被破坏和便于清洗等。

外窗台的一般做法如下。

1）砖砌窗台：砖平砌或立砌（又称虎头砖），挑出60mm，抹1:2～1:3水泥砂浆。为防止水污染窗台下的墙面，在窗台下部应做滴水槽。

2）混凝土或钢筋混凝土预制窗台：尺寸按设计要求，突出墙面60mm，每端长度比窗洞口宽120mm。

内窗台的做法一般为：内窗台可以用1:2.5水泥砂浆抹面；做木质内窗台板时，板厚30mm，表面刷油漆，挑出墙面40～60mm；也可用预制或成品窗台板做内窗台，如大理石板、花岗岩板、金属板等窗台板，窗台构造如图5-11所示。

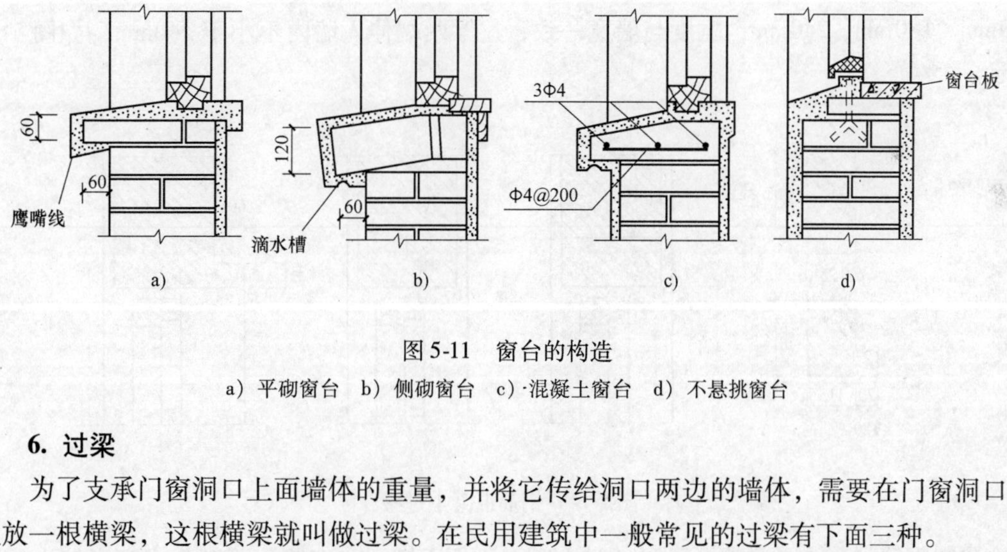

图5-11　窗台的构造

a）平砌窗台　b）侧砌窗台　c）混凝土窗台　d）不悬挑窗台

6. 过梁

为了支承门窗洞口上面墙体的重量，并将它传给洞口两边的墙体，需要在门窗洞口顶上放一根横梁，这根横梁就叫做过梁。在民用建筑中一般常见的过梁有下面三种。

（1）砖拱过梁　砖拱是我国的一种传统做法，形式有平拱和弧拱等其中平拱在建筑中采用最多。砖砌平拱是将砖立砌成楔形，两端伸入墙约20mm。平拱一般用于门窗洞宽度不大于1000mm，无集中荷载的情况，如图5-12所示。

（2）钢筋砖过梁　钢筋砖过梁是利用钢筋抗拉强度大的特点，把钢筋放在门窗洞口顶上的灰缝中，以承受洞顶上部荷载。钢筋砖过梁适用于跨度不大于1.5m、无集中荷载的情况，如图5-13所示。

（3）钢筋混凝土过梁　钢筋混凝土过梁一般采用预制安装，也有现浇钢筋混凝土过

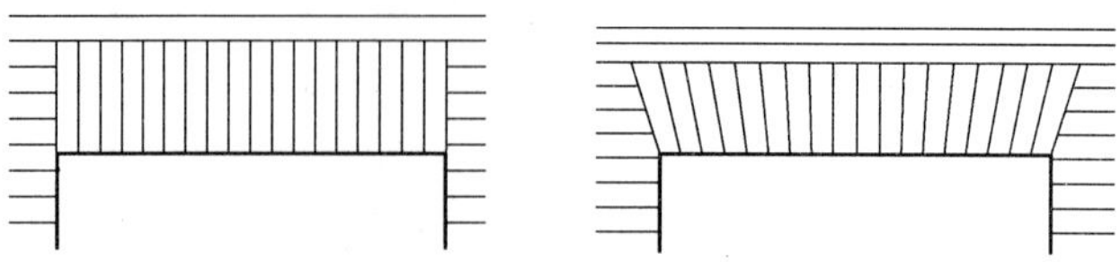

图 5-12　砖拱过梁的构造
a）平拱式　b）平砖拱

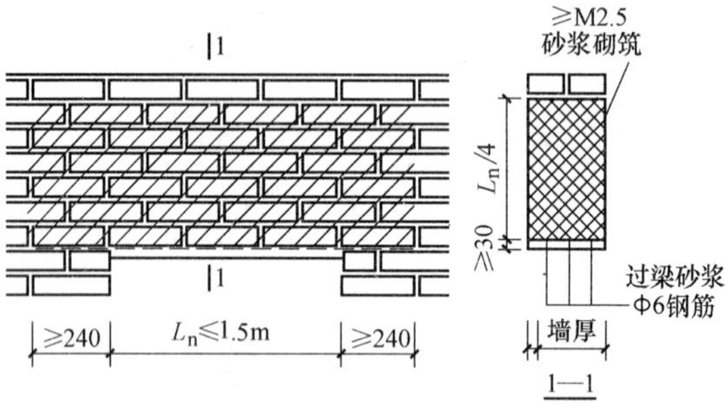

图 5-13　钢筋砖过梁

梁，适用于各种墙体和洞口宽度。断面形式有矩形、L 形等，断面尺寸：高度有 60mm、120mm、180mm、240mm，宽度与墙宽一致，过梁两端伸入墙内不小于 240mm，如图 5-14 所示。

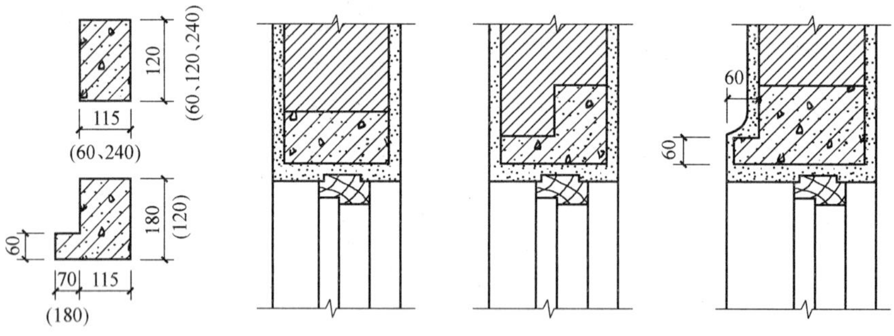

图 5-14　钢筋混凝土过梁

预制钢筋混凝土过梁的断面尺寸过大时，不便于搬运和安装，可以分成宽度较小的几片，并排组合使用。预制钢筋混凝土过梁的构造示意图见图 5-15。

7. 变形缝

墙体变形缝包括伸缩缝、沉降缝、抗震缝，分别用于防止或减轻由于温度变化、基础不均匀沉降和地震造成的墙体破坏。在一般情况下，沉降缝可以与伸缩缝合并，抗震缝的设置也应结合伸缩缝、沉降缝的要求统一考虑。设置变形缝的条件及位置应符合国家有关规范的规定。

（1）伸缩缝 当气温变化时，墙体将因热胀冷缩而可能出现不规则破坏。为了防止这种破坏，将建筑物沿长度分成几段，使各段有独立伸缩的可能，各段间的垂直缝隙从建筑物基础顶面开始，将墙体、楼地面、屋顶等全部分开，这种缝叫伸缩缝，也称温度缝。

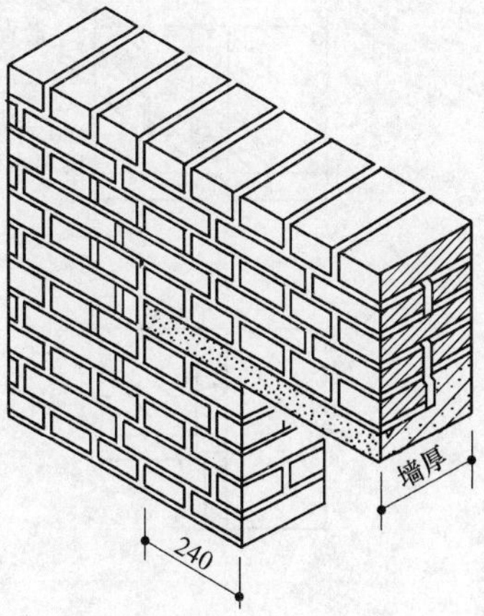

图5-15 预制钢筋混凝土过梁构造示意图

伸缩缝的宽度一般为20～30mm。为了避免风、雨对室内的影响，伸缩缝应砌成错口缝或企口缝，也可做成平缝（见图5-16），并用经防腐处理的可塑材料填塞，如沥青麻丝、橡胶条、塑料条。外墙面上用铁皮、镀锌薄钢板、彩色薄钢板、铝皮等盖缝，内墙面用木制盖封条或有一定装饰效果的金属调节盖板装修（见图5-17b）。楼地层伸缩缝的位置和尺寸，应与墙体伸缩缝相对应，在构造上应保证地面面层和顶棚美观，又应使缝两侧的构造能自由伸缩（见图5-18）。屋顶伸缩缝的位置有两种情况，一种是伸缩缝两侧屋面的标高相同，另一种是缝两侧屋面的标高不同。缝两侧屋面的标高相同时，上人屋面和不上人屋面伸缩缝的作法也不相同。如为不上人屋面，一般在缝的两侧各砌半砖厚的小墙，按泛水构造处理，其与泛水构造不同的是在小墙上面加设钢筋混凝土盖板或铁皮盖板；上人屋面则用嵌缝油膏嵌缝并注意防水处理，详见图5-19。刚性防水屋顶伸缩缝的构造与柔性防水屋顶的作法基本相同，只是防水材料不同而已。

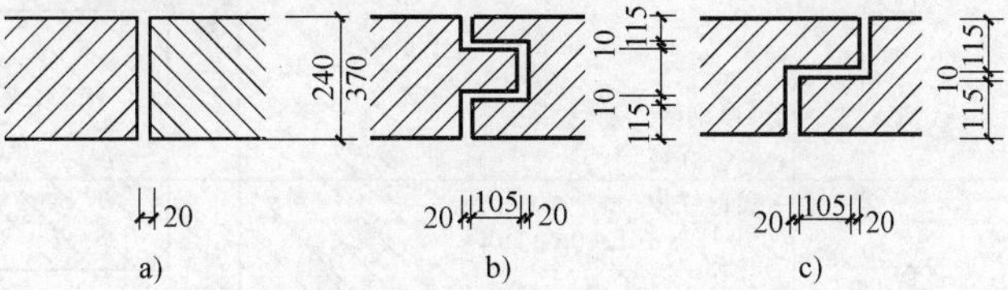

图5-16 伸缩缝的形式

a）平缝 b）企口缝 c）错口缝

（2）沉降缝 当建筑物的地基承载能力差别较大或建筑物相邻部分的高度、荷载、结构类型有较大不同时，为防止地基因不均匀沉降而破坏，故在适当的位置设置垂直的沉降缝。沉降缝应从基础底面起，沿墙体、楼地面、屋顶等在构造上全部断开，使相邻两侧各成单元，各自沉降互不影响。

沉降缝可作为伸缩缝使用。沉降缝的构造与伸缩缝的构造基本相同。沉降缝的宽度随着地基情况和建筑物的高度而不同，地基越软弱，建筑物越高，缝宽也就越大。墙体的沉降缝盖缝条应满足水平伸缩和垂直沉降变形的要求，屋顶沉降缝处的金属调节片或其他构件应考虑沉降变形与维修余地，如图5-20所示。

基础沉降缝的处理形式有双墙偏心基础、双墙基础交叉排列、挑梁基础3种，如图5-21所示。

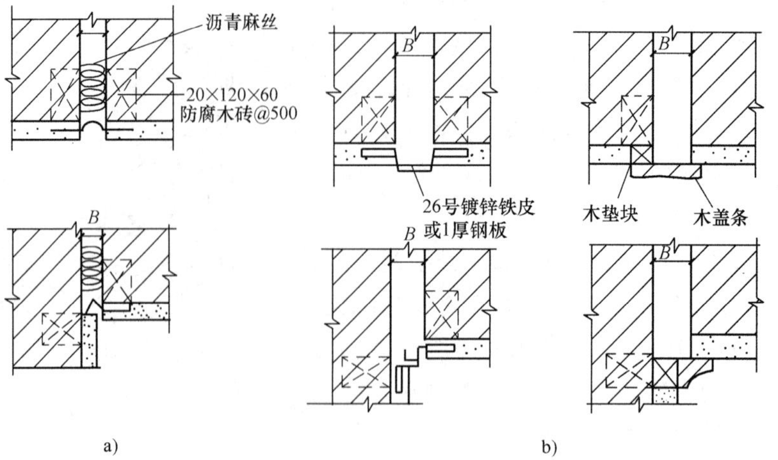

图 5-17　墙体伸缩缝的构造

a）外墙伸缩缝处理　b）内墙伸缩缝处理

注：B—伸缩缝宽度。

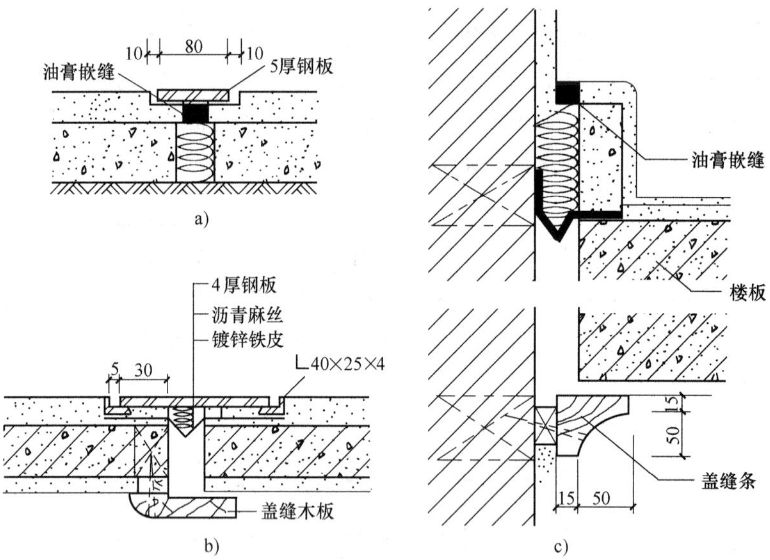

图 5-18　楼地面、顶棚伸缩缝构造

a）地面钢板盖缝　b）楼板变形缝　c）楼板靠墙处变形缝

（3）防震缝　为了防止建筑物的各部分在地震时相互撞击造成变形和破坏而设置的缝叫做防震缝。防震缝在建筑物的基础部位有的不断开，而其他部位则全部设置。构造要求与伸缩缝相似，缝宽在 50 ~ 70mm 左右，且为平缝。由于防震缝的缝隙较大，故在外墙缝处常用可伸缩的、呈 V 形或 W 形的镀锌铁皮或铝皮遮盖。地震设防房屋的伸缩缝和沉降缝应符合防震缝要求。防震缝的构造如图 5-22 所示。

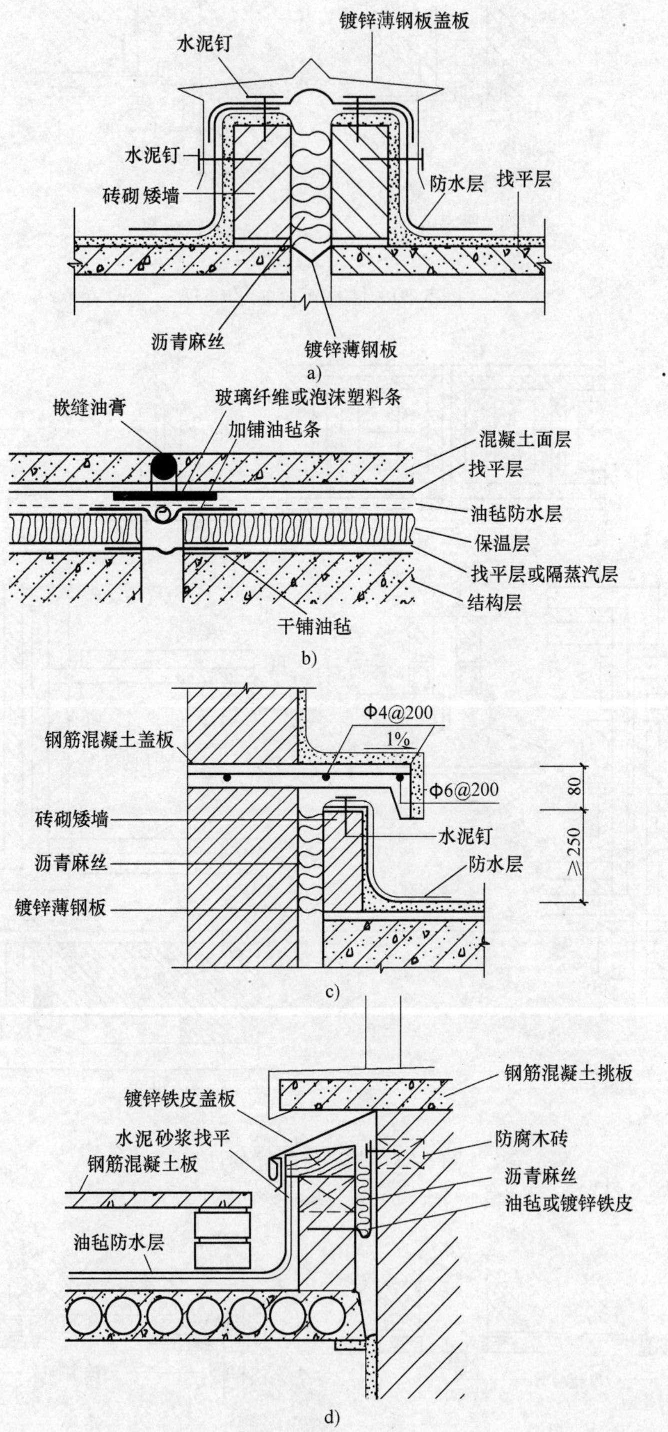

图5-19　卷材防水屋顶伸缩缝构造

a）不上人屋顶平接变形缝　b）上人屋顶平接变形缝　c）高低错落处屋顶变形缝　d）进出口处变形缝

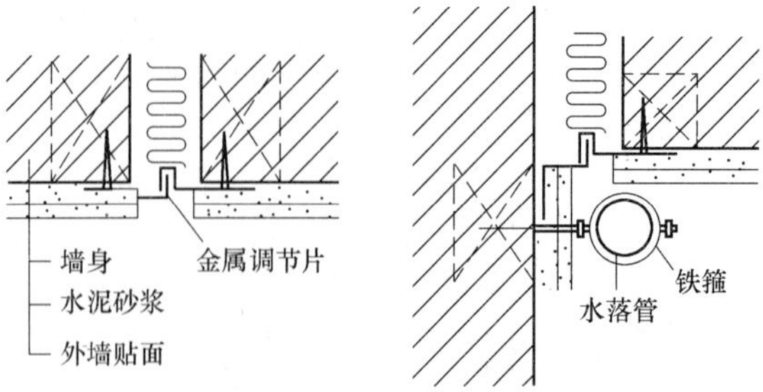

图 5-20　墙体沉降缝的处理

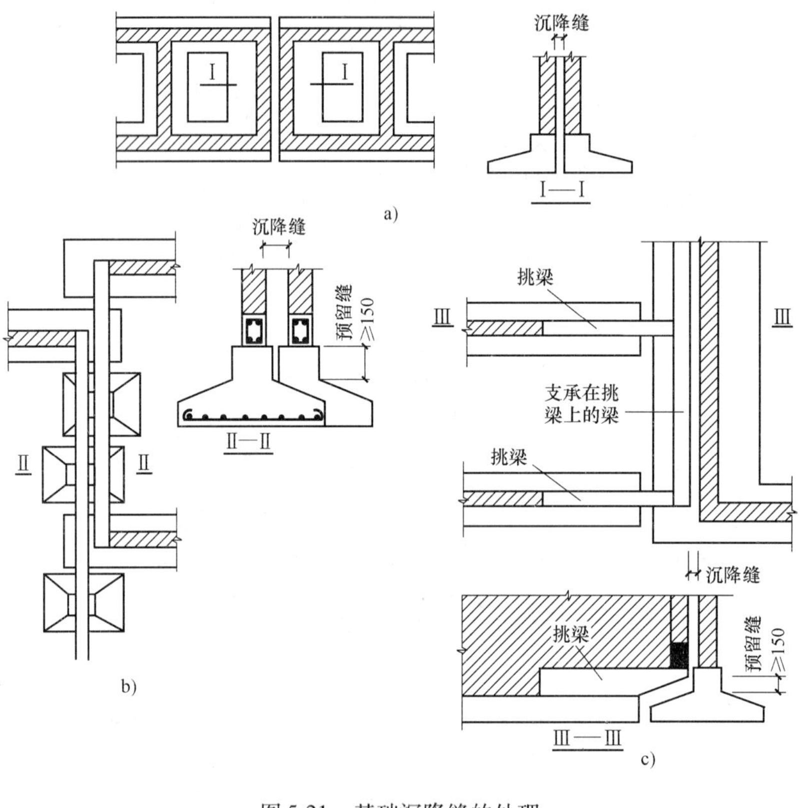

图 5-21　基础沉降缝的处理

a）双墙偏心基础　b）双墙基础交叉排列　c）挑梁基础

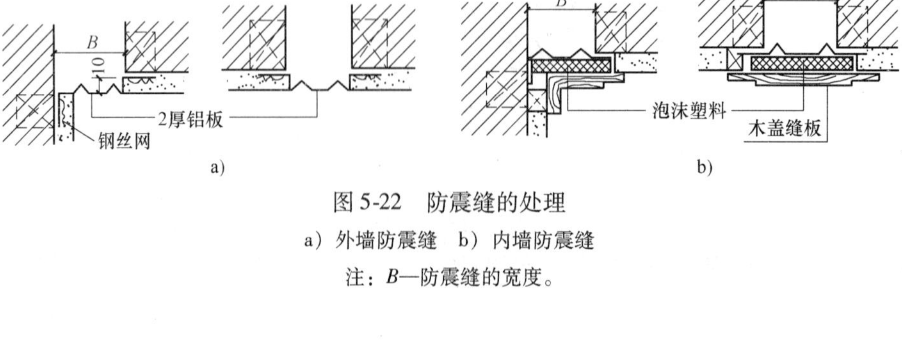

图 5-22　防震缝的处理

a）外墙防震缝　b）内墙防震缝

注：B—防震缝的宽度。

5.3 墙体的抗震构造

根据国家有关规定，在7度以上的地震设防区，应对以砖砌墙体为结构的建筑物作出一定的限制和要求，如限制房屋的总高度和层数，限制建筑体的高宽比，限制横墙的最大间距等，并可设置防震缝，提高砌体砌筑砂浆的强度。同时，还可以采取以下措施来提高建筑物的整体刚度和稳定性。

5.3.1 圈梁

圈梁的设置主要是为了增强房屋整体的刚度和墙体的稳定性。圈梁一般采用C15以上钢筋混凝土制成，分预制和现浇两种，预制圈梁可分段预制，接头浇灌连接。圈梁应贯通房屋纵横墙，四周圈通，形成“腰箍”。圈梁一般设置在檐口下、各层楼板下口或门窗洞口（代替窗过梁）。若设在基础上部，称为地圈梁。

圈梁被洞口切断，应在洞口上设置一道不小于圈梁断面的过梁，与圈梁搭接，其搭接长度不应小于错开高度的2倍，也不应小于1.0m，如图5-23所示。

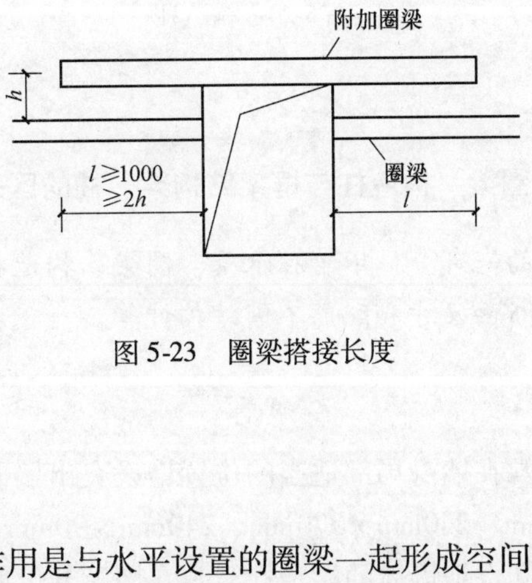

图5-23 圈梁搭接长度

5.3.2 构造柱

钢筋混凝土构造柱的作用是与水平设置的圈梁一起形成空间骨架，以增强建筑物的整体刚度，提高墙体抵抗变形的能力，使得砖墙在受震开裂后也不倒塌。

钢筋混凝土构造柱一般设置在外墙转角，内外墙交接处，楼梯间、电梯间的四角以及部分较长墙体的中部。构造柱的最小断面尺寸为240mm×180mm，最小配筋4Φ12，箍筋Φ6@250。构造柱的下端应锚固在钢筋混凝土条形基础或基础圈梁内，上部与楼层圈梁连接。在施工时应先放置构造柱的钢筋骨架后再砌墙体，并每隔500mm留马牙槎，以加强构造柱与墙体的咬合连接。并应沿墙高每隔500mm设2Φ6的拉结钢筋，每边伸入墙内不少于1000mm，用不低于C15的混凝土逐段现浇，如图5-24所示。

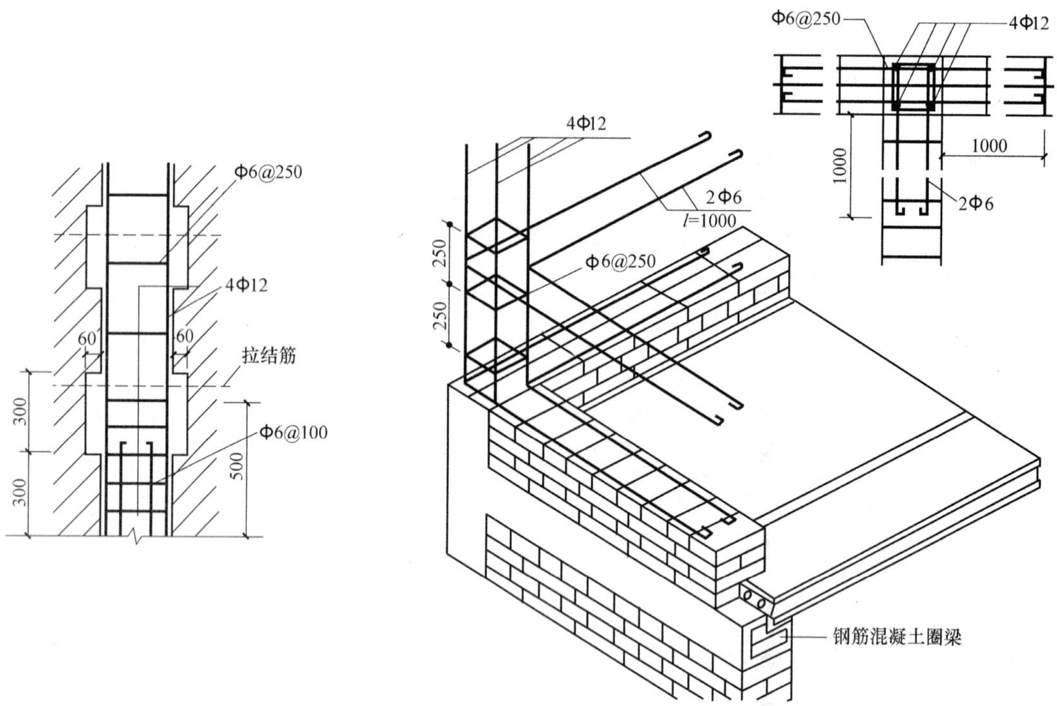

图 5-24　构造柱

小知识

圈梁、构造柱与框架结构梁、柱的区别

圈梁、构造柱是墙体的一部分，不单独承重；圈梁、构造柱与墙体同步施工，墙不是填充体；圈梁、构造柱的断面尺寸和配筋不需结构计算。

5.3.3　墙壁柱和门垛

为提高墙体的刚度，常在墙身局部适当的位置增设突出墙面的壁柱。壁柱突出墙面的尺寸一般为 120mm × 370mm、240mm × 370mm、240mm × 90mm 等，如图 5-25a 所示。

为了便于门框的安装和保证墙体的稳定性，凡在墙上开设门洞且门洞开在两墙转角处或丁字墙交接处时，须在门靠墙的转角部位或交接的一边设置门垛，如图 5-25b 所示。

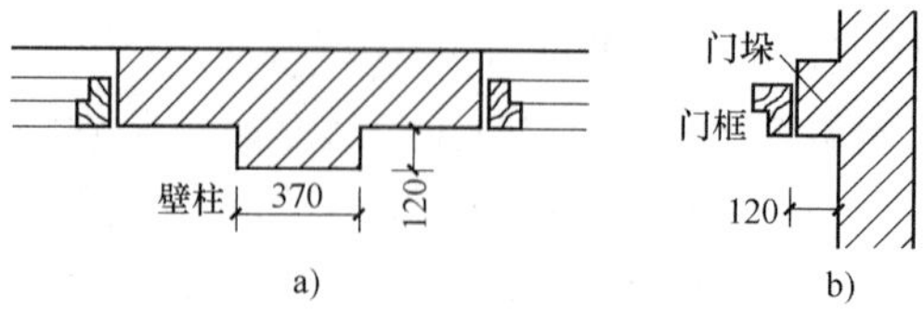

图 5-25　壁柱和门垛
a）壁柱　b）门垛

5.4 墙面的装修

墙面装修的作用主要是保护墙面，提高墙面抵抗自然侵蚀的能力，同时可使内外墙面平整光滑、清洁美观。对于一些有特殊要求的房间，还能改善它的热工、声学、光学等性能。

5.4.1 墙面抹灰

墙面抹灰一般分为三层：底层厚5~10mm，与墙粘接牢固；中层厚5~20mm，起找平作用；面层使墙面平整、光滑、美观。

墙面的抹灰可分为外墙面抹灰和内墙面抹灰两大类，常用的外墙抹灰有水泥砂浆、混合砂浆、水刷石、斩假石、干粘石、拉毛和清水砖墙勾缝等；内墙抹灰有纸筋石灰、水泥砂浆和混合砂浆等。

1. 水泥砂浆

（1）外墙面抹灰　12mm 厚1:3 水泥砂浆打底扫毛或划出纹道用于砖墙。

（2）内墙面抹灰　9mm 厚1:3 水泥砂浆打底扫毛或划出纹道，5mm 厚1:2.5 水泥砂浆找平、喷面浆饰面。

2. 混合砂浆

（1）外抹灰　抹灰材料均为1:1:4 水泥石灰砂浆，底为10mm 厚，面为5mm 厚。

（2）内墙面抹灰　底为10mm 厚1:1:4 水泥石灰砂浆，面为5mm 厚1:0.3:3 水泥石灰砂浆。

3. 干粘石

外墙面抹灰的底为10mm 厚1:3 水泥砂浆；中间为1:1:1.5 水泥石灰砂浆，按设计要求，做分格凹缝；面为刮水泥浆，干粘石洒上压平拍实，石子粒径为3~5mm。

4. 清水砖墙勾缝

分原浆勾缝和加浆勾缝，勾缝形式有平缝、斜缝、凹缝、半圆缝等。

5.4.2 墙面贴面

采用大理石、花岗石、预制水磨石板、釉面瓷砖、陶瓷锦砖（马赛克）、玻璃马赛克等各种饰面材料贴外墙面和部分内墙面，这类贴面材料造价较高，主要用于重要建筑的墙面、门厅或其他要求较高和卫生要求较高的房间（如卫生间、盥洗间、餐厅等）。

墙面贴面是在抹灰墙面的基层上，用白水泥浆（或水泥浆）、聚酯砂浆粘贴剂、有机胶粘剂直接粘帖，如图5-26 所示。大型的装饰石板，要钻孔用铜丝等挂钩材料安装，如图5-27、图5-28 所示。

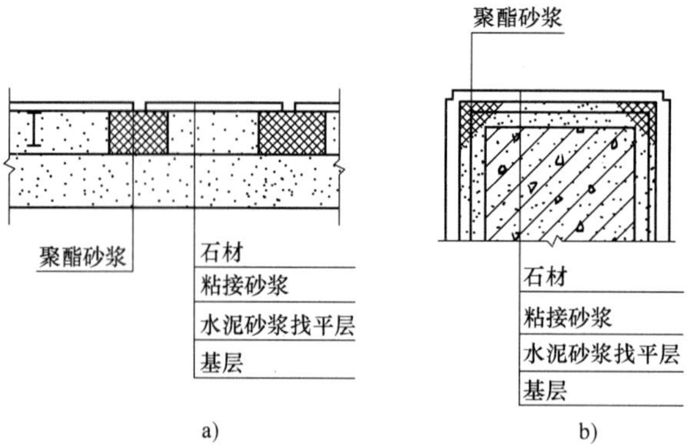

图 5-26　墙面贴面构造
a）平墙面　b）转角墙面

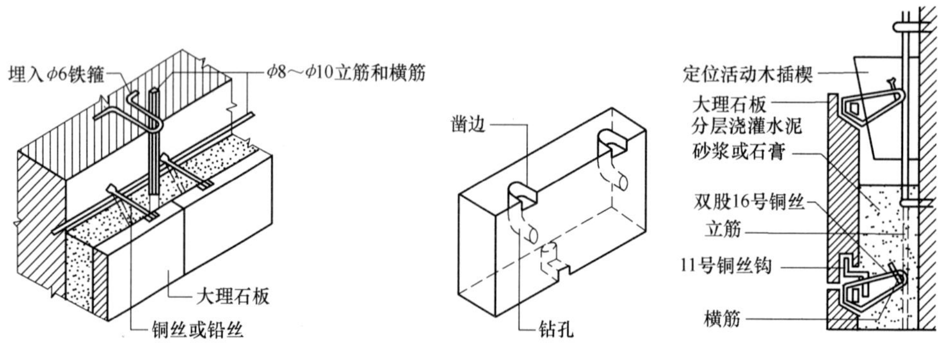

图 5-27　薄型石材饰面安装构造

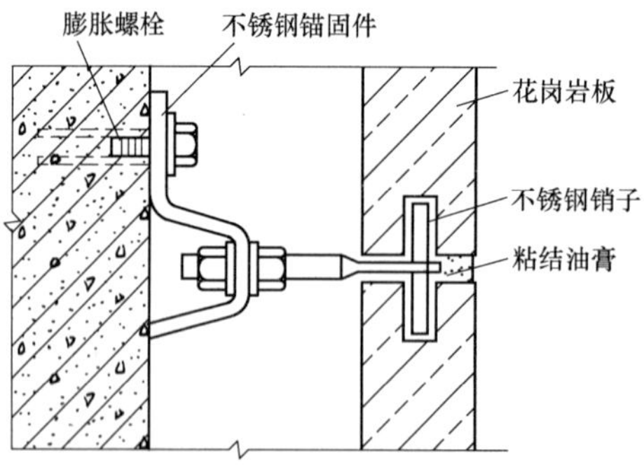

图 5-28　花岗岩块材饰面安装构造

5.4.3　墙面喷刷

采用喷刷方法装饰墙面施工简单，造价较低，同时有较好的装饰效果和保护墙面的作用，但耐久性较差，下面介绍几种常用的装饰墙面。

（1）普通刷浆　采用石灰浆、大白浆等喷刷2~3遍。

（2）装饰刷浆　底层刷大白浆，面层刷可塞银粉，墙粉可配置成各种颜色。

（3）油漆墙面　油漆墙面的底层为水泥砂浆或混合砂浆基层，填补裂缝后满刮腻子，再用砂纸抹光，刷调和漆二遍或喷漆二遍。油漆墙面清洁美观，适用于装饰要求、卫生要求较高的房间，但造价较高、耐久性较差。现大多用多乐士五合一、立帮漆等。

（4）彩色水泥色浆　用彩色水泥调制成色浆进行喷刷，可用于混凝土、水泥砂浆等基层，一般喷刷2~3遍。

（5）墙面涂料　墙面涂料分为外墙涂料和内墙涂料，一般刷2~3遍。尤其是内墙涂料（简称106涂料），应用极为广泛，是一种经济、美观的装饰材料。

5.4.4　墙面裱糊

墙面裱糊装修是将各种装饰性的墙纸、墙布、织锦等卷材类的装饰材料裱糊在墙面上的一种装修做法。常用的装饰材料有PVC塑料壁纸、复合壁纸、玻璃纤维墙布等。裱糊类墙体饰面装饰性强、造价较经济、施工方法简捷高效、材料更换方便，并且在曲面和墙面转折处粘贴可以顺应基层获得连续的饰面效果。

墙面应采用整幅裱糊，并统一预排对花拼缝。不足一幅的应裱糊在较暗或不明显的部位。裱糊的顺序为先上后下，先高后低，应使饰面材料的长边对准基层上弹出的垂直准线，用刮板或胶辊赶平压实。阴阳转角应垂直，棱角分明。阴角处墙纸（布）搭接顺光，阳角处不得有接缝，并应包角压实。

裱糊工程的质量标准是粘贴牢固，表面色泽一致，无气泡、空鼓、翘边、皱折和斑点。

5.4.5　铺钉类墙面装修

铺钉类墙面装修的面料包括木板、塑料饰面板、富丽板、镜面板、不锈钢板等，多用于高档和特殊要求的房间。铺钉类墙面装修的做法是先在墙面干铺油毡一层，再钉木骨架，将面板钉在或粘贴在骨架上。

5.5　隔墙与隔断的构造

用以分隔建筑物内部空间的非承重墙称为隔墙或隔断。隔墙与隔断的区别是隔墙到顶，隔断可到顶也可不到顶；隔墙设置后一般固定不变，隔断可以移动或拆装，空间可分可合。

5.5.1　隔墙

隔墙的类型很多，有砌块隔墙、骨架隔墙和板材隔墙三大类。安装方式有固定、可活动等形式，下面列出几种代表性的隔墙。

1. 砌块式隔墙

砌块式隔墙是采用烧结普通砖、空心砖、加气混凝土砌块、石膏砌块等块材砌筑而成的非承重墙。随着墙体改革的进展，砌块隔墙已由传统的砌筑空心砖、烧结普通砖向各种轻质砌块方向发展。

（1）砖隔墙　砖隔墙采用普通砖顺砌为半砖墙，可用M2.5、M5砂浆砌筑，砖隔墙不易过长或过高，要进行稳定性验算。

半砖隔墙的高度大于3m，长度超过5m时，应采取加固措施。一般沿高度方向每隔10～15皮砖放2Φ6钢筋与承重墙拉结（见图5-29a）。当隔墙顶部与楼板相接处，常采用立砖斜砌，或留出30mm的缝隙并抹灰封口。当隔墙上设门时，则须用预埋件或木砖将门框拉接牢固，见图5-29b。

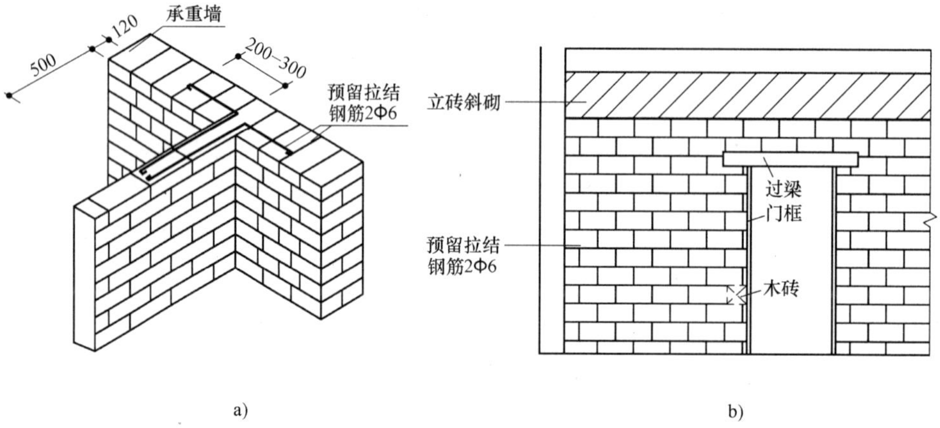

图5-29　砖隔墙
a）隔墙拉结钢筋　b）隔墙示意

（2）砌块隔墙　为减轻自重，常采用轻质小型砌块如混凝土砌块、水泥矿渣空心砖、粉煤灰硅酸盐砌块等砌筑隔墙，厚度一般为90～120mm。砌筑时应在墙下砌3～5皮普通砖，隔墙长度不够整块砌块时宜用普通砖填补，如图5-30所示。砌块隔墙的加固构造方法与砖隔墙相同。

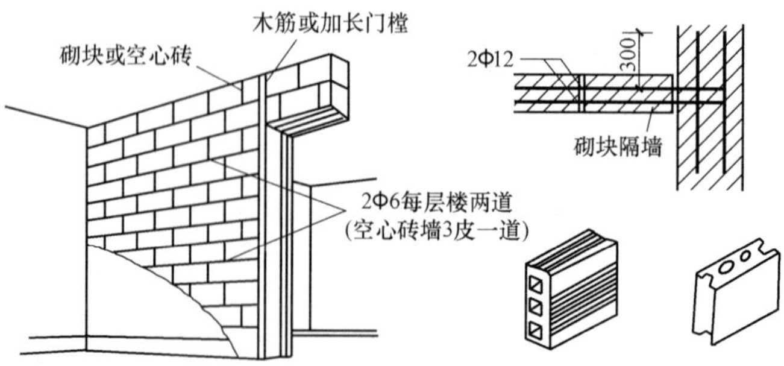

图5-30　砌块隔墙

2. 板材隔墙

板材隔墙是指那些使用轻质隔墙板材，并将隔墙板材直接固定于建筑主体上的隔墙工程，这种隔墙不依赖骨架，由隔墙板材自承重。目前，这类轻质隔墙的应用范围很广，使用的隔墙板材类型按断面和材料组成的不同，可分为空心条板、实心条板和夹芯条板等类型。常见的隔墙板材如增强水泥条板（GRC 板）、增强石膏条板、轻质混凝土条板、粉煤灰泡沫水泥条板、蒸压轻质加气混凝土板、钢丝网架夹芯板（泰柏板、舒乐舍板）等。板材隔墙的固定方式有将隔墙与地面直接固定、通过木肋与地面固定、通过混凝土肋与地面固定三种方法。

3. 骨架隔墙

骨架隔墙又称立筋隔墙，其面板本身不具有必要的刚度，难以自立成墙，需要先制作一个骨架，再在其表面覆盖面板。骨架（统称为龙骨或墙筋）材料可以是木材和金属等，构成分为上槛、下槛、纵筋（竖筋）、横筋和斜撑，如图 5-31 所示。面板材料可以是胶合板、纸面石膏板、硅钙板、塑铝板、纤维水泥板等。

传统的骨架隔墙是将胶合板或纤维板镶钉在木骨架上，现在使用较多的面板是石膏板。石膏板是以石膏为主要原料，生产时在板的两面粘贴具有一定抗拉强度的纸，以增强板材在搬运和施工时的抗弯能力，所以又称纸面石膏板。

石膏板隔墙的骨架可采用木材、石膏板条和薄壁型钢，目前较多的用金属材料轧制的薄壁型钢，称之为隔墙轻钢龙骨（见图 5-32）。轻钢龙骨石膏板隔墙的做法是先用螺钉或射钉将骨架的上槛、下槛和边龙骨固定在楼板和墙面上，再安装中间龙骨和横撑，用自攻螺钉将石膏板与龙骨连接。石膏板在表面刮腻子之后就可以饰面，如喷刷涂料、贴壁纸等，见图 5-33。

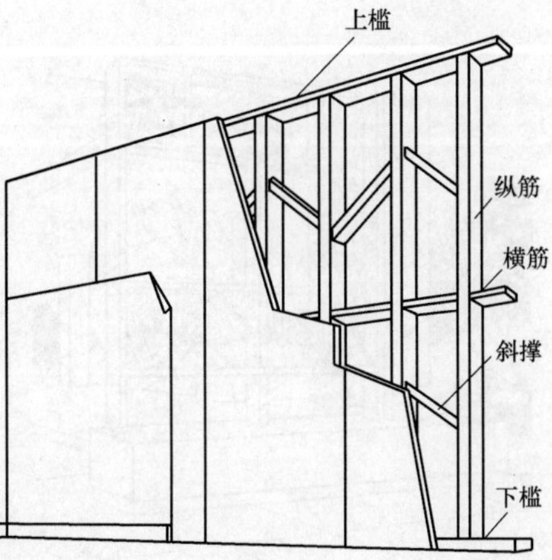

图 5-31　立筋类轻隔墙龙骨构成

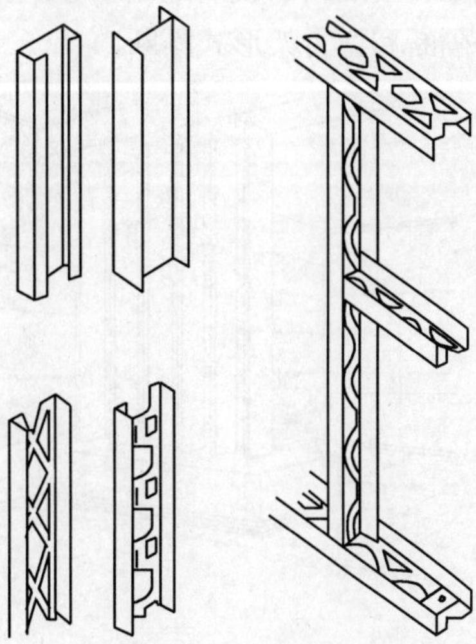

图 5-32　轻钢龙骨

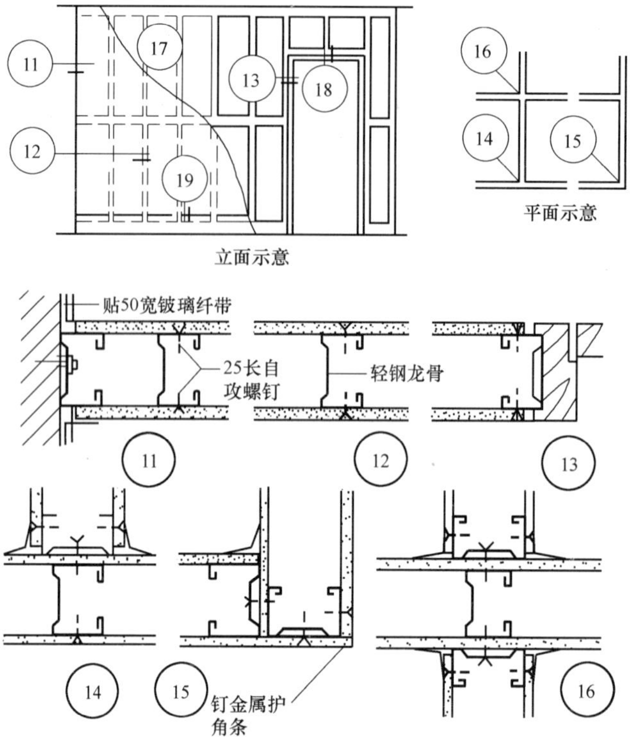

图 5-33　轻钢龙骨石膏板隔墙

5.5.2　隔断

隔断主要用于空间分隔。如在餐厅中，既要划分不同的饮食区域，又可相互通行，还可随时拆除。

隔断有木隔断、玻璃隔断、家具隔断、屏风式隔断、竹编隔断等，图 5-34 所示为木制竖条隔断和博古架形式隔断。

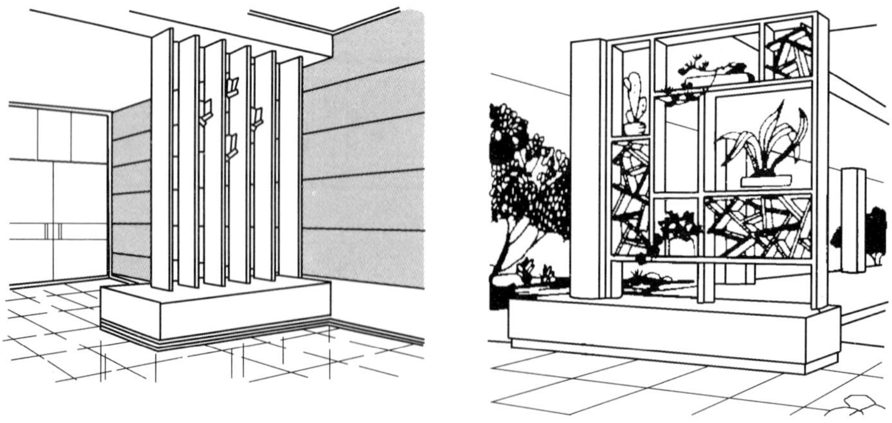

a)　　b)

图 5-34　隔断

a）木制竖条隔断　b）博古架形式隔断

相关链接

多层宿舍楼一般是砖混结构的房屋，砖砌筑墙体，墙体厚度240mm，混合砂浆抹面。

本章回顾

在本章学习过程中，我们着重理解和掌握以下各点：

1. 承重墙与非承重墙的区别。
2. 墙的三个作用：承重、围护和分隔。
3. 对墙的要求：足够的强度和稳定性、热工、隔声、防火、经济、工业化。
4. 普通砖砌的实心墙厚度的名称、标志尺寸和构造尺寸。
5. 砖墙的细部构造讲了八个部位，学习这些内容时要理解和掌握以下各点：

1）该部位的作用。

2）有几种做法？各用于什么情况？

3）各种做法的构造层次和做法。

4）构造的细节：如散水与勒脚抹灰相交处、滴水等。

6. 墙的特点和典型构造。
7. 墙体抗震构造措施见表5-2。

表5-2　墙体抗震构造措施

过梁类型	作　用	设置位置	构造要点
门垛	保证墙身稳定和门框安装	门洞一般应设门垛，特别是在墙体转折处或丁字墙处	门垛宽度同墙厚，门垛长度一般为120mm或240mm（不计灰缝）
壁柱	使之与墙体共同承担荷载和稳定墙身	墙体受到集中荷载或墙体过长（如240mm厚，长超过6m）时，应增设壁柱	尺寸应符合砖规格而且应考虑到灰缝的错缝要求
圈梁	增加房屋的整体刚度和稳定性，减轻地基不均匀沉降对房屋的破坏，抵抗地震力的影响	屋盖处必须设置，楼板处隔层设置，当地基不好时在基础顶面也应设置	截面不小于120mm×240mm主要沿纵墙设置，内横墙大约10～15m设置一道
构造柱	增强房屋刚度、防止房屋倒塌的一种加固措施	外墙四角、错层部位横墙与外纵墙交接处、较大洞口两侧、大房间内外墙交接处	最小截面尺寸为240mm×180mm，竖向钢筋一般用4 Φ 12，钢箍间距不大于250mm

8. 墙面装修一节应重点掌握装修的作用和常用的墙面装修构造。了解各种装修做法的优缺点。

知识应用

1. 参照图5-11画出你所在房间（宿舍或教室）的窗台构造图（比例自定）。
2. 你知道1m^3的砖是多少块？长、宽、高各几块？画图说明。

第6章 楼 地 面

知识储备

楼地面是房屋的重要组成部分，是房屋的水平承重构件。它们与墙或柱等垂直承重构件相互依赖，互为支撑，构成了房屋的多层空间结构。

通过本章的学习，我们应该：

（1）了解楼地面的设计要求，重点掌握钢筋混凝土楼板的结构布置；（2）熟悉常见楼地面面层构造；（3）掌握楼地面的构造组成，钢筋混凝土楼板的主要类型及其特点和构造，顶棚的构造特点以及阳台和雨篷的构造。

6.1 概述

导入案例

观察教室层与层之间的水平分隔构件是什么？它有哪些作用？

6.1.1 楼地面的作用及设计要求

1. 楼地面的作用

楼地面包括楼层地面和底层地面，是分隔建筑空间的水平承重构件。它一方面承受着楼面荷载，并把这些荷载合理有序地传给墙或柱；另一方面对墙体起着水平支撑作用，帮助墙体抵抗风及地震产生的水平力，加强建筑物的整体刚度；此外还具备一定的隔声、防火、防水、防潮、保温隔热等能力。

2. 楼地面的设计要求

（1）坚固要求　楼面和地面均应有足够的强度，保证在自重和活荷载作用下不发生任何破坏；同时应具有规定的刚度，即在荷载作用下弯曲挠度不超过允许值。

（2）隔声要求　楼面的隔声包括隔绝空气传声和固体传声，可采用隔声性能强的弹性材料作为面层。

（3）防火要求　楼面应根据建筑物耐火等级，对防火要求进行设计。如二级耐火建筑物的耐火极限不少于1h。

（4）防水、防潮要求　对于厨房、卫生间等一些地面潮湿、易积水的房间，应进行防水防潮处理。可采用有防水性能的材料铺设面层或在面层下设置防水层。

（5）保温、隔热要求　采暖建筑或上下温差较大的建筑，应附设保温隔热材料层。

（6）设备管线布置要求　现代建筑中，各种功能日趋完善，有更多管线借助楼板层敷设。为使室内平面布置灵活，空间使用完整，在楼面设计中应充分考虑各种管线布置的要求。

（7）经济要求　楼板层的造价占建筑总造价的20%～30%，因此楼板层设计中，在保证质量标准和使用要求的前提下，要选择经济合理的结构形式和构造方案，减少材料消耗和自重，降低工程造价。

小知识

在常用的楼地面材料中，预应力钢筋混凝土楼板的耐火极限一般为0.5h，非预应力钢筋混凝土楼板的耐火极限一般为1.0h，现浇钢筋混凝土楼板的耐火极限一般为1～2h。

6.1.2　楼地面的组成

1. 楼面的组成

楼面主要由面层、结构层和顶棚三部分组成，如图6-1所示。

（1）面层　直接与人和设备接触的部分，起着保护楼板的作用同时对室内有重要的装饰作用。面层应坚固耐磨、光滑平整。

（2）结构层　楼面的承重部分，一般由板或梁和板组成，主要功能是承受楼板层上的全部荷载，并将这些荷载传递给墙或柱，要求具有足够的强度和刚度。

（3）顶棚　又称天花板，位于楼面最下层，主要有装饰、隔声等作用。

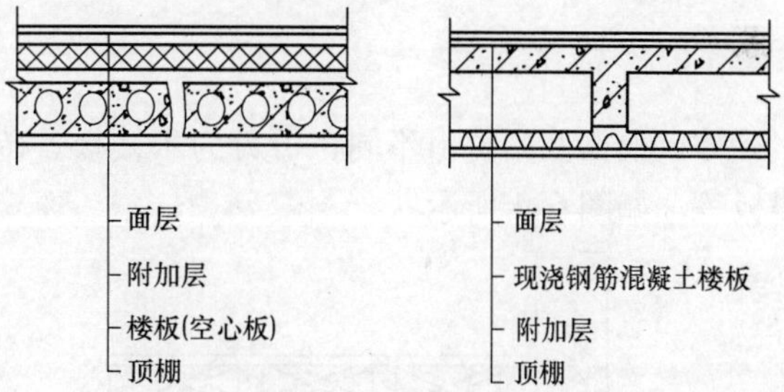

图6-1　楼面的组成

由于各种建筑物功能不同，根据使用的实际需要可在楼板层设置附加层。如在上下层温度相差较大有可能产生凝结水时，可附设隔汽层；需要加强防水和保温功能时，可附设防水层和保温层；为了掩盖设备管道，还可附设管道敷设层等，如图6-2所示。

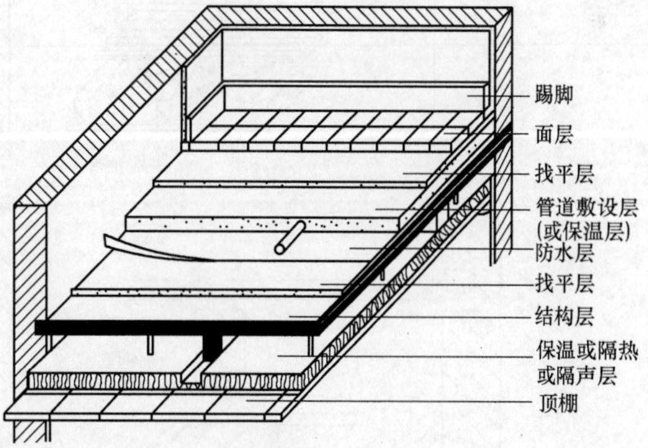

图6-2　楼面的附加构造层

2. 地面的组成

地面主要有面层、垫层和基层三部分组成，对有特殊要求的地面，常在面层和垫层之间增设附加层，如图6-3所示。

1）地面的面层和附加层与楼板层类似，这里不再赘述。

2）基层是地面的承重层，一般为土壤。土壤条件较好、地面上荷载不大时，一般采用原土夯实或填土分层夯实；地面上荷载较大时，可掺碎砖、石子等骨料夯实。

3）垫层是指承受并传递荷载给基层的构造层，有刚性垫层和柔性垫层之分。

刚性垫层有足够的整体刚度，受力后变形很小，常采用低强度素混凝土，厚度为50～100mm。刚性垫层用于地面要求较高及薄而性脆的面层，如水磨石地面、大理石地面等。

柔性垫层整体刚度小，受力后易产生塑性变形，常用50mm厚砂，80～100mm厚碎砖灌浆或100～150mm厚的灰土等。柔性垫层常用于厚而不易断裂的面层，如水泥制品块地面。

对于某些室内荷载大或装修标准高的地面，可在基层上先做柔性垫层，再做一层刚性垫层，即复式垫层。

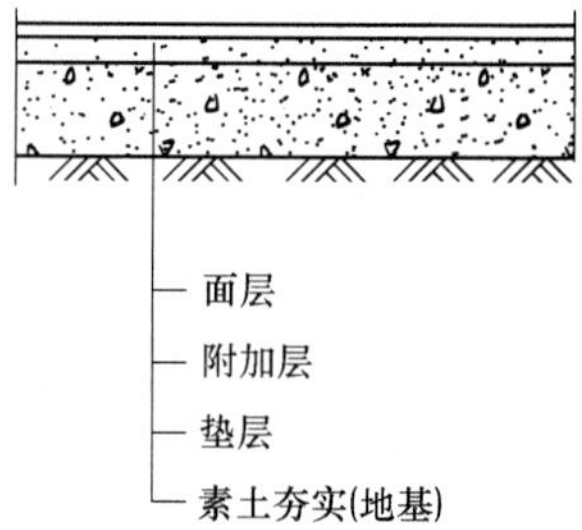

图6-3　地面的组成

6.2　楼面结构层的构造

导入案例

楼面结构层即楼板层，它是楼面的承重层，在建筑物中有重要作用。常见的现浇钢筋混凝土楼板有什么优点和缺点呢？

6.2.1　楼板的类型

楼板根据使用材料不同，可分为木楼板、砖拱楼板、钢筋混凝土楼板和压型钢板组合楼板等，如图6-4所示。

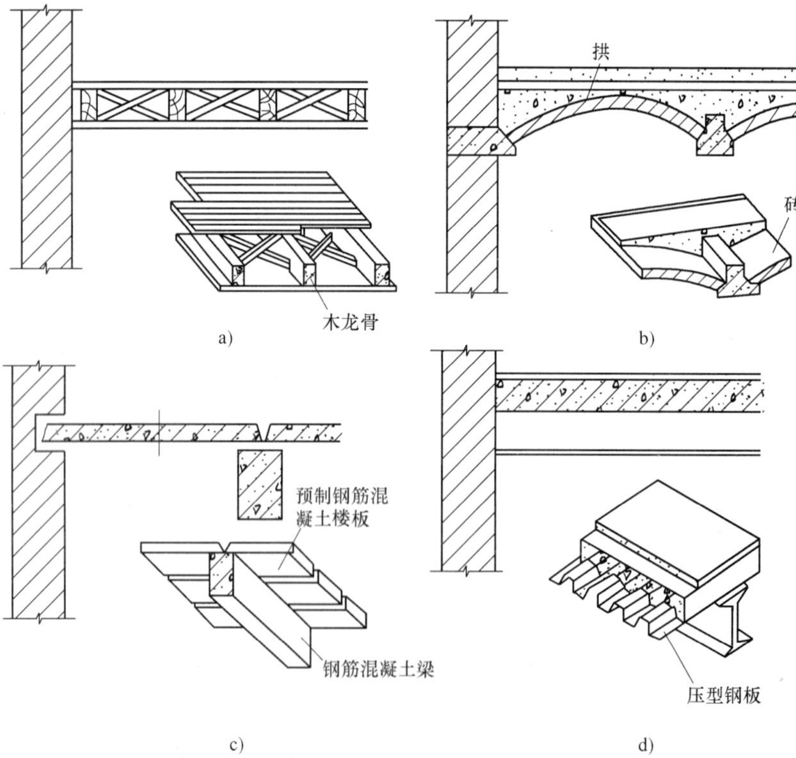

图6-4　楼板的类型

a）木楼板　b）砖拱楼板　c）钢筋混凝土楼板　d）压型钢板组合楼板

由于钢材价格昂贵，压型钢板组合楼板耗钢量大，应慎重采用；砖拱楼板虽节约钢材、水泥，但抗震性差，且施工复杂，一般已不采用；木楼板构造简单，自重轻，吸热指数小，但耐久性和耐火性差，耗木材量大，除林区外，不宜采用；钢筋混凝土楼板强度高，刚度大，防火，耐久，可塑性大，可浇灌各种形状和尺寸的构件，形式多样，便于工业化生产和机械化施工，被广泛采用。

钢筋混凝土楼板根据施工方法不同，分为现浇式、装配式及装配整体式三种。

6.2.2 现浇钢筋混凝土楼板

现浇钢筋混凝土楼板是在现场支模，绑扎钢筋，浇捣混凝土梁、板，经养护而成。这种楼板成型自由，整体性好，抗震性强，防水性好。但它模板用量大，现场湿作业量大，工期长，且施工受季节影响较大。

现浇钢筋混凝土楼板可分为板式、梁板式和无梁式，以板式和梁板式最为常用。

1. 板式楼板

楼板内不设梁，板直接搁置在墙上，称为板式楼板。板式楼板有单向板和双向板之分，如图6-5所示。当板的长边与短边之比大于2时，荷载主要沿短边方向传递，板基本上只在短边方向上弯曲，这种板称为单向板。当板的长边与短边之比小于等于2时，荷载沿两个方向传递，板在两个方向上产生弯曲，称为双向板。

板式楼板底部平整，可以得到最大的使用净高，施工方便。适用于小跨度房间，特别是墙承重体系的建筑物，如住宅、旅馆等，或者其他建筑的走道。

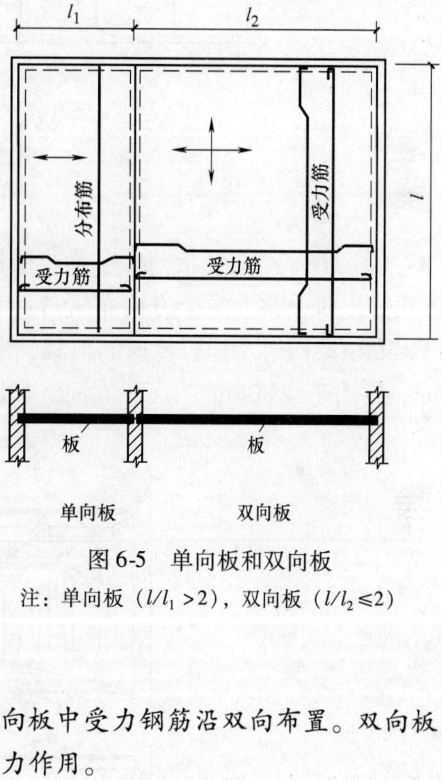

图6-5 单向板和双向板

注：单向板（$l/l_1>2$），双向板（$l/l_2\leqslant2$）

小知识

通常把单向板的受力钢筋沿短边方向布置，在双向板中受力钢筋沿双向布置。双向板较单向板刚度好，且可节约材料和充分发挥钢筋的受力作用。

2. 梁板式楼板

当房间的跨度较大时，采用板式楼板会造成单块楼板的跨度太大，弯矩增大，可以在楼板下设梁作为板的支承点，从而减小板跨。由板、梁组合而成的楼板称为梁板式楼板。根据梁的构造情况，梁板式楼板可分为单梁式、复梁式和井字梁式楼板。

（1）单梁式楼板和复梁式楼板　当房间尺寸不大时，可以仅在一个方向设梁，梁可以直接支承在承重墙上，称为单梁式楼板，如图6-6所示。

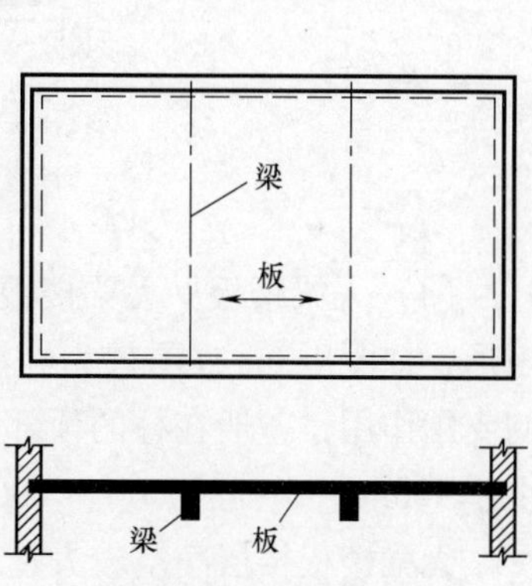

图6-6 单梁式楼板

当房间双向尺寸均大于6m时，则应在两个方向设梁，甚至还应设柱。其中一向为主梁，另一向为次梁。次梁一般与主梁垂直相交，板搁置在次梁上，次梁搁置在主梁上，主梁搁置在墙或柱上，称为复梁式楼板，如图6-7所示。

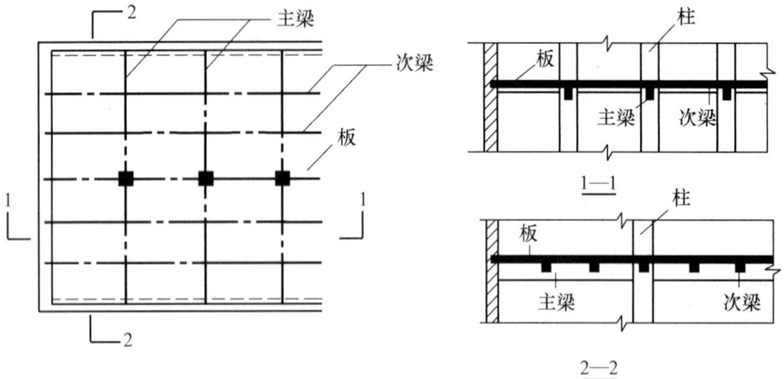

图6-7　复梁式楼板

（2）井字梁式楼板　井字梁式楼板是复梁梁式楼板的一种特例。当房间尺寸较大且接近正方形时，常沿两个方向布置等距离，等截面高度的梁（不分主次梁），板为双向板，纵梁和横梁同时承担板传递的荷载，形成井字形的梁板结构。井字梁式楼板的跨度一般为6m，常用于建筑物的门厅、大厅，如图6-8所示。

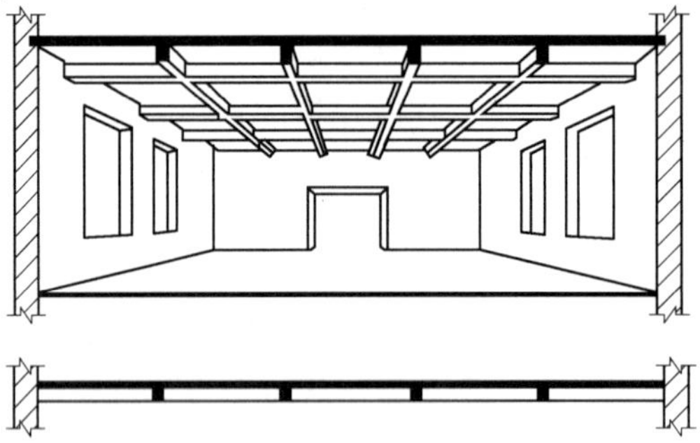

图6-8　井字梁式楼板

（3）无梁楼板　无梁楼板是将楼板直接支承在柱上的楼板。柱网一般布置为正方形或矩形，柱距以6m左右较为经济。当楼面荷载较大时，为改善板的受力条件和加强柱对板的支承作用，一般在柱的顶部设柱帽或托板，如图6-9所示。由于板跨度较大，板厚不宜小于120mm，一般为160～200mm。

无梁楼板楼层净空较大，顶棚平整，采光通风条件较好，适宜于活荷载较大的商店、仓库和展览馆等建筑。

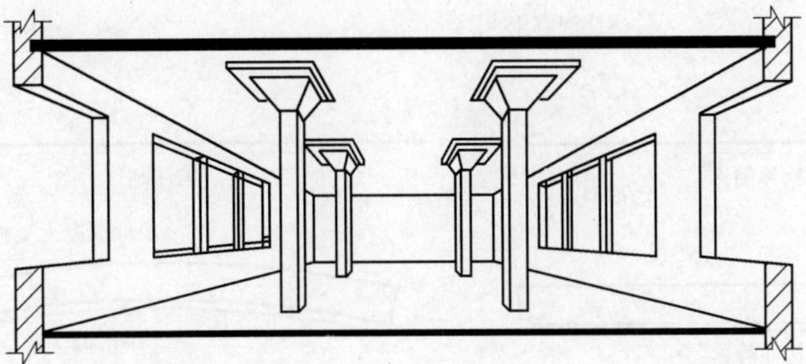

a)

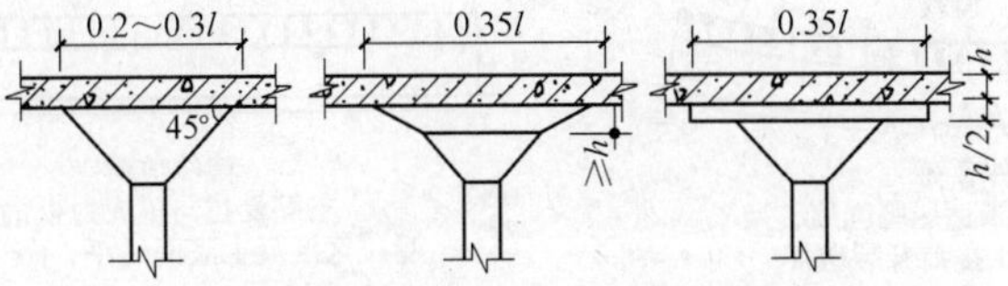

b)

图6-9 无梁楼板

a）无梁楼板透视图 b）柱帽形式

6.2.3 预制装配式钢筋混凝土楼板

预制装配式钢筋混凝土楼板是将楼板在预制厂或施工现场预制，然后在施工现场装配而成。这种楼板可节省模板，减轻劳动强度，加快施工进度，便于组织工厂化、机械化生产，但这种楼板的整体性差。目前，预制装配式钢筋混凝土楼板有预应力和非预应力两种。

1. 预制钢筋混凝土楼板的类型

1）根据受力特点，预制钢筋混凝土楼板可分为普通钢筋混凝土楼板和预应力钢筋混凝土楼板两类。目前，我国各城市普遍采用预应力钢筋混凝土构件。预应力钢筋混凝土构件是通过张拉构件受拉部位的钢筋，使钢筋放张回缩时挤压混凝土，在构件受拉部位的混凝土中产生预压应力，从而减小或抵消使用阶段外荷载所应起的混凝土拉应力，达到推迟裂缝出现，限制裂缝发展，提高结构的强度、刚度和节约材料的目的，如图6-10所示。

2）根据截面形状，常用的预制钢筋混凝土楼板可分为预制实心平板、预制槽形板和预制空心板三种类型。

① 预制实心平板。预制实心平板跨度一般在2.4m以内，板厚一般为50～80mm，板宽约为500～900mm。板的两端简支在墙或梁上，如图6-11所示。多用作过道或小开间房间的楼板，也可楼梯平台板或管道盖板等。

② 预制槽形板。预制槽形板是一种梁板结合的构件，即在实心板两侧设纵肋。为了提高板的刚度和便于搁置，常将板的两端以端肋封闭。当板跨达6m时，应在板的中部增设横肋，如图6-12所示。搁置时，板有正置（指肋向下）与倒置（指肋向上）两种。

槽形板承载能力较好，适应跨度较大，常用于工业建筑。

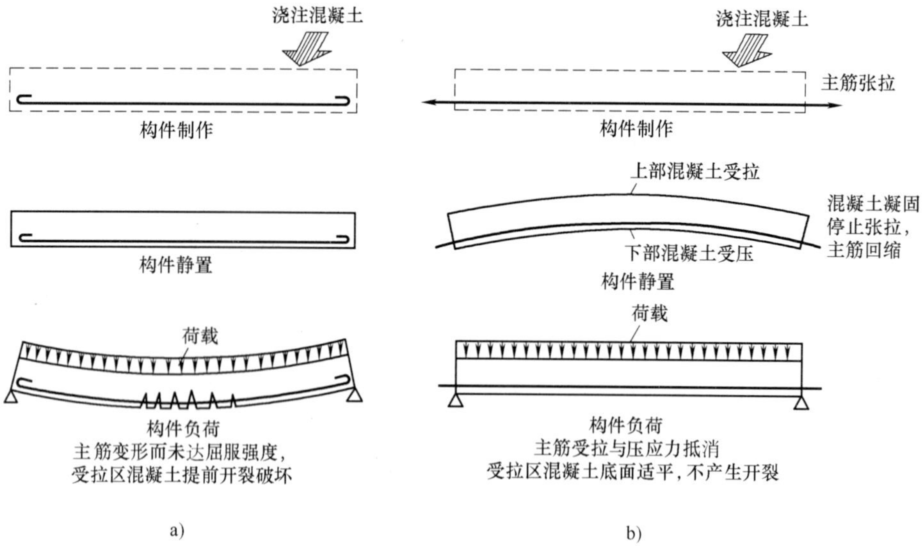

图 6-10 预应力受弯构件受力分析

a）非预应力构件 b）预应力构件

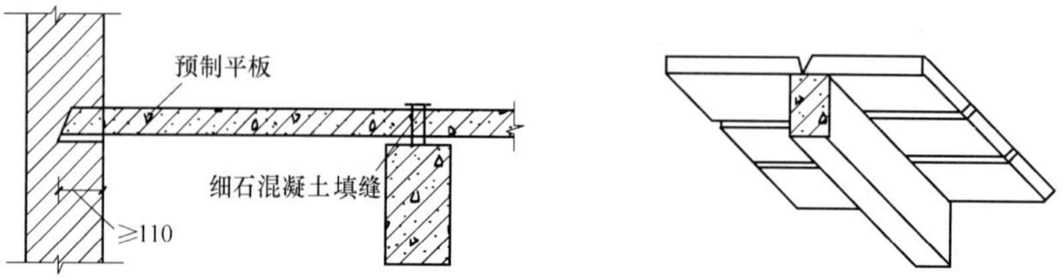

图 6-11 预制平板及安装示意图

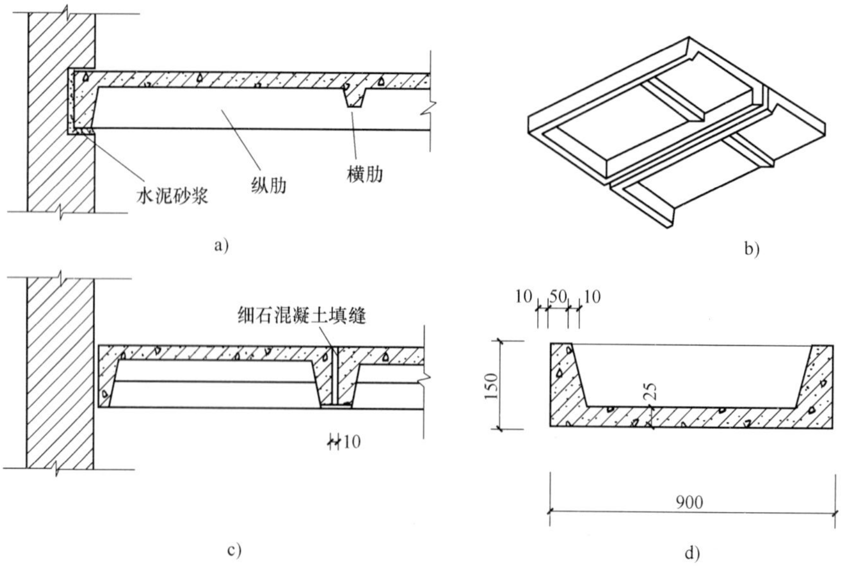

图 6-12 预制槽形板及安装示意图

a）槽形板纵剖面 b）槽形板底面 c）槽形板横剖面 d）倒置槽形板横剖面

小知识

正置槽形板由于板底不平，用于民用建筑时通常需要做吊顶。倒置板可保证板底平整，但配筋与正置时不同。如不另做板面，则可以综合楼面装修共同考虑，例如直接在其上做架空木地板。有时为考虑楼板的隔声或保温，还可在槽内填充轻质多孔材料。

③ 预制空心板。为了减轻板的自重，并使板面上下平整，可将预制板抽孔作成空心板。空心板的孔洞形状有圆形、椭圆形和矩形等，如图6-13所示。短向空心板的长度为2.1～4.2m，非预应力板厚150mm，预应力板厚120mm。预应力空心板可做成4.5～6m的长向板，板厚180～200mm，板宽为600～1200mm。

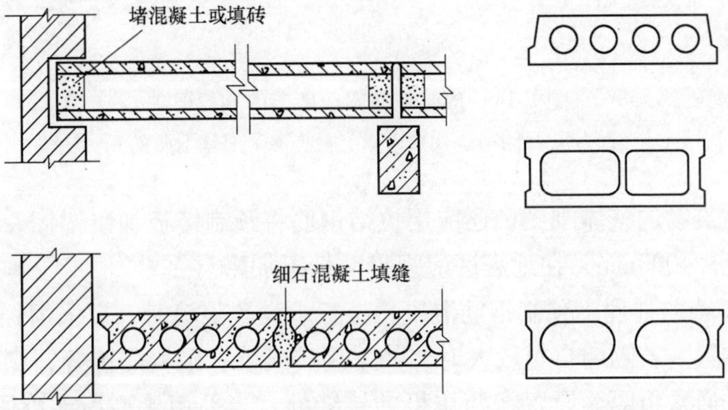

图6-13 空心板

空心板板面不能随意开洞。在安装时，空心板孔的两端常用砖或混凝土填塞，以免端缝灌浇时漏浆，并保证板端的局部抗压能力。

预制空心板自重较轻，节约材料，受力合理，隔热隔声效果好，应用广泛。

2. 预制装配式钢筋混凝土楼板节点的连接构造

由于装配式钢筋混凝土楼板的整体性较差，因此楼板中的预制构件之间的节点连接构造十分重要，它是加强和改善楼板整体性的有效构造措施，应予高度重视。

（1）板缝构造　安装预制板时，为使板缝灌浆密实，要求板块之间离开一定的缝隙，一般预制板之间应留有不小于10mm的缝隙，以便填入水泥砂浆或细石混凝土。板的排列受到板宽规格的限制，因此排板的结果常出现较大的缝隙。根据排板数和缝隙的大小，可考虑采用调整板缝的方式解决。当其缝宽在20～30mm时，应以细石混凝土灌缝；当缝宽在20～60mm时，应加设2 Φ 8～Φ 10钢筋，并用细石混凝土灌缝；当缝差大于60mm，甚至大于120mm时，应加设3 Φ 10～Φ 12钢筋或按设计计算配置钢筋骨架，然后再用细石混凝土灌缝；当临近墙体的距离在60～120mm之间时，可采用挑砖做法，此法有利于打洞安装竖管。

（2）板与墙、梁的连接构造　预制板直接搁置在砖墙或梁上时，均应有足够的支承长度。支承于梁上时其搁置长度不小于80mm，支承于墙上时其搁置长度不小于110mm，并在梁上或墙上抹20mm厚M5水泥砂浆，以保证连接效果，如图6-14所示。

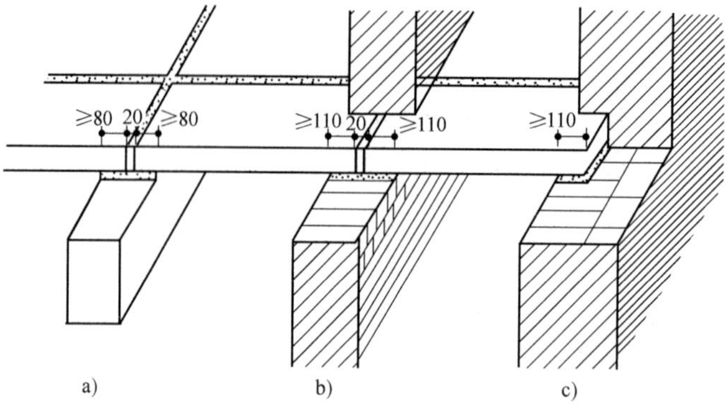

图 6-14 预制板在梁、墙上的搁置要求
a）梁上搁置 b）内墙上搁置 c）外墙上搁置

为了增强建筑物的整体刚度，还应用拉结钢筋将预制楼板加以锚固。一般在非地震区拉结钢筋的间距≤4000mm，在地震区应视设防情况加密。

（3）板上隔墙的处理 预制钢筋混凝土楼板上设置隔墙时，宜采用轻质隔墙，可搁置在楼板的任何位置。若隔墙自重较大时，如采用砖隔墙、砌块隔墙等，则应避免将隔墙搁置在一块板上，通常将隔墙设置在两块板的接缝处。当采用槽型板或小梁搁板的楼板时，隔墙可直接搁置在板的纵肋或小梁上；当采用空心板时，须在隔墙下的板缝处设现浇板带或梁来支承隔墙如图 6-15 所示。

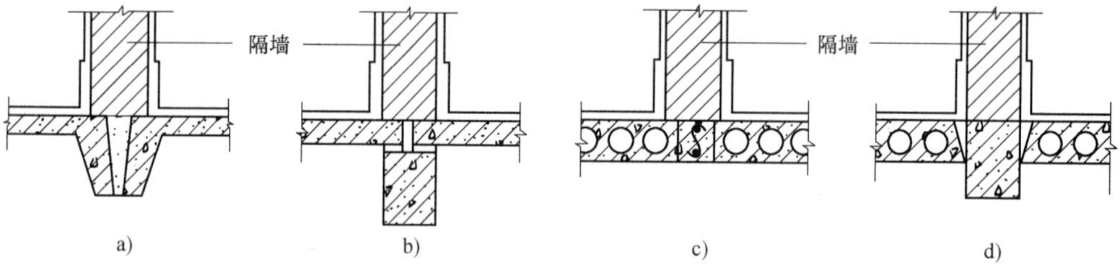

图 6-15 板上隔墙的处理
a）隔墙搁置于纵肋上 b）隔墙搁置于小梁上 c）隔墙下设现浇板带 d）隔墙下设梁

6.2.4 装配整体式钢筋混凝土楼板

装配整体式钢筋混凝土楼板适用于有震动荷载或有地震设防要求的地区。

常见的装配整体式钢筋混凝土楼板为叠合式的构造做法。所谓叠合式楼板就是在预制楼板安装好后，再在上面浇筑 30 ~ 50mm 厚的钢筋混凝土面层，这样既加强了楼板层的整体性能，又提高了楼板的强度。另一种做法是将预制板拉开 60 ~ 150mm 距离，在两块板中间配置钢筋，再与钢筋混凝土面层同时浇筑，如图 6-16 所示。

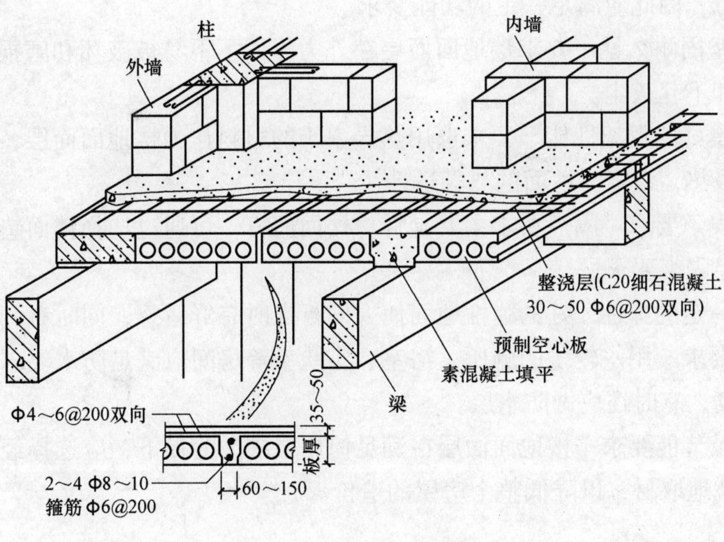

图6-16 叠合式楼板

6.3 楼地面面层的构造

导入案例

图6-17是写字楼的接待室，为使办公环境清洁美观、行走舒适，对楼地面进行了装修，为计算该楼地面面层的工程量，就要熟知此楼地面面层的具体构造做法。

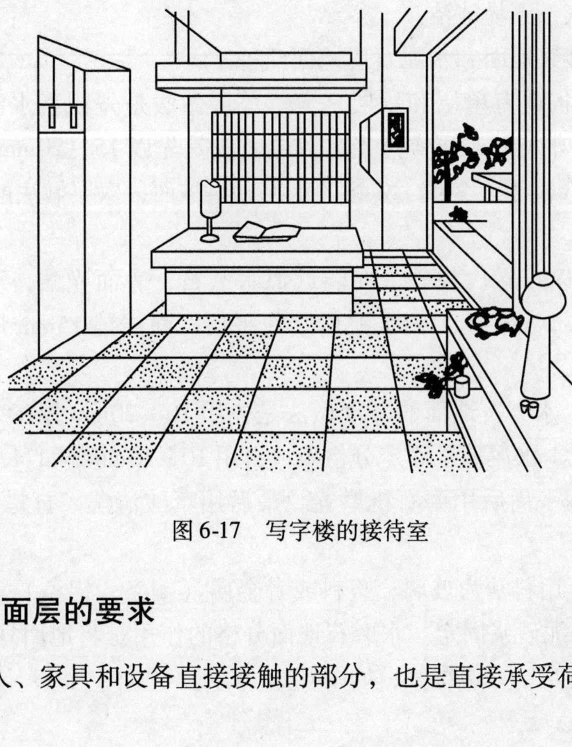

图6-17 写字楼的接待室

6.3.1 对楼地面面层的要求

楼地面面层是人、家具和设备直接接触的部分，也是直接承受荷载，经常需要清扫和受到摩擦的部分，因此应满足一定的功能要求。

（1）具有坚固耐久性　要求楼地面面层在外力作用下不易被破坏和磨损，且表面平整光洁、易清洗和不起灰尘。

（2）具有良好的保温性能　要求选用热导率小的材料作为楼地面面层，或铺设辅助材料，减小地面吸热，以提高地面的热舒适性。

（3）满足隔声要求　隔声要求主要是针对楼面而言，可通过选择楼面垫层的材料类型和厚度，来满足隔声要求。

（4）具有一定的弹性　好的弹性地面使人们行走时有舒适感，同时有利于减弱噪声。

（5）防水要求　用水较多的厕所、浴室、实验室等房间应满足防水要求。一般应保证适当的排水坡度，有时还应做防水层。

（6）经济及节能要求　楼地面面层在满足使用要求的前提下，应选择经济节能的构造方案，并尽量就地取材，以降低整个房屋的造价。

6.3.2　常用楼地面面层的构造做法

楼地面常以面层的材料和做法来命名，如面层为水磨石，则该地面称为水磨石地面；地面按其材料和做法可分为 4 大类，即整体类地面、块材类地面、卷材类地面和木地面。

1. 整体类地面

整体类地面包括水泥地面、水磨石地面等现浇地面。

（1）水泥地面　在一般民用建筑中采用较多，是应用广泛的低档地面做法，构造简单、坚固、防潮、防水且造价较低。但该地面热导率高，冬天感觉冷，空气湿度大时易凝结水，无弹性，易起灰，不易清洁。

水泥地面有水泥砂浆地面和水泥石屑地面两种。

1）水泥砂浆地面构造有单层和双层之分。单层做法是先刷素水泥砂浆结合层一道，再用 15 ~ 20mm 厚 1:2 水泥砂浆压实抹光。双层做法是先以 15 ~ 20mm 厚 1:3 水泥砂浆打底、找平，再以 5 ~ 10mm 厚 1:2 或 1:2. 5 的水泥砂浆抹面，双层做法能减少地表面干缩裂纹和起鼓现象。

2）水泥石屑地面以石屑代替砂，性能近似水磨石，表面光洁，不易起尘，易清洁。其做法是先做一层 15 ~ 20mm 的 1:3 水泥砂浆找平层，面层铺 15mm 厚 1:2 的水泥石屑，提浆抹光即可。

（2）水磨石地面　水磨石地面的常规做法是先用 10 ~ 20mm 厚 1:3 的水泥砂浆打底、找平，按设计图采用 1:1 水泥砂浆固定分格条，再用 10 ~ 15mm 厚 1:1. 5 ~ 1:2. 5 水泥白石子浆抹面，浇水养护约一周后用磨石机磨光，最后用草酸清洗，打蜡保护，如图 6-18 所示。

分格条也称嵌条，用料常为玻璃、塑料或者金属（铜条、铝条），其高度与水磨石面层厚度相同，用 1:1 水泥砂浆固定。水磨石地面分格的作用是将地面划分成面积较小的区格，减少开裂，增加美观，方便维修，如图 6-19 所示。

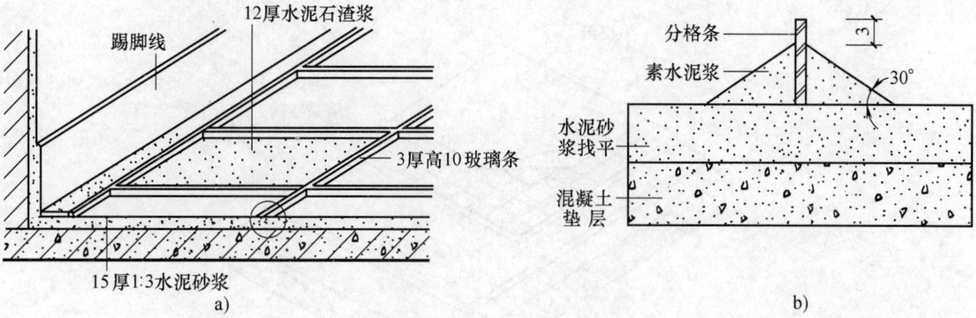

图 6-18　水磨石楼地面构造

a）水磨石楼地面构造直观图　b）分格条固定示意图

水磨石地面具有良好的耐磨性、耐久性、防水防火性，质地美观，表面光洁，不易起灰，通常用于卫生间、公共建筑的门厅、走廊、楼梯间以及标准较高的房间。当用白水泥代替普通水泥并掺入颜料时可做成彩色地面。

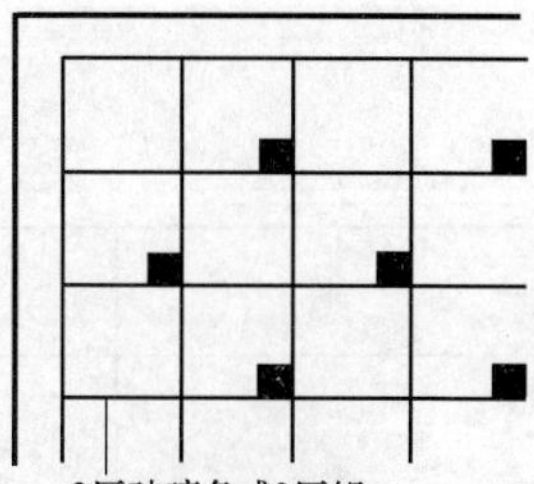

图 6-19　现浇水磨石地面形式

2. 块材类地面

块材类地面是把地面材料加工成块状，然后借助胶结材料铺贴在结构层上，常用的有水泥砖地面、石板地面、缸砖及陶瓷板块地面。

（1）水泥砖地面　水泥砖即水泥制品块，常见有水磨石块和预制混凝土块。水泥制品块和基层连接有两种，块体较大且厚时，常在板下干铺一层 20 ~ 40mm 厚的细沙或细炉渣，校正后用砂浆嵌填板缝。本做法简单、造价低，便于维修，但不易平整，一般城市人行道常按此法施工。当预制块较小且薄时则采用 12 ~ 20mm 厚 1∶3 水泥砂浆作结合层，之后用 1∶1 水泥砂浆嵌缝，此法坚实、平整。

（2）石板地面　石板地面有天然石地面（大理石板、花岗石板等）和人造石地面（预制水磨石板、人造大理石板等），具有较好的装饰效果，其中磨光花岗石板的耐磨性最佳，但造价昂贵。

石板尺寸普遍较大，一般长宽为 300 ~ 500mm，因此对粘贴表面的平整度要求较高，须先试铺合适之后再正式粘贴。构造做法是在混凝土垫层上先用 20 ~ 30mm 厚的 1∶3 ~ 1∶4 干硬性水泥砂浆找平，再用 5 ~ 10mm 厚的 1∶1 水泥砂浆铺贴石板，缝中灌稀水泥砂浆。

（3）缸砖及陶瓷板地面　缸砖是用陶土焙烧而成的一种无釉砖块，形状有正方形、六边形、八角形等，其背面有凹槽，可使砖块与基层粘贴牢固，铺贴时一般用 15 ~ 20mm 厚 1∶3 水泥砂浆作结合材料。缸砖地面具有质地坚硬、耐磨、耐水、耐酸碱、易于清洁的优点。

其他陶瓷板块有陶瓷锦砖、釉面陶瓷地砖、瓷土无釉砖等，其中陶瓷锦砖又称马赛克，主要用于防滑要求高的卫生间、浴室地面，也可用于外墙面。其出厂前已按照各种图案反贴在牛皮纸上以便于施工，如图 6-20 所示，其构造做法参见表 6-1。

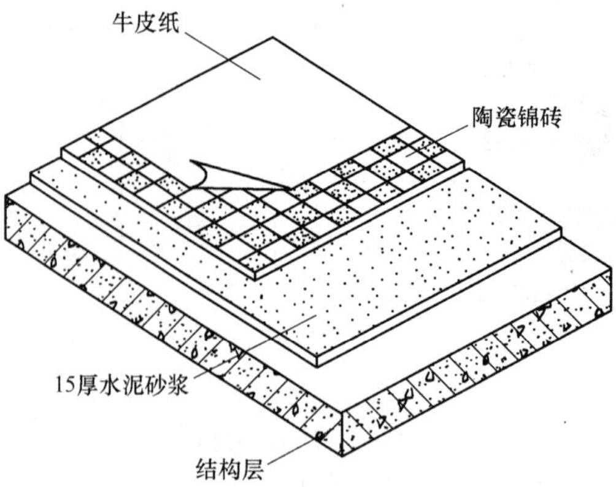

图 6-20　马赛克地面

表 6-1　缸砖等陶瓷板地面做法

名　　称	材料及做法
陶瓷锦砖（马赛克）地面	1. 4mm 厚陶瓷锦砖面层白水泥浆擦缝 2. 20mm 厚 1:4 干硬性水泥砂浆 3. 水泥结合层一道 4. 60mm 或 80mm 厚 C15 混凝土垫层 5. 素土夯实
缸砖地面	1. 10mm 厚缸砖面层白水泥浆擦缝 2. 20mm 厚 1:4 干硬性水泥砂浆 3. 水泥结合层一道 4. 80mm 或 100mm 厚 C15 混凝土垫层 5. 素土夯实

3. 卷材类地面

卷材地面是用成卷的铺材铺贴而成，常见卷材有软质聚氯乙烯塑料地毡、橡胶地毡以及地毯等。

1）软质聚氯乙烯塑料地毡的规格为宽 700～2000mm，长 10～20m，厚 1～6mm，有一定的弹性，耐凹陷性能好，但不耐燃，尺寸稳定性差，主要用于医院、住宅等。施工时在清理基层后按照设计弹线，在塑料板底涂满氯丁橡胶粘结剂 1～2 遍之后进行铺贴。地面的拼接方法是先将接缝处地毡切割成 V 形，然后用三角形塑料焊条、电热焊枪焊接，如图 6-21 所示。

2）橡胶地毡是以橡胶粉为基料，掺入填充料、防老化剂、硫化剂等制成的卷材，其耐磨、防滑、防潮、绝缘、吸声并富有弹性。橡胶地毡可以干铺，也可以用粘结剂粘贴在水泥砂浆找平层上。

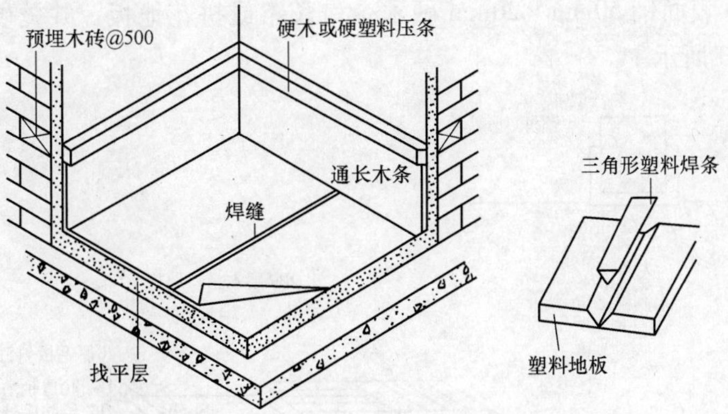

图 6-21 塑料地面施工

3）地毯柔软舒适、吸声、保温，并且施工简便，有固定和不固定两种铺设方法。固定法是将地毯粘贴在地面上，或将地毯四周钉牢。地毯下可以通过铺设一层泡沫橡胶垫层以达到改善地面弹性和消声的目的。

4. 木地面

木地面具有弹性好、热导率低、不起灰、易清洁等特点，常用于住宅、宾馆、剧场、舞台、办公等建筑中。

木地面的构造方式有架空、实铺和粘贴三种。

1）架空式木地面常用于底层地面，主要用于舞台、运动场等有弹性要求的地面。架空式木地面是由木搁栅、横撑和木面板组成，如图 6-22 所示。底层木地面具体做法为：素土夯实后，做 3∶7 灰土一层（上皮标高不低于室外地坪）；用 M5 砂浆砌筑 120mm 或 240mm 地垄墙，中距 4m；地垄墙顶部做 20mm 厚 1∶3 水泥砂浆找平层，并固定 100mm × 50mm 厚垫木（用 8 号铅丝绑扎）；垫木上钉 50mm ×70mm 木搁栅，中距 400mm，在垂直木搁栅方向钉 50mm × 50mm 横撑，中距 800mm；其上钉 50mm × 20mm 硬木企口长条地板或拼花木地板等，表面烫蜡。架空式木地面应注意通风、防鼠等措施。

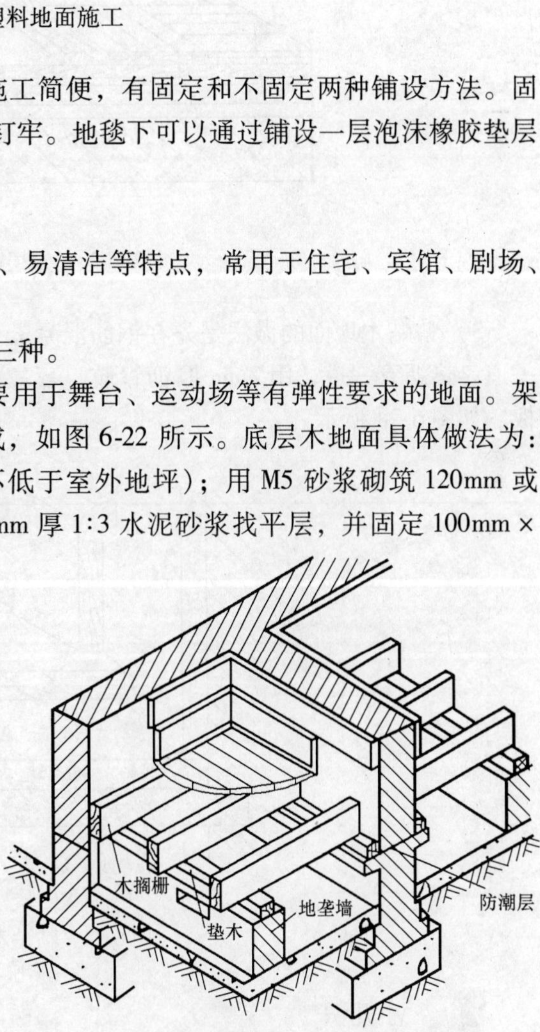

图 6-22 架空式木地面

2）实铺木地面是将木地板直接钉在钢筋混凝土基层的木搁栅上。这里以双层硬木楼地面为例介绍做法：在钢筋混凝土楼板中伸出 $\phi6$ 钢筋，绑扎 U 形 $\phi6$ 铁件，400mm 中距；将 700mm × 50mm 的木龙骨用两根 10 号铅丝绑于 U 形铁件上；在垂直于龙骨的方向上钉放 50mm × 50mm 支撑，中距 800mm，其间填 40mm 厚干炉渣隔声层；上铺 20mm 厚松木毛地板，铺设方向为 45°，上铺油纸一层，表面铺 50mm × 20mm 硬木企口长条或拼花地板，并烫硬蜡。双层硬木地面构造如图 6-23 所示。

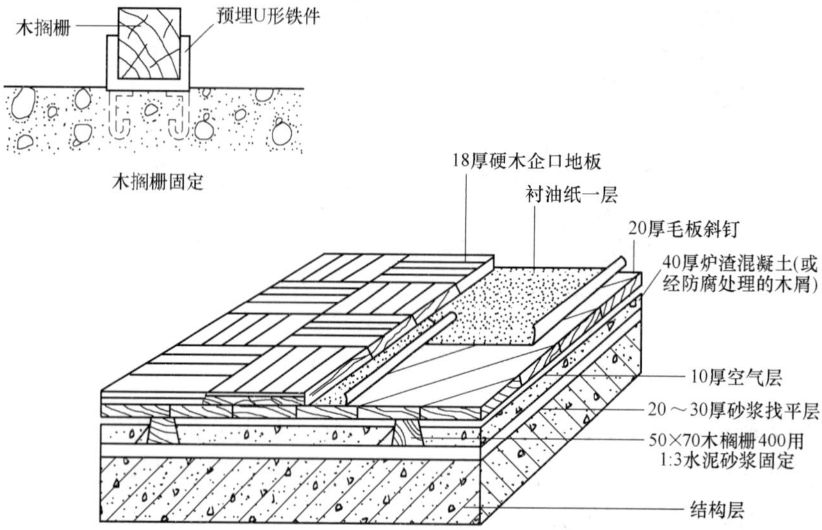

图 6-23　双层硬木地面构造

3）粘贴木地面的做法是先在钢筋混凝土基层上采用沥青砂浆找平，然后刷冷底子油一道，热沥青一道，用 2mm 厚沥青胶、环氧树脂乳胶等随涂随铺贴 20mm 厚硬木长条地板，如图 6-24 所示。

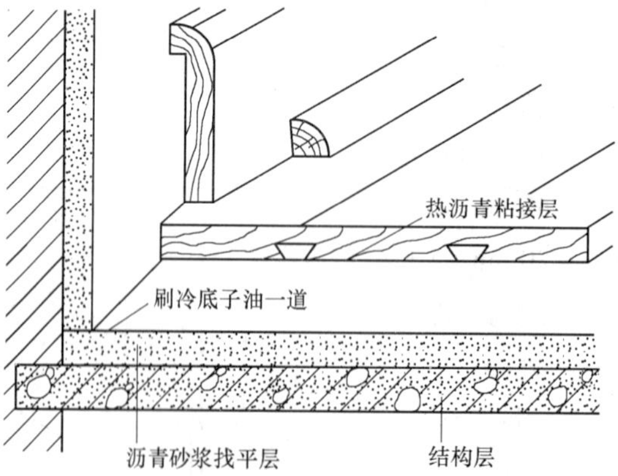

图 6-24　粘贴木地面的构造

小知识

舞池地面应该如何选用呢？一般舞池应选用表面光滑、耐磨和略有弹性的木地板、水磨石等面层；迪斯科舞池宜选用耐磨和耐撞击的水磨石或花岗石等面层。

6.3.3　楼地面的细部构造

1. 踢脚线构造

踢脚线指地面与墙面交接处的垂直部位，通常看作地面的延伸部分。踢脚线可以保护室内墙脚，避免日常清扫地面时污染墙面。踢脚的高度一般为100～150mm，所用水泥砂浆、水磨石等的材料与室内地面材料相适应。

2. 地面变形缝构造

地面变形缝包括楼板层和地坪层变形缝，一般情况下地面变形缝尺寸和位置应与墙体及屋面变形缝一致。面层变形缝宽度不应小于10mm，混凝土垫层的缝宽不小于20mm，楼板结构层的缝宽同墙体变形缝。缝内填塞沥青树脂或沥青麻丝等弹性松软材料，上铺活动盖板或橡胶条以防灰尘。

3. 楼地面防水构造

在厕所、浴室等用水频繁的房间，应做好楼地面的防水和排水。

（1）地面防水　设计上，这些房间的楼板宜采用现浇式，面层宜采用整体类楼地面。防水要求更高时，应在楼板与面层之间设置防水层。为防止四周墙脚或无水房间受潮，应将防水层沿房间周边向上泛起至少150mm，如图6-25a所示。到门口处应将防水层铺出门外至少250mm，如图6-25b所示。当竖向管道穿越楼地面时，为防止渗透，需做相应处理：对于冷水管，可在竖管穿越区域用C20干硬性细石混凝土填实，再以防水卷材或涂料做密封处理；对于热水管，为适应温度变化导致的胀缩现象常在穿管位置预埋较竖管稍粗的套管，高出地面30mm左右，并在缝隙内填塞防水材料，如图6-25c、d所示。

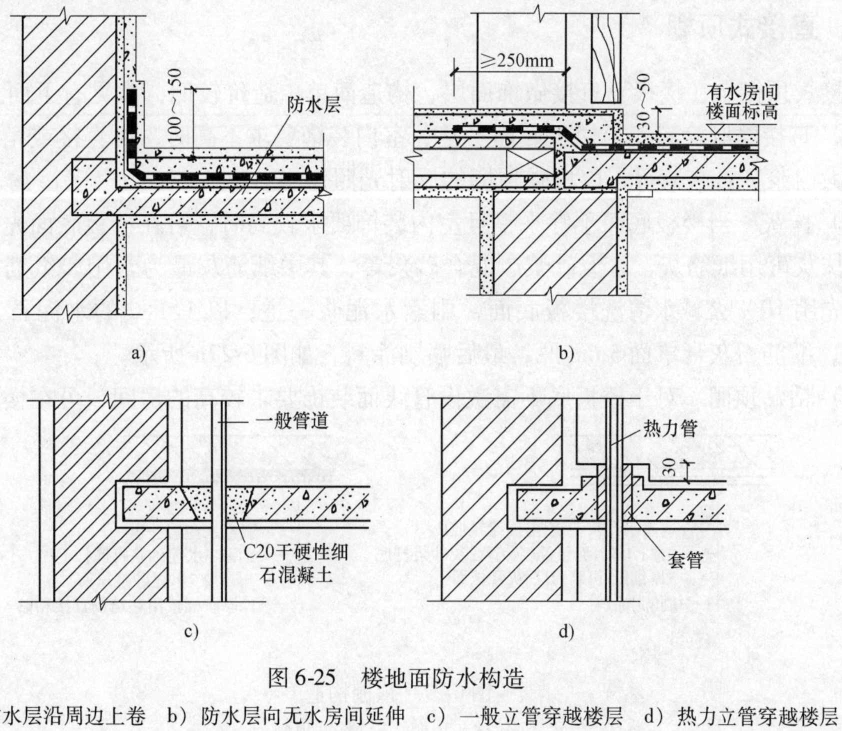

图6-25　楼地面防水构造

a）防水层沿周边上卷　b）防水层向无水房间延伸　c）一般立管穿越楼层　d）热力立管穿越楼层

（2）地面排水　有水房间标高应低于相邻房间 20～30mm 或在房间门口设置相当高度的门槛。同时，为利于排水，有水房间内应设置地漏，并使地面有一定的坡度，一般为 1%～1.5%，使水能够有组织地排入地漏不致外溢，如图 6-26 所示。

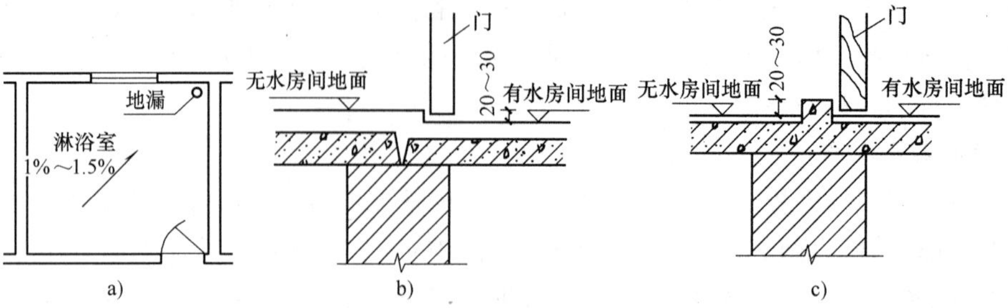

图 6-26　有水房间排水与防水

a）地漏　b）地面低于无水房间　c）与无水房间地面齐平，设门槛

6.4　顶棚构造

导入案例

抬头看看，能否直接看到房间的楼板？一般情况下，楼板结构层的下面都会设有顶棚。那么，顶棚有什么作用，又有怎样的构造呢？

顶棚又称为天棚或天花板，是楼板层或屋顶下面的装修层，其目的是为了保证房间清洁整齐、封闭管线、增强隔声和装饰效果。顶棚按构造方式可分为直接式和悬吊式两种。

6.4.1　直接式顶棚

直接式顶棚是在楼板下直接做饰面层，构造简单、造价较低，常见有下面三种。

（1）直接喷刷涂料　当楼板底面平整、室内装饰要求不高时，可直接或稍加修补刮平后喷刷大白浆、石灰浆等，以增强顶棚的反射光照作用。

（2）抹灰　当楼板底面不够平整且室内装饰要求较高时，可在楼板底面先抹灰再喷刷涂料。抹灰可用纸筋灰、水泥砂浆、混合砂浆等，其中纸筋灰最为常用。纸筋灰的常见做法是：先用 10% 火碱水清洗楼板底面，刷素水泥浆一道，以 1∶1∶6 的水泥石灰砂浆打底 7mm 厚，纸筋石灰膏罩面 3mm 厚，最后喷刷涂料，如图 6-27a 所示。

（3）粘贴顶棚　对于楼板底不需敷设管线而装饰要求较高的房间，可在楼板底面用砂

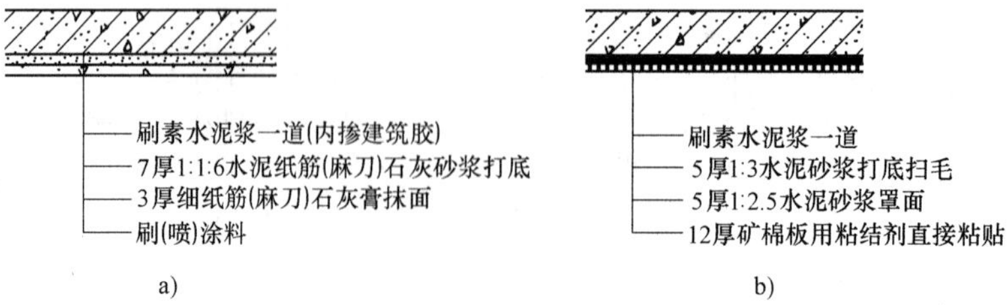

图 6-27　顶棚构造

a）抹灰顶棚　b）粘贴顶棚

浆打底找平后，用粘贴剂粘贴墙纸、泡沫塑料板、铝塑板或吸声板、矿棉板，起到一定的保温、隔热和吸声作用，如图6-27b所示。

6.4.2 悬吊式顶棚

悬吊式顶棚又称吊顶，应满足以下要求。

1）具有足够的净空，以便于敷设管线。

2）合理安排灯具、通风口的位置，以符合照明、通风要求。

3）选用适当材料和构造做法，使其燃烧性能和耐火极限满足防火规范要求。

1. 吊顶的组成

吊顶由吊筋、龙骨、面板三部分组成。

（1）吊筋　吊筋是连接龙骨和楼板或屋面板的承重传力构件，它把龙骨和面板的重量传递给承重结构层。吊筋的形式和材料与吊顶的自重有关，可采用钢筋、型钢等加工制作，钢筋用于一般顶棚，型钢用于重型顶棚或整体刚度要求特别高的顶棚。如采用钢筋作吊筋，常用$\phi6\sim8$钢筋、8号铅丝或$\phi8$螺栓，它与屋顶或楼板结构连接牢固，其连接方法有预锚件锚固、预埋筋锚固、膨胀螺栓锚固和射钉锚固，如图6-28所示。

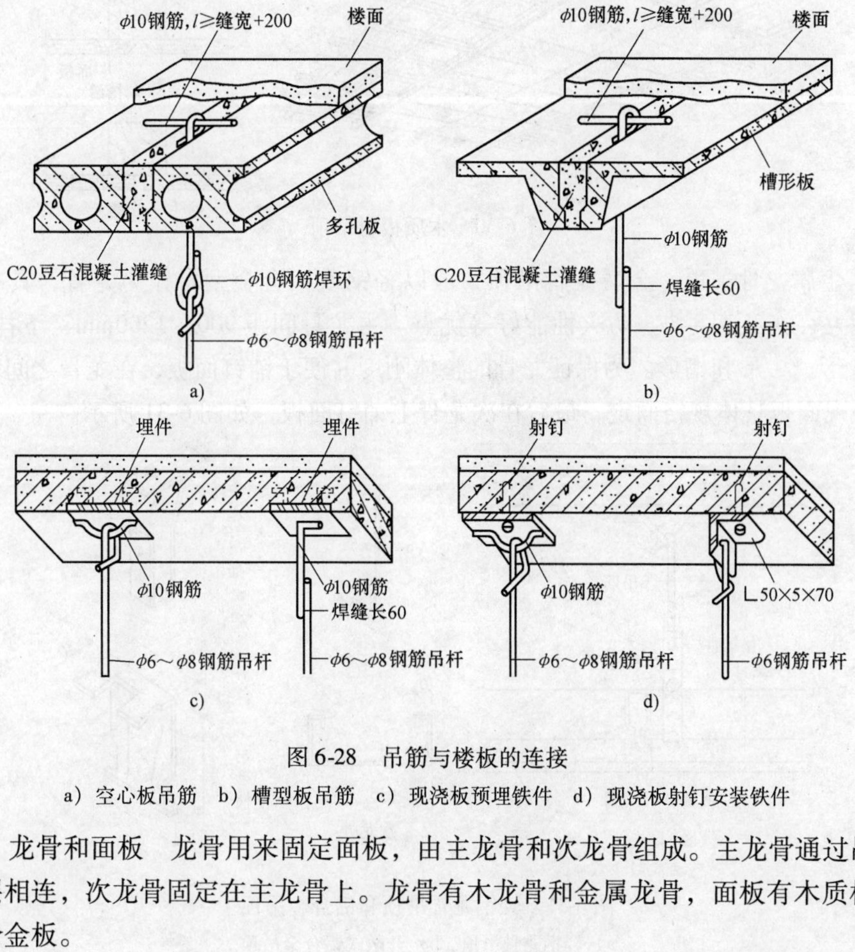

图6-28　吊筋与楼板的连接

a）空心板吊筋　b）槽型板吊筋　c）现浇板预埋铁件　d）现浇板射钉安装铁件

（2）龙骨和面板　龙骨用来固定面板，由主龙骨和次龙骨组成。主龙骨通过吊筋和承重结构层相连，次龙骨固定在主龙骨上。龙骨有木龙骨和金属龙骨，面板有木质板、石膏板和铝合金板。

2. 吊顶的分类

（1）木龙骨吊顶　主龙骨的截面一般为 50mm × 70mm 的方木，中距 900 ~ 1200mm，次龙骨截面为 40mm × 40mm 的方木，间距由面板规格而定。当面板采用板条抹灰时，可直接在次龙骨上钉板条，再抹灰，造价较低，但面层易出现龟裂，防火性能差；若在板上加钉一层钢丝网再抹灰，可避免上述弊端，如图6-29所示。

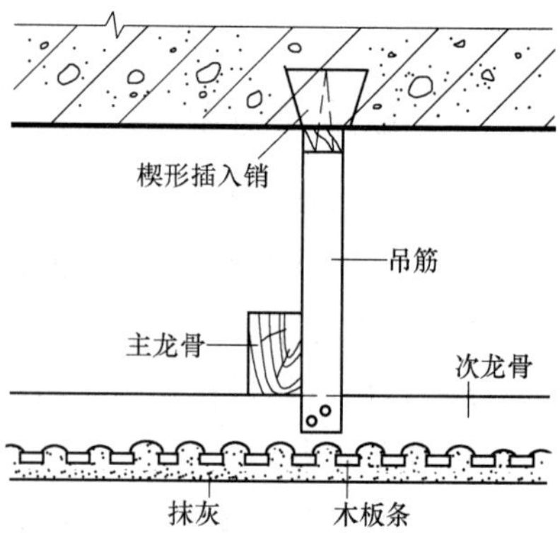

图 6-29　木龙骨抹灰吊顶

木龙骨的面板可采用木质板材，如胶合板、纤维板、刨花板等，优点是干作业、施工速度快，因而应用更为广泛，如图 6-30 所示。

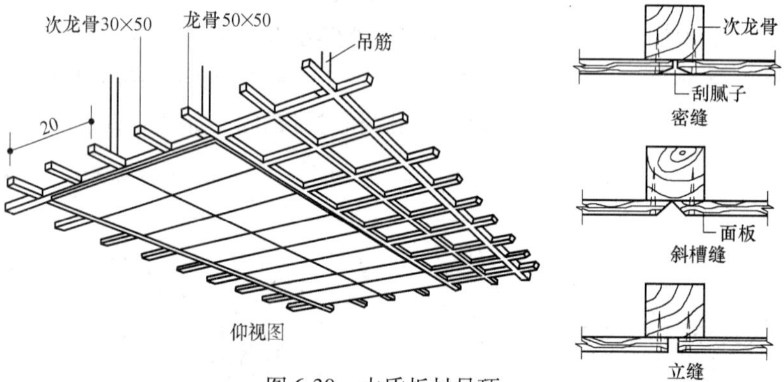

图 6-30　木质板材吊顶

（2）金属龙骨吊顶　金属龙骨吊顶一般以轻钢或铝合金型材作为龙骨，具有轻质高强、刚度大、施工速度快、防火性能好等优点。主龙骨间距 900 ~ 1200mm，下挂次龙骨。龙骨有 U 形、⊥形和槽形。为保证龙骨的整体刚度并便于铺钉面板，在龙骨之间增设有横撑，间距视面板具体规格而定，最后在次龙骨上铺钉面板，如图 6-31 所示。

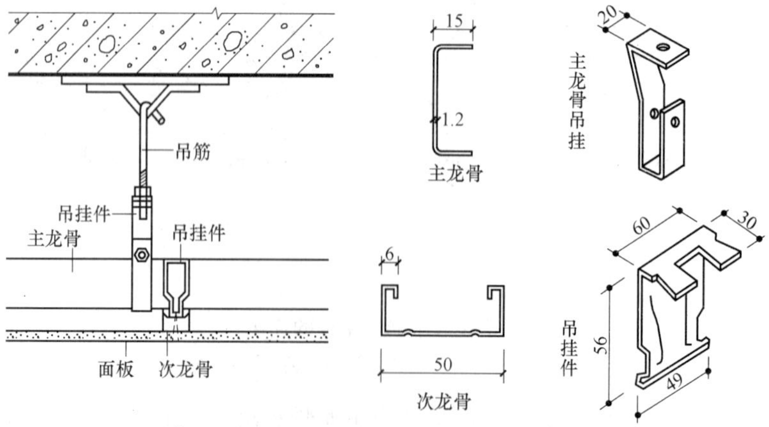

a)　b)

图 6-31　轻钢龙骨吊顶和铝合金吊顶

a）轻钢龙骨吊顶　b）开敞式铝合金吊顶

金属龙骨的面板有各种人造板和金属板。人造板一般有纸面石膏板、浇注石膏板、铝塑板等；金属板有铝板、铝合金板、不锈钢板等，形状多样。面板可用自攻螺钉固定在龙骨上或直接搁置在龙骨内。

6.5 阳台与雨篷构造

导入案例

想一想，如果我们不住在底楼或顶楼，怎样直接到户外活动？我们需要一个生活阳台。再想一想，如果正在阳台上活动时适逢下雨或者骄阳似火，怎么办？这时候，我们还需要雨篷挡雨遮阳。

在有楼层的建筑中，阳台给人们提供了直接到达室外活动或者安放建筑设备的平台，而雨篷是建筑物入口或阳台处位于外门上部用以遮挡雨水、保护外门免受雨水侵害的水平构件。

6.5.1 阳台

阳台按照其与外墙的相对位置分为凹阳台、凸阳台和半凸半凹阳台，如图6-32所示。

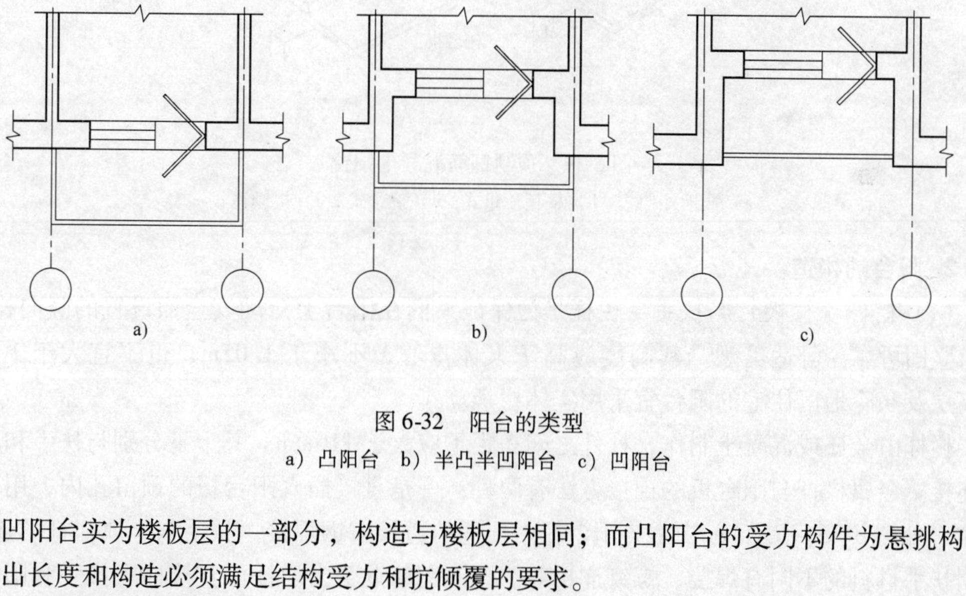

图6-32 阳台的类型
a）凸阳台 b）半凸半凹阳台 c）凹阳台

凹阳台实为楼板层的一部分，构造与楼板层相同；而凸阳台的受力构件为悬挑构件，其挑出长度和构造必须满足结构受力和抗倾覆的要求。

1. 凸阳台的承重

凸阳台常为钢筋混凝土材料。钢筋混凝土凸阳台的承重方案大体可以分为挑板式、压梁式和挑梁式，如图6-33所示。当挑出长度在1200mm以内时，可用挑板式或压梁式；大于此挑出长度则用挑梁式。按施工方式有现浇钢筋混凝土结构和预制钢筋混凝土结构。图6-34所示为预制钢筋混凝土阳台结构示意图。

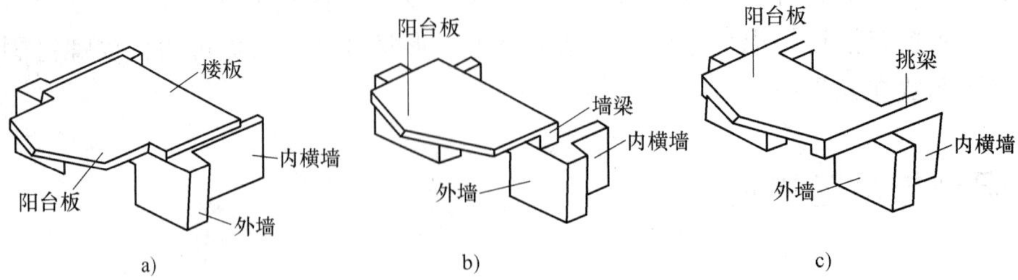

图 6-33 现浇阳台

a）挑板式 b）压梁式 c）挑梁式

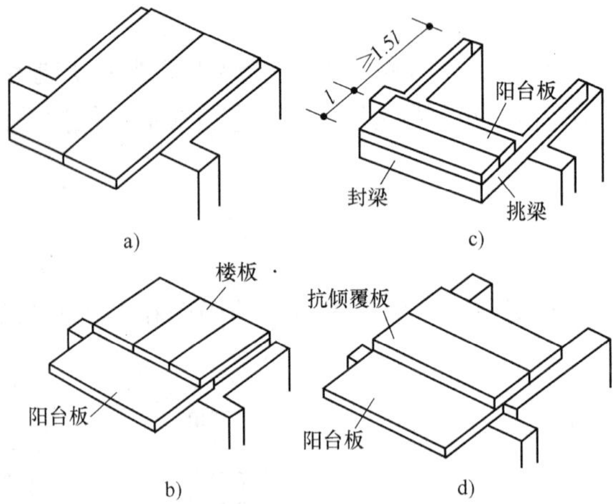

图 6-34 预制钢筋混凝土阳台

a）楼板外伸式 b）楼板压重式 c）挑梁式 d）抗倾覆式

2. 阳台的构造

（1）栏杆（栏板）与扶手 栏杆是为保证人们在阳台上活动安全而设置的竖向构件，要求坚固可靠、舒适美观。其高度应高于人体重心，不小于 1.05m，也不宜大于 1.2m。中高层及寒冷地区住宅的阳台宜采用实体栏板。

栏杆由金属或混凝土制作，杆件之间净距不应大于 110mm。其上下分别与扶手和阳台板连接。金属栏杆与阳台板的连接方法有两种：一是直接插入阳台板的预留孔内，用砂浆灌注（如图 6-35a 所示）；二是与阳台板中预埋的通长扁钢焊接。扶手与金属栏杆的连接，根据扶手材料的不同有焊接、螺钉连接等。预制钢筋混凝土栏杆可直接插入扶手和阳台板上的预留孔中，也可用预埋件焊接固定。

栏板常用的有砖砌和钢筋混凝土两种。砖砌栏板厚度 120mm，并在砌体内配通长钢筋或现浇扶手及加设小构造柱。栏板可与阳台板整体现浇为一体，也可借助预埋件相互焊接与阳台板焊接，如图 6-35b ~ d 所示。

（2）阳台隔板 双连阳台时需设阳台隔板，常见有砖砌和钢筋混凝土隔板两种。考虑到抗震因素，多用钢筋混凝土隔板。阳台隔板构造如图 6-36 所示。

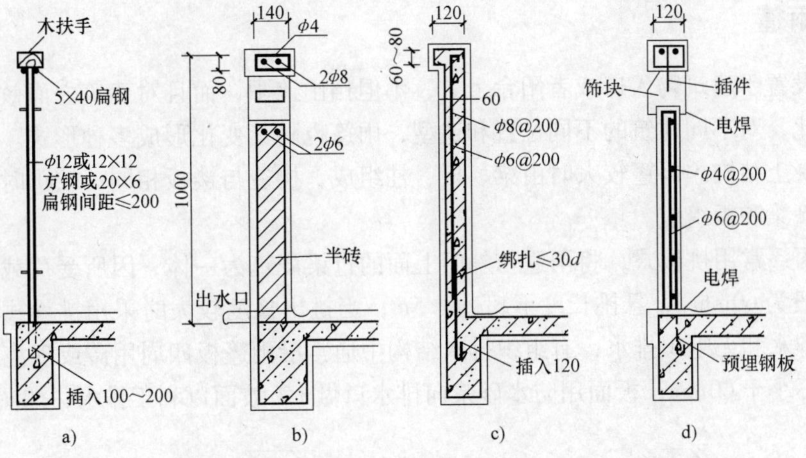

图6-35 阳台栏板与栏杆构造

a）金属栏杆 b）砖砌栏板 c）现浇钢筋混凝土楼板 d）预制钢筋混凝土栏板

注：d为钢筋直径。

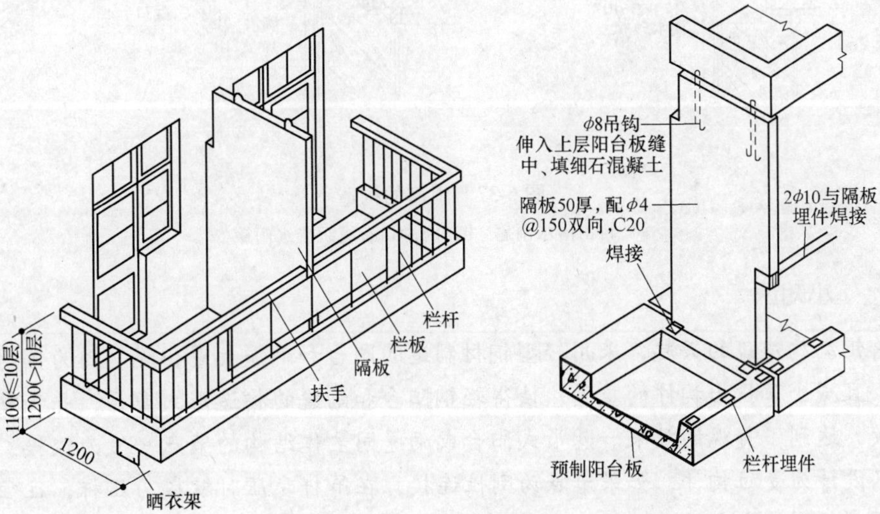

图6-36 阳台隔板构造

（3）阳台保温与排水 寒冷地区为阻挡冷空气入室宜采用封闭阳台，并设可开启窗口保持通风。

未封闭阳台为室外构件，需做排水措施。阳台地面一般低于室内30mm以上，防止雨水倒灌；同时，阳台地面向排水口做1%～2%的坡。阳台排水有外排和内排两种。外排水是在阳台外侧设置φ40～50mm的镀锌铁管或塑料管作为水舌排水，其外挑不小于80mm，以防止雨水溅到下层阳台。内排水是在阳台内侧设置排水立管或地漏，将雨水直接排入地下管网，适用于高层或高标准建筑。

6.5.2 雨篷

雨篷设置于建筑物入口或者阳台上方，不但挡雨遮阳，而且对建筑立面效果起到重大作用。因此，对不同建筑的不同位置和造型，雨篷也随其变化形成多种形式。通常雨篷采用钢筋混凝土结构。雨篷较大时由梁、板、柱组成，构造与楼板相同；较小时做成悬臂构件，由雨篷梁和板组成。

简单雨篷常用挑板式，将雨篷与外门上面的过梁浇筑为一体，因所受荷载不大，厚度较薄（一般为60mm），悬挑长度不超过1.5m；当挑出长度较大时采用挑梁式。雨篷排水分有组织排水和无组织排水，有组织排水结构中通常沿雨篷板四周用砖或现浇混凝土做翻口，高度不小于60mm，板面用防水砂浆向排水口做1%坡面以利于排水，如图6-37所示。

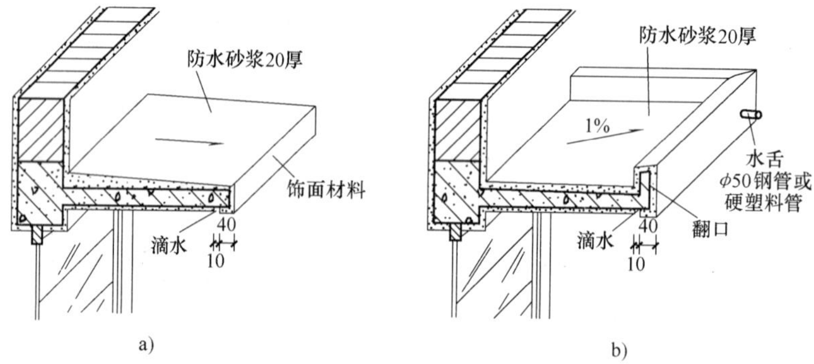

图6-37 雨篷的构造
a）自由落水雨篷 b）有翻口有组织排水雨篷

小知识

随着钢结构建筑的兴起，采用轻型钢材制造的阳台和雨篷大量出现。因为钢材受拉的性能好，且减小了挑出构件的重量，使得轻钢阳台和雨篷的构造形式多样，并和整个结构用材一致，达到了美观的效果。悬吊式阳台或雨篷同主体结构的节点一般为铰接，因为吊杆一般只设计为受拉构件，如果节点为刚性连接，在吊杆受压时就成为压杆，往往需要较大的截面，否则将会失稳。

本章回顾

1. 楼地面包括楼层地面和底层地面，是分隔建筑空间的水平承重构件。楼面主要有面层、结构层和顶棚三部分组成，地面主要有面层、垫层和基层三部分组成。

2. 楼板根据使用材料不同，可分为钢筋混凝土楼板、压型钢板组合楼板、砖拱楼板和木楼板等。

3. 钢筋混凝土楼板根据施工方法不同，有现浇式、装配式及装配整体式三种。

4. 现浇钢筋混凝土楼板可分为板式、梁板式和无梁式。楼板内不设梁，板直接搁置在墙上，称为板式楼板，有单向板和双向板之分；由板、梁组合而成的楼板称为梁板式楼板，根据梁的构造情况梁板式楼板可分为单梁式、复梁式和井字梁式楼板；无梁楼板是将楼板直接支承在柱上的楼板。

5. 预制装配式钢筋混凝土楼板是将楼板在预制厂或施工现场预制，然后在施工现场装配而成。常用的钢筋混凝土楼板，根据其截面形状可分为实心平板、槽形板和空心板三种类型。

6. 预制板直接搁置在砖墙或梁上时，均应有足够的支承长度。支承于梁上时其搁置长度不小于80mm，支承于墙上时其搁置长度不小于110mm，并在梁上或墙上坐M5水泥砂浆，厚度为20 mm，以保证连接效果。

7. 预制钢筋混凝土楼板上设置隔墙时，宜采用轻质隔墙，可搁置在楼板的任何位置。若隔墙自重较大时，如采用砖隔墙、砌块隔墙等，则应避免将隔墙搁置在一块板上，通常将隔墙设置在两块板的接缝处。

8. 地面按其材料和做法可分为4大类，即整体类地面、块材类地面、卷材类地面和木地面。

9. 水磨石地面的常规做法是先用10～20mm厚1:3的水泥砂浆打底、找平，按设计图采用1:1水泥砂浆固定分格条，再用10～15 mm厚1:（1.5～2.5）水泥白石子浆抹面，浇水养护约一周后用磨石机磨光，最后用草酸清洗，打蜡保护。

10. 木地面按照构造分为架空、实铺和粘贴三种。

11. 顶棚又称为天棚或天花板，是楼板层或屋顶下面的装修层，其目的是为了保证房间清洁整齐、封闭管线、增强隔声和装饰的作用。按其构造方式分为直接式和悬吊式两种。

12. 吊筋连接龙骨和楼板，把龙骨和面板的重量传递给承重结构层。其形式和材料与吊顶的自重有关，它与承重结构层的固定方法有：预埋件锚固、预埋筋锚固、膨胀螺栓锚固和射钉锚固。

13. 阳台按照其与外墙的相对位置分为凹阳台、凸阳台和半凸半凹阳台。

14. 阳台地面一般低于室内30mm以上，以防止雨水倒灌；同时，有组织排水结构阳台地面向排水口做1%的坡。阳台排水有外排和内排两种。

第7章　楼梯与电梯

知识储备

在建筑中，楼梯是联系上下层的垂直交通设施。楼梯应满足人们正常的垂直交通、搬运家具设备和紧急情况下安全疏散的要求，其数量、位置、形式应符合有关规范和标准的规定。大多数楼梯对建筑具有装饰作用，因此应考虑楼梯对建筑整体空间效果的影响。

电梯也是现代多层、高层建筑中常用的垂直交通设施。在高层建筑中，电梯是解决垂直交通的主要设备，但楼梯作为安全疏散通道仍然不能取消。

通过本章的学习，我们应该：

掌握楼梯的作用、要求，了解楼梯的平面形式；掌握楼梯的组成及各部分尺度要求；掌握钢筋混凝土楼梯的构造，了解楼梯细部构造的一般知识；了解建筑中其他垂直交通设施。

7.1　概述

导入案例

楼梯是联系上下层的垂直交通设施，应满足人们正常的垂直交通、搬运家具设备和紧急情况下安全疏散的要求。想一想楼梯有哪些类型？有哪些基本构件组成？

7.1.1　楼梯的组成

楼梯一般由楼梯段、平台及栏杆（或栏板）三部分组成，如图7-1所示。

1. 楼梯段

楼梯段是楼梯的主要使用和承重构件，它由若干个踏步组成。为减少人们上下楼梯时的疲劳和适应人体行走的习惯，梯段踏步的步数不宜超过18级，但也不应小于3级。

2. 平台

平台是连接两楼梯段的水平板，有楼层平台和休息平台之分。楼层平台主要起到联系室内外交通的作用，休息平台主要作用是缓解疲劳，让人们连续上楼时可在平台上稍加休息。

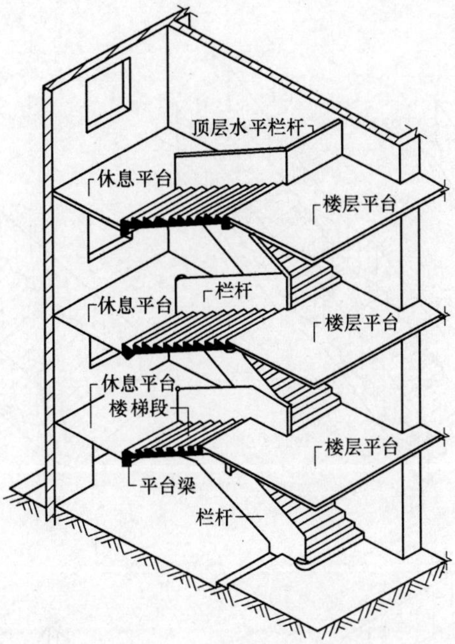

图 7-1　楼梯的组成

3. 栏杆、扶手

栏杆扶手是设在楼梯及平台边缘的安全保护构件。当梯段宽度不大时，可只在楼梯临空面设置；当梯段宽度较大时，非临空面也应加设扶手；当梯段宽度很大时，则需在梯段中间加设中间扶手。

楼梯作为建筑空间竖向联系的主要构件，位置应明显，起到引导人流的作用。并要充分考虑其造型美观，人流通行顺畅，行走舒适，结构牢固，防火安全，同时还应满足施工和经济条件的要求。因此，需要合理地选择楼梯的形式、坡度、材料、构造做法，精心地处理好其细部构造。

7.1.2　楼梯的类型

建筑中楼梯的形式较多，楼梯的分类一般按以下原则进行。

（1）按照楼梯的材料分类　分钢筋混凝土楼梯、钢楼梯、木楼梯及组合材料楼梯。

（2）按照楼梯的位置分类　分室内楼梯和室外楼梯。

（3）按照楼梯的使用性质分类　分主要楼梯、辅助楼梯、疏散楼梯及消防楼梯。

（4）按照楼梯间的平面形式分类　分开敞楼梯间、封闭楼梯间、防烟楼梯间。

（5）按照楼梯的平面形式分类　主要可分为单跑直楼梯、双跑直楼梯、转角楼梯、双跑平行楼梯、双分平行楼梯、螺旋楼梯、交叉楼梯等（见图 7-2）。

目前在建筑中应用较多的是双跑平行楼梯（又简称为双跑楼梯或两段式楼梯），其他如三跑楼梯、双分平行楼梯等均是在双跑平行楼梯的基础上变化而成的。螺旋楼梯对建筑室内空间具有良好的装饰性，适合于在公共建筑的门厅等处设置，但如果用于疏散目的，

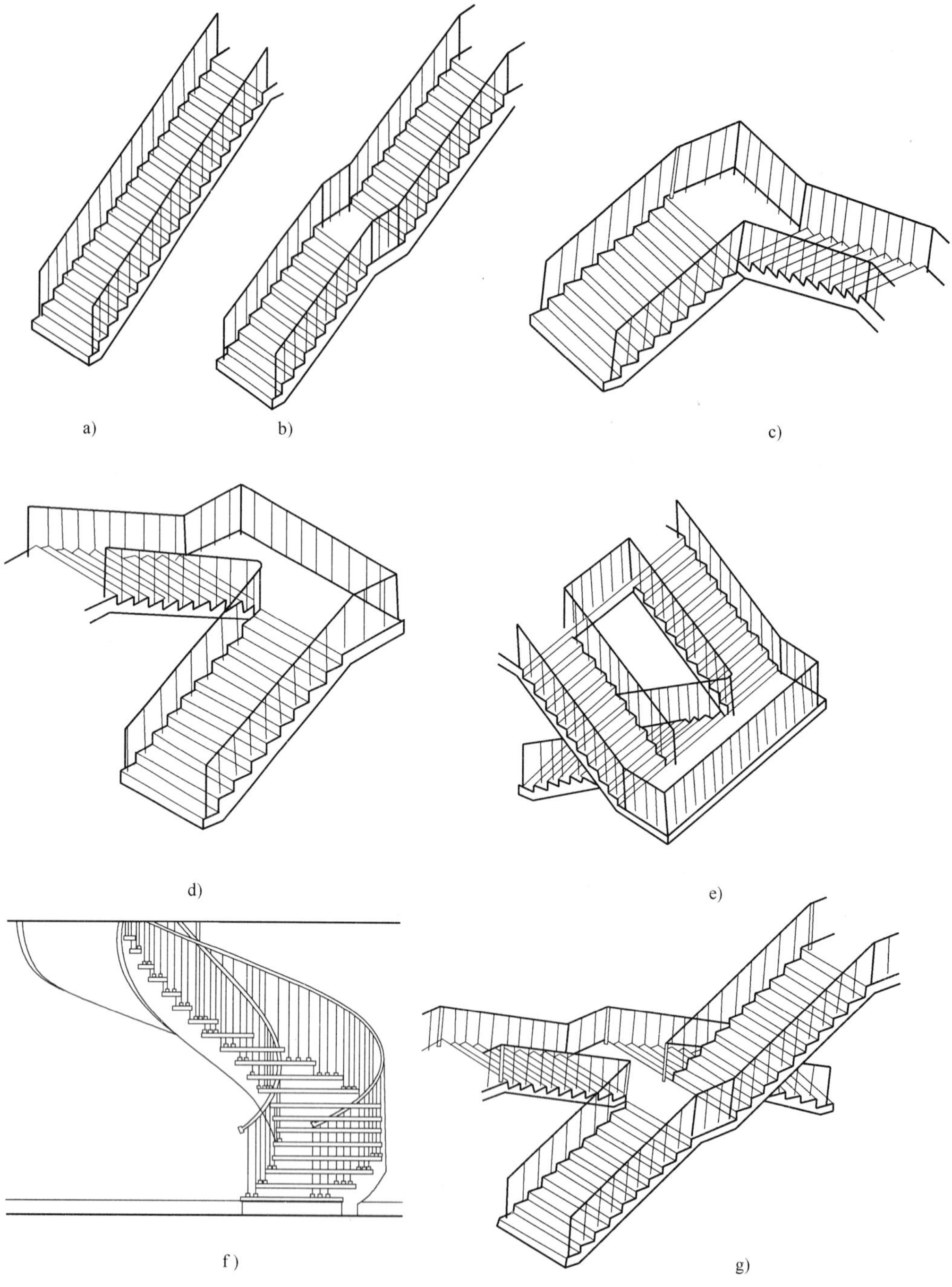

图 7-2　楼梯的平面形式分类

a）单跑直楼梯　b）双跑直楼梯　c）转角楼梯　d）双跑平行楼梯

e）双分平行楼梯　f）螺旋楼梯　g）交叉楼梯

楼梯踏步尺寸应满足有关规范的要求。

7.1.3　楼梯的设计要求

楼梯既是楼房建筑中的垂直交通枢纽，也是进行安全疏散的主要交通工具，为确保使用安全，楼梯的设计必须满足如下要求。

1）作为主要楼梯，应与主要出入口临近，且位置明显；同时还应避免垂直交通与水平交通在交界处拥挤、堵塞。

2）必须满足防火要求，楼梯间除允许直接对外开窗采光，不得向室内任何房间开窗；楼梯间四周墙壁必须为防火墙；对防火要求较高的建筑物特别是高层建筑，应设计成封闭楼梯或防烟楼梯，如图 7-3 所示。

3）楼梯间必须有良好的自然采光。

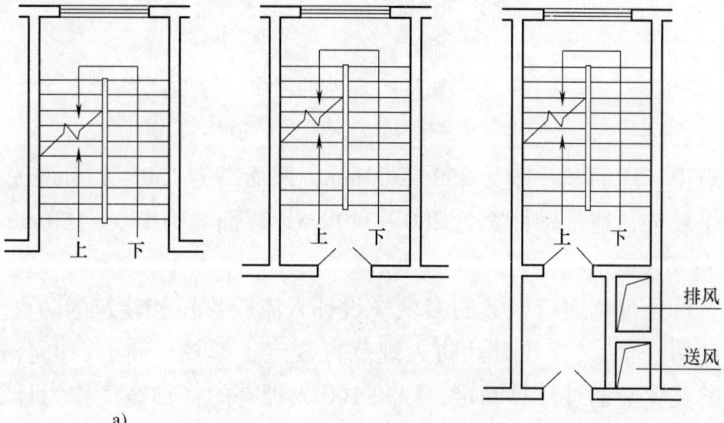

a)　b)　c)

图 7-3　楼梯间的平面形式

a）开敞楼梯间　b）封闭楼梯间　c）防烟楼梯间

7.1.4　楼梯的尺寸

1. 楼梯的坡度与踏步尺寸

楼梯的坡度指梯段的斜率，用斜面与水平面的夹角表示，也可用斜面在垂直面上的投影高和在水平面上的投影宽之比来表示。楼梯梯段的最大坡度不宜超过 38°；当坡度小于 20°时，采用坡道；坡度大于 45°时，由于坡度较陡，人们已经不容易自如地上下，需要借助扶手的助力扶持，此时则采用爬梯。一般地讲，楼梯的坡度小，踏步相对平缓，行走就较舒适；反之，行走就较吃力。但楼梯段的坡度越小，它的水平投影面积就越大，即楼梯占地面积大，就会增加投资，经济性差。因此，应当兼顾使用性和经济性二者的要求，根据具体情况合理进行选择。

楼梯的坡度应根据建筑物的使用性质和层高来确定。对人流集中、交通量大的建筑，楼梯的坡度应小些，如医院、影剧院等。对使用人数较少、交通量小的建筑，楼梯的坡度可以略大些，如住宅、别墅等。楼梯坡度实质上与楼梯踏步密切相关，踏步高与宽之比即可构成楼梯坡度。踏步高常以 h 来表示，踏步宽常以 b 来表示。踏步尺寸与人行步距有关，如图 7-4 所示，通常用下列经验公式来表示。

$$2h + b = 600 \sim 620\text{mm}$$

$$h + b \approx 450\text{mm}$$

式中　h——踏步的高度（mm）；

b——踏步的宽度（mm）。

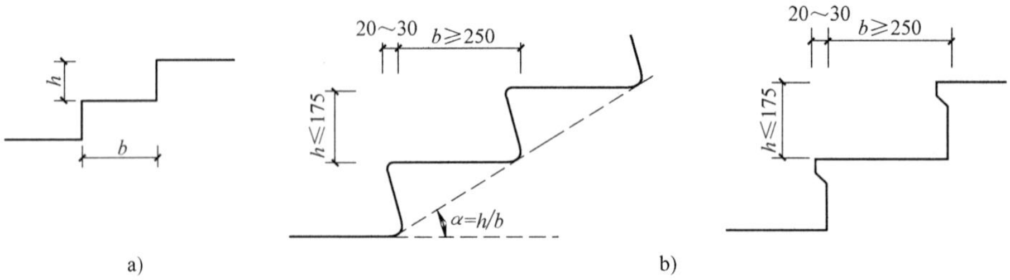

图 7-4　踏步的尺寸

a）正常处理的踏步　b）踏步出挑形式

在居住建筑中，踏面宽一般为 250～300mm，踢面高为 150～175mm 较为合适。学校、办公室坡度应平缓些，通常踏面宽为 280～340mm，踢面高为 140～160mm。

2. 楼梯段的宽度

楼梯段的宽度是根据通行人数的多少（设计人流股数）和建筑的防火要求确定的。为了保证建筑的使用安全，《建筑设计防火规范》规定了学校、商店、办公楼、候车室等民用建筑楼梯的总宽度应通过计算确定，以每 100 人拥有的楼梯宽度作为计算标准，俗称百人指标。通常情况下，作为主要通行用的楼梯，其梯段宽度应至少满足两个人相对通行（即大于等于两股人流）。我国规定每股人流按［0.55 +（0～0.15）］m 计算，其中 0～0.15m 为人在行进中的摆幅。非主要通行的楼梯，应满足单人携带物品通过的需要，梯段的净宽一般不应小于 900mm（图 7-5a）。住宅套内楼梯的梯段净宽，当一边临空时，不应小于 0.75m；当两侧有墙时，不应小于 0.9m。

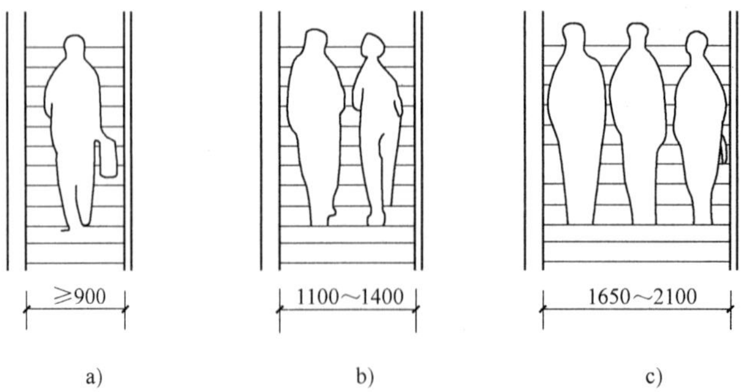

图 7-5　楼梯段的宽度

a）单人通行　b）双人通行　c）三人通行

高层建筑中作为主要通行用的楼梯，其楼梯段的宽度指标高于一般建筑。GB 50045—1995《高层民用建筑设计防火规范》规定，高层建筑每层疏散楼梯总宽度应按其通过人数每 100 人不小于 1.0m 计算。各层人数不相等时，楼梯的总宽度可分段计算，下层疏散楼梯总宽度按其上层人数最多的一层计算。疏散楼梯的最小净宽不应小于表 7-1 的规定。

表 7-1　高层建筑疏散楼梯的最小净宽

高层建筑	疏散楼梯的最小净宽/m	高层建筑	疏散楼梯的最小净宽/m	高层建筑	疏散楼梯的最小净宽/m
医院病房楼	1.30	居住建筑	1.10	其他建筑	1.20

3. 楼梯栏杆扶手的高度

楼梯栏杆扶手的高度与楼梯的坡度及使用要求有关。很陡的楼梯，扶手的高度矮些，坡度平缓时高度可稍大。在 30°左右的坡度下栏杆扶手高度常采用 900mm；儿童使用的楼梯一般为 600mm。

4. 平台宽

楼梯平台的宽度是指墙面到转角扶手中心线的距离。为了搬运家具设备的方便和通行的顺畅，楼梯平台净宽不应小于楼梯段净宽，并且不小于 1.1m，平台的净宽是指扶手处平台的宽度。双跑平行楼梯对中间平台的深度也作出了具体的规定，图 7-6 是梯段宽度与平台深度关系的示意图。

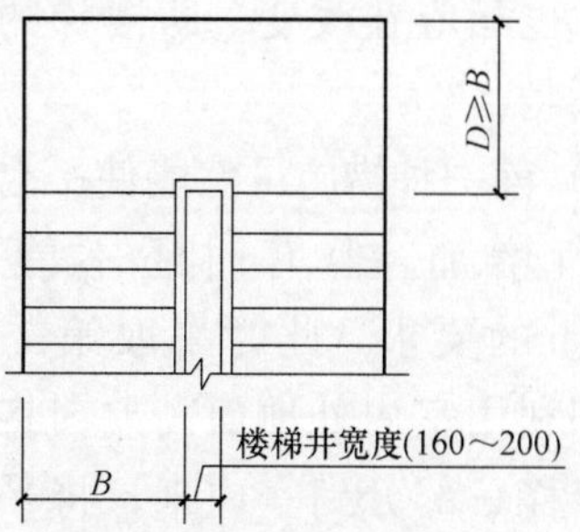

图 7-6　楼梯段宽度和平台深度的尺寸关系

注：B—楼梯段宽度，D—平台深度。

5. 楼梯的净空高度

楼梯的净空高度是指梯段的任何一级踏步至上一层平台梁底的垂直高度，或底层地面至底层平台（或平台梁）底的垂直距离，或下层梯段与上层梯段间的高度。

为保证在楼梯通行或搬运物件时不受影响，其净高在平台处应大于 2m，在梯段处应大于 2.2m，如图 7-7 所示。在大多数居住建筑中，常利用楼梯间作为出入口，加之居住建筑的层高较低，因此应特别重视平台下通行时的净高设计问题。以双跑楼梯为例，如住宅

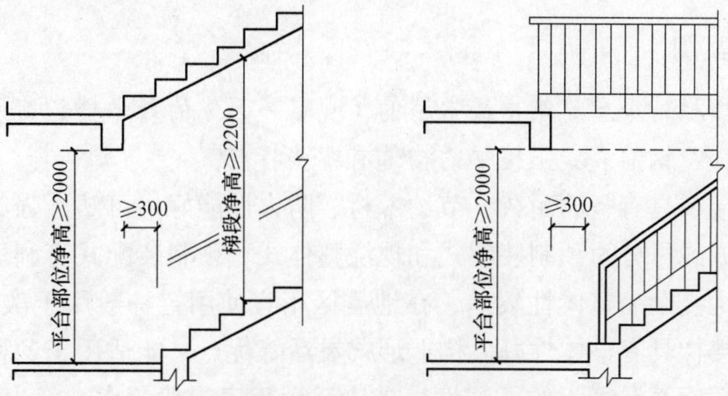

图 7-7　梯段及平台部位净高要求

的层高为3m，则第一个休息平台的标高为1.5m，此时平台下过道净高约为1.2m。为使平台过道处净高满足不小于2.0m的要求，主要采用两种方法。

1）将双跑楼梯设计成“长短跑”，使第一步的踏步多些，第二步踏步少些，利用踏步的多少来调节下部净空的高度。如第一跑采用10级，第二跑8级，这时平台下的净空高度由1250mm增至1417mm。不过这样做，必须注意第二跑在楼梯部位的平台梁的布置，它的位置必须保证其下面的净空高度也要≥2000mm。

设计长短跑时还要注意，楼梯间的尺寸也相应在改变，即楼梯的深度增加了。

2）前一种措施虽然能使平台下净高有所增加，但有时还不能满足2000mm的要求。此时采取第二种措施，即利用室内外地面高差，将室外的踏步移一部分到室内来，将平台下地面标高降低。当然降低后的地面不能低于室外地面标高。为保证室外雨水不致流入室内，必须保证楼梯间地面与室外至少有50mm的高差，如图7-8所示。

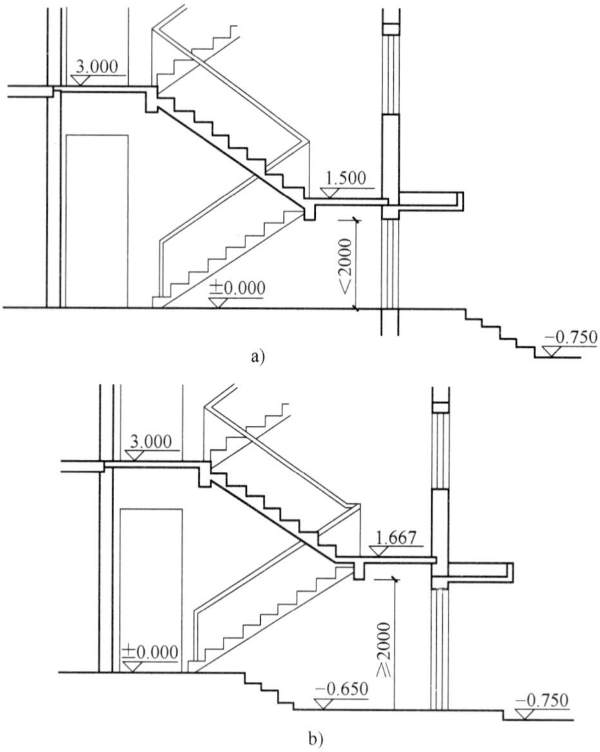

图7-8　楼梯间净高设计
a）调整前　b）调整后

当然，解决楼梯净空高度还可以采用其他办法，如将底层楼梯改为直跑梯等，但必须以经济适用为原则。

7.2　钢筋混凝土楼梯构造

导入案例

钢筋混凝土楼梯是房屋建筑中最常用的，观察一下你的教学楼、宿舍楼的楼梯，是否为钢筋混凝土楼梯？钢筋混凝土楼梯的构造有哪些特点？

钢筋混凝土楼梯具有坚固耐久、节约木材、防火性能好、可塑性强等优点，得到广泛应用。按其施工方式可分为预制装配式和现浇整体式。预制装配式有利于节约模板、提高施工速度，但结构复杂、整体性较差，在地震区不宜使用，一般用于次要或临时性楼梯。现浇钢筋混凝土楼梯具有整体性好、构造形式灵活等优点，能适用于各种楼梯间平面和楼梯形式，充分发挥钢筋混凝土的可塑性，被广泛用于房屋建筑中；但由于需要现场支模，模板耗费较大，施工周期较长。

7.2.1 预制装配钢筋混凝土楼梯

预制装配式钢筋混凝土楼梯按其构造方式可分为梁承式、墙承式和墙悬臂式等类型。下面以平行双跑楼梯为例，说明预制装配式钢筋混凝土楼梯的一般构造原理和做法。

预制装配式钢筋混凝土楼梯是指梯段由平台梁支承的楼梯构造方式。由于在楼梯平台与斜向梯段交汇处设置了平台梁，避免了构件转折处受力不合理带来的处理困难，在一般民用建筑中较为常用。预制构件可划分为梯段（板式或梁板式梯段）、平台梁、平台板三部分，如图7-9所示。

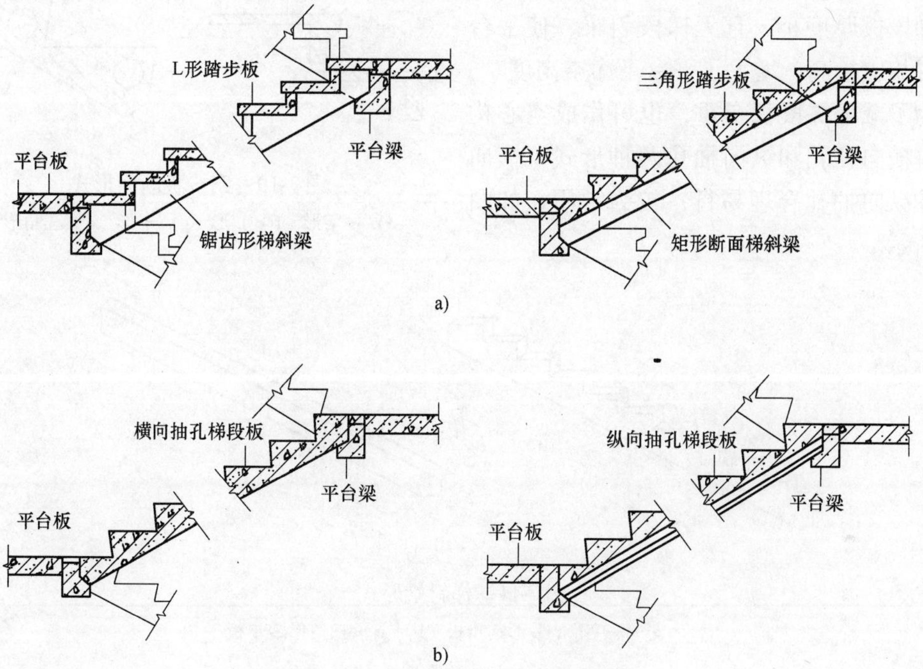

图7-9 预制装配梁承式楼梯

a）梁板式梯段 b）板式梯段

1. 梯段

（1）梁板式梯段 梁板式梯段由梯段斜梁和踏步板组成，在踏步板两端各设一根梯段斜梁，踏步板支承在梯段斜梁上，梯段斜梁的两端搁置在平台梁上。平台板大多搁置在横墙上，也有的一端搁置在平台梁上，而另一端搁置在纵向墙上。

1）踏步板。踏步板断面形式有一字形、L形、┒形、三角形等，如图7-10所示。断面厚度根据受力情况约为40～80mm。一字形踏步板制作简单梯面可漏空或填充，但其受力不太合理，仅用于简易楼梯、室外楼梯等。L形与┒形踏步板较一字形踏步板受力合理、用料省、自重轻，缺点是底面呈折线形，不平整。三角形踏步板使梯段底面平整、简洁，解决了前面几种踏步板底面不平整的问题。为了减轻自重，常将三角形踏步板抽孔，形成空心构件。

2）梯段斜梁。梯段斜梁一般为矩形断面，为了减少结构所占的空间，也可做成L形断面，但构件制作较为复杂。用于搁置一字形、L形、ㄱ形断面踏步板的梯段斜梁为锯齿形变断面构件，如图7-11所示。用于搁置三角形断面踏步板的梯段斜梁为等断面构件，梯段斜梁一般按$l/12$估算其断面有效高度（l为梯段斜梁水平投影跨度）。

（2）板式梯段　板式梯段为整块的条板，上下端直接支承在平台梁上。由于其没有梯段斜梁，梯段底面平整，结构厚度小，其有效断面厚度可按$l/20 \sim l/30$估算。另外，梯段板厚度小，且无梯段斜梁，使平台梁位置相应抬高，增大了平台下净空高度。

为了减轻梯段板自重，也可作成空心构件，有横向抽孔和纵向抽孔两种形式，横向抽孔较纵向抽孔合理易行，较为常用，如图7-12所示。

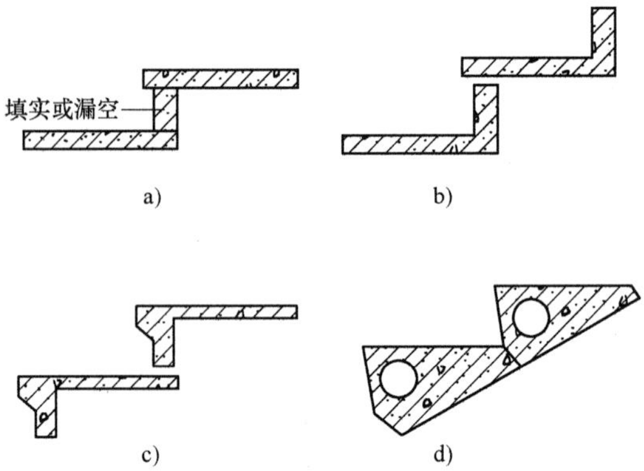

图7-10　踏步板断面形式
a）一字形　b）L形　c）ㄱ形　d）三角形

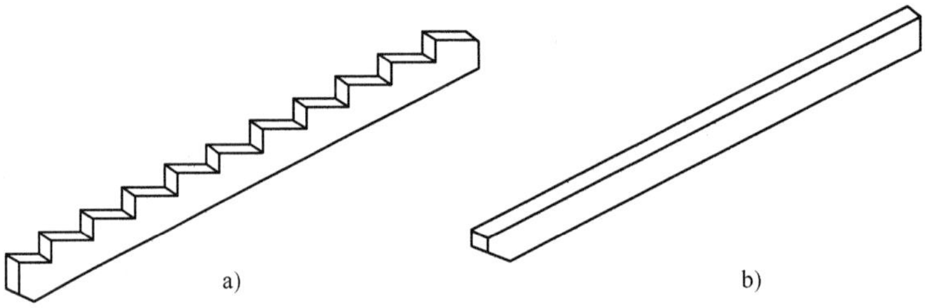

图7-11　梯斜梁形式
a）支承一字形，L形踏步板　b）支承三角形踏步板

2. 平台梁

为了便于支撑梯段斜梁或梯段板，平衡梯段水平分力并减少平台梁所占结构空间，一般将平台梁做成L形断面，如图7-13所示，其构造高度按$l/$（10～12）估算（l为平台梁跨度）。

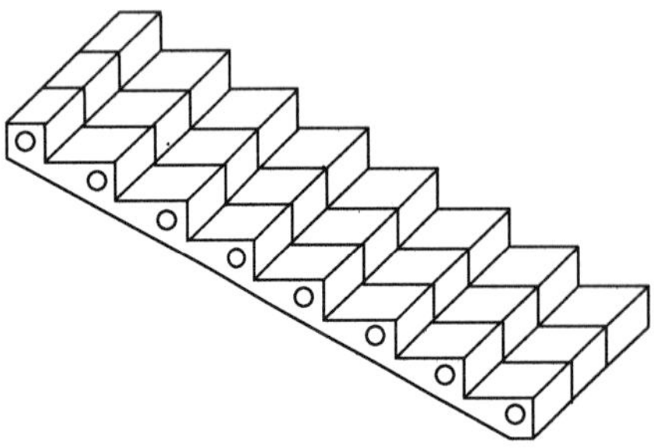
图7-12　挑板式梯段

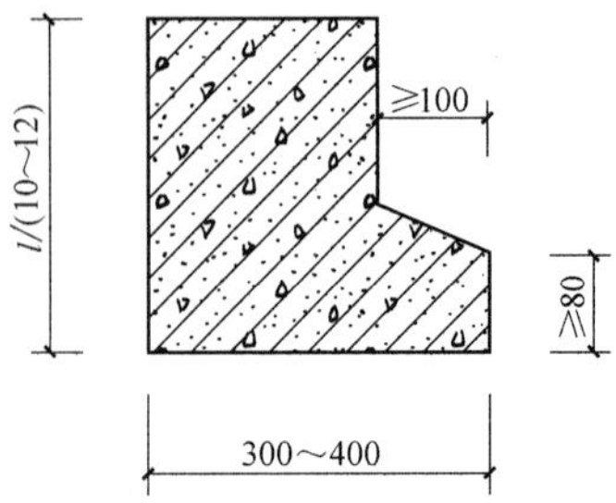

图7-13　平台梁断面尺寸

3. 平台板

平台板可根据需要采用钢筋混凝土空心板、槽形板或平板。需注意的是，在平台上有管道井时，不宜布置空心板。平台板一般平行于平台梁布置，以利于加强楼梯间的整体刚度。如为垂直于平台梁布置时，常用小平板。

4. 梯段与平台梁连接节点细部处理

梯段与平台梁节点处理是构造设计的难点，就两梯段之间的关系而言，一般有梯段齐步和错步两种方式。就平台梁与梯段之间关系而言，有埋步和不埋步两种方式，如图 7-14 所示。

(1) 梯段齐步布置的节点处理　上下梯段起步和末步梯面对齐，平台完整，可节省梯间进深尺寸。

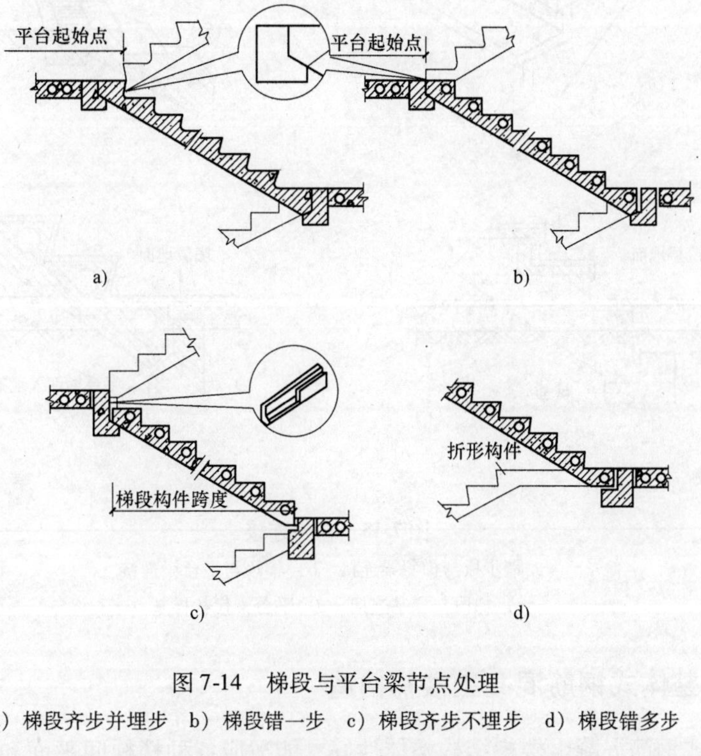

图 7-14　梯段与平台梁节点处理

a) 梯段齐步并埋步　b) 梯段错一步　c) 梯段齐步不埋步　d) 梯段错多步

(2) 梯段错步布置的节点处理　上下梯段起步和末步梯面相错一步，在平台梁与梯段连接方式相同的情况下，平台梁底标高可比齐步方式抬高，有利于减少结构空间。但错步方式使平台不完整，并且多占楼梯间进深尺寸。

当两梯段采用长短跑时，它们之间相错步数便不止一步，需将短跑梯段做成折形构件。

5. 构件连接

由于楼梯是主要交通部件，对其坚固耐久、安全可靠的要求较高，特别是在地震区建筑中更需引起重视。当梯段为倾斜构件，需加强各构件之间的连接，提高其整体性。

（1）踏步板与梯斜梁连接　一般在梯斜梁支承踏步板处用水泥砂浆坐浆连接。如需加强，可在梯斜梁上预埋插筋，与踏步板支承端的预留孔插接固定，并用强度等级高的水泥砂浆填实，如图7-15a所示。

（2）梯斜梁或梯段板与平台梁连接　在支座处除了用水泥砂浆坐浆外，应在连接端预埋钢板进行焊接，如图7-15b所示。

（3）梯斜梁或梯段板与梯基连接　在楼梯底层起步处，梯斜梁或梯段板下应作梯基，梯基常用砖或混凝土，如图7-15c、d所示。

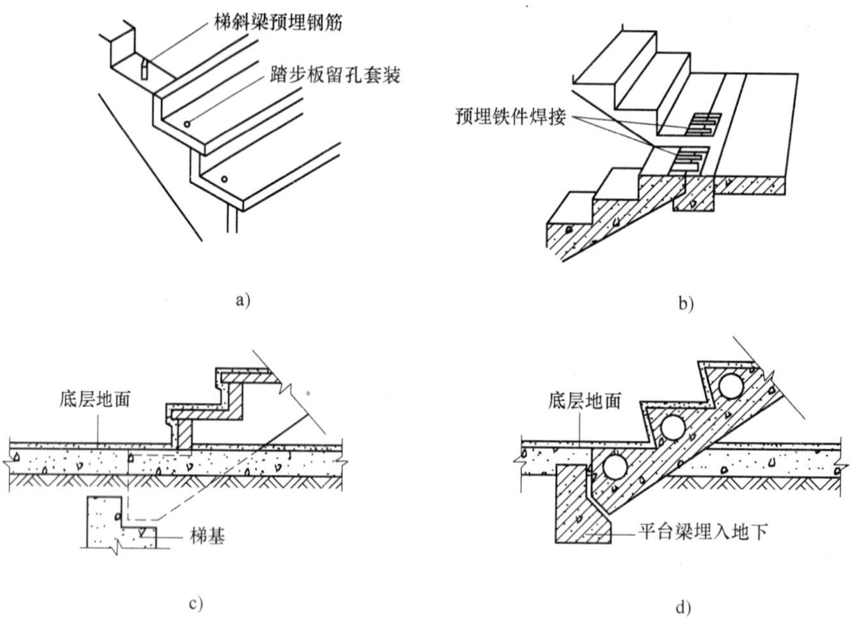

图7-15　构件连接

a）踏步板与梯斜梁连接　b）梯段与平台梁连接

c）梯段与梯基连接　d）平台梁代替梯基

7.2.2　现浇整体式钢筋混凝土楼梯构造

现浇整体式钢筋混凝土楼梯结构整体性好，能适应各种楼梯间平面和楼梯形式，充分发挥钢筋混凝土楼梯的可塑性。但由于需要现场支模，模板耗费较大，施工周期较长。并且抽孔困难，不便做成空心构件，所以混凝土用量和自重较大。常用于特殊性的楼梯或整体性要求高的楼梯，或当预制配件条件不具备时用。

现浇钢筋混凝土楼梯根据楼梯段的传力与结构形式的不同，分为板式和梁式楼梯两种。

1. 板式楼梯

梯段板两端搁在平台梁上，相当于斜放的一块板，如图7-16所示。

特点：底面光滑平整，外形简单，施工方便，但耗材多，荷载较大时，板的厚度将增大，适用梯段长度≤3m的楼梯。

2. 梁式（斜梁式）楼梯

踏步板搁置在斜梁上，斜梁又由上下两端的平台梁支承的现浇钢筋混凝土楼梯称为梁式楼梯。梁式楼梯的宽度相当于踏步板的跨度，平台梁的间距即为斜梁的跨度，梯段的荷载主要由斜梁承担。适用于荷载较大，建筑层高较大的建筑物，梯段长度≥3m 的楼梯，如图 7-17 所示。

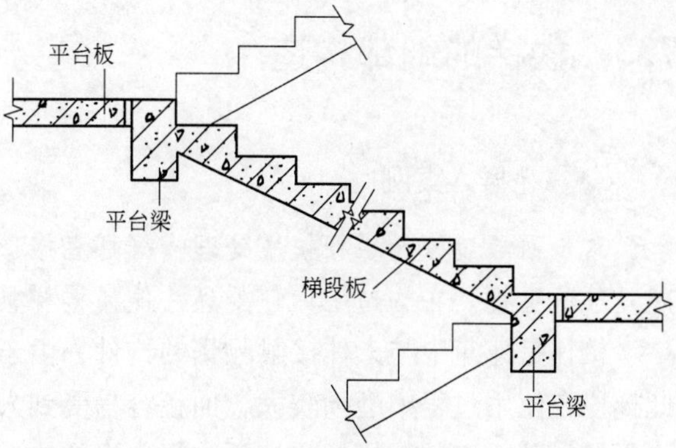

图 7-16　板式楼梯

梁式楼梯有暗步和明步两种做法，暗步做法的斜梁设到踏步板的上面，梯段下面是平整的斜面，如图 7-17a 所示。明步做法的斜梁一般暴露在踏步板的下面，从梯段侧面就能看见踏步，如图 7-17b 所示。由于明步做法在梯段下部形成梁的暗角容易积灰，梯段侧面经常被清洗踏步的脏水污染，因而容易影响美观。

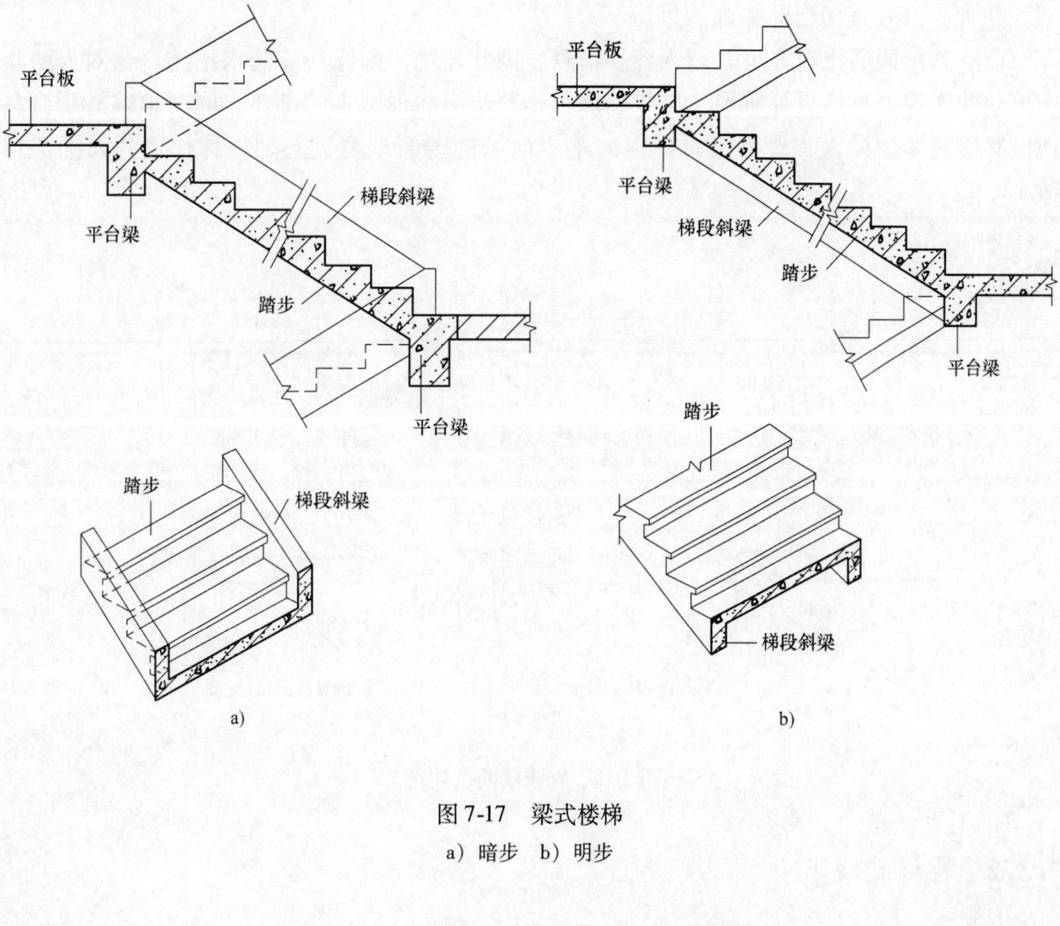

图 7-17　梁式楼梯

a）暗步　b）明步

7.3 楼梯的细部构造

导入案例

踏步面层装修和栏杆扶手处理得好坏直接影响楼梯的使用安全和美观，在设计中已引起足够的重视。在构造上如何处理才能使楼梯具有较好的使用性能和装饰性能？

楼梯是建筑中与人体接触频繁的构件，由于人在楼梯上行走过程中脚步用力较大，因此梯段在使用过程中磨损较大，而且容易受到人为因素的破坏。建造时，应当对楼梯的踏步面层、踏步细部、栏杆和扶手进行适当的构造处理，以保证楼梯的正常使用。

7.3.1 踏步的面层和细部处理

踏步面层应当平整光滑，耐磨性好。一般认为，凡是可以用来做室内地坪面层的材料，均可以用来做踏步面层。常见的踏步面层有水泥砂浆、水磨石、地面砖、各种天然石材等。公共建筑楼梯踏步面层经常与走廊地面面层采用相同的材料。面层材料要便于清扫，并且应当具有相当的装饰效果。

由于踏步面层比较光滑，行人容易滑跌，因此在踏步前缘应有防滑措施，这对人流集中建筑的楼梯就显得更加重要。踏步前缘也是踏步磨损最厉害的部位，同时也容易受到其他硬物的破坏。设置防滑措施可以提高踏步前缘的耐磨程度，起到保护作用，如图 7-18 所示。

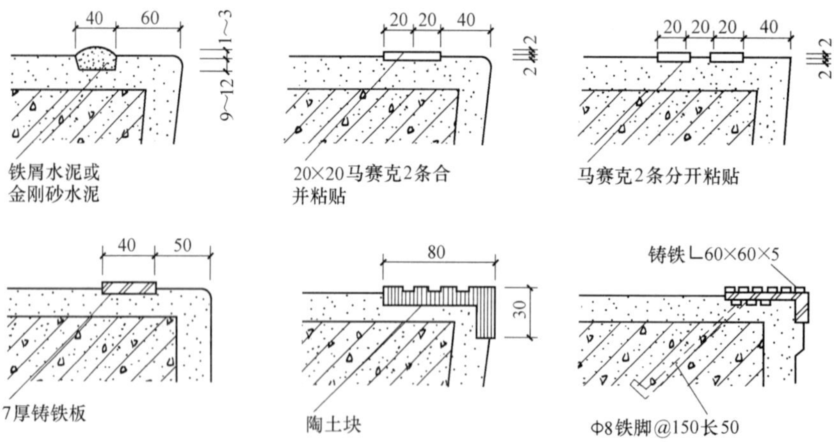

图 7-18　踏步的防滑构造

7.3.2 栏杆和扶手

由于栏杆通透性好，对建筑空间具有良好的装饰作用，因此在楼梯中采用较多，栏杆多采用金属材料制作，如钢材、铝材、铸铁花饰等。用相同或不同规格的金属型材拼接、组合成不同的规格和图案，可使栏杆在确保安全的同时又能起到装饰作用，如图7-19所示。栏杆应有足够的强度，能够保证在人多拥挤时楼梯的使用安全，栏杆垂直构件之间的净距不应大于110mm。经常有儿童活动的建筑，栏杆的分格应设计成不易儿童攀登的形式，以确保安全。

图7-19　栏杆的形式

栏杆的垂直构件必须要与楼梯段有牢固、可靠的连接。目前在工程上采用的连接方式多种多样，应当根据工程实际情况和施工能力合理选择连接方式。图7-20是栏杆与楼梯段连接构造举例。

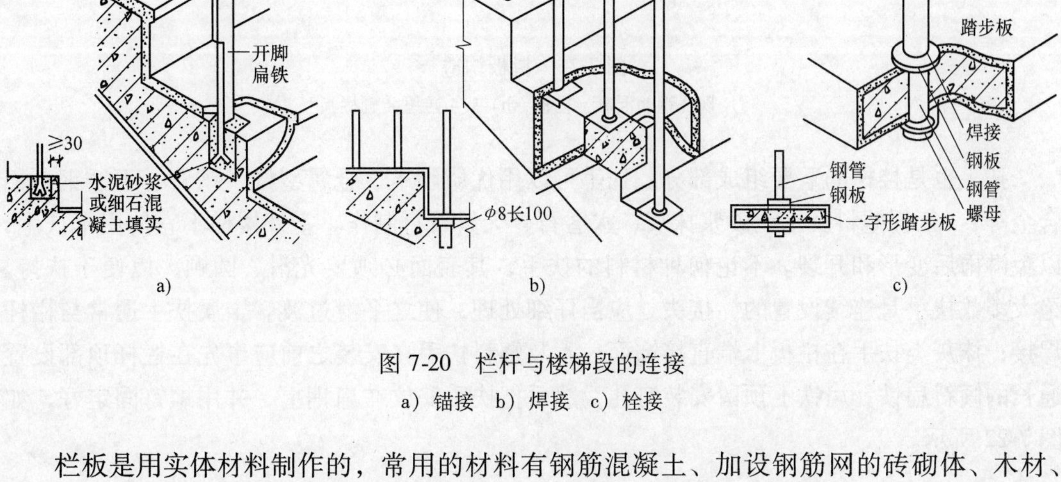

图7-20　栏杆与楼梯段的连接

a）锚接　b）焊接　c）栓接

栏板是用实体材料制作的，常用的材料有钢筋混凝土、加设钢筋网的砖砌体、木材、玻璃等。栏板的表面应平整光滑，便于清洗。栏板可以与梯段直接相连，也可以安装在垂直构件上。图 7-21 是栏板的构造举例。

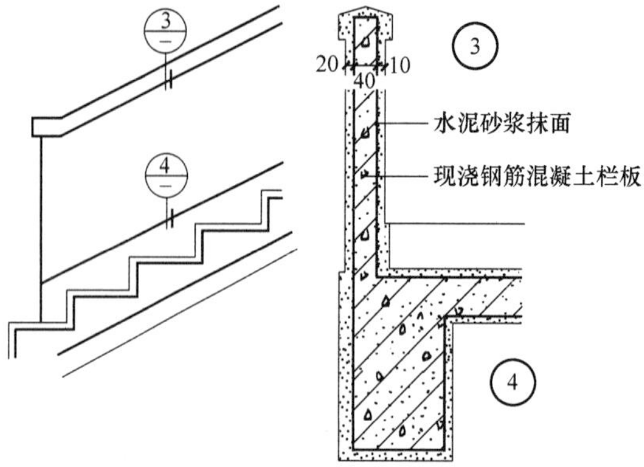

a)

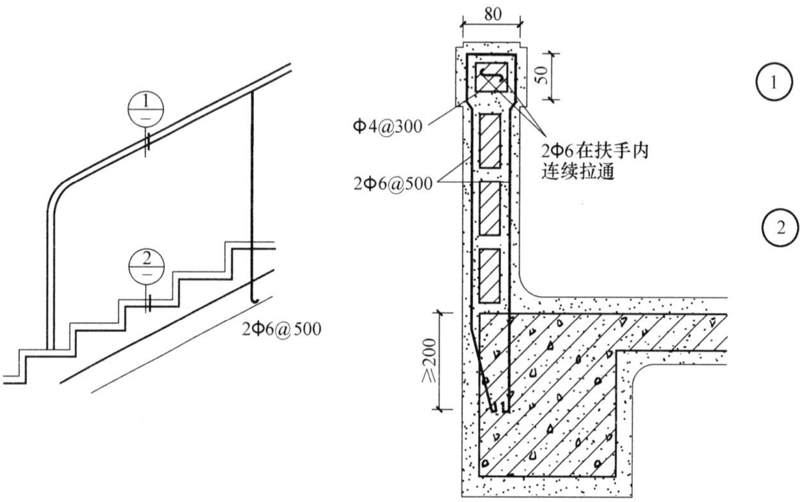

b)

图 7-21 栏板构造

a）现浇钢筋混凝土栏板 b）1/4 砖厚砖砌栏板

扶手也是楼梯的重要组成部分。扶手可以用优质硬木、金属型材（铁管、不锈钢、铝合金等）、工程塑料及水泥砂浆抹灰、水磨石、天然石材制作。室外楼梯不宜使用木扶手，以免淋雨后变形和开裂。不论何种材料的扶手，其表面必须要光滑、圆顺，以便于扶持。绝大多数扶手是连续设置的，接头处应当仔细处理，使之平滑过渡。金属扶手通常与栏杆焊接；抹灰类扶手在栏板上端直接饰面；木及塑料扶手在安装之前应事先在栏杆顶部设置通长的倾斜扁铁，扁铁上预留安装钉孔，然后把扶手安放在扁钢上，并用螺钉固定好，如图 7-22 所示。

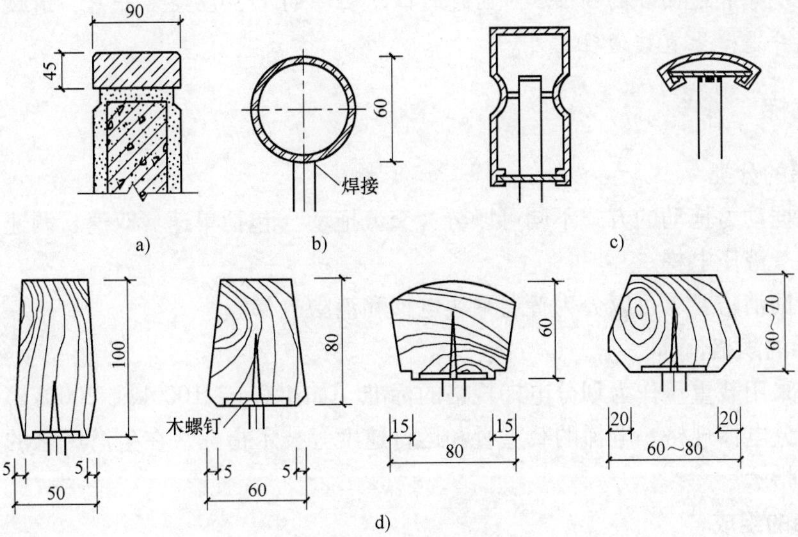

图 7-22　扶手类型

a）石材扶手　b）金属扶手　c）塑料扶手　d）木扶手

7.4　电梯及自动扶梯

导入案例

目前大型公共建筑、高层建筑在不断的建设，为解决垂直交通问题，在这些建筑物中不仅设置钢筋混凝土楼梯，还应设置方便快捷的电梯和自动扶梯，以此满足这类建筑的使用功能要求。电梯和自动扶梯虽然属于工业产品，但也是建筑物中的设备，作为建筑类专业的技术人员有必要了解与此相关的内容，那么这一节我们共同来了解一下电梯及自动扶梯的组成和作用。

电梯是多层及高层建筑中常用的建筑设备，主要是为了解决人们在上下楼时的体力及时间的消耗问题。有的建筑虽然层数不多，但由于建筑级别较高或使用的特殊需要，往往也设置电梯，如高级宾馆、多层仓库、医院等。部分高层及超高层建筑为了满足疏散和救火的需要，还要设置消防电梯。

自动扶梯是人流集中的大型公共建筑常用的建筑设备。在大型商场、展览馆、火车站、航空港等建筑设置自动扶梯，可以方便使用者、对疏导人流也起到很大的作用。有些占地面积大，交通量大的建筑还要设置自动人行道，以解决建筑内部的长距离水平交通，如大型航空港。

电梯及自动扶梯的安装及调试一般由生产厂家或专业公司负责。不同厂家提供的设备尺寸、规格和安装要求均有所不同，土建施工时应按照厂家的要求在建筑的指定部位预留出足够的空间和设备安装的基础设施。

小知识

为有利于通风和一旦发生火灾时能迅速将烟和热气排出室外，井道内应设置通风口，其面积不应小于井道面积的3.5%，且通风口总面积的1/3应经常开启，通风管道可在井道顶板上或井道壁上直接通往室外。

7.4.1 电梯

1. 电梯的分类

电梯根据动力拖动的方式不同可以分为交流拖动（包括单速、双速、调速）电梯、直流拖动电梯、液压电梯。

电梯根据消防要求可以分为普通乘客电梯和消防电梯。

2. 电梯的规格

目前多采用载重量作为划分电梯规格的标准（如400kg、1000kg、2000kg），而不用载客人数来划分电梯规格。电梯的载重量和运行速度等技术指标，在生产厂家的产品说明书中均有详细指示。

3. 电梯的组成

电梯由井道、机房和轿厢三部分组成（图7-23）。其中轿厢是由电梯厂生产的，并由专业公司负责安装。电梯井道和机房的布局、尺寸及细部构造应根据电梯说明书中的要求设计。

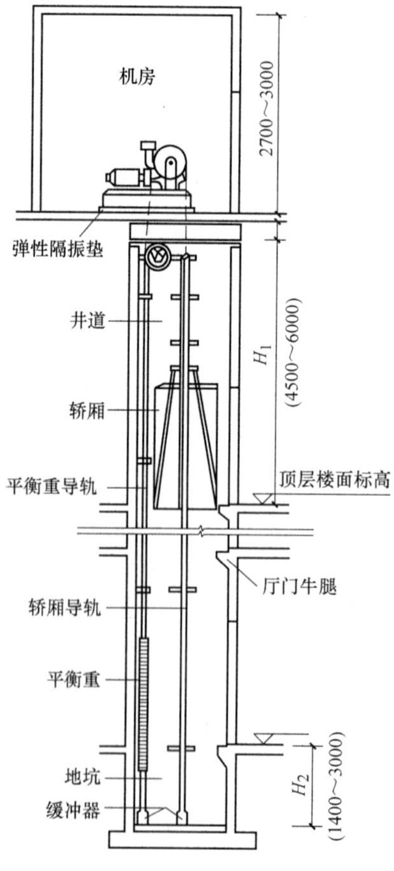

图7-23　电梯的组成示意图

井道既可供单台电梯使用，也可供两台电梯共用，如图 7-24 所示。

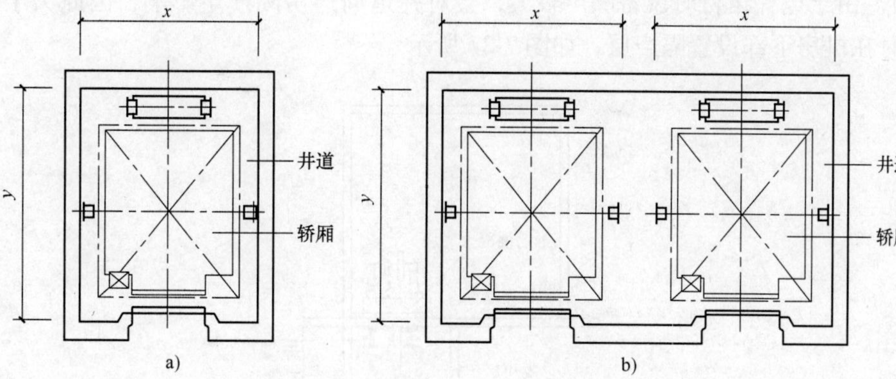

图 7-24　住宅电梯井道

a）单台电梯井道　b）两台电梯井道

电梯井道出入口的门套应进行装修，如图 7-25 所示。电梯出入口地面应设置地坎，并向电梯井道内挑出牛腿，如图 7-26 所示。

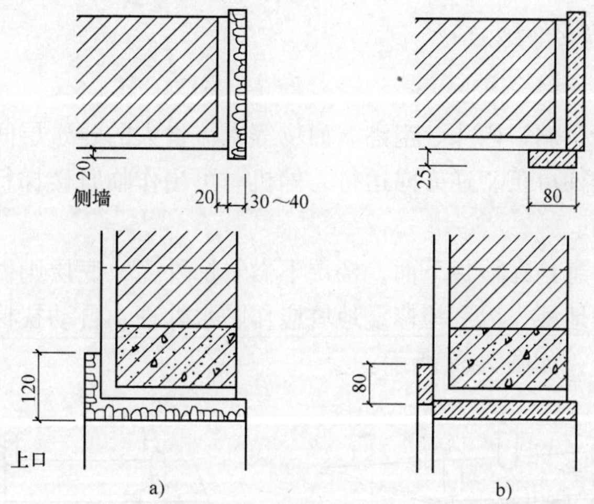

图 7-25　门套的构造

a）水磨石门套　b）大理石门套

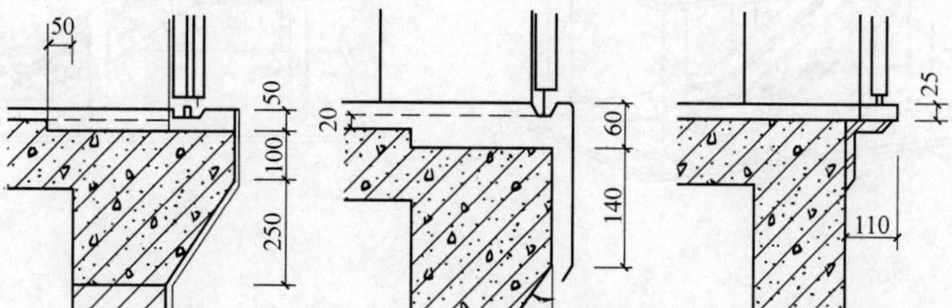

图 7-26　牛腿的构造

电梯机房一般设在电梯井道的顶部，也有少数电梯把机房设在井道底层的侧面（如液压电梯）。由于电梯运行时设备噪声较大，会对井道周边房间产生影响，因此为了减少噪声，有时在机房下部设置隔声层，如图 7-27 所示。

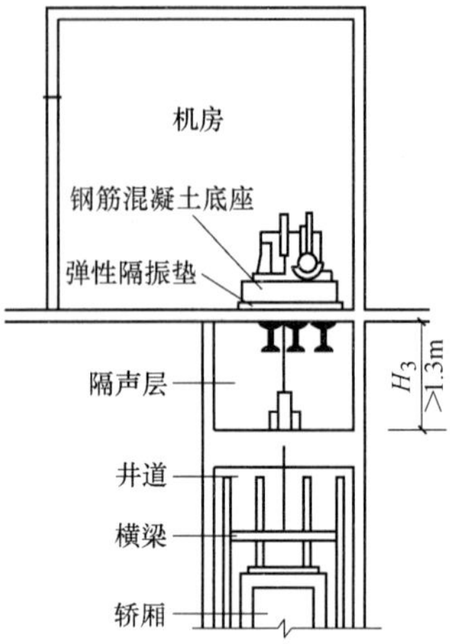

图 7-27　机房隔声层

7.4.2　自动扶梯

自动扶梯适用于车站、码头、空港、商场等人流量大的建筑层间，是连续运输效率高的载客设备。自动扶梯可正、逆方向运行，停机时可当作临时楼梯行走。平面布置方式可单台设置或双台并列。

自动扶梯的机房悬挂在楼板下面，楼层下做装饰外壳，底层则做地坑。机房上方的自动扶梯口处应做活动地板，以利检修，地坑应作防水处理。自动扶梯的布置形式有平行排列式、交叉排列式等，如图 7-28 所示。

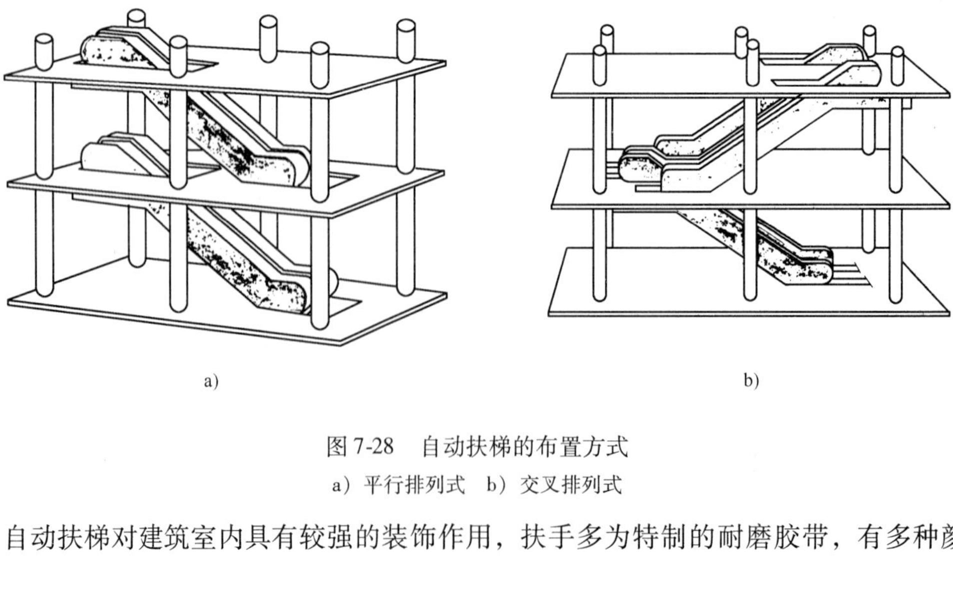

图 7-28　自动扶梯的布置方式
a）平行排列式　b）交叉排列式

自动扶梯对建筑室内具有较强的装饰作用，扶手多为特制的耐磨胶带，有多种颜色。

栏板分为玻璃不锈钢板、装饰面板等几种。有时还辅助以灯具照明，以增强其美观性。

由于自动扶梯在安装及运行时需要在楼板上开洞，所以此处楼板已经不能起到分隔防火分区的作用。如果上下两层建筑面积总和超过防火分区面积要求时，应按照防火要求设置防火卷帘，以便在火灾发生时封闭自动扶梯井。

7.5　台阶与坡道

导入案例

由于建筑室内外地坪存在高差，需要在建筑入口处设置台阶和坡道作为建筑室外的过渡。由于其位置明显，人流量大，因此须慎重处理。

台阶是供人们进出建筑之用，坡道是为车辆及残疾人而设置的，有时会把台阶和坡道合并在一起共同工作。从规划要求看，台阶和坡道视为建筑主体的一部分，不允许并入道路红线，因此在一般情况下台阶的踏步数不多，坡道长度不大。有些建筑由于使用功能或精神功能的需要，有时设有较大的室内外高差或把建筑入口设在二层，此时就需要大型的台阶和坡道与其配合。台阶和坡道与建筑人口关系密切，具有相当的装饰作用，美观要求较高。

7.5.1　台阶

1. 台阶的形式和尺寸

台阶的平面形式种类较多，应当与建筑的级别、功能及基地周围的环境相适应。较常见的台阶形式有单面踏步、两面踏步、三面踏步、单面踏步带花池（花台）等。部分大型公共建筑经常把行车坡道与台阶合并成为一个构件，强调了建筑入口的重要性，提高了建筑的地位。图 7-29 是常见台阶形式的示例。

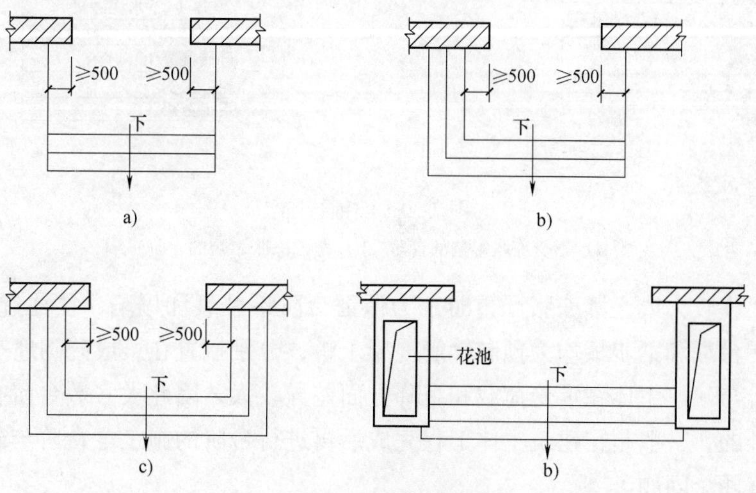

图 7-29　常见台阶的形式

a）单面踏步　b）两面踏步　c）三面踏步　d）单面踏步带花池

为了满足起码的使用要求，台阶顶部平台的宽度应大于所连通的门洞口宽度，一般至少每边宽出500mm。室外台阶顶部平台的深度不应小于1.0m。由于室外台阶受雨、雪的影响较大，为确保人身安全，台阶的坡度宜平缓些。通常踏步的踏面宽度不应小于300mm，踢面高度不应大于150mm。

2. 台阶的基本要求

为使台阶能满足交通和疏散的需要，台阶的设置应满足如下要求。

1）人流密集场所台阶的高度超过1.0m时，宜有护栏设施。

2）影剧院、体育馆观众厅疏散出口门内外1.40m范围内不能设台阶踏步。

3）室内台阶踏步数不应少于2步。

4）台阶和踏步应充分考虑雨、雪天气时的通行安全，宜用防滑性能好的面层材料。

3. 台阶的构造

台阶的构造分实铺和架空两种，大多数台阶采用实铺。实铺台阶的构造与室内地坪的构造相似，包括基层、垫层和面层（见图7-30a）。基层为素土夯实；垫层多采用混凝土、碎砖混凝土或砌砖，其强度和厚度应当根据台阶的尺寸相应调整；面层有整体和铺贴两大类，如水泥砂浆、水磨石、剁斧石、缸砖、天然石材等。在严寒地区，为保证台阶不受土壤冻胀影响，应把台阶下部一定深度范围内的土换掉，改设砂垫层（图7-30b）。

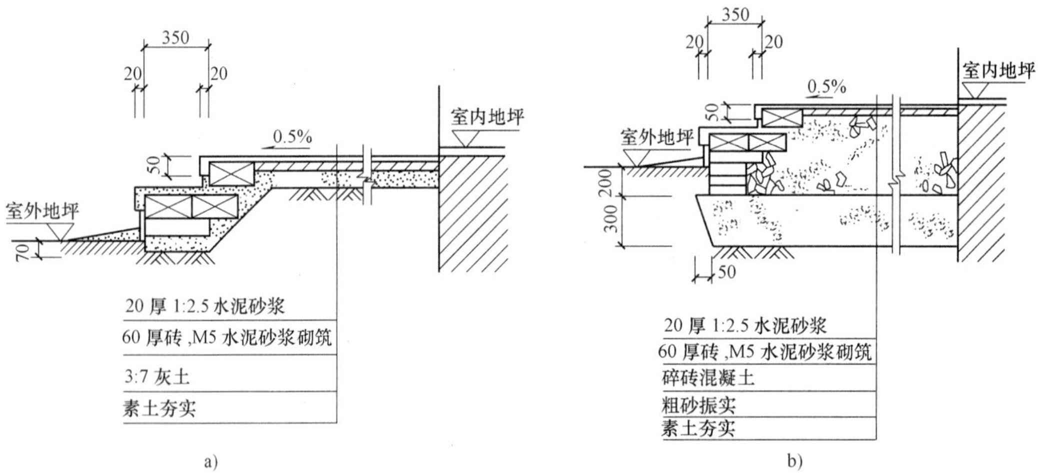

图7-30 实铺台阶

a）不受冻胀影响的台阶 b）考虑冻胀影响的台阶

当台阶尺度较大或土壤冻胀严重时，为保证台阶不开裂和塌陷，往往选用架空台阶。架空台阶的平台板和踏步板均为预制钢筋混凝土板，分别搁置在梁或砖砌地垄墙上。

由于台阶与建筑主体在承受荷载和沉降方面差异较大，因此大多数台阶在结构上和建筑主体是分开的，一般是在建筑主体工程完成后再进行台阶的施工。台阶与建筑主体之间要注意解决好两个问题。

1）处理好台阶与建筑之间的沉降缝，常见的做法是在接缝处挤上一根10mm厚防腐木条。

2）为防止台阶上积水向室内流淌，台阶应向外侧做0.5%~1%斜坡，台阶面层标高应比首层室内地面标高低20~60mm左右。

7.5.2 坡道

1. 坡道的分类

坡道按照其用途的不同，可以分成行车坡道和轮椅坡道两类。

1）行车坡道分为普通行车坡道（图7-31a）与回车坡道（图7-31b）两种。普通行车坡道布置在有车辆进出的建筑入口处，如车库、库房等。回车坡道与台阶踏步组合在一起，布置在某些大型公共建筑的入口处，如办公楼、旅馆、医院等。

2）轮椅坡道是专供残疾人使用的。随着我国社会文明程度的提高，为使残疾人能平等地参与社会活动，体现社会对特殊人群的关爱，应在为公众服务的建筑及市政工程中设置方便残疾人使用的设施，轮椅坡道是其中之一。我国专门制定了JGJ 50—2001《城市道路和建筑物无障碍设计规范》，对有关问题做出了明确的规定。

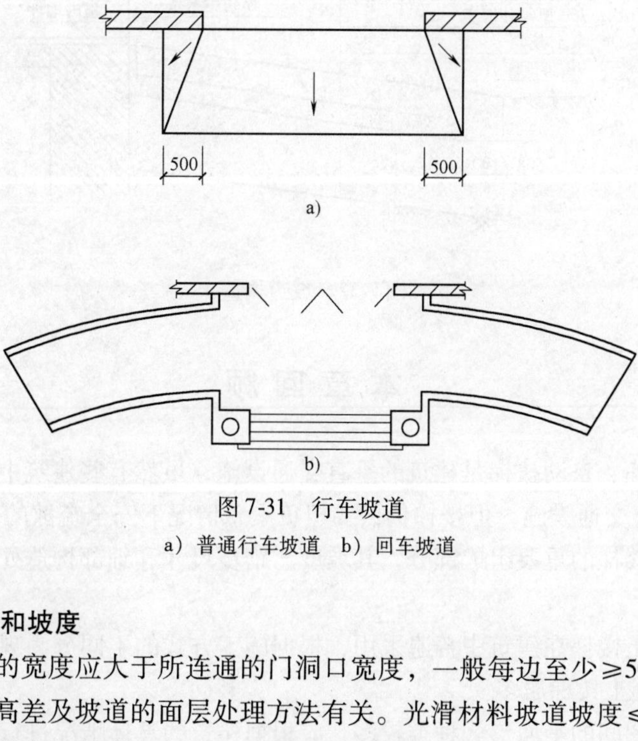

图7-31 行车坡道

a）普通行车坡道 b）回车坡道

2. 坡道的尺寸和坡度

普通行车坡道的宽度应大于所连通的门洞口宽度，一般每边至少≥500mm。坡道的坡度与建筑的室内外高差及坡道的面层处理方法有关。光滑材料坡道坡度≤1:12，粗糙材料坡度（包括设置防滑条的坡道）≤1:6，带防滑齿坡度≤1:4。

回车坡道的宽度与坡道半径及车辆规格有关，坡道的坡度应≤1:10。

由于轮椅坡道是供残疾人使用的，因此有一些特殊的规定，这些规定主要有：坡道的宽度不应小于0.9m；每段坡道的坡度、允许最大高度和水平长度应符合表7-2的规定；当坡道的高度和长度超过表7-2的规定时，应在坡道中部设休息平台，其深度不应小于1.20m；坡道在转弯处应设休息平台，休息平台的深度不应小于1.50m；在坡道的起点及终点，应留有深度不小于1.50m的轮椅缓冲地带；坡道两侧应在0.9m高度处设扶手，两段坡道之间的扶手应保持连贯；坡道起点及终点处的扶手应水平延伸 0.3m 以上；坡道两侧凌空时，在栏杆下端宜设高度不小于 50mm 的安全挡台。

表 7-2　每段坡道、最大高度和水平长度

坡道的坡度（高/长）	*1/8	*1/10	1/12
每段坡道允许最大高度/m	0.35	0.60	0.75
每段坡道允许最大水平长度/m	2.80	6.00	9.00

注：加＊者只适用于受场地限制的改造、扩建的建筑物。

3. 坡道的构造

坡道一般均采用实铺，构造要求与台阶基本相同。垫层的强度和厚度应根据坡道长度及上部荷载的大小进行选择，严寒地区的坡道同样需要在垫层下部设置砂垫层。图 7-32 是坡道构造的示例。

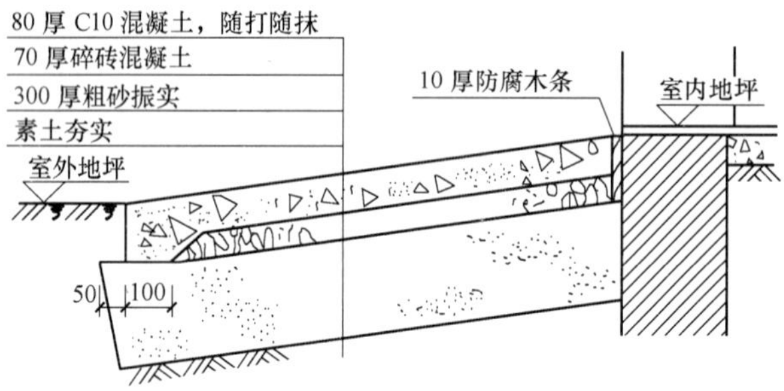

图 7-32　坡道构造

本章回顾

1. 楼梯、电梯、自动扶梯是建筑的垂直交通设施，虽然有些建筑中电梯和自动扶梯已经成为主要的垂直交通设施，但楼梯仍然要担负紧急情况下安全疏散的任务。

2. 楼梯段是楼梯的重要组成部分，其坡度、踏步尺寸和细部构造处理对楼梯的使用影响较大。

3. 钢筋混凝土楼梯在建筑中普遍采用，根据施工方式的不同分为现浇和预制两种，其中以现浇钢筋混凝土楼梯居多。

4. 楼梯及楼梯间的平面形式种类较多，应根据建筑的具体情况进行选择。

5. 电梯是高层建筑中的主要交通工具。由机房、电梯井道地坑及运载设备等部分组成，细部构造包括厅门、门套装修的处理，导轨支架与井壁的固结处理等。对电梯的构造，应有初步的了解，并应尽量参观实物。

6. 建筑无障碍设计的问题应当得到足够的重视。

第8章　屋　顶

知识储备

屋顶是民用建筑基本构造组成之一，屋顶的构造形式直接影响着它的使用功能，而且还是建筑艺术形象的重要体现。不同的屋顶类型，有不同的构造方案，其结构组成、承重方式、防水排水、保温隔热措施也不相同。

通过本章的学习，我们应该：

掌握屋顶的作用，了解屋顶的分类和要求；重点掌握平屋顶的组成、排水、防水构造及细部构造；了解平屋顶保温、隔热的构造；了解坡屋顶的类型、组成、特点以及屋顶承重结构的布置；掌握坡屋顶的坡面组织方法、屋面防水、泛水构造和保温与隔热措施。

8.1　概述

导入案例

回想一下，在我们的生活中，曾见过哪些屋顶形式？比如我们家的屋顶，学校的学生公寓、教学楼屋顶，以及我们所在城市最有代表性建筑的屋顶。

8.1.1　屋顶的作用和设计要求

屋顶是房屋的重要组成部分，其主要作用有三方面：一是围护作用，防御自然界风、霜、雨、雪的侵袭，太阳辐射、温湿度的影响；二是承重作用，屋顶是房屋的水平承重构件，承受和传递屋顶上各种荷载，对房屋起着水平支撑作用；三是美观，屋顶的色彩及造型等对建筑艺术和风格有着十分重要的影响，是建筑造型的重要组成部分。

对屋顶的设计要求有以下几个方面。

1）要求屋顶起良好的围护作用，具有防水、保温和隔热性能。其中防止雨水渗漏是屋顶的基本功能要求，也是屋顶设计的核心。

2）要求具有足够的强度、刚度和稳定性。能承受风、雨、雪、施工、上人等荷载，地震区还应考虑地震荷载对它的影响，满足抗震的要求，并力求做到自重轻、构造层次简单。

3）满足人们对建筑艺术即美观方面的需求。屋顶是建筑造型的重要组成部分，中国古建筑的重要特征之一就是有变化多样的屋顶外形和装修精美的屋顶细部，现代建筑也应注重屋顶形式及其细部设计。

8.1.2 屋顶的类型

（1）按外形和坡度分　有平屋顶、坡屋顶和曲面屋顶，屋顶外形和类型分别见图 8-1 和图 8-2。

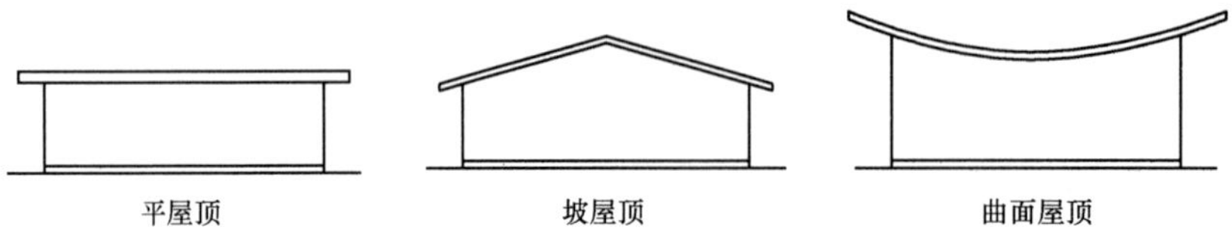

图 8-1　屋顶的外形

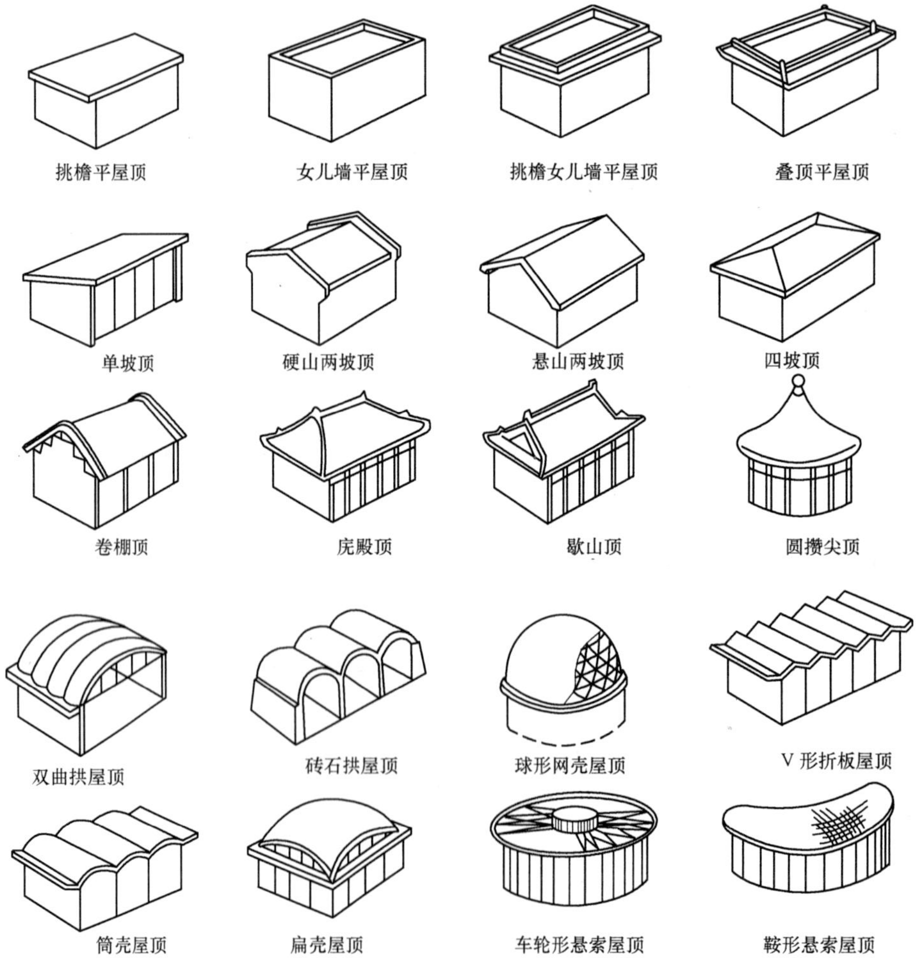

图 8-2　屋顶的类型

（2）按保温隔热要求分 有保温屋顶、不保温屋顶、隔热屋顶等。

（3）按屋面防水材料分 有细石混凝土、防水砂浆等刚性防水屋面，各种卷材等柔性防水屋面，涂料、粉剂等防水屋面，瓦屋面，波形瓦屋面，平金属板、压型金属板屋面等类型。

8.1.3 屋顶的坡度

1. 屋顶坡度的表示方法

常用的坡度表示方法有角度法、斜率法和百分比法，如图8-3所示。斜率法以屋顶倾斜面的垂直投影高度与其水平投影长度之比来表示，如1:2、1:5、1:10等；百分比法以屋顶倾斜面的垂直投影高度与其水平投影长度的百分比值来表示，如2%、5%等；角度法以倾斜屋面与水平面所成的夹角表示，如30°、50°等。坡屋顶多用斜率法，而平屋顶多用百分比法，角度法在实际中使用较少。

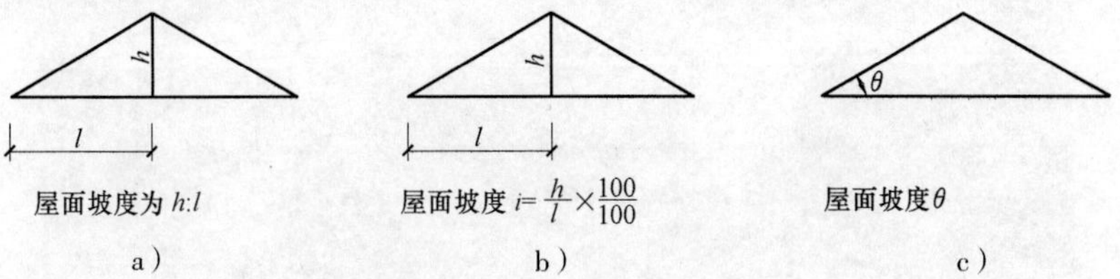

图8-3 屋顶坡度表示方法

a）斜率法 b）百分比法 c）角度法

2. 屋面坡度的影响因素

建筑中的屋顶由于排水和防水的需要，均要有一定的坡度。习惯上把坡度小于10%的屋顶称为平屋顶，坡度大于10%的屋顶称为坡屋顶。在实际工程中，影响屋顶坡度的主要因素有屋面防水材料、屋顶结构形式、地理气候条件、施工方法及建筑造型要求等方面。不同的屋面防水材料有各自的适宜排水坡度范围，如图8-4所示。一般情况下，屋面防水材料单块面积越小，所要求的屋面排水坡度越大；防水材料厚度越厚，所要求的屋面排水坡度也越大。另外如建筑中采用悬索结构、折板结构时，结构形式就决定了屋顶的坡度。

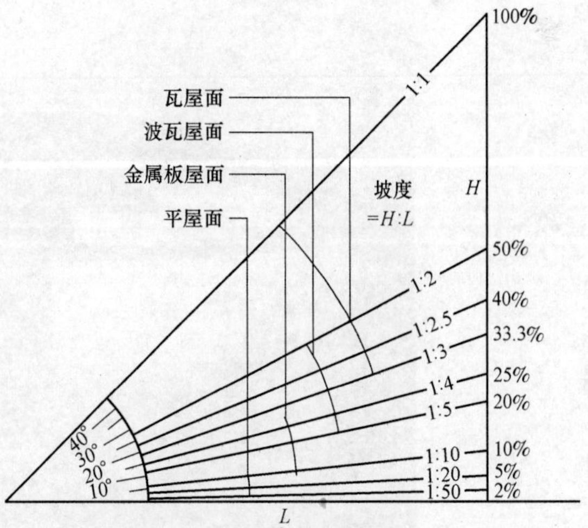

图8-4 屋面坡度范围

恰当的坡度应该是既能满足防水要求，又做到经济节约。

当屋顶坡度较小时，屋顶排水速度较慢，雨水在屋面上停留时间较长，屋面应有较好的防水性能。反之，当屋顶坡度较大时，屋顶排水速度较快，对屋面的防水要求就较低。

我国根据建筑物的性质、重要程度、使用功能要求、防水屋面耐用年限等，将屋面防水分为四个等级。

小知识

屋顶是建筑艺术形象的重要组成部分，同时也是建筑形态构成的一部分。下面图 8-5 分别是澳大利亚悉尼歌剧院、北京国家大剧院，体现了形式各异的建筑风格和艺术形象。

a)

b)

图 8-5　著名建筑物

a）澳大利亚悉尼歌剧院　b）国家大剧院

相关链接

在建筑形态构成和屋顶造型设计中，有许多优秀的建筑产品。比如美国古根海姆美术馆、印度巴赫伊礼拜堂、日本球泉洞森林馆等。同学们可以查阅相关的资料去了解，同时在学习中多留意我们经常接触的建筑物的屋顶造型，特别是风景名胜区的建筑。

8.2 平屋顶构造

导入案例

虽然坡屋顶的应用越来越广泛，许多城市大量进行“平改坡”工程。可目前仍有相当比例的房屋采用平屋顶，这不仅是由于平屋顶节约材料，而且屋顶上面可供利用，如露台、屋顶花园、屋顶蓄水等。

8.2.1 平屋顶的组成和特点

平屋顶为满足防水、保温和隔热、上人等各种要求，屋顶构造层次较多，但其主要构造层次由结构层、保温层、隔离层、防水层等组成，另外还有保护层、结合层、找平层、隔气层、顶装修等构造层次。我国幅员辽阔，地理气候条件差异较大，各地区屋顶做法也有所不同。例如，南方地区屋顶应主要满足隔热和通风要求，而北方地区应主要考虑屋顶的保温措施，另外上人屋顶还应设置有较好的强度和整体性的屋面面层。图8-6为普通卷材柔性防水屋面和刚性防水屋面构造组成示意图。我国各地区均有屋面做法标准图或通用图，实际工程中可以选用。

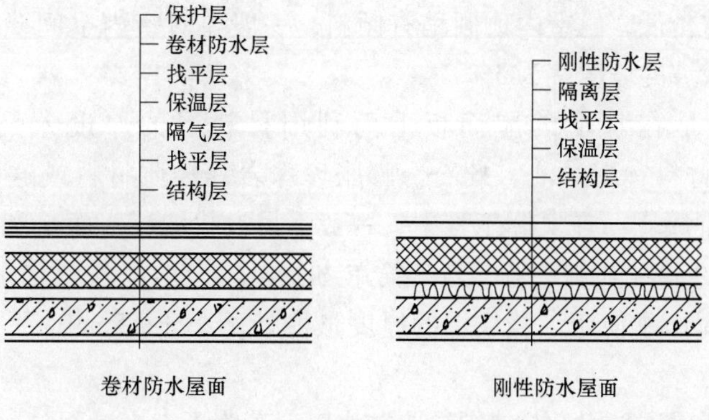

图8-6 卷材柔性防水屋面和刚性防水屋面组成示意图

平屋顶具有以下特点。

1）屋顶构造厚度较小，结构布置简单，室内顶棚平整，能够适应各种复杂的建筑平面形状，且屋面防水、排水、保温、隔热等处理方便，构造简单。

2）屋面平整，便于屋顶上人及屋面利用。

3）由于屋顶坡度小、排水慢、屋面积水机会多，易产生渗漏现象且维修困难。

8.2.2 排水组织

平屋顶的排水组织主要有屋顶的排水坡度和排水方式两个方面。

1. 排水坡度

平屋顶的排水坡度主要取决于排水要求、防水材料、屋顶使用要求和屋面坡度形成方式等因素。从排水要求方面，要使屋面排水畅通，屋面就需要有适宜的排水坡度，坡度越大，排水速度越快；从防水材料方面，平屋顶屋面目前主要采用卷材防水和混凝土防水，防水性能良好，其最低坡度要求是1%；从屋顶使用要求方面，若为上人屋面，或有一定的使用要求，一般希望坡度小于等于2%；从屋面坡度形成方式方面，平屋面的坡度主要由结构找坡和材料找坡形成，如图8-7所示。

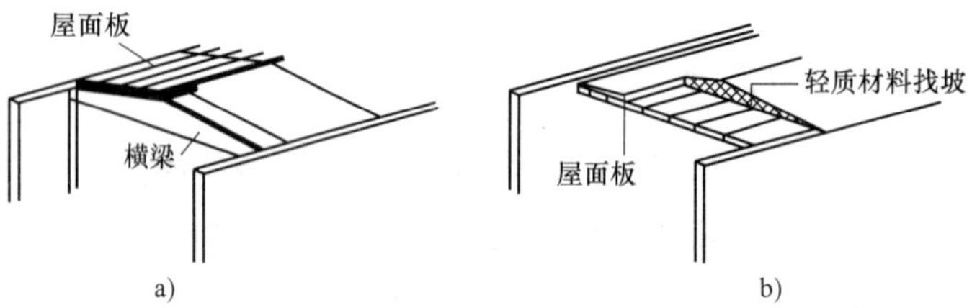

图8-7 屋面坡度的形成

a）结构找坡 b）材料找坡

1）结构找坡是要求支承屋面板的墙或梁等结构构件保持有一定坡度，屋面板铺设之后就形成了相应的坡度（图8-7a）。结构找坡不需另加找坡材料，省工省料，没有附加荷载，施工方便、造价低，但室内顶棚稍有倾斜，一般在对室内空间要求不高的建筑中采用。平屋顶结构找坡的坡度宜为3%。

2）材料找坡是在水平的屋面板上面利用材料层的厚度差别形成一定的坡度（图8-7b）。找坡材料宜用炉渣、蛭石、膨胀珍珠岩等轻质材料或这些轻质材料加适量水泥形成的轻质混凝土。在实际工程中，一般不另设找坡层，而是利用轻质保温层进行找坡。材料找坡的室内顶棚平整，施工简单方便，但会增加材料用量，增加屋面自重，一般仅在小面积屋面中使用。找坡层的厚度最薄处不小于15mm，平屋顶材料找坡的坡度宜为2%。

综上所述，平屋顶采用卷材或混凝土防水时，若为不上人屋面，一般做2%~5%的坡度（常用2%~3%）；若为上人屋面，则做2%的坡度。

2. 排水方式

屋面排水方式分无组织排水和有组织排水两大类。

（1）无组织排水　无组织排水又称自由落水。其排水组织形式是屋面雨水顺屋面坡度排至挑檐板处自由滴落，如图8-8所示。这种做法构造简单、经济，但雨水下落时对墙面和地面均有一定影响，常用于建筑标准较低的低层建筑或雨水较少的地区。

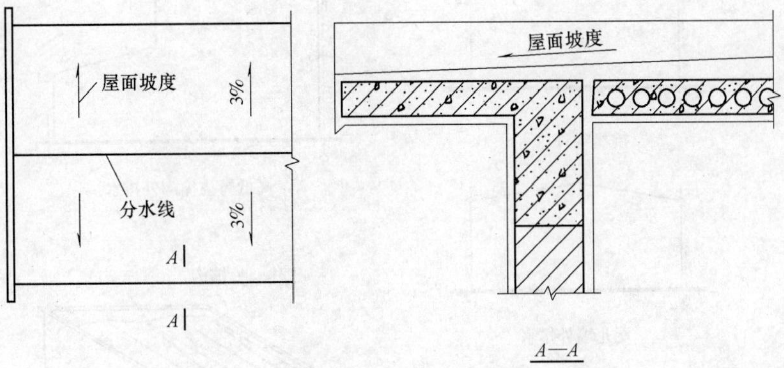

图8-8　无组织排水

(2) 有组织排水　其排水组织形式是将屋面雨水顺坡汇集于檐沟或天沟，并在檐沟或天沟内填0.5% ~1%纵坡，使雨水集中至雨水口，经雨水管排至地面或地下排水管网，如图8-9所示。有组织排水有利于保护墙面和地面，消除了屋面雨水对环境的影响。根据雨水管的位置，有组织排水分为内排水和外排水。内排水的雨水管设置于室内，因其构造复杂，易造成渗漏，故只用在多跨建筑的中间跨、临街建筑、高层建筑和寒冷地区的建筑。根据檐口的做法，有组织外排水又可分为挑檐沟外排水、女儿墙外排水、女儿墙挑檐沟外排水、长天沟外排水、暗管外排水等。有组织排水方案如图8-10所示。

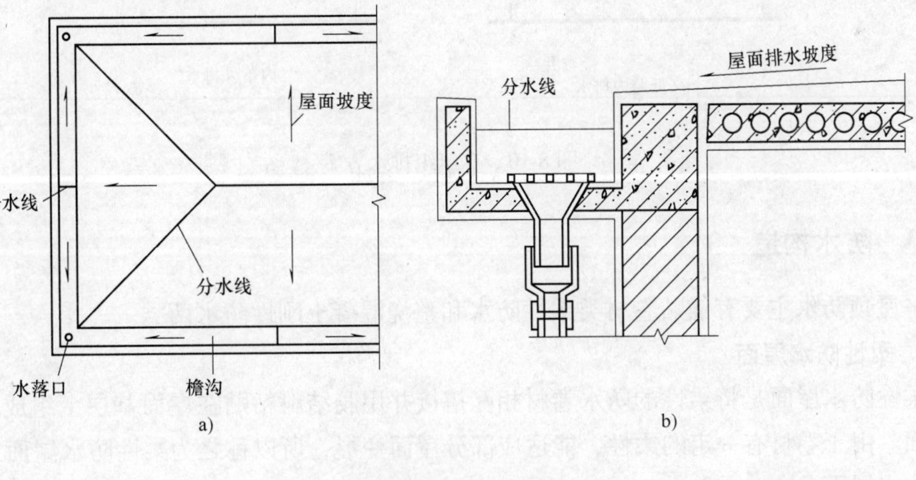

图8-9　有组织排水

a）剖面图　b）平面图

有组织排水中，雨水管的数量应依据该地区在每小时最大降雨量时一根雨水管所能承担的屋面雨水排除面积进行设置。一般情况下，当雨水管口径为100mm左右时，每根雨水管所承担的屋面排水面积为100 ~ 200m²。

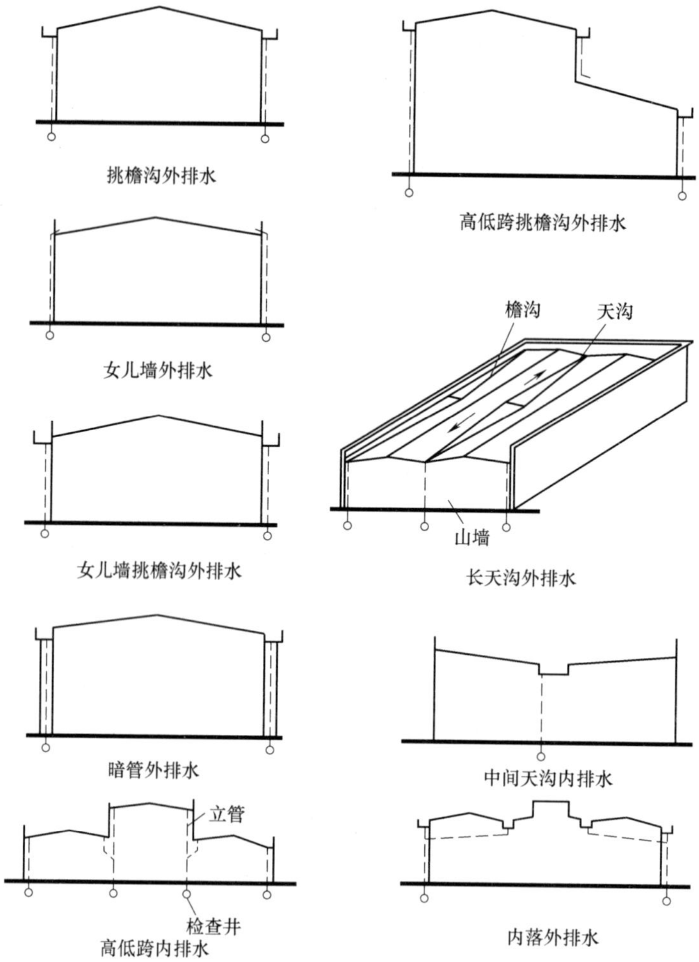

图 8-10　有组织排水方案

8.2.3　防水构造

平屋顶防水主要有铺贴卷材类柔性防水和整浇混凝土刚性防水两类。

1. 柔性防水屋面

柔性防水屋面是将柔性的防水卷材相互搭接并用胶结料粘贴在屋面基层上组成防水层的屋面。由于卷材有一定的柔性，能适应部分屋面变形，所以称之为柔性防水屋面（也称卷材防水屋面）。

过去一直使用沥青及油毡作为屋面防水层。油毡比较经济，也有一定的防水能力，但须热施工，污染环境，且高温易流淌，韧性差，易脆化，老化周期仅为 6～8 年。随着近年来部分新型屋面防水卷材的出现，沥青油毡将被逐步替代。这些新型卷材主要有三类：一是高聚物改性沥青卷材，如 APP 改性沥青卷材、OMP 改性沥青卷材等；二是合成高分子卷材，如三元乙丙橡胶类、聚氯乙烯类、氯化聚乙烯类和改性再生胶类等；三是沥青玻璃布油毡、沥青玻璃纤维油毡等。这些材料的共同优点是弹性好、抗腐蚀、耐低温、寿命长且为冷施工，具有很好的发展前景。

目前比较常用的屋面防水卷材有聚氯乙烯、氯丁橡胶、APP改性沥青卷材、三元乙丙橡胶等。这些新型屋面防水材料的施工方法和要求虽然各有差异，但在构造处理上仍以油毡屋面防水构造处理原理为基础。由于油毡还有一定的使用量，故以下主要讲述油毡屋面防水构造。

（1）油毡防水屋面的基本构造　油毡防水屋面的基本构造层次有结构层、找平层、结合层、防水层、保护层等。

1）结构层。即预制或现浇的钢筋混凝土楼板（屋面板）。

2）找平层。油毡防水层应铺设在平整且具有一定整体性的基层上，所以一般应在结构层上或保温层上做15~30mm厚1:3水泥砂浆找平层。

3）结合层。油毡与找平层水泥砂浆间的结合层为热沥青。为使第一层热沥青本身能很好地与找平层结合，通常需先喷刷一层冷底子油。冷底子油即为稀释沥青溶液，能和沥青粘合，又能较好地渗入水泥砂浆，这样能使第一层油毡较好地粘贴固定于找平层上。

在有保温层的油毡防水屋面中，油毡防水层经常由于滞留于屋面材料中或自室内渗入的水汽受热膨胀而鼓泡或发生摺皱（见图8-11），影响防水层的防水性能。为避免上述情况发生，可以采取两个措施，一是将第一层沥青采用点状或条状粘贴，使水蒸气有一定的扩散场所；二是在屋面合适位置设排气孔（见图8-12）。

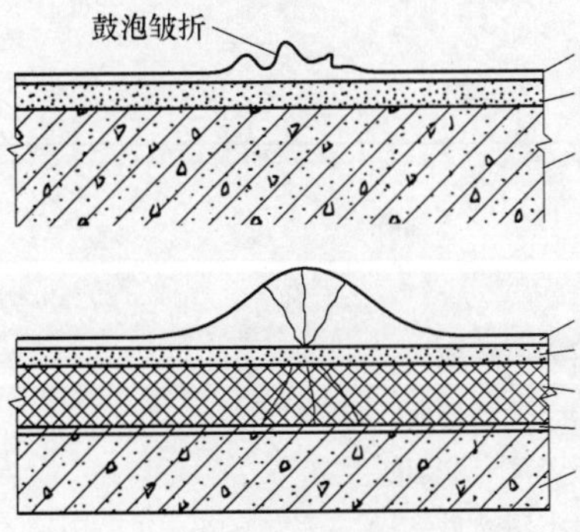

图8-11　油毡鼓泡原因

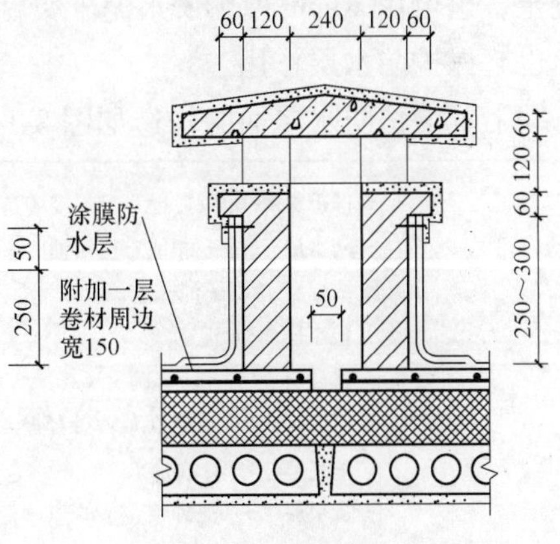

图8-12　屋面排气孔

4）防水层。屋面油毡防水层由沥青和油毡层交替粘合而成，由于油毡向下要粘贴在基层上，上面要粘结保护层，所以油毡通过沥青胶铺贴会形成一毡二油或二毡三油等，一般在平屋顶上的防水层需三毡四油。铺贴油毡时，应由下一层一层地向上铺贴，上下搭接80~120mm；左右应逆主导风向铺贴，相互搭接100~150mm。也可以逐层搭接半张一次，铺贴成二毡三油。当屋面坡度较大时，油毡也可以垂直于屋脊铺设。这几种油毡的铺贴方式如图8-13所示。

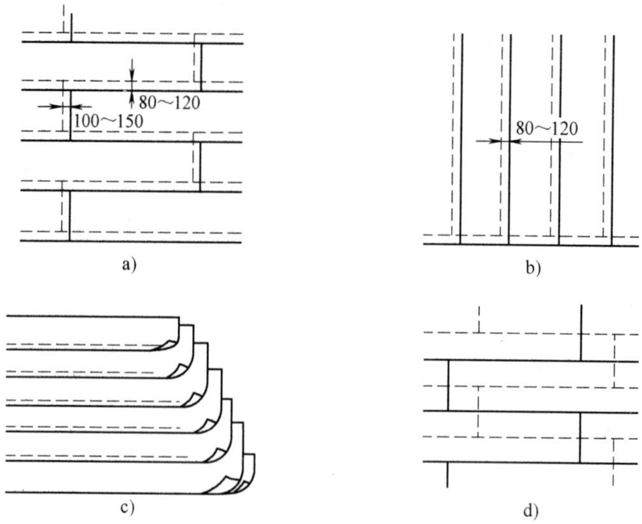

图 8-13　油毡的铺贴方式

a）平行屋脊铺设　b）垂直屋脊铺设　c）层叠搭接半张平行屋脊铺设　d）双层平行屋脊铺设

5）保护层。油毡防水层裸露在屋顶上，受温度、阳光及氧气等作用容易老化。为保护防水层、延缓沥青老化、增加使用年限，油毡表面需设保护层。当为非上人屋面时，可在最后一层沥青胶上趁热满粘一层 3～6mm 粒径的无棱石子，俗称绿豆砂保护层，这种做法比较经济方便，有一定效果。当为上人屋面时，可在防水层上面浇筑 30～40mm 厚细石混凝土，也可用 20mm 厚 1:3 水泥砂浆贴地砖或混凝土预制板等，既为上屋顶活动提供面层，也起保护防水层作用。

综上，油毡防水屋面的构造如图 8-14 所示。

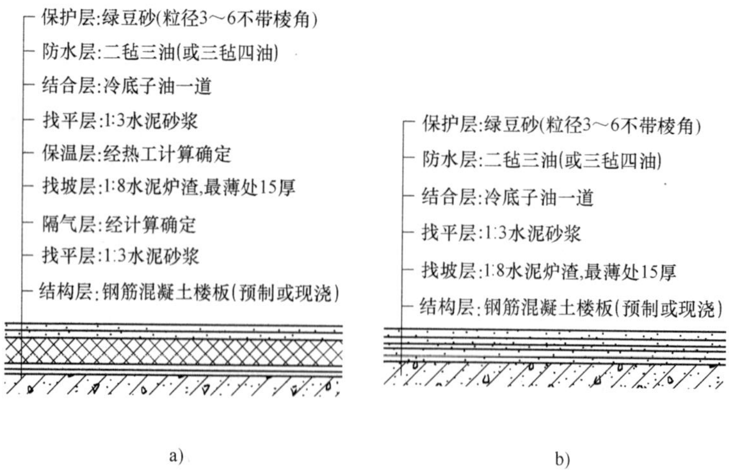

图 8-14　油毡防水屋面的构造

a）柔性防水保温屋面　b）柔性防水非保温屋面

（2）油毡防水屋面的檐口及泛水构造　油毡防水屋面的檐口一般有自由落水、挑檐沟、女儿墙带檐沟、女儿墙外排水、女儿墙内排水等形式。其构造处理关键是油毡在檐口处的收头处理和雨水口处构造。构造处理方式分别见图 8-15 ~ 图 8-18。

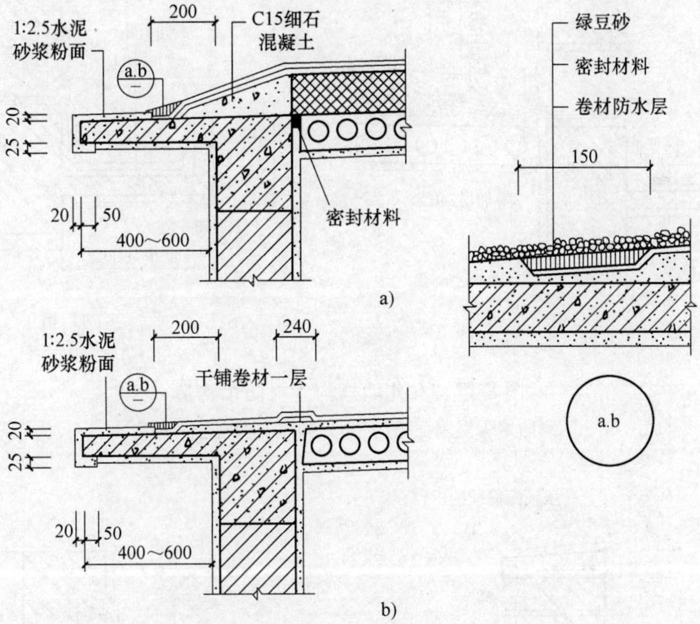

图 8-15　自由落水檐口卷材防水构造

a）防水保温屋面檐口　b）防水非保温屋面檐口

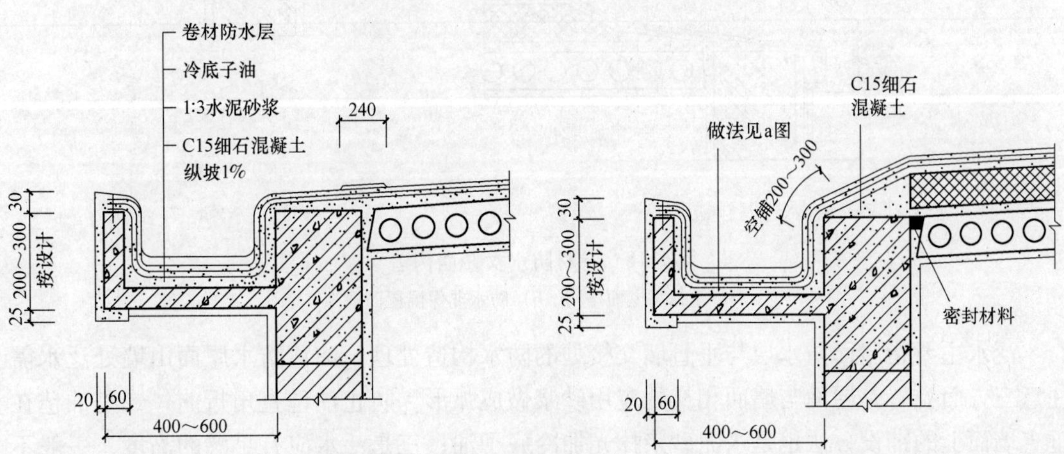

图 8-16　卷材防水挑檐沟构造

a）防水非保温屋面檐沟　b）防水保温屋面檐沟

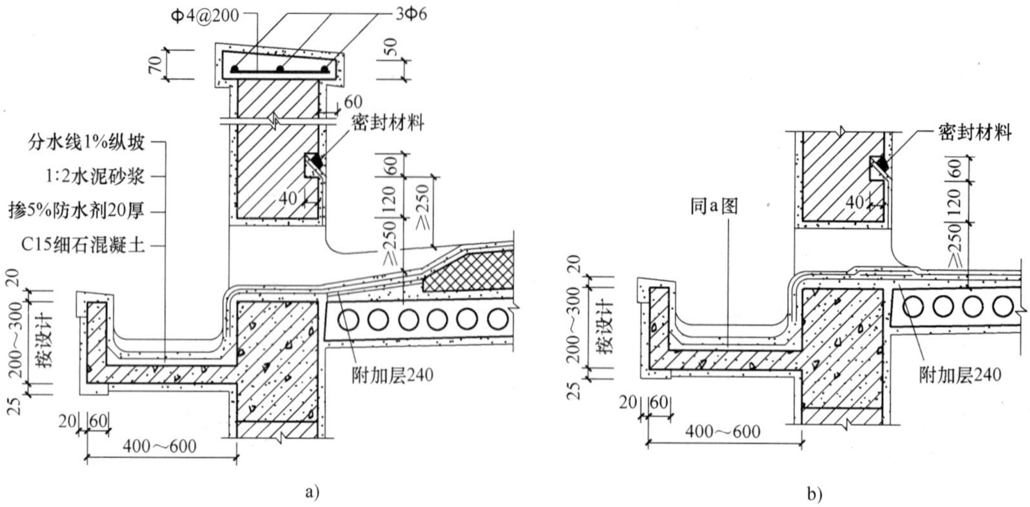

图 8-17　女儿墙檐沟卷材防水构造

a）防水保温屋面檐沟　b）防水非保温屋面檐沟

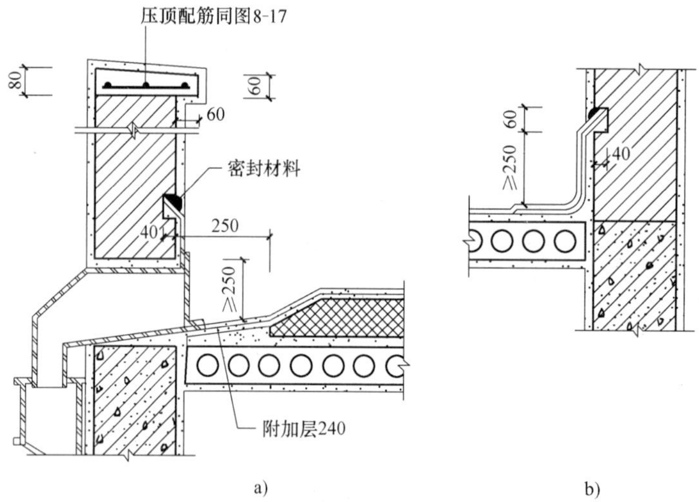

图 8-18　卷材防水女儿墙构造

a）防水保温屋面檐沟　b）防水非保温屋面檐沟

泛水主要指屋面防水层与垂直墙交接处的防水构造处理。油毡防水屋面山墙处泛水需注意三方面：一是屋面与墙面相交处应用砂浆做成弧形，防止油毡直角折曲；二是油毡在垂直墙面上的铺设方法也是水泥砂浆抹光加冷底子油；三是泛水应有足够的高度，一般不小于250mm 的高度，并做好油毡的收头处理，见图 8-19。

（3）其他卷材防水屋面　近几年逐步推广使用的各类新型卷材在工程中运用时，一般均有不同的施工操作方法和要求，但其防水构造节点的处理原理和要求基本同油毡防水屋面。图 8-20 所示为高分子卷材防水屋面节点构造。

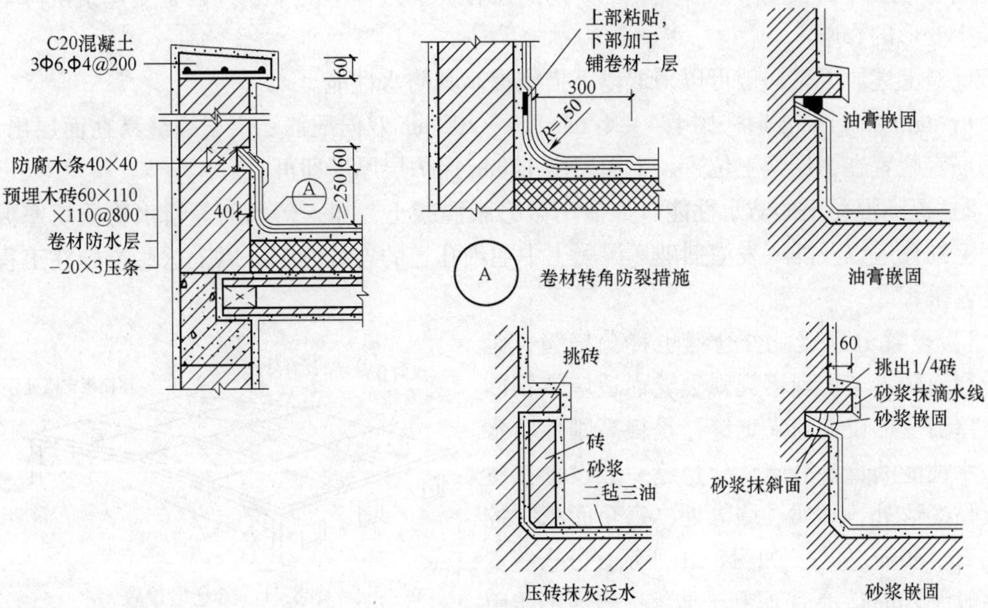

图 8-19 油毡的泛水构造

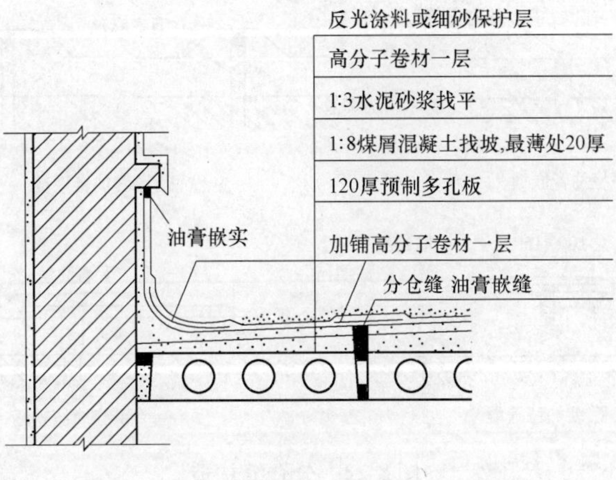

图 8-20 高分子卷材防水屋面节点构造

2. 刚性防水屋面

刚性防水屋面主要指以密实性混凝土或防水砂浆等刚性材料作为屋面防水层的屋面防水构造方法。其优点是施工简单、经济，但其施工技术要求高，对结构变形敏感，且易裂缝而导致渗漏水。由于防水砂浆屋面应用较少，这里主要介绍细石混凝土防水屋面的构造。

（1）细石混凝土防水层　目前在工程中应用较多的是用 35 ~40mm 厚 C20 混凝土整浇密实并出浆抹光，配Φ 4 ~ Φ 6@ 200 双向钢筋的做法。

细石混凝土屋面比较突出的问题是防水层施工完毕后易出现裂缝而造成屋面渗漏，其原因较多，但主要有 4 个方面原因：一是细石混凝土由于温差影响而热胀冷缩；二是受建筑使用过程中屋面板变形的影响；三是防水层在养护过程中的干缩；四是受建筑沉降等原因产生变形的影响。

针对上述原因，一般可以采取以下措施提高其防水性能。

1）配筋。目前普遍采用Φ4～Φ6@150～200mm双向配筋。由于裂缝易在面层出现，故钢筋宜配置在中层偏上位置，上面留出15mm保护层厚度即可。

2）提高混凝土的防水性能。如使用微膨胀混凝土，加入防水剂等憎水物质填塞混凝土中毛细孔道以及加入发泡剂破坏混凝土中毛细孔道的连续性等。以上这些措施在工程中已普遍采用。

3）设置分仓缝。分仓缝也称分格缝，是防止屋面防水层出现不规则裂缝而适应热胀冷缩及屋面变形设置的人工缝，是提高刚性防水层防水性能的重要措施。分仓缝一般设置在屋面板易变形处，如梁、墙等处，每仓面积宜控制在20～30m² 左右，如图8-21所示。分仓缝宽度一般为20mm，为了有利于伸缩，缝内不能用砂浆填实或有其他杂物，一般采用防水油膏嵌缝，也可用油毡等盖缝，如图8-22所示。

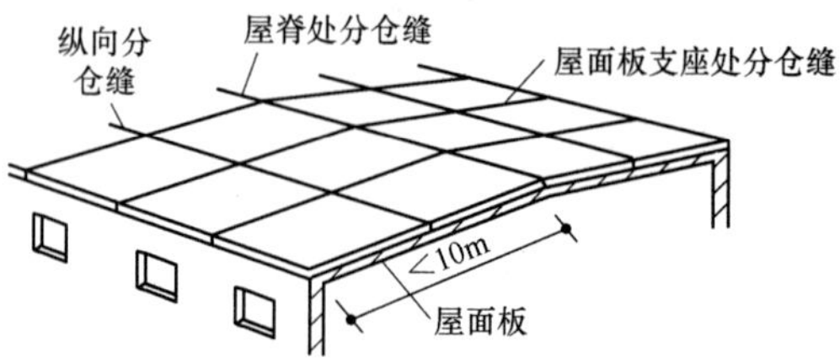

图8-21　分仓缝位置

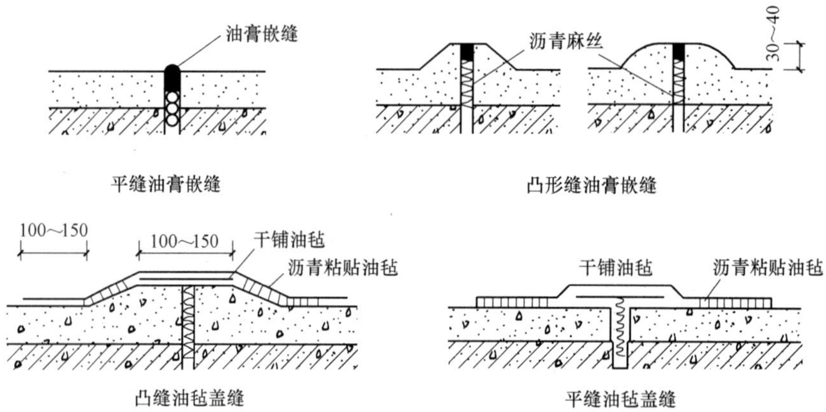

图8-22　分仓缝构造

4）设置隔离层或浮筑层。隔离层放置在刚性防水层和结构层之间，使上下分离，从而使刚性防水层免受屋面结构变形的影响。废机油、石灰砂浆、沥青、油毡、塑料纸、废纸等均可作为隔离层使用。当有保温层或使用保温材料找坡时，可利用其作为隔离层。

除以上措施外，还可以采用设置滑动支座等措施。

（2）刚性防水屋面节点构造　刚性防水屋面在檐墙处宜设挑檐构件，做挑檐沟排水或自由落水。在构造处理时应注意避免在刚性防水层和其基层的间隙渗水，其防水构造如图8-23、图8-24所示。山墙处泛水

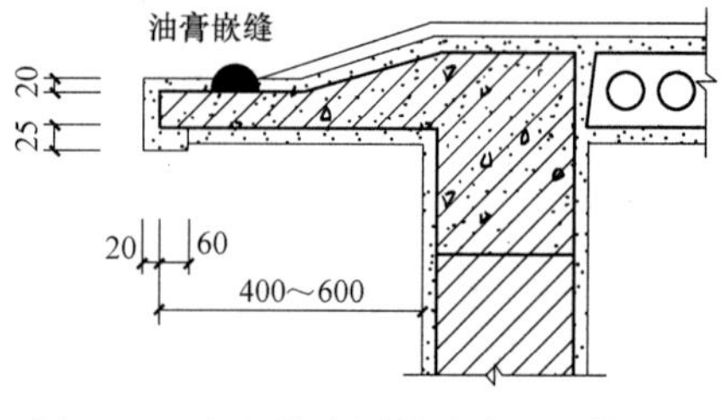

图8-23　自由落水刚性防水屋面构造

通常采用刚性防水层自身翻起进行构造处理的方法，如图8-25所示。

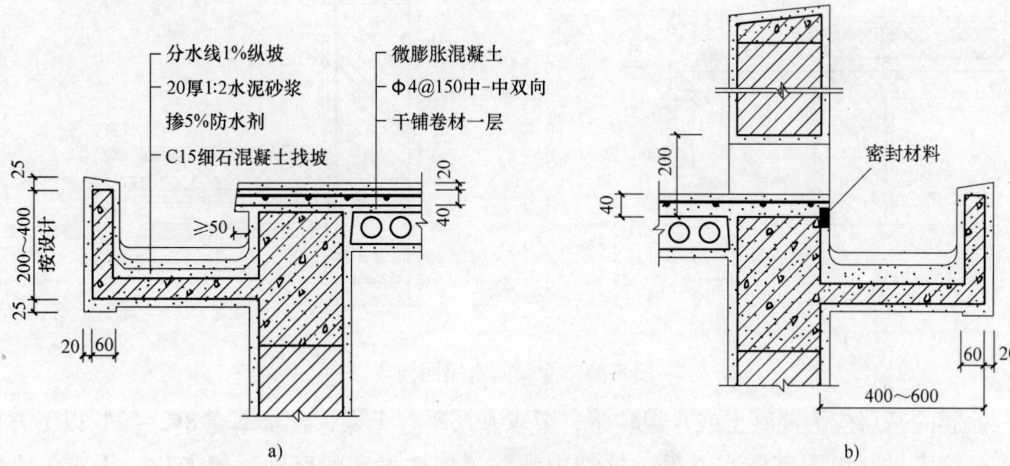

图8-24 挑檐沟刚性防水屋面构造

a）挑檐平屋面构造 b）挑檐女儿墙平屋面构造

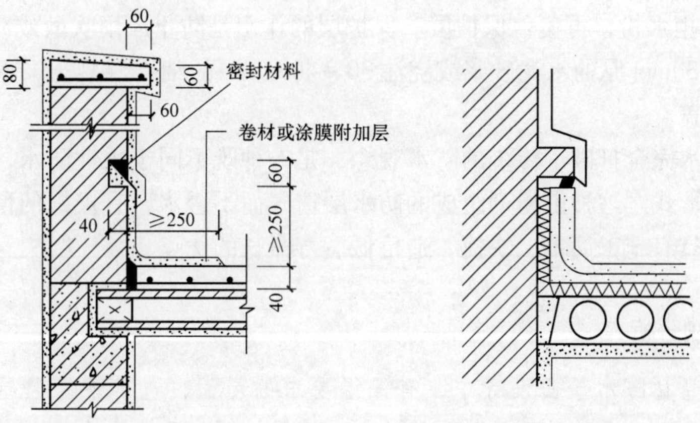

图8-25 刚性防水屋面泛水构造

a）山墙、女儿墙泛水 b）屋面高度不等处泛水

3. 涂膜防水屋面

涂膜防水是将可塑性和粘结力较强的高分子防水涂料直接涂刷在屋面基层上，形成一层满铺的不透水薄膜层，以形成屋面的防水能力，主要有乳化沥青、氯丁橡胶类、丙烯酸树脂类等。按涂膜防水原理通常分两大类，一类是用水或溶剂溶解后在基层上涂刷，通过水或溶剂蒸发而干燥硬化；另一类是通过材料的化学反应而硬化。涂膜防水的构造及泛水处理见图8-26。

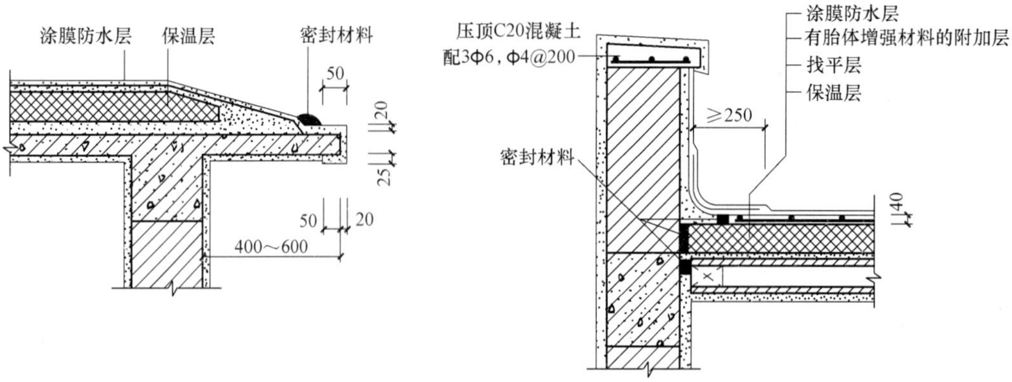

图 8-26 涂膜防水屋面构造

涂膜的基层应为混凝土或水泥砂浆，要求基层平整干燥，含水率在8% ~9%以下方可施工。涂膜材料由于其防水性好、粘结力强、延伸性大和耐腐蚀、耐老化、无毒、冷作业、施工方便等优点，具有很好的发展前景，但目前其价格仍较昂贵。

4. 粉剂防水屋面

粉剂防水屋面又称拒水粉防水屋顶，是用以硬脂酸为主要原料的憎水性粉末来做防水层的防水屋面。其构造做法是在结构层上抹水泥砂浆或细石混凝土找平层，然后铺 3 ~ 7mm 厚的建筑拒水粉，再覆盖保护层。保护层的作用是防止风雨吹散或冲刷拒水粉，一般做法是抹 20 ~ 30mm 厚的水泥砂浆或浇注 30 ~ 40mm 厚的细石混凝土，也可用大阶砖或预制混凝土板压盖。

拒水粉防水完全打破了传统的防水观念，是一种既不同于柔性防水，又不同于刚性防水的新型防水形式。这种由粉剂组成的防水层透气而不透水，有极好的憎水性、耐火性和随动性，并且具有施工简单、快捷、造价低、寿命长的优点。

案例分析

在平屋顶卷材防水屋面设计中，有保温要求的屋面，也有不保温屋面；有不上人屋面，也有上人屋面。通过学习平屋顶的构造，试设计不保温不上人卷材防水屋面的构造层次，并注明材料。

分析：平屋顶的基本构造层次为结构层、保温层、隔气层、防水层等。在南方的一些建筑中，不需要设置屋面保温层，特别是在一些有大量热量散发的生产车间。这样基本构造层为结构层和防水层，如果使用中无水蒸气产生，一般可以不设隔汽层。则该屋面的构造层次依次为：结构层、找平层、结合层、防水层、保护层，详见图 8-27。

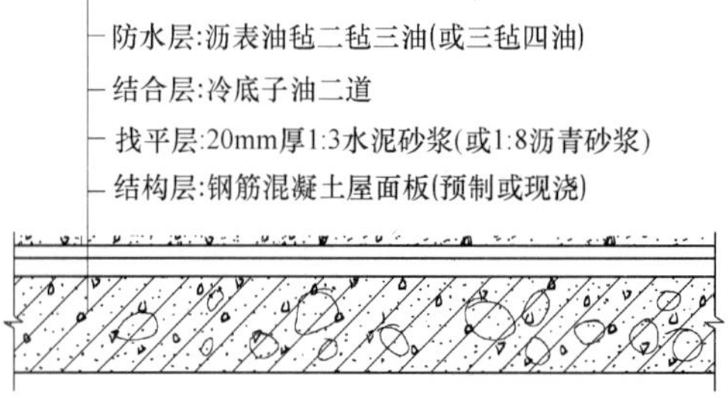

图 8-27 屋面构造做法

［**想一想**］ 假设是保温上人卷材屋顶，则构造组成层次如何设计。

8.3 坡屋顶构造

导入案例

我们平时到公园休闲散步时是否留意过公园的凉亭楼阁，这些风景园林建筑的屋顶是什么形式的？又如故宫的建筑，体现了中国建筑艺术风格和劳动人民的智慧，北京的四合院以及现在在一些地方的农村，仍有大量砖木结构的坡屋顶建筑。这些建筑屋顶的承重结构、排水、屋面构造和保温隔热是如何组织的？通过本节的学习，让我们掌握坡屋顶的构造组成。

8.3.1 坡屋顶的组成和特点

坡屋顶建筑为我国传统的建筑形式，主要有屋面、支承结构和顶棚组成，必要时还可以增加保温层、隔热层等。屋面的主要作用是防水和围护空间；支承结构主要是为屋面提供基层、承受屋面荷载等并把它传到垂直构件上；顶棚设置结合室内装修进行，可以增加室内空间的艺术效果，同时有了屋顶夹层后对提高屋顶保温隔热性能有一定帮助。

坡屋顶有多种形式，并可相互组合，形成丰富多彩的建筑造型。同时，由于坡屋顶坡度较大、雨水容易排除，屋面材料可就地取材、施工简单、易于维修等，近年来，在普通中小型民用和工业建筑中使用较多。

8.3.2 承重结构

坡屋顶的承重结构主要由椽子、檩条、屋面梁或屋架等组成，承重方式主要有以下两类。

1. 山墙承重

山墙承重即在山墙上搁檩条、檩条上设椽子后再铺屋面，也可在山墙上直接搁置挂瓦板、预制空心板等形成屋面承重体系，如图 8-28 所示。布置檩条时，山墙端部檩条可出挑形成悬山屋顶。常用檩条有木檩条、钢筋混凝土檩条、钢檩条等，如图 8-29 所示。由于檩条及挂瓦板等跨度一般在 4m 左右，故山墙承重结构体系适用于小空间建筑中，如宿舍、住宅等。

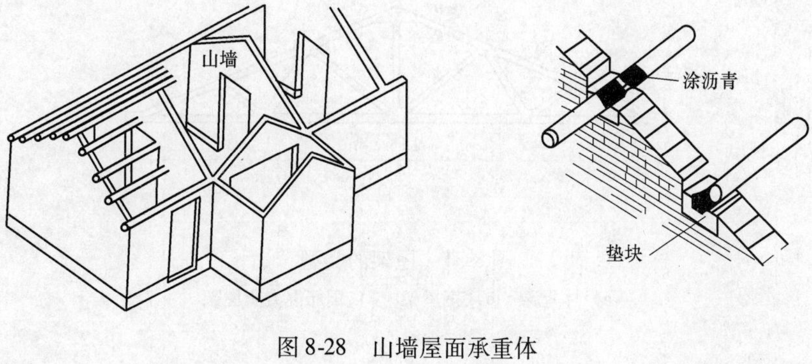

图 8-28 山墙屋面承重体

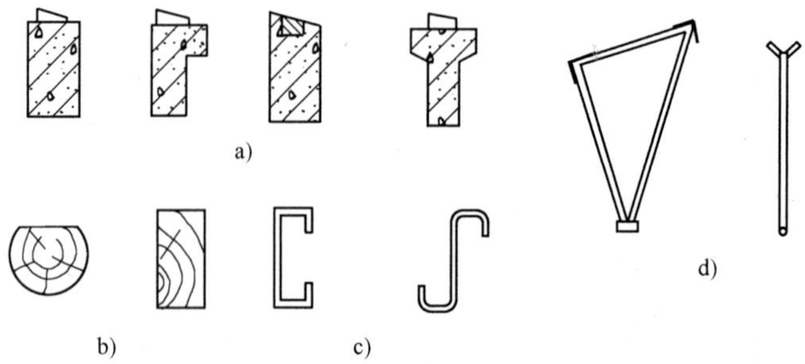

图 8-29　檩条的断面形式

a）钢筋混凝土檩条　b）木檩条　c）薄壁钢檩条　d）钢桁架檩条

山墙承重结构简单，构造和施工方便，在小空间建筑中是一种合理和经济的承重方案。

2. 屋架承重

屋架承重即在柱或墙上设屋架，再在屋架上放置檩条及椽子而形成的屋顶结构形式，如图8-30所示。由于屋顶坡度较大，故一般采用三角形屋架。屋架有木屋架、钢屋架、钢筋混凝土屋架等类型，如图 8-31 所示。屋架应根据屋面坡度进行布置，在四坡顶屋面及屋面相互交接处需增加斜梁或半屋架等构件，如图 8-32 所示。为保证屋架承重结构坡屋顶的空间刚度和整体稳定性，屋架间需设支撑，如剪刀撑，如图 8-33 所示。屋架承重结构适用于有较大空间的建筑中。

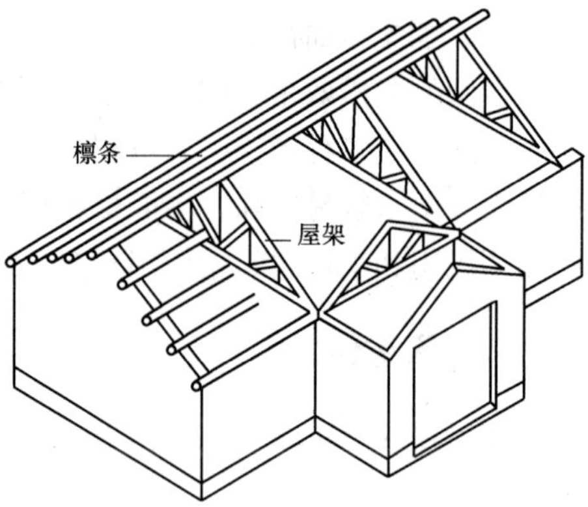

图 8-30　屋架承重体系

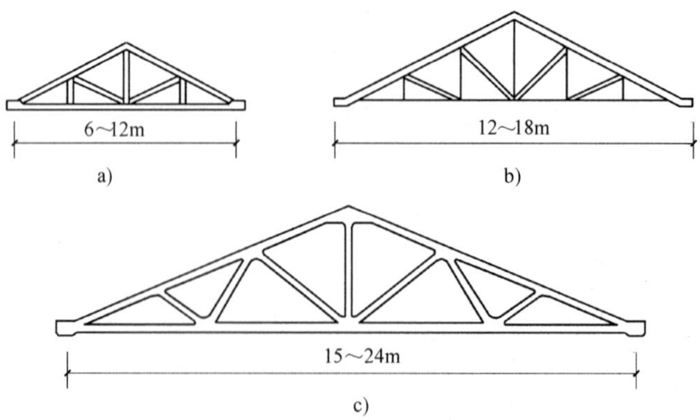

图 8-31　屋架的类型

a）木屋架　b）钢屋架　c）钢筋混凝土屋架

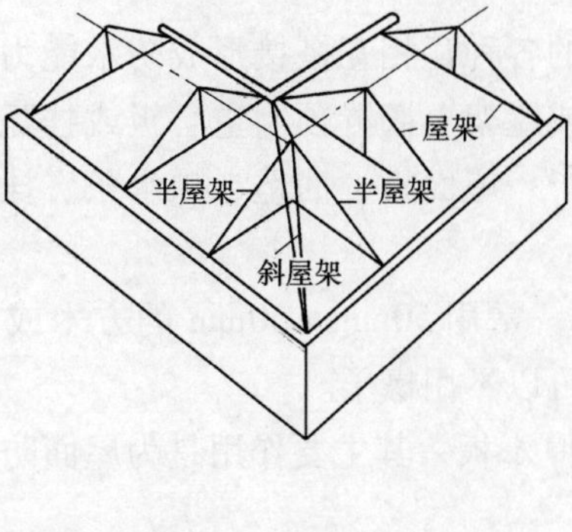

图 8-32 屋架、半屋架的布置方法

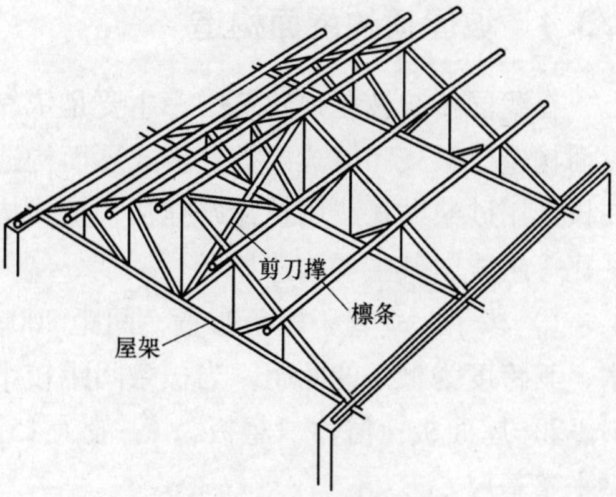

图 8-33 屋架间支撑体系

8.3.3 排水组织

坡屋顶是利用其屋面坡度自然进行排水的，和平屋顶一样，当雨水集中到檐口处时，可以无组织排水，也可以有组织排水（内排水或外排水），如图 8-34 所示。当建筑平面有变化、坡屋顶有穿插交接时，需进行坡面组织。坡屋顶的坡面组织既是建筑造型设计，也是屋顶的排水组织。当建筑平面变化较多时，坡面组织就比较复杂，从而导致屋顶结构布置复杂及构造复杂。图 8-35 为常见建筑平面的坡面组织示意图。

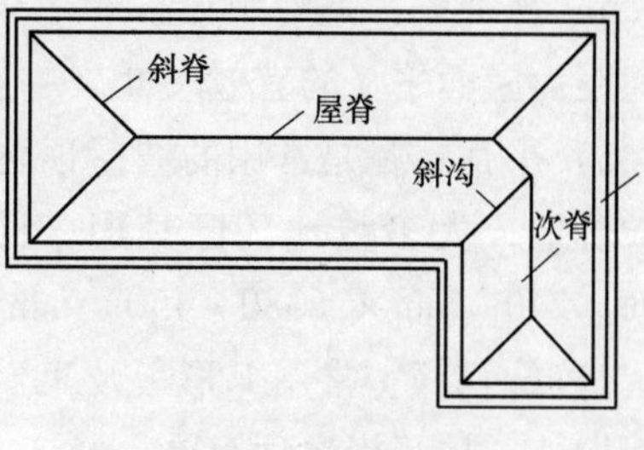

图 8-34 坡屋顶排水组织

坡屋顶建筑平面应比较规整，在坡面组织时应尽量避免平天沟。

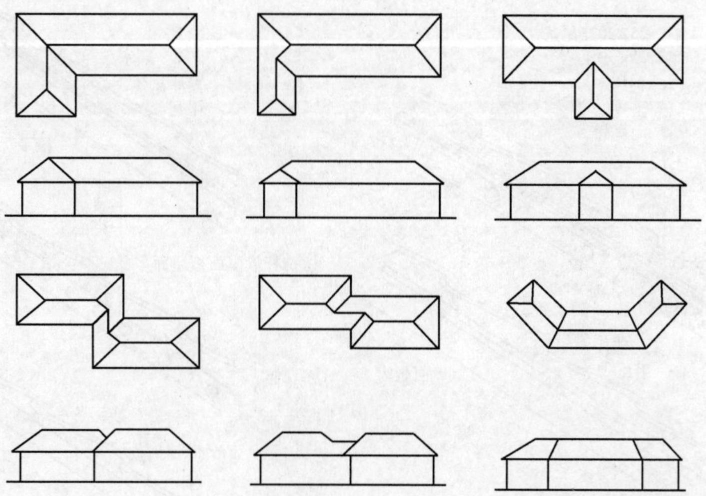
图 8-35 坡屋顶的坡面组织

8.3.4 坡屋顶的屋面构造

在我国传统坡屋顶建筑中，主要是依靠最上层的各种瓦相互搭接形成防水能力的。其屋面构造分板式和檩式两类：板式屋面构造是在墙或屋架上搁置预制空心板或挂瓦板，再在板上用砂浆贴瓦或用挂瓦条挂瓦；檩式构造由椽子、屋面板、油毡、顺水条、挂瓦条及平瓦等组成，其主要构造如下。

1）椽子：垂直于檩条布置，间距200~300mm，常用50mm×50mm的方木或ϕ50圆木，其跨度为檩条的间距。当檩条间距较小时，也可以不用椽子。

2）屋面板：俗称"望板"，一般为15~20mm厚木板，其主要作用是为屋面防水层提供平整基层。

3）油毡：在屋面板上干铺一层油毡作为辅助防水层。一般油毡应平行于屋脊自下向上铺设，搭接长度大于等于100mm，用顺水条固定于望板上。

4）顺水条：是截面为（20~30）mm×6mm的木条，沿坡度方向钉在望板上，间距为400~500mm，其主要作用是固定油毡，因其顺水方向故俗称"顺水压毡条"。

5）挂瓦条：是沿顺水条垂直方向并固定于顺水条上的木条，常用截面20mm×30mm，其间距为屋面平瓦的有效尺寸（一般为280~330mm），其主要作用是挂瓦。

6）平瓦：瓦是常用的坡屋顶防水材料，我国传统的平瓦为粘土平瓦，近几年来由于保护耕地，大多数地区已禁用，目前有水泥平瓦、陶瓦等替代产品。瓦的一般尺寸为（190~240）mm×（380~450）mm。机平瓦依靠上下及左右间相互搭接形成防水能力。

7）挂瓦板：常用F形板及T、TT形板组合，是将檩条、屋面板、挂瓦条构件合一的屋面构件。挂瓦板屋顶简单、经济，但易漏水。

图8-36为几种目前常用的坡屋顶构造组成示意图。

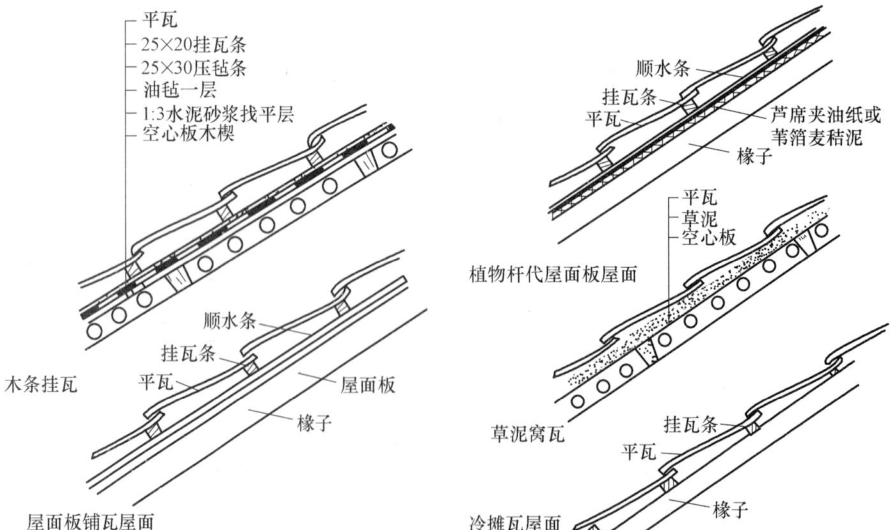

图8-36　常用坡屋顶构造组成示意图

1. 檐口构造

坡屋顶檐口构造有挑檐无组织排水、天沟有组织排水和包檐有组织排水等几种类型。

采用无组织排水时，可为砖挑檐、下弦托木或挑檐木挑檐、椽子挑檐及挂瓦板挑檐等形式，如图 8-37 所示。当采用有组织排水时，我国传统做法是用白铁皮（镀锌铁皮）构造方法，但此种方法不耐久、易损坏，建议仿照平屋顶形式做混凝土檐沟，如图 8-38 所示。

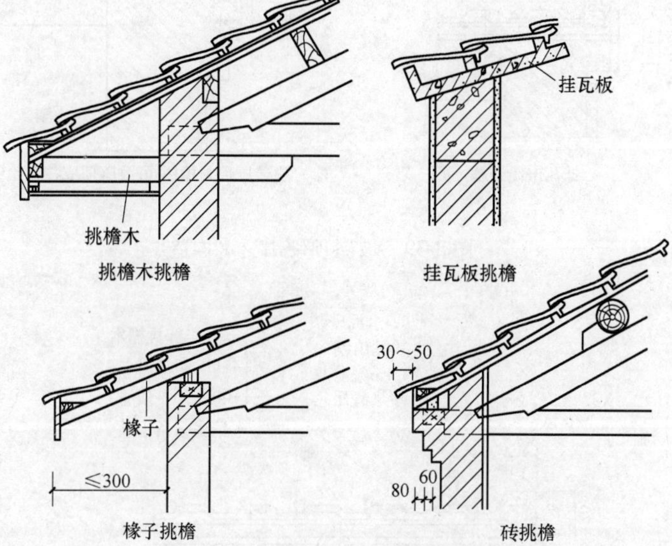

图 8-37 坡屋顶挑檐无组织排水构造

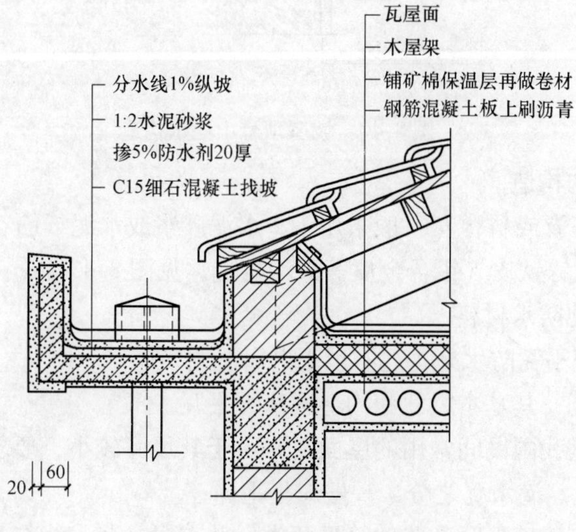

图 8-38 坡屋顶挑檐沟构造

2. 山墙泛水构造

坡屋顶山墙处有硬山、悬山及山墙出屋顶三种形式。为硬山时，一般采用1:2水泥砂浆窝瓦，见图8-39；为悬山时，可用檩条出挑，也可用混凝土板出挑，见图8-40；为山墙出屋顶时，泛水构造见图8-41。防水要求较高时，还可在瓦下加铺油毡、镀锌铁皮等。

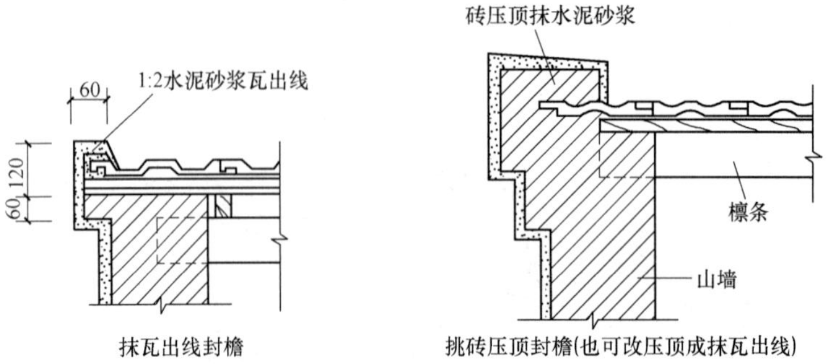

图8-39 坡屋顶硬山泛水构造

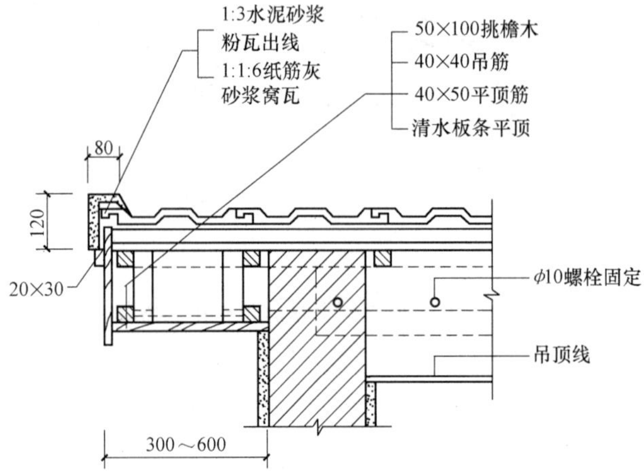

图8-40 坡屋顶悬山泛水构造

3. 屋脊和斜天沟构造

坡屋顶屋脊（正脊或斜脊）一般采用1:2水泥砂浆或水泥纸筋石灰砂浆窝脊瓦，见图8-42。斜天沟采用镀锌铁皮、铅合金皮等天沟构造，见图8-43。

4. 坡屋顶的其他防水材料

坡屋顶除用水泥平瓦防水外，还有以下几种瓦材。

（1）彩色水泥瓦　其基本尺寸和构造同水泥平瓦。

（2）小青瓦　是我国民间常用的屋面瓦，由于其尺寸较小，要求屋面坡度不小于1/2。小青瓦有盖瓦、底瓦、滴水瓦之分，一般应搭七露三。

（3）琉璃瓦　有琉璃平瓦和琉璃筒瓦两类，并有绿、黄、紫红、湖兰等各种颜色，其屋面构造与水泥平瓦相同。

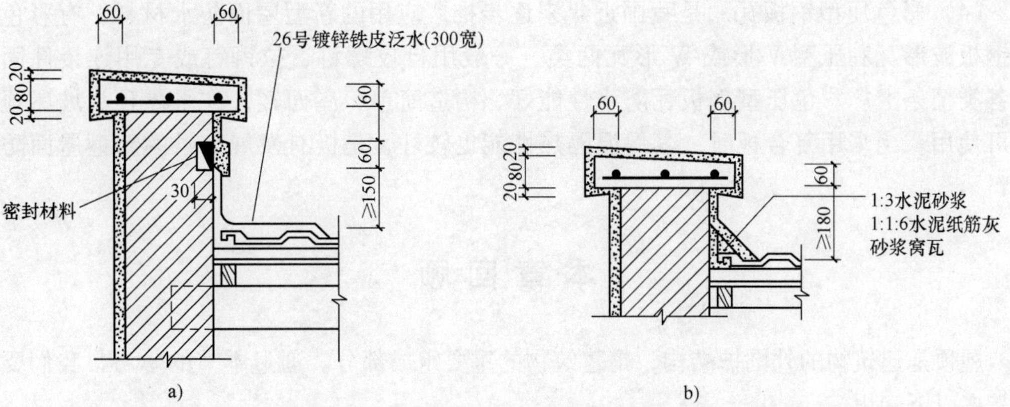

图 8-41 坡屋顶山墙出屋面泛水构造

a）泛水构造做法一 b）泛水构造做法二

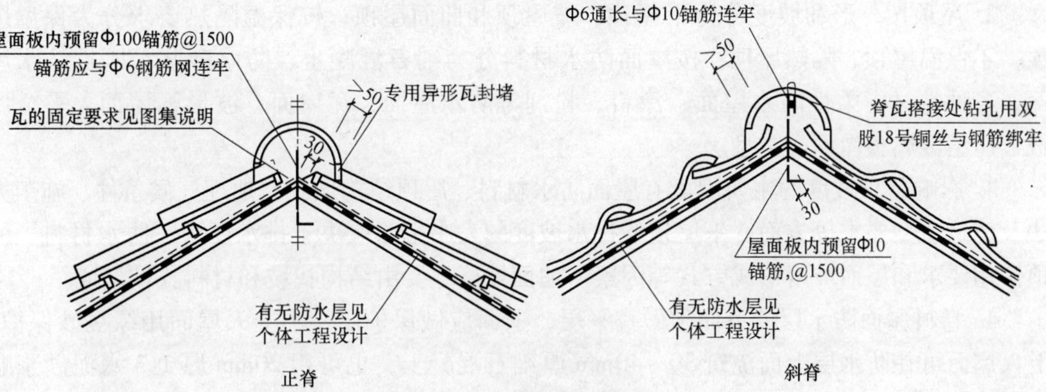

图 8-42 坡屋顶屋脊构造

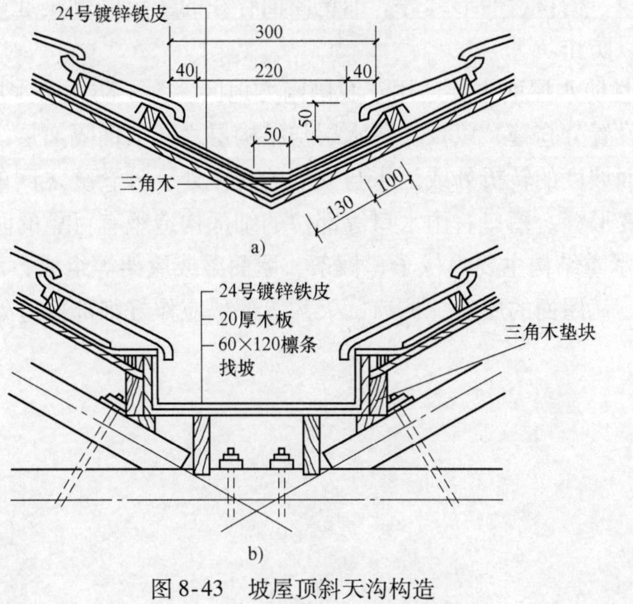

图 8-43 坡屋顶斜天沟构造

a）无屋架天沟构造 b）有屋架天沟构造

（4）彩色压型钢板瓦　是我国近年来逐步推广应用的新型屋面防水材料，有彩色压型钢板波形瓦和压型 V 形或 W 形瓦两类，一般用自攻螺钉、拉铆钉或专用连接件固定于各类檩条上。彩色压型钢板瓦防水性能好、构造简单、屋面轻，在平屋顶、坡屋顶中均可使用。当采用复合板时，其保温隔热性能也较好，是极有发展前景的新型屋面防水材料。

本章回顾

屋顶是建筑物的外围护结构，是建筑物的重要组成部分。通过本节的学习，我们要重点掌握以下知识。

1. 屋顶设计的主要任务是解决好防水、保温隔热、强度、刚度、稳定性、造型美观等问题。屋顶保温隔热在第 10 章阐述。

2. 屋顶按外形和坡度分为平屋顶、坡屋顶和曲面屋顶；按保温隔热要求分为保温屋顶、不保温屋顶、隔热屋顶；按屋面防水材料分为细石混凝土、防水砂浆等刚性防水屋面，各种卷材等柔性防水屋面，涂料、粉剂等防水屋面，瓦屋面，波形瓦屋面，平金属板、压型金属板屋面等类型。

3. 影响屋顶坡度的主要因素有屋面防水材料、屋顶结构形式、地理气候条件、施工方法及建筑造型要求等方面。平屋顶的排水坡度的大小主要取决于排水要求、防水材料、屋顶使用要求和屋面坡度形成方式等因素。屋面坡度主要由结构找坡和材料找坡形成。

4. 卷材屋面防水层的下面须做找平层，上面应做保护层，不上人屋面用绿豆砂保护，上人屋面可在防水层上面浇筑 30 ~ 40mm 厚细石混凝土，也可用 20mm 厚 1:3 水泥砂浆贴地砖或混凝土预制板构成保护层。卷材防水屋面的细部构造是防水的薄弱部位，包括泛水、天沟、雨水口、檐口、变形缝等。油毡屋面存在的主要问题是起鼓、流淌、开裂，应采取构造措施加以防止。

5. 混凝土刚性防水屋面主要适用于我国南方地区。为了防止防水层开裂，应在防水层中加钢筋网片、设置分仓缝，以及在防水层与结构层之间加铺隔离层。分仓缝应设在屋面板的支承端、屋面坡度的转折处或泛水与立墙的交接处。分仓缝之间的距离不应超过 6m。泛水、分仓缝、变形缝、槽口、雨水口等部位的细部构造须有可靠的防水措施。

6. 坡屋顶的承重结构主要由椽子、檩条、屋面梁或屋架等组成，承重方式主要有山墙承重和屋架承重。瓦屋面的屋脊、檐口、天沟等部位应作好细部构造处理。

第9章 门 窗

知识储备

门和窗是房屋的重要组成部分，在设计时必须根据有关规范和建筑的使用要求来决定其形式和尺寸大小。

通过本章的学习，我们应该：

了解门窗的作用、类型和构造要求；掌握平开木门窗的组成和构造方法；了解塑钢窗、铝合金门窗的组成和基本构造原理；熟悉建筑中遮阳的作用、要求和遮阳板的基本形式。

9.1 概述

导入案例

门的主要功能是交通联系，窗的主要功能是供采光和通风，二者均属于建筑的围护构件，我们在设计门窗时怎样做才能达到造型美观大方、构造坚固耐久，并且开启方便、使用灵活呢？

门和窗是建筑物的重要组成部分，也是主要围护构件之一。

窗的主要作用是采光、通风、围护和分隔空间、联系空间（观望和传递）、建筑立面装饰和造型以及在特殊情况下交通和疏散等。门的主要作用是内外联系（交通和疏散）、围护和分隔空间、建筑立面装饰和造型，并兼有采光和通风作用。

在建筑中窗的设置和构造要求主要有：满足采光要求，必须有一定的窗洞口面积；满足通风要求，窗洞口面积中必须有一定的活扇面积；开启灵活、关闭紧密，能够方便使用和减少外界对室内的影响；坚固、耐久，保证使用安全；符合建筑立面装饰和造型要求，必须有适合的色彩及窗洞口形状；同时必须满足建筑的某些特殊要求，如保温、隔热、隔声、防水、防火、防盗等要求。

门的设置和构造要求主要是要满足交通和疏散要求，必须有足够的宽度和适宜的数量及位置，其他方面要求基本与窗的设置和构造要求相同。

门窗的设置及构造对建筑空间使用的合理性和舒适度有着重要影响，其材料、色彩、造型及排列组合等也是建筑物造型和立面设计的主要内容。目前我国门窗的制作和加工已基本实现标准化、定型化，走上了工业化生产的道路。在工程实践中，技术人员只需确定门窗洞口的形状和立面窗扇划分尺寸，委托有关生产厂家加工即可。各地区均有门窗尺寸和构造等标准图和通用图可供选用。

9.2 木门窗的构造

导入案例

现今，把木窗户用于室外装修来遮风挡雨的住户恐怕已为数不多了，更多的家庭把木窗作为室内装饰的一种元素加以应用，使木窗成为居室内隔断的选材之一。由于木质所具有的那种天然纹路及自然韵味，再加上木材能加工成各种各样的造型或几何图案，能适应各种风格的家居，因此很受大家的青睐。居室内的门、窗、隔断，以木质结构设计出各种图案，配以玻璃，既不影响光线又有一份自然的气息。下面我们共同来学习木门窗的构造。

9.2.1 木窗构造与安装

1. 木窗的组成和构造

（1）窗框　窗框主要由上框、下框、边框及中横框、中竖框等组成，其主要作用是与墙连接并通过五金件固定窗扇，如图9-1所示。各框料的截面形状和尺寸与窗扇的层数、窗扇的厚度、开启方式、裁口大小及洞口尺寸等因素有关。一般情况下，单层窗框的截面约为（40～60）mm×（70～95）mm，双层窗框约为（45～60）mm×（100～120）mm左右，裁口宽度应稍大于窗扇宽度，深度约为10～12mm。

（2）窗扇　窗扇由上冒头、下冒头、边梃及窗芯等组成，如图9-2所示，由于木材强度较低，为避免变形，木窗扇的尺寸应控制在600mm×1200mm以内。按其镶嵌材料可分为玻璃窗扇、纱窗扇及百叶窗扇等形式。冒头及边框的截面形状和尺寸与其扇面大小、立面划分、玻璃厚度等因素有关，一般上下冒头截面尺寸为40mm×55mm左右，窗芯截面为40mm×30mm左右，裁口宽度为15mm左右，裁口深度8mm以上。纱窗扇的截面略小于玻璃扇。窗扇通过铰链固定于窗框或中竖框上。

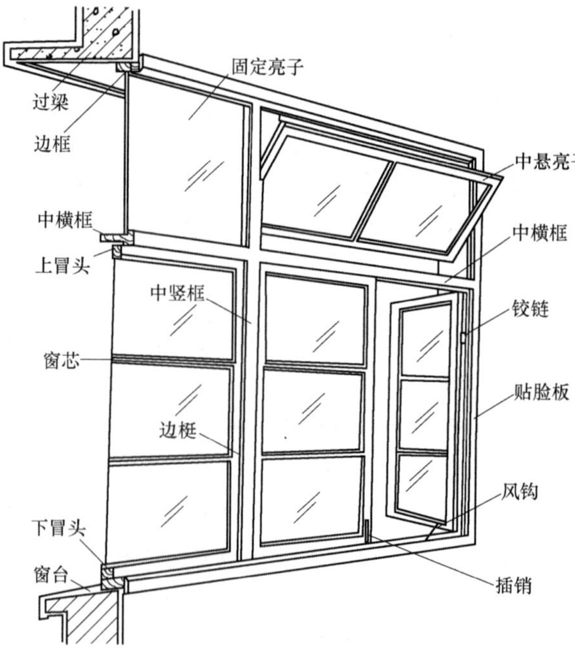

图9-1　木门窗构造组成示意图

（3）窗的五金　窗的五金零件主要有铰链、插销、窗钩、拉手等，如图9-3所示。铰链俗称合页、折页，是窗扇和窗框的连接件，窗扇可绕铰链转动。插销是木窗扇关闭后的定位五金零件，拉手是方便开关窗扇的把手，一般安装在窗扇中梃的中部位置。

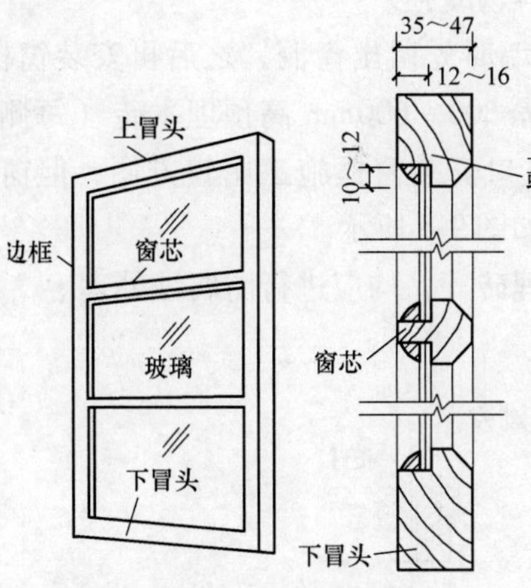

图 9-2　窗扇的组成

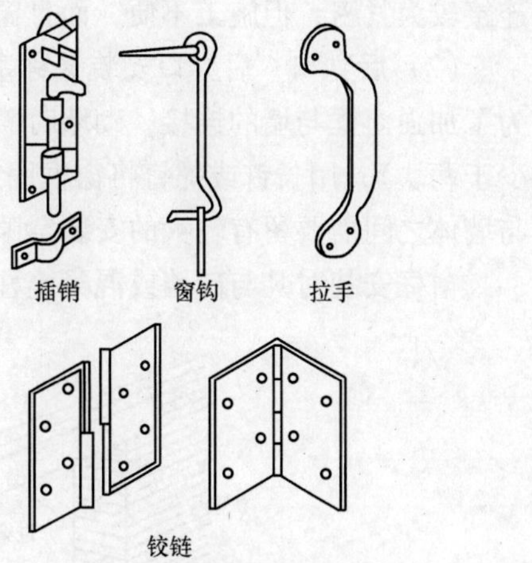

图 9-3　窗的五金

2. 木窗的安装

木窗安装在外墙上时，一般安装至墙内表面抹灰面平齐的位置；内墙上的木窗可安装于墙中，也可与一侧墙面抹灰面平齐。在施工时，一般是先安装窗框，再安装窗扇和五金零件。施工时窗框的安装有先立口和后立口两种。

（1）先立口　先立口安装是在墙砌至窗台高度时先安装窗框并进行临时固定，然后再砌墙。为加强窗框与墙间的连接，一般应将上框和下框由边框向外伸出 120 ~ 200mm，并沿窗高每侧每隔 500mm 高度设木拉砖砌入墙中，如图 9-4 所示。先立口安装窗框与墙的

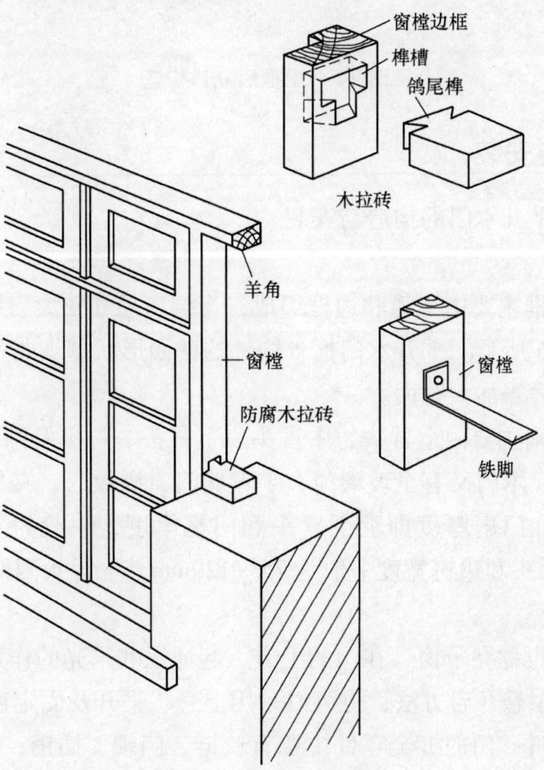

图 9-4　窗框先立口构造

连接较为紧密，但施工不便，而且窗框在施工过程中容易受损。

（2）后立口　后立口安装又称塞口安装，是在砌墙时先留出窗洞，之后再安装窗框。为了加强窗框与墙的连接，砌墙时需在窗洞口两侧每隔 500～600mm 高预埋木砖（每侧不少于两块），用长钉或螺钉将窗框固定在木砖上。后立口安装窗框施工比较方便，但窗框与墙体之间需要留有较大的安装空隙，对密封不利，如图 9-5 所示。

窗框安装时凡与砖墙或混凝土柱接触的木件、预埋砖等，均应进行防腐蚀处理。

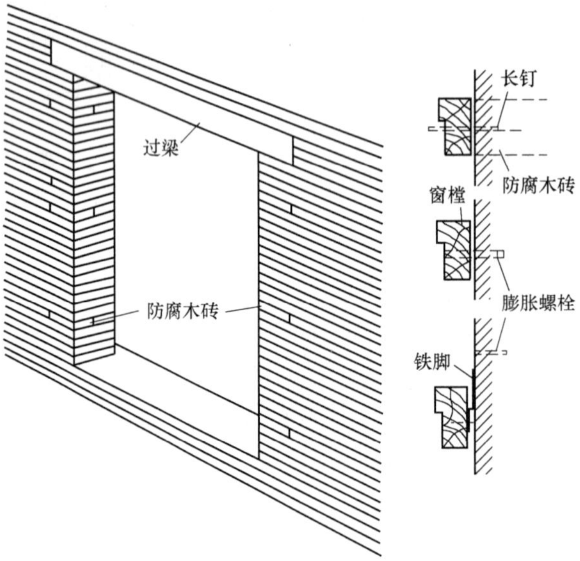

图 9-5　窗框后立口构造

9.2.2　木门构造与安装

这部分主要介绍平开木门的构造与安装。

1. 木门的构造

（1）门框　木门框主要由上槛和边框组成，当洞口尺寸较大、有多扇组合时，需增加横档和中框，如图 9-6 所示。平开木门框各构件的截面形状基本与平开木窗框相同，但需根据门的尺寸和质量适当加大截面。

（2）门扇　木门扇主要由上冒头、中冒头、下冒头、门梃及门芯板等组成，如图 9-6 所示。按门板的材料，木门又有全玻璃门、半玻璃门、拼板门、夹板门、纱门、百页门等类型，如图 9-7 所示。门扇厚度即上下冒头和门梃厚度，一般为 40～45mm，纱门常用 30～35mm 厚度。上冒头和边梃宽度一般为 75～120mm，下冒头因踢脚等原因一般宽度较大，常用 150～300mm。

（3）腰窗　腰窗也称亮子窗，在门的上方，起通风和采光的作用。腰窗构造同窗构造基本相同，一般采用中悬开启方法，也可以采用上悬、平开及固定窗形式。

（4）门的五金零件　门的五金零件主要有铰链、门锁、插销、拉手、门吸（停门器）等，其均为工业定型产品，形式多种多样。在选型时，对铰链的强度需特别注意，以防止

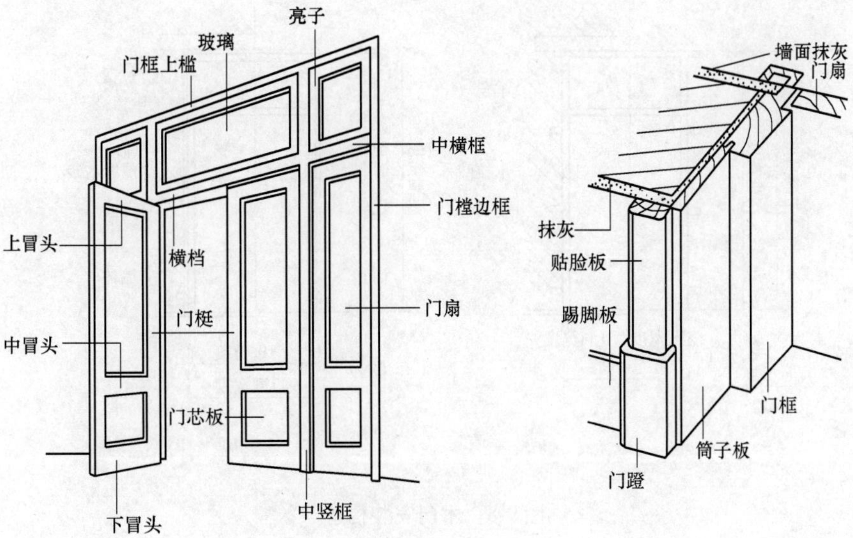

图9-6 门的构造组成

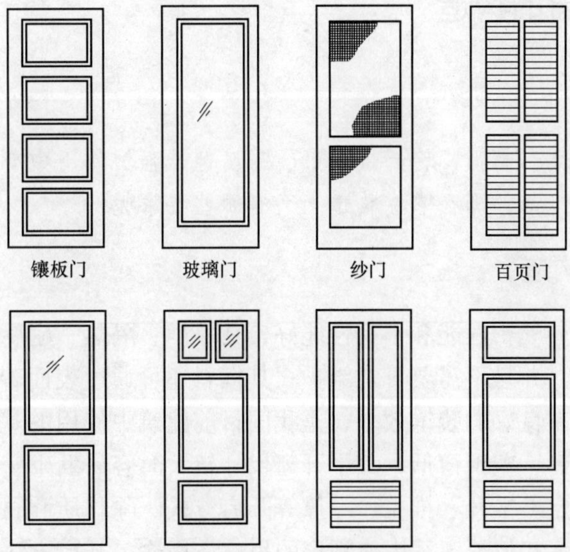

图9-7 门的类型

变形，影响门的使用，而拉手需结合建筑装修进行选型。

2. 门的安装

门的安装也有先立口和后立口两类，但均需在地面找平层和面层施工前进行，以便门边框伸入地面20mm以上。门先立口安装时与窗先立口安装相似（见图9-8a），但目前使用较少。后立口安装也是在门洞口侧墙上每隔500～800mm高预埋木砖，用长钉、木螺钉等固定门框。

门框外侧与墙面（柱面）的接触面、预埋木砖均需进行防腐处理。

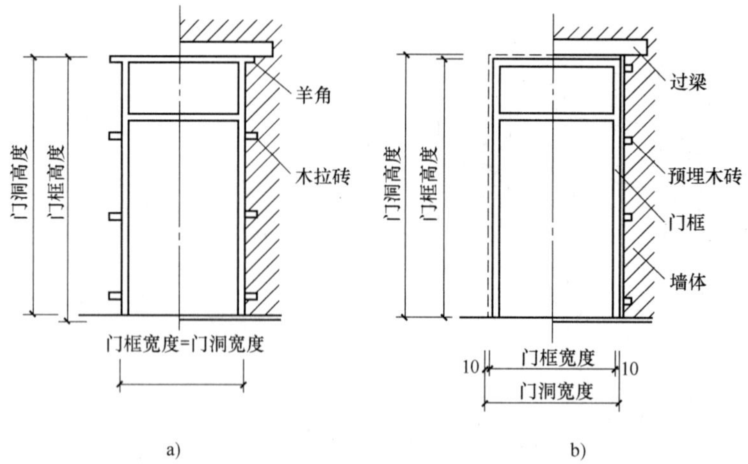

图 9-8 木门安装构造
a）先立口 b）后立口

9.3 铝合金门窗的构造

导入案例

铝合金门窗以轻质、高强、密封性能好、耐腐蚀性强、使用中变形小等优点在实际生产、生活中使用较为广泛，那么它在构造上又有哪些要求呢？

9.3.1 铝合金窗构造

铝合金窗质量轻、气密性能和水密性能好，其隔声、隔热、耐腐蚀等性能也比普通木窗、钢窗有显著提高，并且不需要日常维护；其框料还可通过表面着色、涂膜处理等获得多种色彩和花纹，具有良好的装饰效果，是我国目前建筑中使用的基本窗型。铝合金窗的主要不足是强度较钢窗、塑钢窗低，其平开窗尺寸较大时容易发生变形。

铝合金窗常用固定、平开、推拉、滑撑等开启方式。除材质和材型不同外，其基本构造原理和方法与塑钢窗相似，工程中应视窗的尺寸、用途、开启方法和环境条件等选用适宜的型材、配套零件及密封件。建筑用窗型材常用 40mm、55mm、70mm、90mm 等厚度系列（常称 40 系列、55 系列、70 系列、90 系列）。当采用平开窗时，40 系列、55 系列型材其开启扇的最大尺寸分别是 600mm × 1200mm 和 600mm × 1400mm；当采用推拉窗时，55 系列、70 系列、90 系列型材其开启窗的最大尺寸分别是 900mm × 1200mm、900mm × 1500mm、900mm × 1800mm。铝合金窗多采用水平推拉的开启方式，图 9-9 为推拉铝合金窗构造示意图。为便于安装，先将窗框在抹灰前立于窗洞口处，与墙内预埋件对齐，用木楔将各边固定。经检验窗横平竖直后，用射钉枪将射钉打入墙、柱或梁上，用连接件与窗框固定，窗玻璃也用专用密封条嵌固。窗框与墙之间的缝隙可用保温材料或水泥砂浆填充，并用玻璃胶等密封胶密封。铝合金窗与墙体的固定方式如图 9-10 所示。

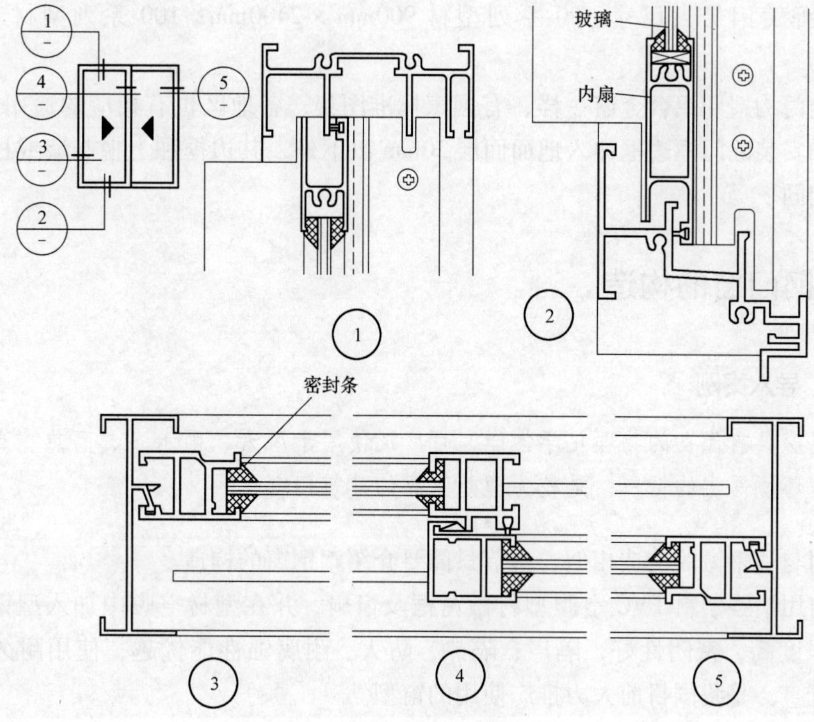

图 9-9 推拉铝合金窗的构造

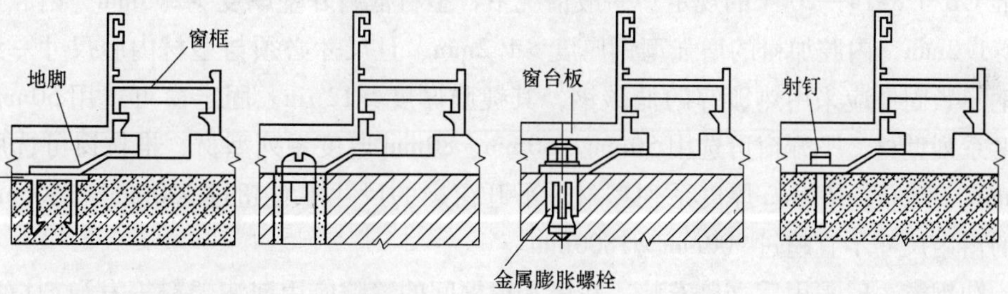

图 9-10 铝合金窗与墙体的固定方式

a）预埋件焊接连接 b）燕尾铁脚螺栓连接 c）金属膨胀螺栓连接 d）射钉连接

9.3.2 铝合金门构造

铝合金门是目前常用门之一，其优缺点与铝合金窗类似。也由铝合金门框、门扇、腰窗及五金零件组成，按其门芯板的镶嵌材料分有铝合金条板门、半玻璃门、全玻璃门等形式，主要有平开、弹簧、推拉三种开启方法。铝合金门为避免门扇变形，其单扇门宽度受型材影响有如下限制：

1）平开门最大尺寸：55 系列型材 900mm×2100mm；70 系列型材 900mm×2400mm。

2）推拉门最大尺寸：70 系列型材 900mm×2100mm；90 系列型材 1050mm×2400mm。

3）地弹簧门最大尺寸：90 系列型材 900mm×2400mm；100 系列型材 1050mm×2400mm。

铝合金门构造和铝合金窗一样，有国家标准图集，各地区也有相应的通用图供选用。铝合金门的安装除门框边框伸入地面面层 20mm 以下外，其边框和上槛与墙或柱的连接与铝合金窗相同。

9.4 塑钢门窗的构造

导入案例

塑钢门窗具有优良的物理化学性能，可广泛使用于风大、雨水多、高热、高寒及有腐蚀性气体等环境恶劣的场所，是较为理想可靠的建筑门窗。

塑钢门与塑钢窗的构造相似，本节只简要介绍塑钢窗的构造。

塑钢窗用增强塑料 PVC 空腹型材做窗框及窗扇，并在型材空腹中加入型钢加强。由于塑钢窗强度高，密闭性好，隔声、隔热、防火、耐腐蚀性能优越，使用耐久，加工精密，棱角挺直，是我国目前大力推广使用的窗型。

塑钢窗由窗框、窗扇、五金零件等组成，主要有平开、推拉和上悬、中悬等开启方式。窗框和窗扇应视窗的尺寸、用途、开启方法等因素选用合适的型材，材质应符合国家标准 GB/T 8814—2004 的规定。一般情况下，型材框扇外壁厚度 >2.3mm，内腔加强筋厚度 >1.2mm，内腔加衬的增强型钢厚度 >1.2mm，且尺寸必须与型材内腔尺寸一致。增强型钢及紧固件应采用热镀锌的低碳钢，其镀膜厚度≥12μm。固定窗可选用 50mm、60mm 厚度系列型材，平开窗可选用 50mm、60mm、80mm 厚度系列型材，推拉窗可选用 60mm、80mm、90mm、100mm 厚度系列型材。平开窗扇的尺寸不宜超过 600mm×1500mm，推拉窗的窗扇尺寸不宜超过 900mm×1800mm。

塑钢窗一般采用后立口安装，在墙和窗框间的缝隙应用泡沫塑料等发泡剂填实，并用玻璃胶密封。安装时可用射钉或塑料、金属膨胀螺栓固定，也可用预埋件固定。

9.5 遮阳设施

导入案例

绿色建筑强调自然采光、通风和加大迎面光以便利用太阳能，但是这样就会增加窗墙比，使建筑的保温性能降低，只能通过强化采暖系统和制冷系统来进行弥补，运行中耗费大量能耗，增加了业主的开支。不少建成与建设中的居住建筑，采用大面积的落地窗，大面宽、小进深住宅，在房地产市场中颇受欢迎，但它们又是如何实现建筑节能的呢？

遮阳是为了避免阳光直射室内，防止局部过热，减少太阳辐射热或产生眩光以及保护物品而采取的建筑措施。建筑遮阳方法很多，如室外绿化、室内窗帘、设置百叶窗等均是有效方法，但对于太阳辐射强烈的地区，特别是朝向不利的墙面上建筑的门窗等洞口，应设置专用遮阳措施。在窗外设置遮阳设施对室内通风和采光均会产生不利影响，对建筑造型和立面设计也会产生影响。因此，遮阳构造设计时应根据采光、通风、遮阳、美观等统一考虑。

9.5.1　遮阳的形式

建筑遮阳设施有简易活动遮阳和固定遮阳两种。简易活动遮阳是利用苇席、布篷、竹帘等措施进行遮阳，简易遮阳简单、经济、灵活，但耐久性差，其外形如图9-11所示。

图9-11　简易遮阳

固定遮阳板在布置时有水平遮阳板、垂直遮阳板、综合式遮阳板及挡板遮阳四种形式，如图9-12所示。在工程中应根据太阳光线的高度角及方向选择遮阳板的尺寸和布置形式。

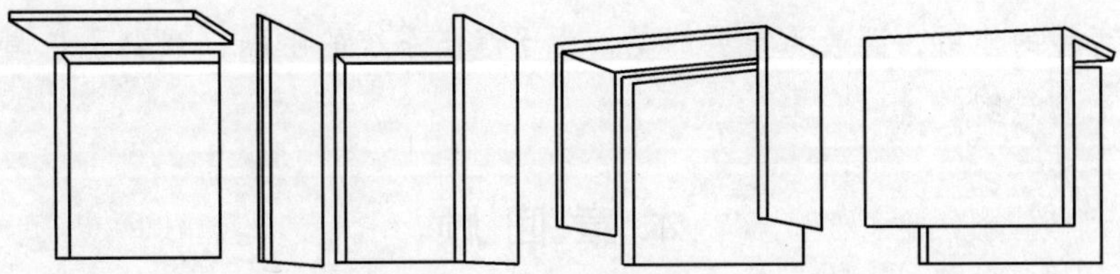

图9-12　固定遮阳板形式

a）水平遮阳板　b）垂直遮阳板　c）综合式遮阳板　d）挡板遮阳

9.5.2　遮阳板的构造及建筑处理方法

遮阳板一般采用混凝土板，也可以采用钢构架石棉瓦、压型金属板等构造。建筑立面上设置遮阳板时，为兼顾建筑造型和立面设计要求，遮阳板布置宜整齐有规律。建筑中通常应使水平遮阳板或垂直遮阳板连续设置，形成较好的立面效果，如图9-13所示。

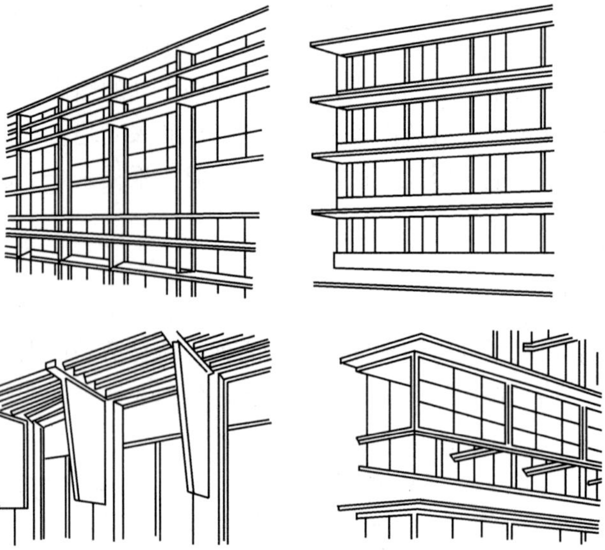

图 9-13　遮阳板的建筑立面效果

相关链接

现代建筑由于大量地采用了玻璃幕墙结构，致使阳光可直接进入室内，从而使室内温度迅速上升，产生温室效应。为达到降温目的，不得不加大空调的功率，耗能较大。同时，由于紫外线也毫无阻碍地进入室内，不但对人和物品造成伤害，也使人在直接辐射热的照射下，感觉空调的功率不足。在这种状况下，建筑遮阳设施的作用就凸显了出来，建筑遮阳系统可以起到阻隔热量的作用。如果设置室外遮阳系统的话，那么太阳光线到达玻璃窗之前就已经被拦截了；如果是室内遮阳，那么它也能将透过玻璃窗的太阳光线反射回去。其次，遮阳系统隔断了紫外线，能有效地保护人类免受伤害，同时遮阳系统还可以调节可见光，防止眩光，这对于现代办公是非常必要的。此外，遮阳系统还能调节自然气流并达到改善环境的作用，而最为重要的是，由于遮阳系统的阻隔，减少了空调的功耗，从而达到了节能的目的。

本章回顾

本章主要介绍了门窗的作用和构造要求，门与窗的类型与组成，平开木门窗的构造，塑钢窗的构造，铝合金门窗的构造，建筑中遮阳的作用与形式等内容。重点是门窗的类型和平开门窗的构造。

1. 门按其开启方式通常有平开门、弹簧门、推拉门、折叠门、转门等。平开门是最常见的门。门洞的高宽尺寸应符合现行《建筑模数协调统一标准》（GBJ 2—1986）。

2. 窗的开启方式有平开窗、固定窗、悬窗、推拉窗等。

3. 平开门由门框、门扇等组成。木门扇有镶板门和夹板门两种构造，平开窗是由窗框、窗扇、五金零件及附件组成。

4. 铝合金门窗和塑钢门窗以其优良的性能，得到广泛运用。

第10章 建筑节能

知识储备

建筑节能是一个关乎国计民生的大问题，是节约能源的一个重要组成部分。美国《新闻周刊》目前总结出世界范围内最有效的7种节能方法，位列第一的是采用保温材料。全世界36%的能源消耗在房屋的取暖和降温上。“零能源消耗住宅”样板房显示，可采用新材料和新方法进行取暖和降温，其节能潜力难以估量。

通过本章的学习，我们应该：

了解建筑节能的相关知识，掌握目前较为普遍使用的建筑节能材料及制品以及其在建筑中相关的构造做法。

10.1 概述

导入案例

北京玉渊潭南岸有一座8层高的浅紫色楼房，它运行两年多来创造了年节能72.3%的“神奇”记录。这座貌不惊人的建筑就是科技部节能示范楼，如图10-1所示，被国际建筑界一致认可为“节能建筑的绿色样板”。

图10-1 科技部节能示范楼全景

科技部节能示范楼，目前获得了美国绿色建筑协会颁发的节能设计领先金质奖，这是继获得了建设部颁发的“全国绿色建筑创新奖”之后，该建筑获得的又一节能大奖。为什么这样一座看似普通的建筑能创造奇迹，并屡获大奖呢？值得我们思考。

10.1.1 建筑节能的含义

建筑节能是一个关乎国计民生的大问题，是节约能源的一个重要组成部分。这项研究在国外已经进行了很多年，可谓家喻户晓，而对于我国来说却还是个新名词。

建筑节能最初是指减少建筑物中能量的流失，现在则普遍称为“提高建筑物中的能源利用率”，即在保证建筑物舒适度的前提下，合理使用能源，不断提高能源利用效率。具体地讲就是建筑产品在规划、设计、建造和使用过程中，通过采用新型墙体材料，执行建筑节能标准，加强建筑物用能设备的运行管理，合理设计建筑维护结构的热工性能，提高采暖、制冷、照明、通风、给排水和通道的运行效率，以及利用可再生能源，在保证建筑物使用功能和室内热环境质量的前提下，降低建筑物能源消耗，合理、有效地利用能源的活动。

10.1.2 建筑节能的目的和意义

我国城乡既有建筑达430亿平方米，在数量如此之巨的建筑中，达到节能建筑标准的仅占5%左右；即使是新建筑，也有90%以上仍属高能耗建筑。与气候条件相近的发达国家相比，我国每平方米建筑采暖能耗约为发达国家的3倍左右。全国空调高峰负荷已达4500万千瓦时。按照当前建筑能耗水平发展，到2020年，我国建筑能耗将为2000年的3倍；空调高峰负荷将相当于10个三峡水电站满负荷发电功率。中国能源问题已经日趋严峻，情况十分紧迫，建筑节能已经成为国家的重大战略问题，建筑节能势在必行。

1）建筑节能是发展国民经济的需要。我国是一个能耗大国，能耗消费总量排在世界第二，我国的建筑能耗已占到全社会总能耗的30%左右。在目前我国能源形势相当严峻，节约能源已是刻不容缓。如果高能耗的建筑不断大量兴建，建筑用能继续急剧增长，能源生产的增长速度又赶不上建筑用能的增长速度，势必会严重制约我国的经济和社会发展。因此，建筑节能对国民经济持续、稳定、协调发展具有极其重要的意义。

2）建筑节能有利于环境保护。我国以煤炭为主要能源，而燃烧煤炭所造成的环境污染已经相当严重，燃烧所产生的二氧化硫、氮氧化物和其他污染物都会污染空气，危害人的身体健康，造成环境酸化，损坏建筑物；而产生的大量二氧化碳导致全球气候变暖，给人类的生存都带来了危机。同时，随着人民生活水平的不断提高，又对建筑热环境的需求提出了更高的要求。因此，通过开展建筑节能可以大幅度降低采暖能耗，减少污染物的排放量，减轻大气污染，保护生态环境。

3）建筑节能有利于提高居住质量，降低住户的使用成本。随着我国经济快速稳定发展和人民生活水平的提高，追求舒适的居住环境成了人们的迫切需要，节能建筑由于采用了成套的节能技术措施，减少了围护结构的散热，改善了建筑热环境的质量，提高了供热系统的热效率。这样既节约了能源，又降低了房屋的使用成本，住户得到了实惠。

4）开展建筑节能是贯彻国家节能政策的需要。《中华人民共和国节约能源法》已经在全国人大第28次常务会议上审议通过，并以中华人民共和国第90号主席令发布，已于1998年1月1日起实施，这是推进全社会节能降耗，实现国民经济可持续发展的一项重大措施，标志着我国的节能工作已进入有法可依的阶段。

小知识

建筑节能的目标：到2010年，全国新建建筑争取1/3以上达到节能建筑标准，全国城镇建筑的总耗能要实现节能50%；通过全面推广节能建筑工作，争取到2020年，大部分既有建筑实现节能改造，新建建筑完全实现建筑节能65%的总目标。达到节能65%的总目标，意味着我国因建筑总能耗的降低而减少的二氧化碳的排放量相当于整个英国二氧化碳排放量的总和。我国建筑的资源节约水平接近或达到现阶段中等发达国家的水平，节能、节地、节水、节材和环境保护的经济和社会效益显著，转变经济增长方式的成效突出。

10.2 墙体节能构造措施

导入案例

位于重庆市北碚区的天奇花园建于1999年，是重庆市第一个建筑节能小区。这个小区节能房的最大特点是通风透气，整幢房从屋顶到地面，都由一个通风道相连。楼房的建设采取了首层架空方式，屋顶上采取了一些隔热设施，除采取架空隔热外，还铺设了一种特别的浮土，方便散热。此外，还采用了双层玻璃塑钢窗、节能墙体等新型隔热隔声新材料。节能建筑的屋顶保温能力约为非节能建筑的1.5~2.6倍，外墙的保温能力约为非节能建筑的2~3倍，窗户的保温能力约为非节能建筑的1.3~1.6倍。

提高围护结构的保温隔热性能，是降低建筑能耗的重要手段。在围护结构中，外墙面积最大（一般住宅建筑外墙面积为建筑面积的50%左右），屋面的面积要小得多，6层住宅的屋面面积只有总建筑面积的1/6，而20层住宅的屋面面积也只有总建筑面积的1/20。因此，外墙的保温材料选择、保温构造措施对整个建筑物的保温效果及造价影响较大。

提高外墙保温隔热性能的技术措施，大致有两种：一种是单一材料的外墙，即选用保温、隔热性能好并能满足建筑节能设计标准的墙体材料作外墙；另一种是采用复合墙体，即在主体外墙上增加保温材料，形成复合墙体。

10.2.1 单一材料节能墙体构造

1. 加气混凝土空心砌块墙体构造

加气混凝土空心砌块用做外墙时，墙体材料或保温材料的外表面均应做保护层；外墙突出部位，如横向装饰线条、出挑构件、窗台等均应做好排水、滴水，避免墙面干湿交替或局部冻融破坏；墙体外露的钢筋混凝土梁（如圈梁、门窗过梁、叠合梁等）、柱（如构造柱、附壁柱等）和其他出挑构件，在寒冷地区应在其外部加保温材料，最好采用与墙体材料一致的低密度蒸压加气混凝土保温块；在严寒地区如低密度蒸压加气混凝土保温块不能满足热工要求，可采用高效保温材料，如聚苯板等；凡在多层混合结构建筑中采用蒸压加气混凝土砌块作为单一材料外墙时，与内纵横承重墙交接处的构造柱，应按不同地震烈度、不同层数（荷载）进行抗震验算确定。

在北京市石景山有一幢建筑，建筑面积为3033m^2，用加气混凝土砌块为围护墙体的节能住宅。该住宅为6层建筑，采用240mm厚粉煤灰砖砌横墙承重，结构形式为大进深、小天井，设两道纵墙。山墙为240mm厚粉煤灰砖墙，外侧为150mm厚加气混凝土砌块，南、北外墙采用300mm厚、抗压强度为4MPa的粉煤灰加气混凝土砌块墙体。每层设钢筋混凝土圈梁和异形构造柱。楼板采用钢筋混凝土预制圆孔板，局部现浇，如图10-2所示。屋面采用设有U形钢筋网片和预埋件的加气混凝土屋面板，板与板、板与支座之间用钢筋拉结，以利于抗震。加气混凝土砌块墙体用掺有AM—1型专用外加剂的砂浆砌筑，用掺有AM—2型专用外加剂的砂浆抹灰，外表面用丙烯涂料饰面。窗户采用单框中空玻璃保温钢窗，户门采用多功能安全门。该住宅结构体系能满足8度抗震要求，每平方米建筑面积粉煤灰砖用量600kg，建筑造价比当地的砖混结构仅高5%左右，但建筑物耗热量却达到了新标准的要求。加气混凝土作为一种主要的新型墙体材料，在节能建筑中将大力推广应用。

2. 烧结砖墙体构造

在过去较长时间内，为了改善外维护结构的保温隔热性能，往往采取加大构件厚度的做法。例如在我国北方曾将低层或多层住宅的烧结普通砖墙做到370mm或490mm的厚度，这是很不经济的。

如今实行墙体材料改革，减少或取消使用烧结普通砖，但是许多墙体材料的热导率都比烧结普通砖的要高。所以在新颁布的建筑节能设计标准中，为了实现节能50%这一目标，不仅提高了对围护结构的保温要求，而且考虑了抗震柱、圈梁等周边热桥（热桥指的是处于外墙和屋面等围护结构中的钢筋混凝土或金属梁、柱、肋等部位。这些部位传热能力强、热流密集，内表面温度较低，向外界散热较快）对外墙传热的影响，并要求外墙的平均热导率符合新标准的规定。

240mm厚烧结空心砖墙内侧抹30mm厚保温砂浆，已能满足原标准对节能建筑墙体的要求；370mm厚烧结空心砖墙内侧抹20mm厚石灰砂浆，也能满足原标准对节能建筑墙体的要求。在采取充分措施减小抗震柱、圈梁等周边热桥传热的情况下，若采用烧结空心砖单一材料墙体，其厚度在西安地区为370mm，北京地区为490mm，沈阳地区为760mm，哈尔滨地区为1020mm，这样的厚度显然是不可行的，而且热桥外侧要做保温处理。因此，烧结空心砖用于节能建筑墙体的出路在于：240mm厚烧结空心砖墙与保温材料复合，组成外保温或内保温复合墙体。

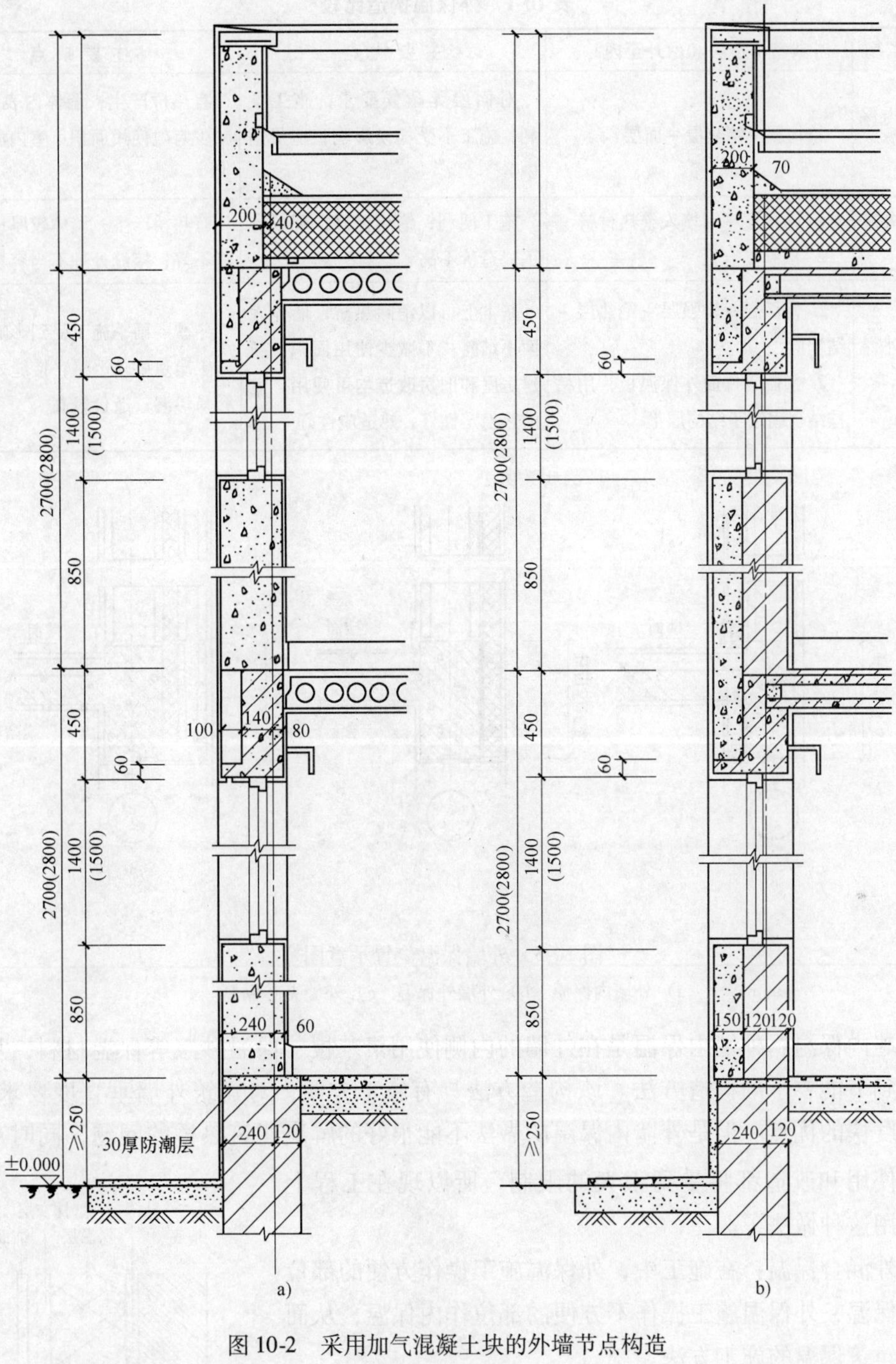

图 10-2　采用加气混凝土块的外墙节点构造

a）纵墙　b）横墙

10.2.2　复合墙体节能构造

常用复合墙体节能构造做法有外墙内保温、外墙夹芯保温、外墙外保温，其优缺点比较见表 10-1，图 10-3 是外墙保温位置示意图。

表 10-1　外保温构造比较

技术类型	典型构造法（由外至内）	主要优点	主要缺点
外墙内保温	结构层＋绝热层＋面层	对面层无耐候要求；施工便利；施工不受气候影响；造价适中	有热桥产生；墙体内表面结露；减少有效使用面积；室内温度波动大
外墙夹芯保温	1. 结构层中间填入绝热材料 2. 预制复合板	施工便利；绝热性好；现场施工；造价不高	有热桥产生；墙体较厚；抗震性能不好；接缝处理不当容易渗漏
外墙外保温	1. 饰面层＋增强层＋绝热层＋结构层 2. 预制带饰面外保温板，用粘挂结合固定于结构层上	基本上可以消除热桥；墙体表面不结露；不减少使用面积；新建房屋和旧房改造均可使用；室内热稳定性好，热适应性好	冬季、雨季施工受到影响；现场施工质量要求严格；接缝处理不当容易渗漏；造价较高

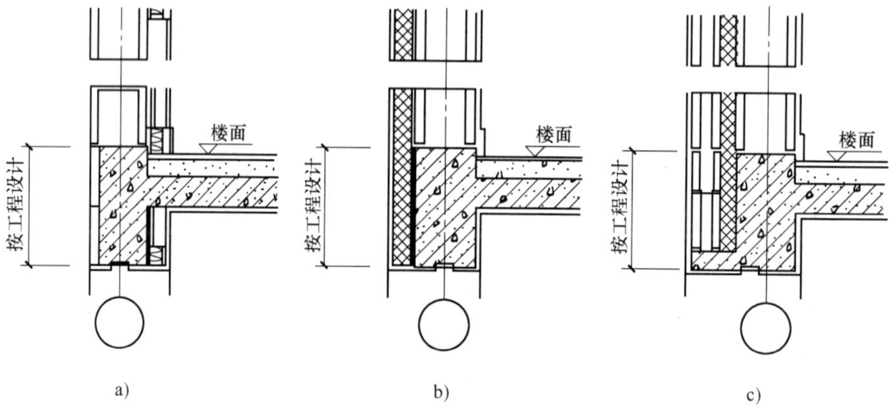

图 10-3　外墙保温位置示意图
a）外墙内保温　b）外墙外保温　c）外墙夹芯保温

外墙内保温：外墙内保温是在外墙的内侧使用聚苯板、保温砂浆等保温材料，从而使建筑达到节能要求的构造方法。该构造方法具有施工方便，对建筑外墙垂直度要求不高，施工速度快的优点。但是外墙内保温的做法不能很好的解决建筑热桥的问题，同时对于房间内部使用和改造都将受到很大的限制，所以现在工程上已很少用这种做法了。

内外混合保温：在施工中，外保温施工操作方便的部位采用外保温，外保温施工操作不方便的部位作内保温，从而达到对建筑保温的施工方法。

外墙外保温：将保温隔热体系置于外墙外侧，如图10-4所示，使建筑达到保温要求的构造方法。其优点是技术成熟，产品寿命较长，也可使外墙的主要部分受到保护，大大降低温度应力的起伏，提高结构的耐久性。缺点是在高层建筑中有安全隐患，外墙面砖的做法受到限制。

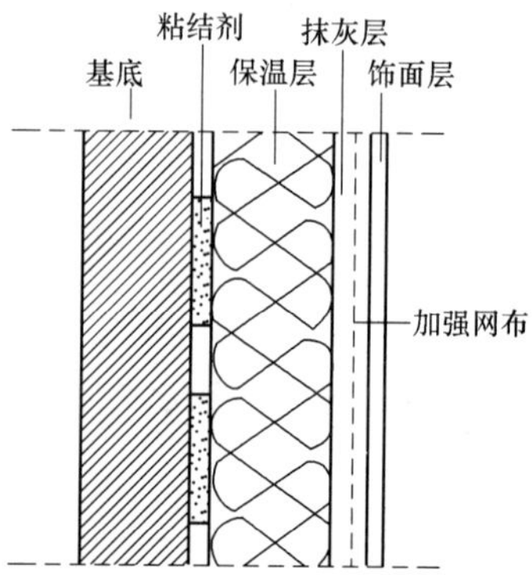

图 10-4　外墙外保温基本构造

外墙夹芯保温是做两层墙，中间夹保温材料，这种做法效果好，是建筑保温的发展趋势，国外的工程中这种做法早已普及，在我国的发展受到限制主要是因为造价高，构造做法与现行的做法差别太大，影响面广，难以一时普及。

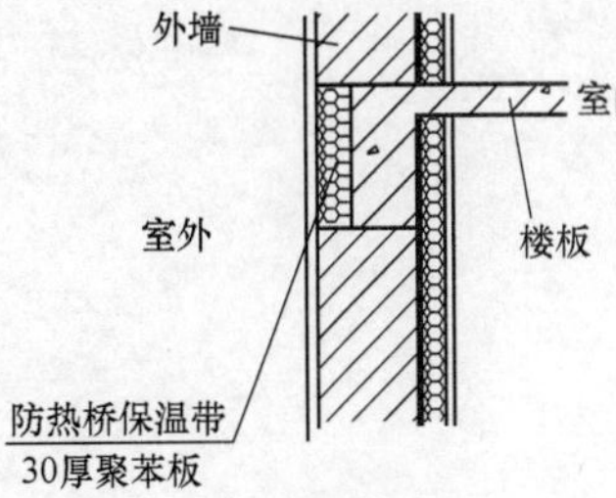

图 10-5 外墙热桥部位

对于砌体墙上的圈梁、构造柱等热桥部位，可以利用砌块厚度与圈梁、构造柱的最小允许截面厚度尺寸之间的差，将圈梁、构造柱与外墙的一侧做平，然后在另一侧圈梁、构造柱部位墙面的凹陷处填入一道加强保温材料，如聚苯保温板等，厚度以与墙面做平为宜，如图 10-5 所示。当加强保温材料做在外墙外侧时，考虑适应变形及安全的因素，聚苯板等应该用钉加固。

下面详细介绍较常见的外墙外保温和外墙夹心保温的构造做法。

1. 外墙外保温构造

由于外保温使建筑结构处于保温层的保护中，使建筑结构所处温度环境稳定，而更有利于建筑结构的保护，增强耐久性。另外，外保温将建筑在外面包裹，保温面积大，更有利于保温节能。

建筑的外保温应该是整个建筑全部的外保温，并应遵循材料层“逐层渐变，柔性释放应力”的原则。由于外墙对于饰面的要求往往比屋面高，装饰材料与保温材料以及各构造层次之间的排列顺序、连接方法等，都需要综合考虑安全、美观、方便等诸多因素。因此，归纳起来，建筑外墙面的保温层构造应该能够满足：适应基层的正常变形而不产生裂缝及空鼓；长期承受自重而不产生有害的变形；承受风荷载的作用而不产生破坏；在室外气候的长期反复作用下不产生破坏；罕遇地震时不从基层上脱落；防火性能符合国家有关规定；具有防止水渗透的功能；各组成部分具有物理－化学稳定性，所有的组成材料彼此相容，具有防腐性。

1）聚苯乙烯泡沫塑料板薄抹灰外墙外保温。聚苯乙烯泡沫塑料板简称聚苯板，表 10-2 所示为其作为外墙保温的基本构造，该构造采用聚苯板作保温隔热层用胶粘剂与基层墙体粘结，辅以锚栓固定（当建筑物高度不超过 20m 时，也可采用单一的粘结固定方式，由个体工程设计具体情况选定并说明）。聚苯板的防护层为嵌埋有耐碱玻璃纤维网格布增强的聚合物抗裂砂浆，属于薄抹灰面层，防护层厚度普通型 3～5mm，加强型 5～7mm，涂料面层。构造如图 10-6～图 10-9 所示。

表 10-2 聚苯板薄抹灰外墙外保温基本构造

基层墙体	保温隔热层和固定方式	防护层	饰面层
混凝土墙体、各种砌体墙体	聚苯板（或挤塑型聚苯板）粘贴（辅以锚栓）	嵌埋有耐碱玻璃纤维网格布增强的聚合物抗裂砂浆	涂料

挤塑型聚苯板因其强度较高，有利于抵抗各种外力作用，可用于建筑物的首层等易受撞击的部位。

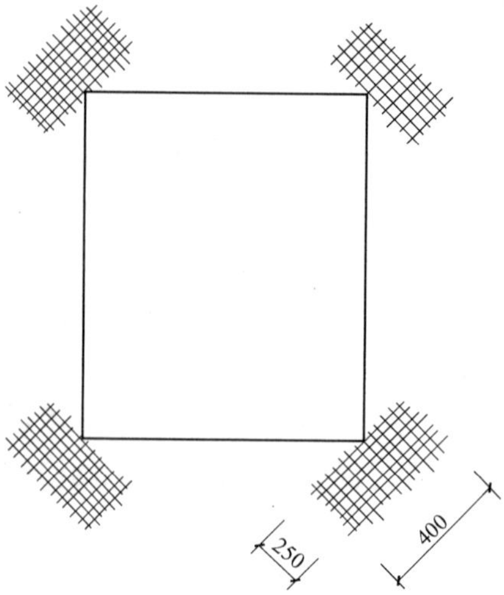

图 10-6 窗洞口四角附加玻璃纤维网格布

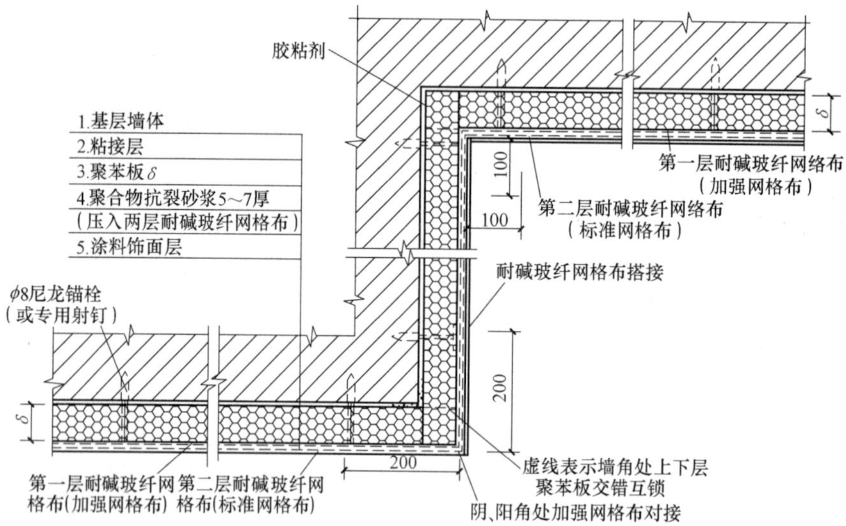

图 10-7 聚苯板薄抹灰外墙外保温墙体构造

基层墙体应坚实平整，砌筑墙体应将灰缝刮平，突出物应剔除找平，墙面应清洁，无妨碍粘贴的污染物。

粘贴聚苯板时，板缝应挤紧，相邻板应齐平，板间缝隙不得大于 2mm，板间高差不得大于 1.5mm，板缝隙大于 2mm 时，应用聚苯板条将缝塞满，板条间不得粘贴更不得用胶粘剂直接填缝，板间高差大于 1.5mm 的部位应打磨平整。

锚栓应在粘贴聚苯板的胶粘剂初凝后，方能钻孔安装。防护层施工应在聚苯板粘贴牢固后（至少 24h）进行。墙面连续高或宽超过 23m 时，应设伸缩缝。洞口四角部位的聚苯

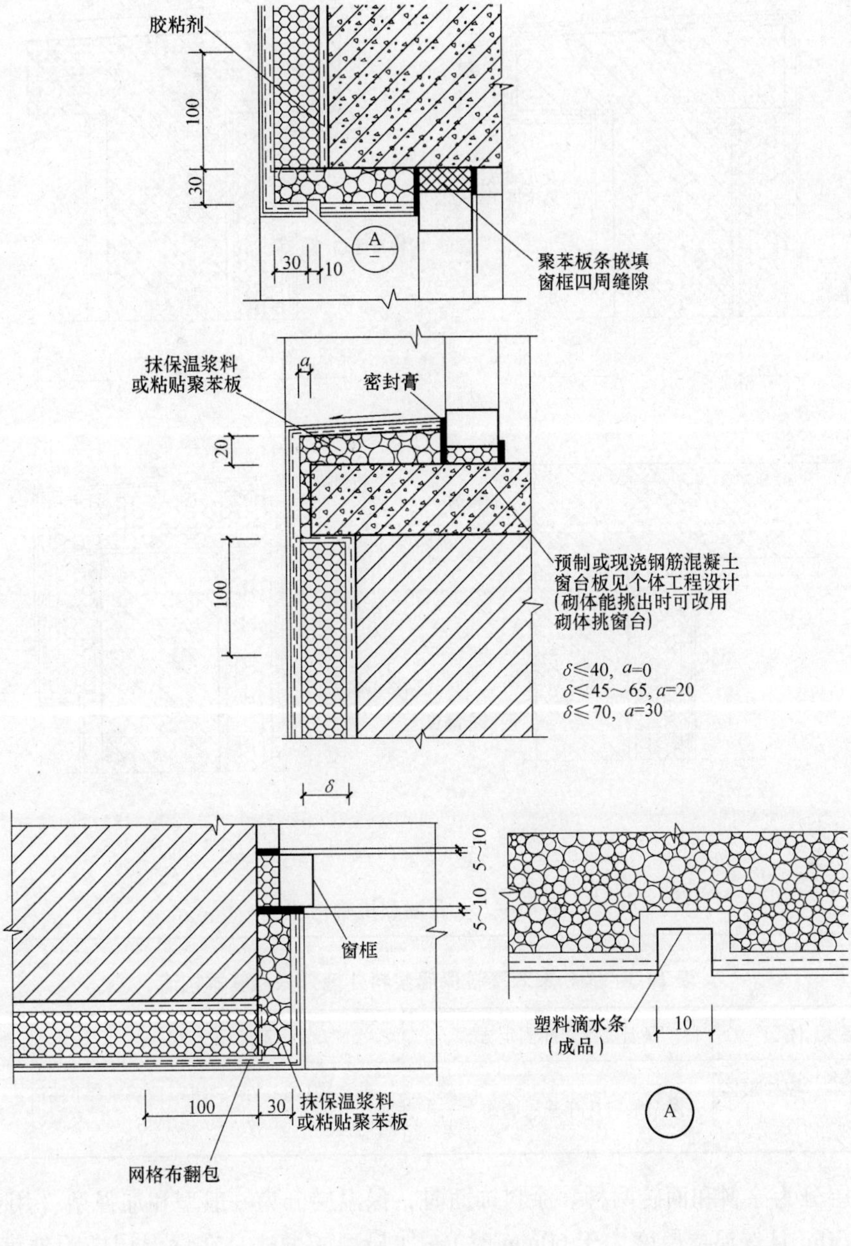

图 10-8　窗口构造

板应切割成形，不得拼装。防护层施工前，应在洞口四角部位附加耐碱玻璃纤维网格布，如图 10-6 所示。

2）胶粉聚苯颗粒保温浆料外墙外保温。表 10-3 为该种方法的基本构造表，该做法采用胶粉聚苯颗粒保温浆料（简称保温浆料）作为保温隔热材料，抹在基层墙体表面，保温浆料的防护层为嵌埋有耐碱玻璃纤维网格布增强的聚合物抗裂砂浆，属于薄抹灰面层。构造如图 10-10 ~ 图 10-12 所示。

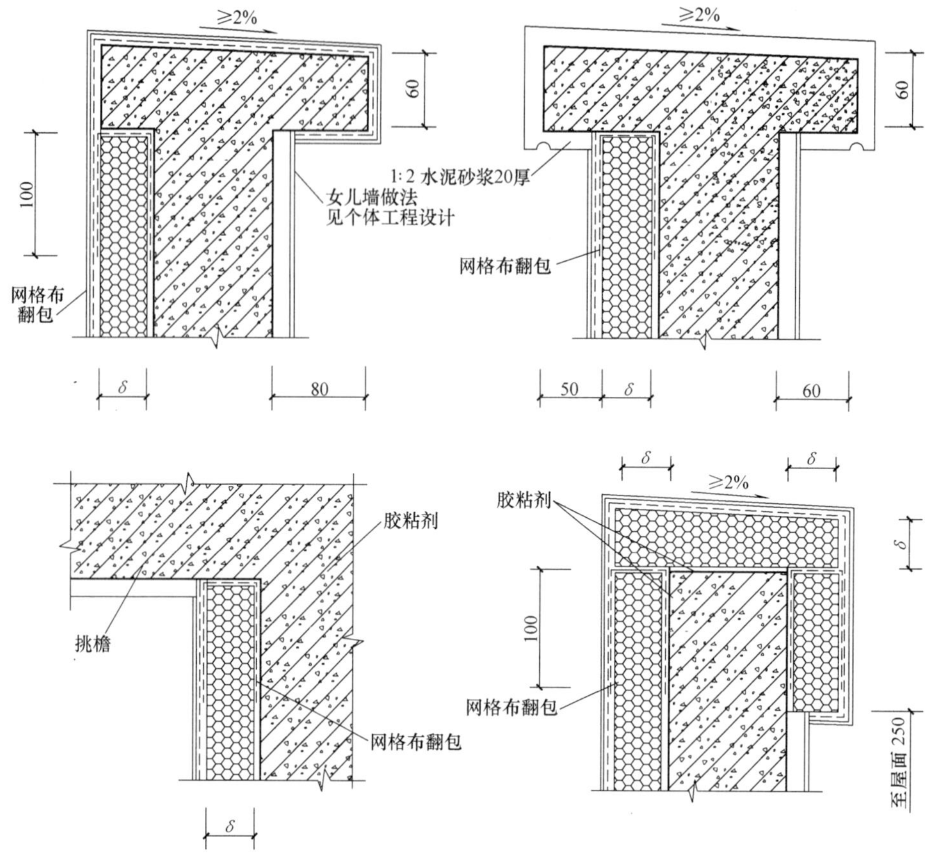

图 10-9 女儿墙和桃檐构造

表 10-3 胶粉聚苯颗粒保温浆料外墙外保温基本构造

基层墙体	保温隔热层和固定方式	防护层	饰面层
混凝土墙体、各种砌体墙体	保温浆料抹在基层墙面上	聚合物抗裂砂浆，耐碱玻璃纤维网格布增强	涂料或面砖

饰面层分为涂料和面砖两种。涂料饰面时，保温层分为一般型和加强型（用于建筑物高度大于 30m 且保温层厚度大于 60mm 时），加强型的做法是在保温层中距外表面 20mm 处铺设一层六角镀锌钢丝网与基层墙体拉牢。面砖饰面时，则在保温层表面铺设一层与基层墙体拉牢的四角钢丝网，再抹聚合物抗裂砂浆作为防护层，面砖用胶粘剂粘贴在防护层上。在高聚物砂浆中夹入网格布是为了防止外粉刷空鼓、开裂。注意玻璃纤维网格布应该做在高聚物砂浆的间层，就像应将钢筋放入混凝土中制成钢筋混凝土，而不是将钢筋附在混凝土表面上是一样的。

基层墙体表面应清理干净，无油渍、浮尘，大于 10mm 的突出部分应铲平。

经过处理符合要求的基层墙体表面，均应涂刷界面砂浆（烧结多孔砖用水淋湿即可）。

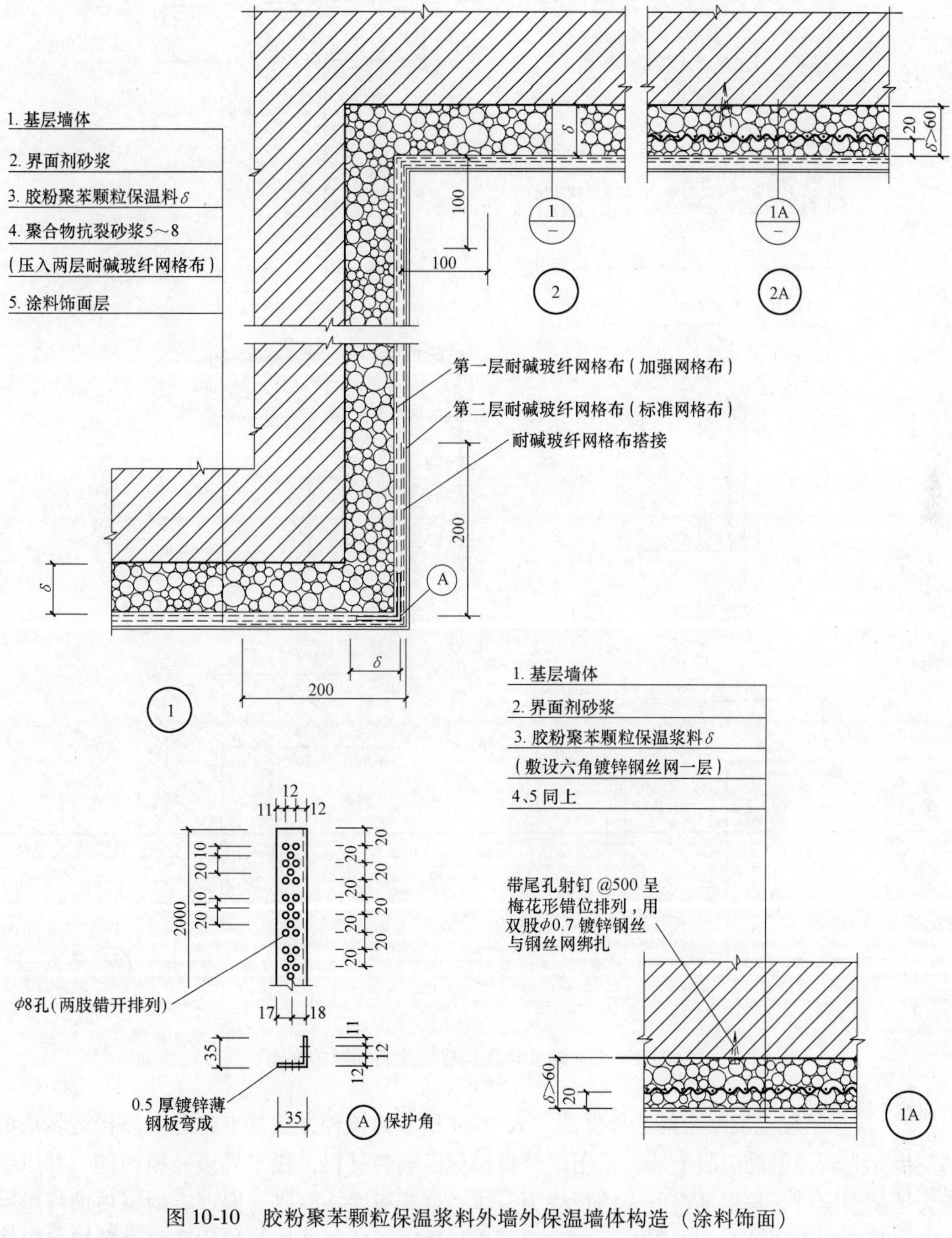

图 10-10 胶粉聚苯颗粒保温浆料外墙外保温墙体构造（涂料饰面）

注：1. ①A，②A仅用于高度 $h \geqslant 30$m 且保温浆料厚度 $\delta > 60$mm 的高层建筑。

2. 如基层墙体不宜使用射钉，亦可采用砖缝内埋设 $\phi 6$ 钢筋或其他锚固方式。

3. 六角镀锌钢丝网的规格：丝径 0.8mm，孔径 25。

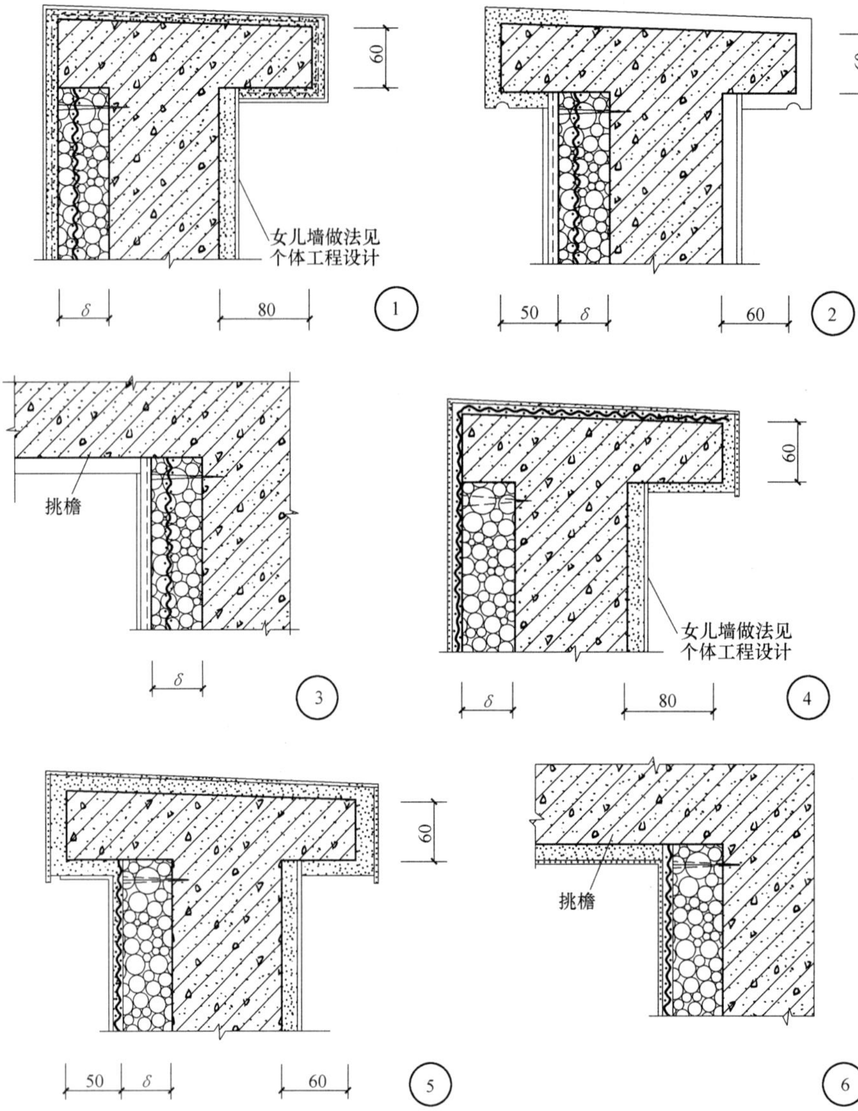

图 10-11　女儿墙和挑檐构造（涂料和面砖饰面）

3）聚苯板现浇混凝土外墙外保温。表 10-4 所示为该种方法基本构造，该构造做法的基层墙体为现浇钢筋混凝土墙，采用聚苯板做保温隔热材料，置于外墙外模内侧，并以锚栓为辅助固定件，与钢筋混凝土墙现浇为一体，聚苯板的抹面层为嵌埋有耐碱玻璃纤维网格布增强的聚合物砂浆，属于薄抹灰面层，涂料饰面。挤塑型聚苯板作为第二种保温隔热材料，因其强度较高，有利于抵抗各种外力作用，可用于建筑物首层等易受撞击的部位。构造如图 10-13 ~ 图 10-16 所示。

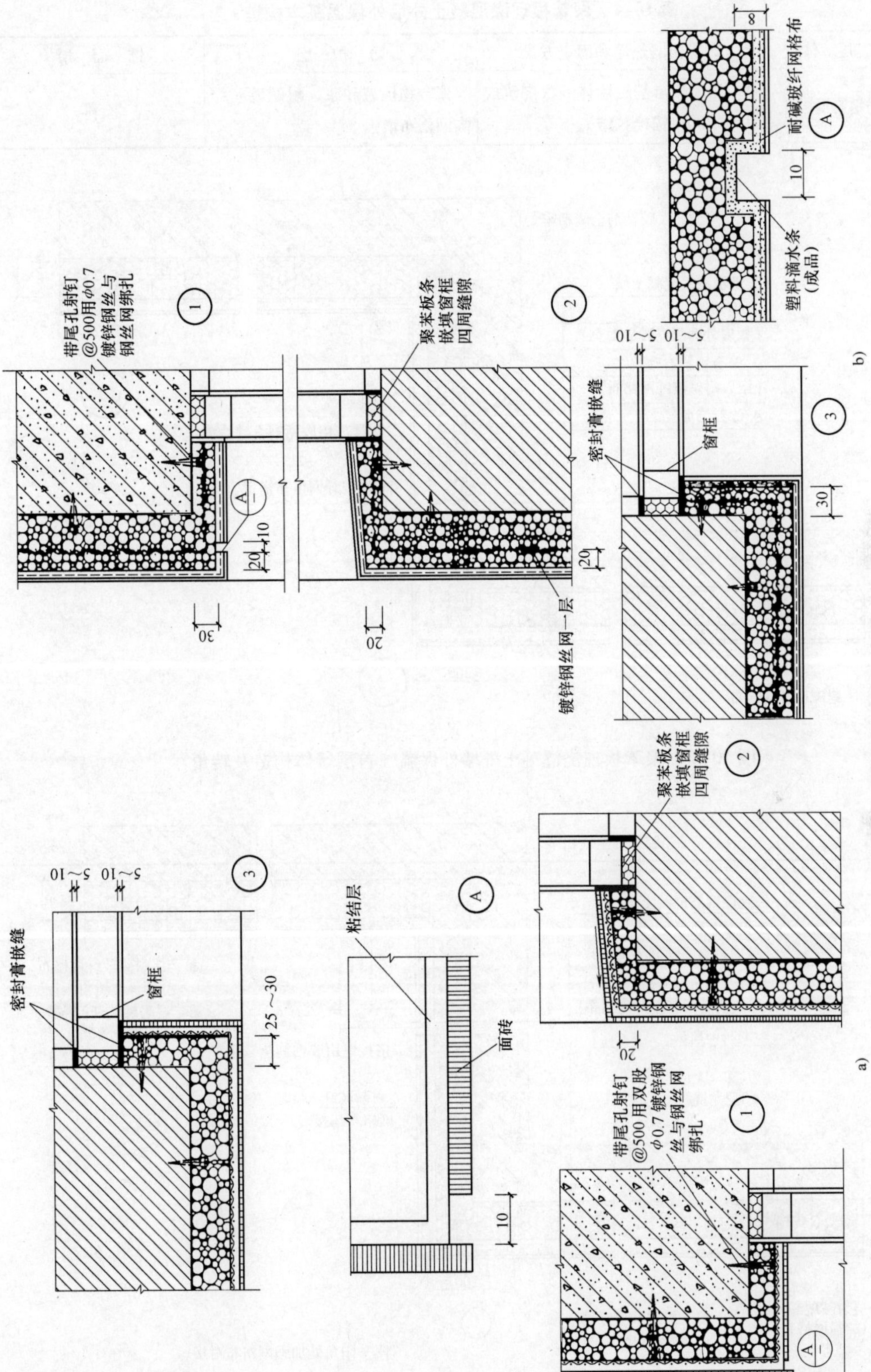

图10-12 窗口构造
a）面砖饰面 b）涂料饰面

表 10-4 聚苯板现浇混凝土外墙外保温基本构造

基层墙体	保温隔热层和固定方式	防护层	饰面层
现浇钢筋混凝土墙	聚苯板与基层墙体一次浇筑成型（辅以锚栓拉结）	聚合物抗裂砂浆，耐碱玻璃纤维网格布增强	涂料

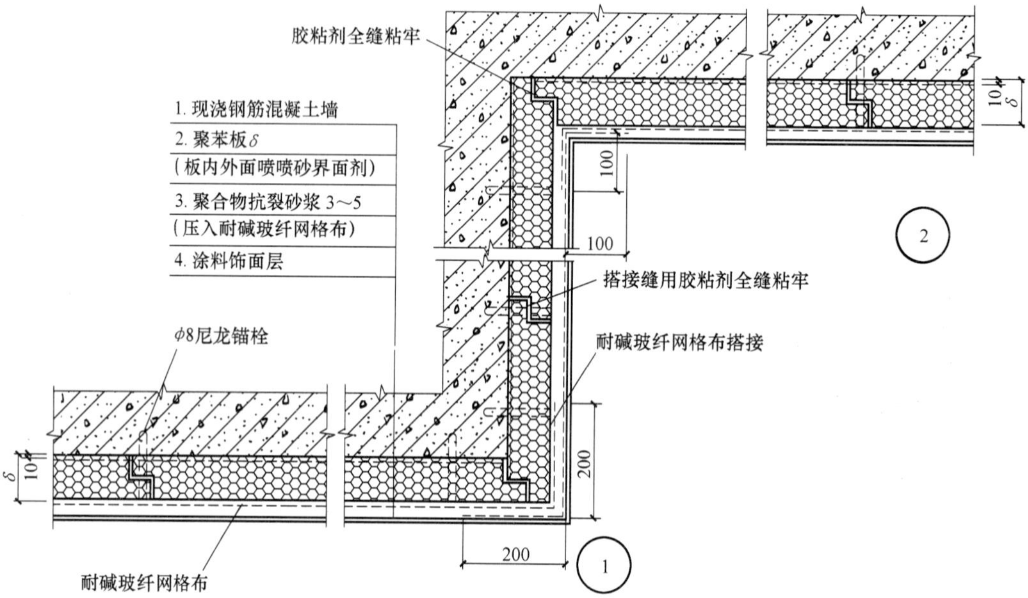

图 10-13 聚苯板现浇混凝土外墙外保温（首层墙体构造及转角）

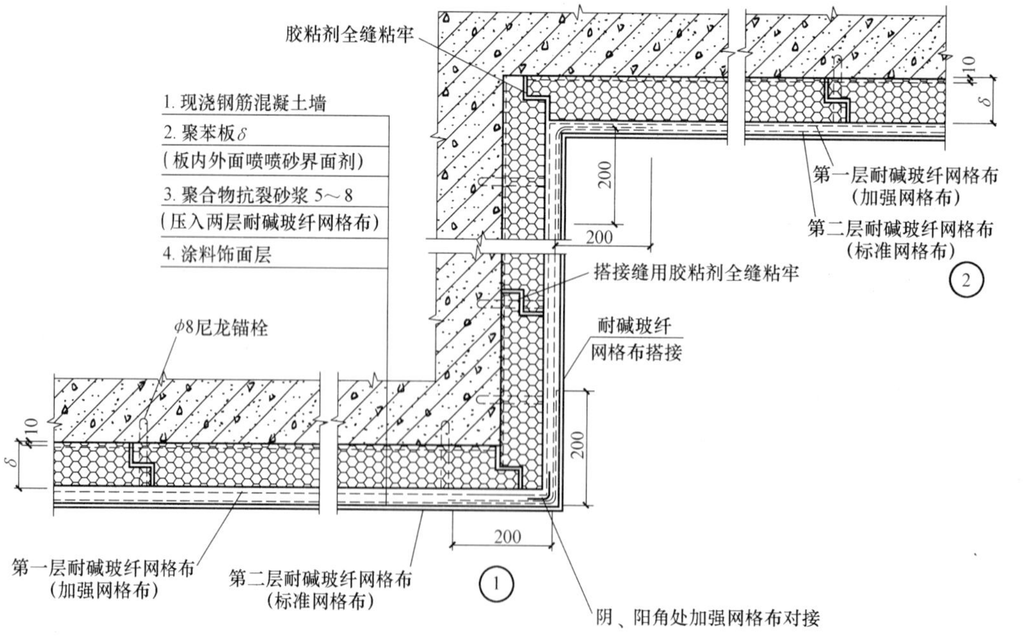

图 10-14 聚苯板现浇混凝土外墙外保温（2 层及 2 层以上墙体构造及转角）

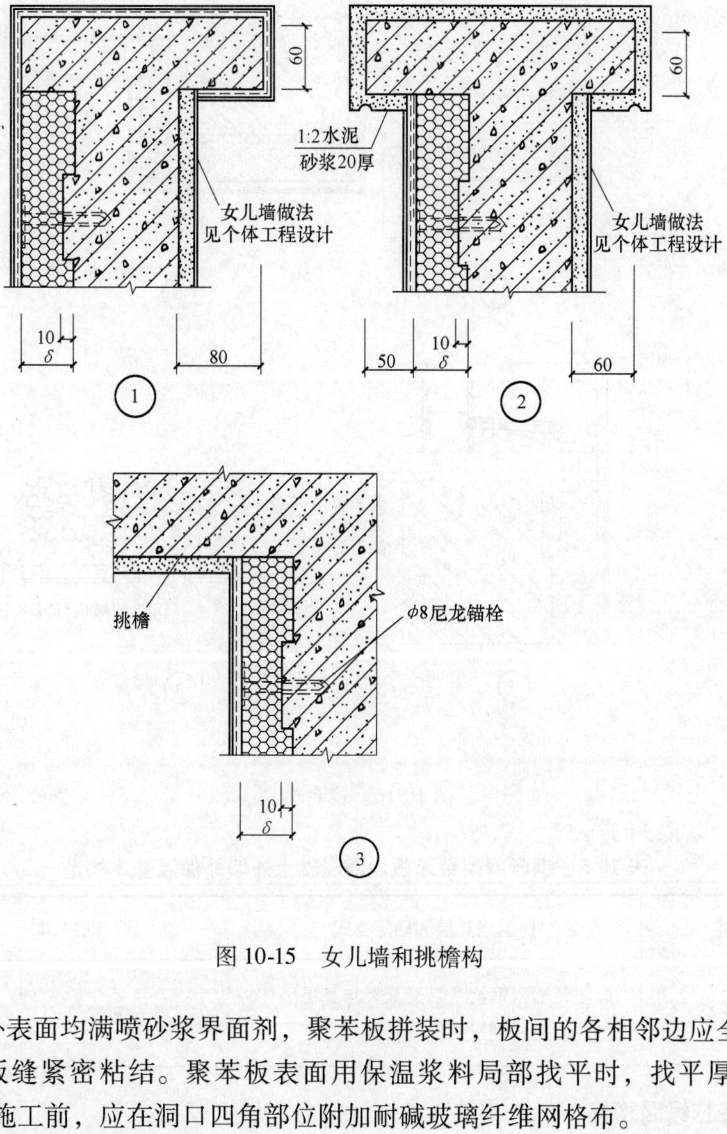

图 10-15 女儿墙和挑檐构

聚苯板内外表面均满喷砂浆界面剂，聚苯板拼装时，板间的各相邻边应全部满刷胶粘剂一遍，以使板缝紧密粘结。聚苯板表面用保温浆料局部找平时，找平厚度不得大于10mm。防护层施工前，应在洞口四角部位附加耐碱玻璃纤维网格布。

4）钢丝网架聚苯板现浇混凝土外墙外保温。表 10-5 所示为该种做法的基本构造，该做法的基层墙体为现浇钢筋混凝土墙，采用腹丝穿透型钢丝网架聚苯板做保温隔热材料，置于外墙外模内侧，并以锚筋钩紧钢丝网片作为辅助固定措施与钢筋混凝土现浇为一体，聚苯板的抹面层为抗裂水泥砂浆，由于覆裹钢丝网片，属厚型饰面。聚苯板内外表面均满喷喷砂界面剂。聚苯板安装就位后，将 $\phi6$ 锚筋穿透板身与混凝土墙体钢筋帮牢，锚筋穿过聚苯板的部分刷防锈漆两遍。聚苯板面的钢丝网片，在楼层分层处均应断开，不得相连。洞口四角部位应铺设附加钢丝网。构造如图 10-17 ~ 图 10-20 所示。

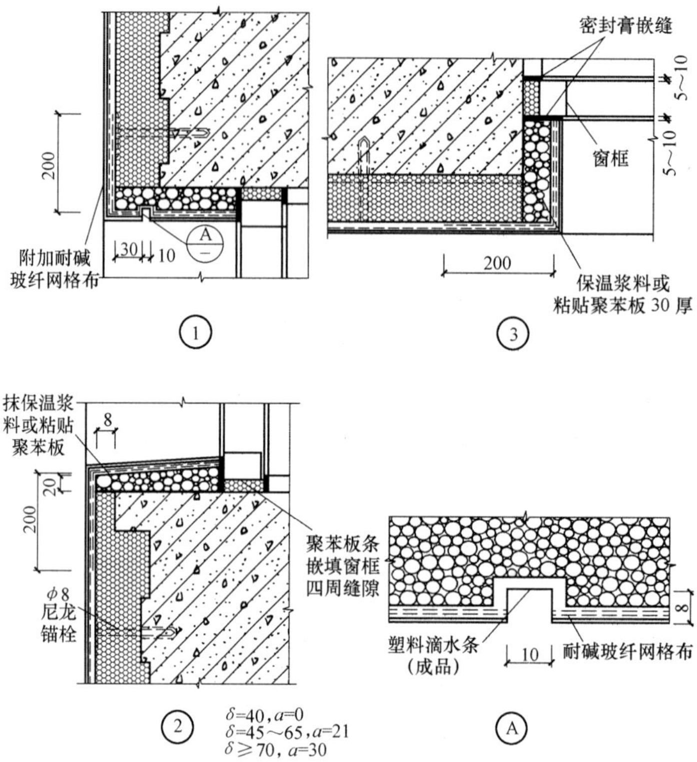

图 10-16　窗台构造

表 10-5　钢丝网架聚苯板现浇混凝土外墙外保温基本构造

基层墙体	保温隔热层和固定方式	防　护　层	饰　面　层
现浇钢筋混凝土墙	腹丝穿透型钢丝网架聚苯板与基层墙体一次浇筑成型（辅以锚筋拉结）	水泥砂浆	面砖

2. 外墙夹芯保温构造

在按照不同的使用功能设置多道墙板或者做双层砌体墙的建筑物中，外墙保温材料可以放置在这些墙板或砌体墙的夹层中，或者并不放入保温材料，只是封闭夹层空间形成静止的空气间层，并在里面设置具有较强反射功能的铝箔等，起到阻挡热量外流的作用。

混凝土小型空心砌块外墙夹芯保温有两种做法：一种是双层砌块的做法；另一种是采用集承重、保温、装饰为一体的复合砌块直接砌筑。

双层砌块保温外墙由结构层、保温层和保护层组成。结构层一般采用 190mm 厚的主砌块，保温层一般采用聚苯板、岩棉板或聚氨酯现场分段发泡，保护层一般采用 90mm 厚装饰砌块。为增强砌块墙的整体性，结构层和保护层砌块间用镀锌钢丝网片或拉结钢筋拉结。

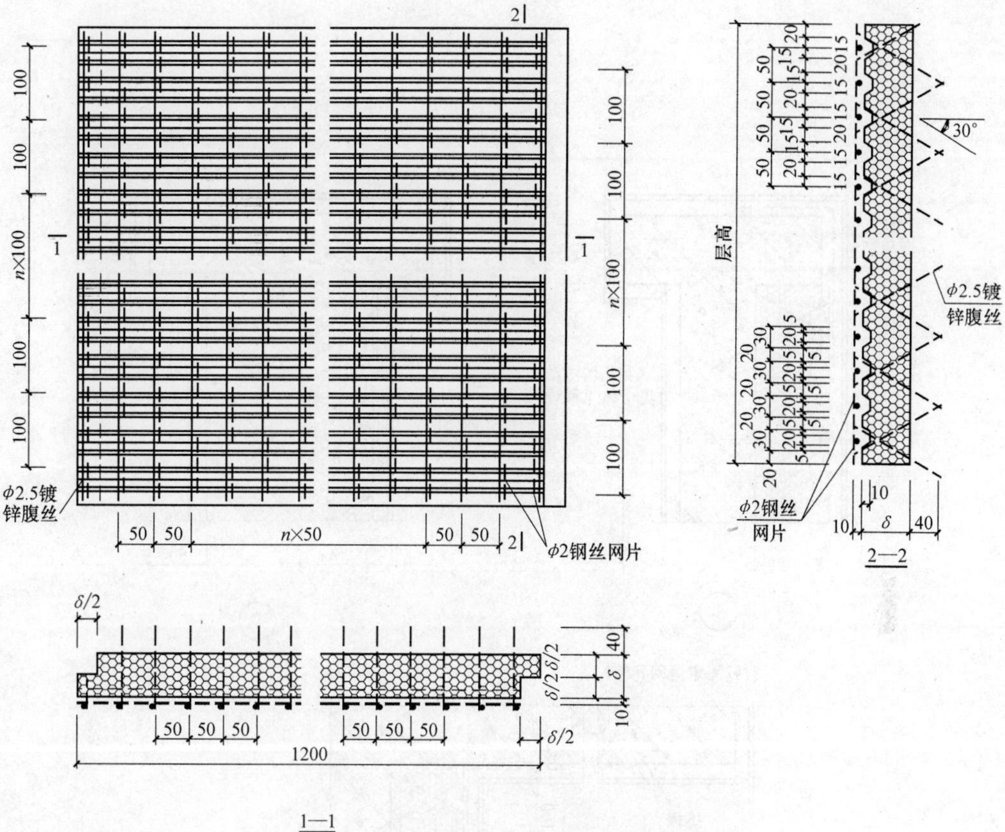

图10-17 腹丝穿透型钢丝网架聚苯板板型

注：板面镀锌腹丝不得超过200根/m²。

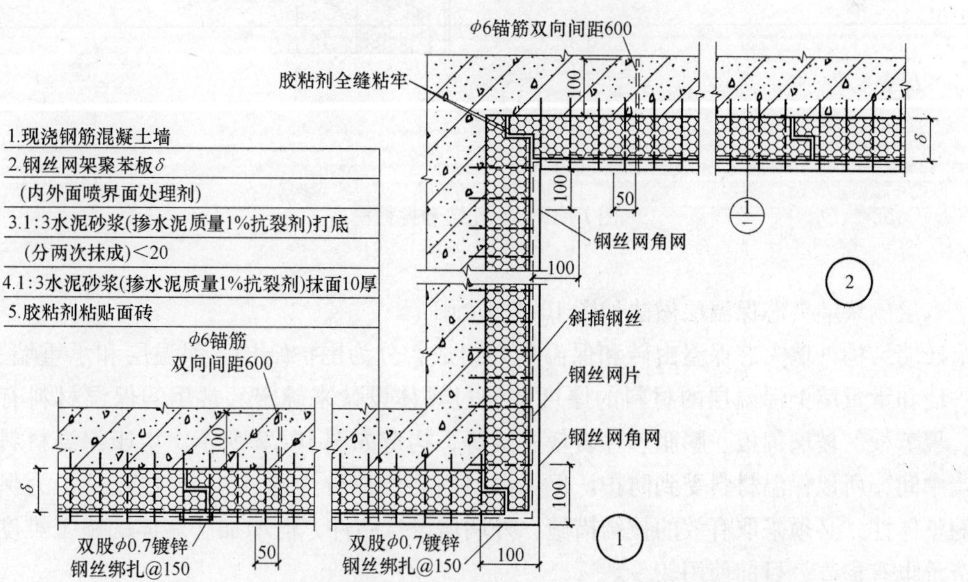

图10-18 钢丝网架聚苯板现浇混凝土外墙外保温墙体构造及墙角

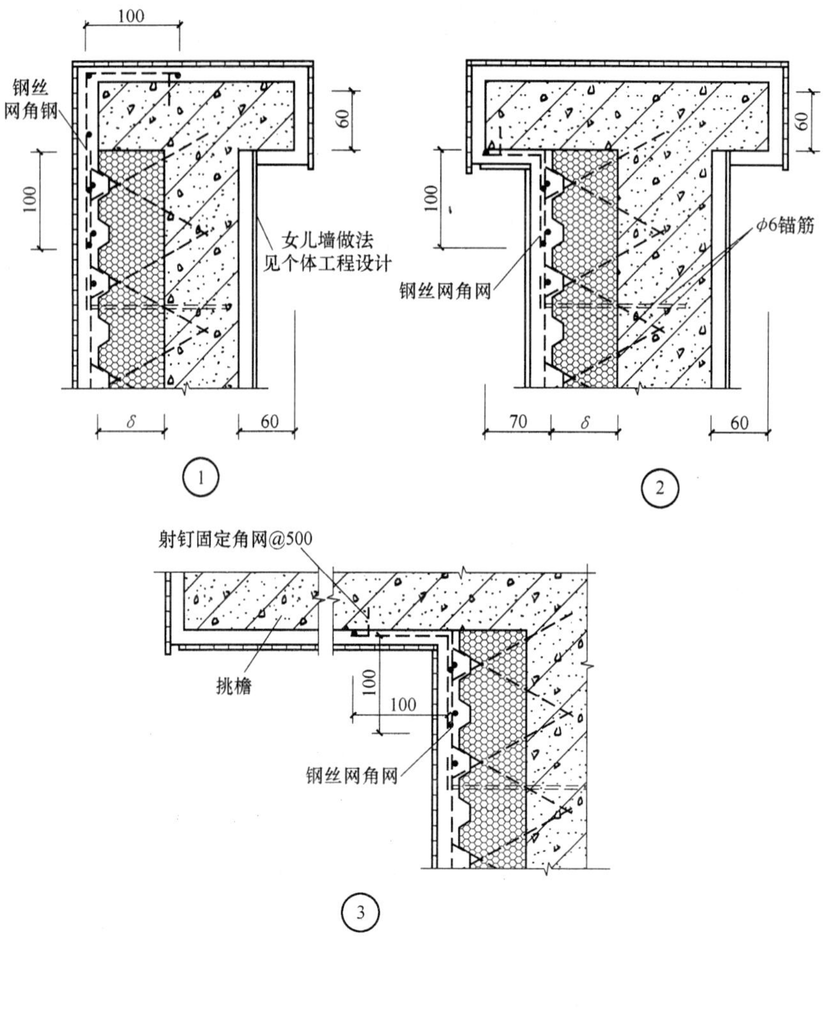

图 10-19　女儿墙和挑檐构造

双层砌块墙夹芯保温层做法如图 10-21 所示。

砖墙结构外墙夹芯保温由砖和保温材料组成，分为围护结构、保温层和承重墙三层。围护墙和承重墙上保温层的材料的厚度要通过具体设计来确定。常用的保温材料有岩棉板、聚苯板、玻璃棉板、膨胀珍珠岩板芯板等，构造如图 10-22 所示。由于保温材料在内外墙中间，所以保温材料受到防护。但保温材料将墙体分为内、外“两层皮”，为保证建筑的整体性，必须采取有效的拉结措施，外墙增设拉结件，但增加了墙体的施工难度，工程造价也有提高，目前使用较少。

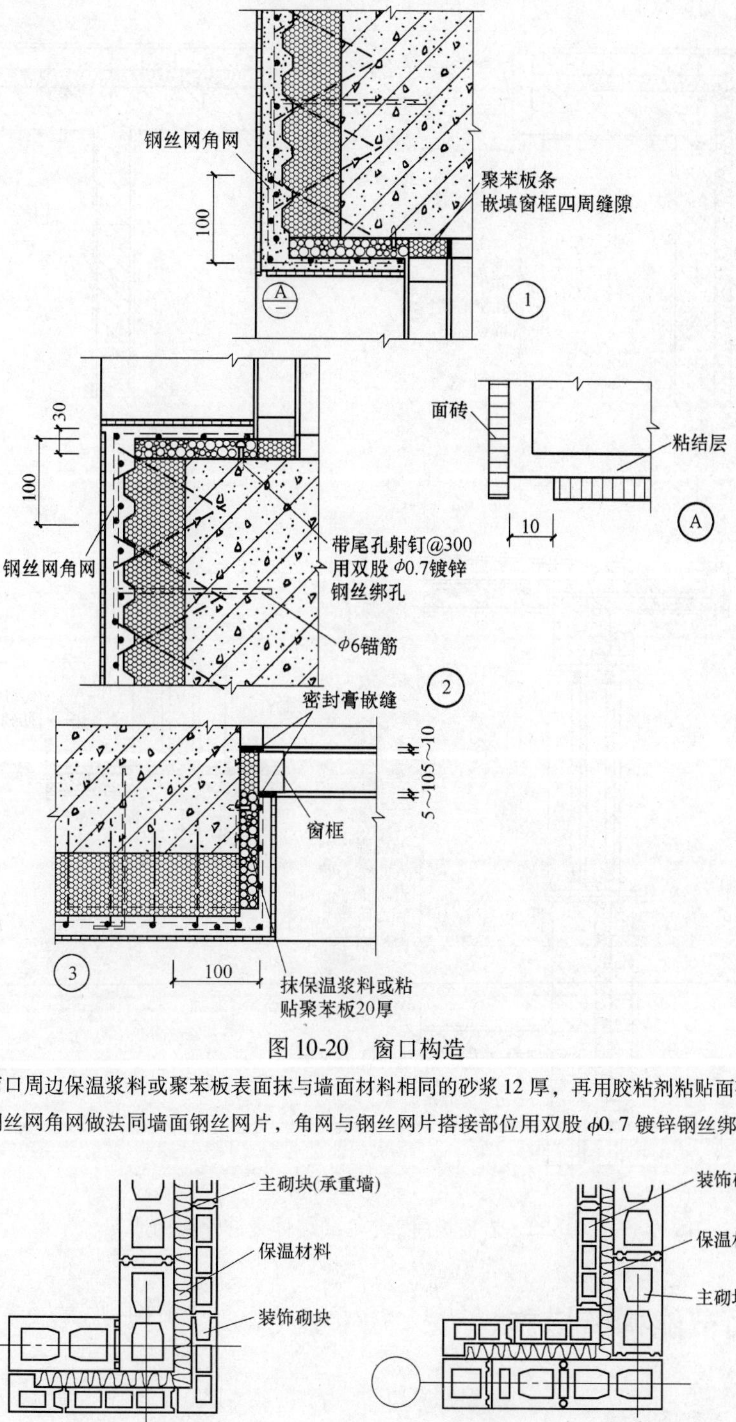

图10-20 窗口构造

注：1. 窗口周边保温浆料或聚苯板表面抹与墙面材料相同的砂浆12厚，再用胶粘剂粘贴面砖；

2. 钢丝网角网做法同墙面钢丝网片，角网与钢丝网片搭接部位用双股 $\phi 0.7$ 镀锌钢丝绑扎：@150。

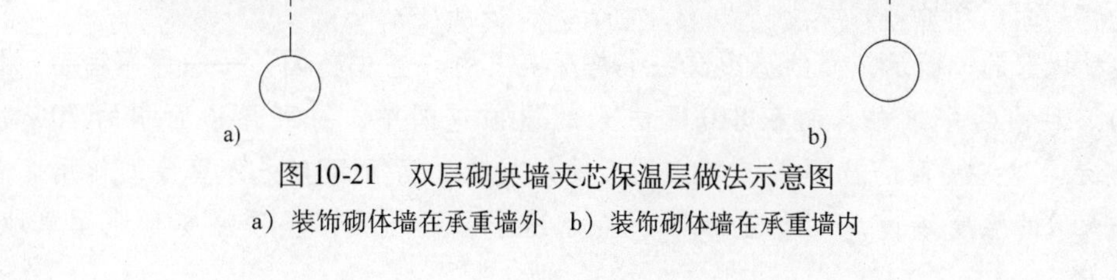

图10-21 双层砌块墙夹芯保温层做法示意图

a）装饰砌体墙在承重墙外 b）装饰砌体墙在承重墙内

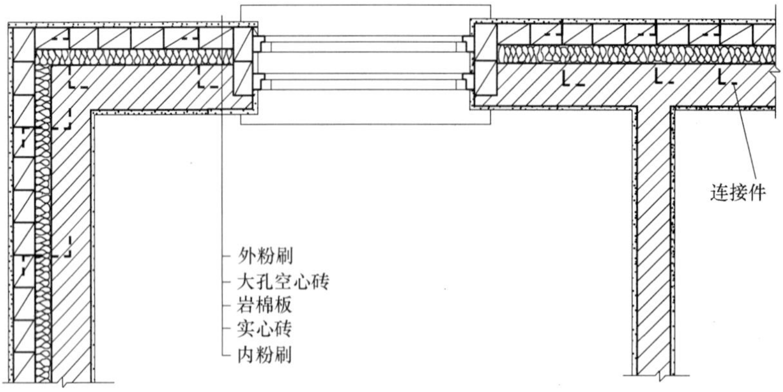

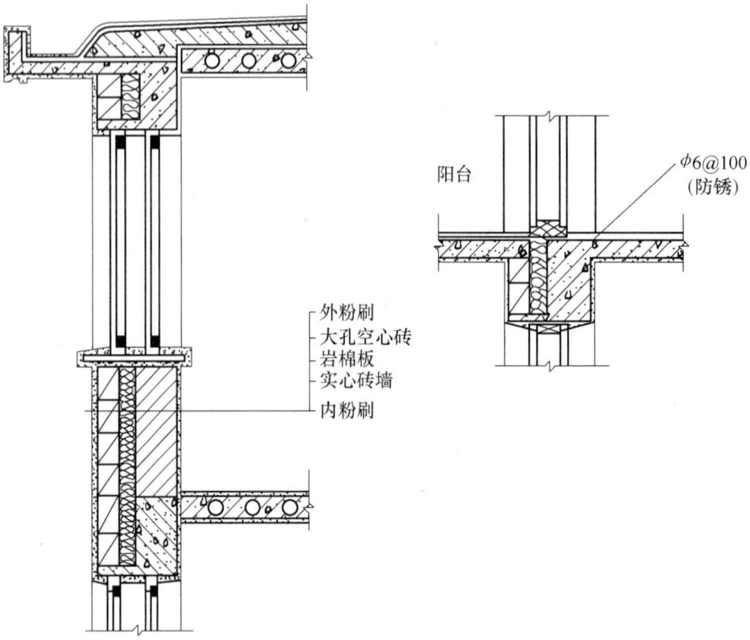

图 10-22　岩棉板用于空心砖墙体夹芯保温构造

10.3　屋面节能构造措施

导入案例

在科技部的节能示范楼的屋顶有一个美观实用的“空中花园”——绿草茵茵，松竹相映，60 多种植物分布在总面积 810 平方米的屋顶花园中，占到屋顶面积的 70%，如图 10-23所示。这座美丽的花园不仅装扮了大楼的屋顶，而且还有另外重要的作用。普通建筑夏季楼顶的温度超过 50℃ 甚至 60℃，有了这个屋顶花园，屋顶温度与地面草地接近，大楼高层办公室就像躲在窑洞里，室温大大降低，大楼制冷的压力就小多了。另外，它采取了自动喷灌系统加防积水的雨水过滤基底导流技术，实现雨水全回收，可以满足夏秋季屋顶花园和周边绿地的浇灌用水。通过各种节水措施，这样一座示范楼每年可节水1万吨。

图 10-23 科技部节能示范楼屋顶花园

10.3.1 屋面保温构造

为了提高屋面的保温效果，绝大多数的屋面为外保温构造，因为这种构造受周边热桥的影响较小。为了提高屋面的保温性能，满足节能标准的要求，主要选择采用轻质高强、吸水率低或不吸水的可长期使用、性能稳定的保温材料作为保温层。

常见的屋面保温材料从形式上可以分为板材、块材、卷材和散料。其中板材有憎水性水泥膨胀珍珠岩保温板、发泡聚苯乙烯保温板、挤塑型聚苯乙烯保温板、硬质和半硬质的玻璃棉或岩棉保温板；块材有水泥聚苯空心砌块等；卷材有玻璃棉毡和岩棉毡等；散材有膨胀珍珠岩、发泡聚苯乙烯颗粒等。其中挤塑型聚苯乙烯保温板因为表面结构全部封闭，不透水，所以可以不考虑防水的问题。其余材料用作保温层时大多需要采取防水及隔蒸汽的措施。所以，根据材料的特点，保温材料在屋面上的放置层次可以选择。

1. 正铺法保温屋面

正铺法保温屋面就是将保温层放置在屋面结构层与防水层之间，下设隔蒸汽层，这是最普通的做法。大部分不具备自防水性能的保温材料都可以放置在屋面。由于保温层下设隔蒸汽层，来自室内温度较高处的水蒸气在到达保温层之前被隔蒸汽层隔离。同时，处于最上层的屋面防水层又保护了保温材料，使其不会受到雨水的侵袭，如图 10-24 所示。

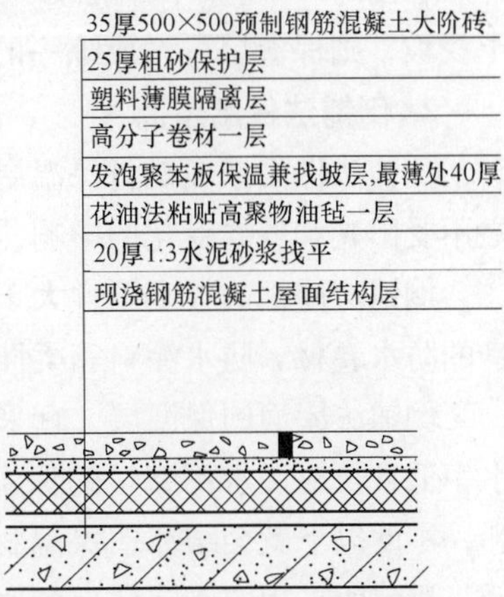

图 10-24 正铺法保温屋面构造

正铺法保温屋面在保温层上、下应做找平和隔蒸气层。保温层上设找平层是因为卷材防水层要求铺在坚实平整的表面上，保温材料的强度通常较低，表面不够平整，其上需做找平层，才能使卷材铺设在其上。

保温层下做隔气层是由于冬季室内的湿度比室外大，室内水蒸气将向室外渗透，在屋顶中，当水蒸气透过结构层进入保温层后，会使保温层含水率增加。实验得出，材料的含水率每增加1%，热导率要增加5%左右，含水率增加导致屋面保温能力下降。又由于保温层上面的防水层是不透气的，保温层中的水分就不能散失，保温层会逐渐随水分的增加而失去保温作用。处理方法是在保温层下设置隔蒸气层，简称隔气层，来防止室内水蒸气进入保温层内使保温层受潮。

隔气层的做法一般是在结构层上先做找平层（1:3 水泥砂浆厚20mm 左右），在找平层上做一毡两油。

设隔气层的屋面，保温层的上、下两面全部被不透水层封住，施工时内部的残留水没有排出的途径。为了解决这个问题，需要在保温层中设置排气道，道内填塞大粒径的炉渣，既可以让水蒸气在其中流动，又可保证防水层的坚实可靠。找平层相应位置也应留槽作排汽道，并在其上干铺200mm 宽的卷材，排汽道间距6m 为宜，排气道应纵横连通，每$36m^2$ 设一个排气孔与大气相连。

在图10-24 中，用作隔气层的高聚物油毡用花油法粘贴，使得被阻的蒸汽能够在粘结材料的空隙间有流动的通道，可以从屋面分仓缝中预留的排气孔中排出。这是一种在隔气层下留有透气层的方法，像这样留透气层的方法还有很多。例如可以在图10-24 中的找平层位置之下先铺一层波形瓦垫空，或者先用垫块架起一层混凝土薄板，在上面经水泥砂浆找平再粘贴隔气层材料。如果担心隔气层材料老化会影响到保温层的性能，还可以在保温层上设架空通风层，相当于在保温层中设透气层。例如某节能试点工程将价格较为低廉的膨胀珍珠岩散料装在塑料袋中密封作为屋面保温层。塑料袋既将散料归拢在一起，又起到了隔气层的作用。在其上面有用加气混凝土块垫起来的钢筋混凝土薄板，中间还留有50mm 左右的空气间层，可以使蒸汽不至于在塑料袋的表面结露。

在图10-24 中，保温层如果不兼作为找坡层，也可以先在找平层之下用轻集料的混凝土找坡，则保温层可做成统一的厚度。

2. 倒铺法保温屋面

倒铺法保温屋面是将保温层做在防水层之上，对防水层起到一个屏蔽和防护作用，使之不受阳光和气候变化的影响，也不易受到来自外界的机械性损伤，如图10-25 所示。

倒铺法屋面的坡度不宜大于3%。倒铺法屋面应采用耐水性、耐霉烂性和耐腐蚀性优良的防水卷材、防水涂料等柔性材料做防水层，卷材的耐水指标不小于80%。

倒铺法屋面的保温层，宜采用憎水性好、表观密度小、热导率小又有一定的强度、吸水率低且长期浸水不腐烂的保温材料。由于保温层在防水层之上，保温材料自身吸水饱和，零度以下就会结冰，保温材料就丧失保温性能，所以要求保温材料不吸水或吸水率低。目前所采用的倒铺法保温材料主要有挤塑型聚苯板、泡沫玻璃、硬质聚氨酯泡沫塑料。使用块材保温材料时板缝应拼接严密，避免产生热桥。

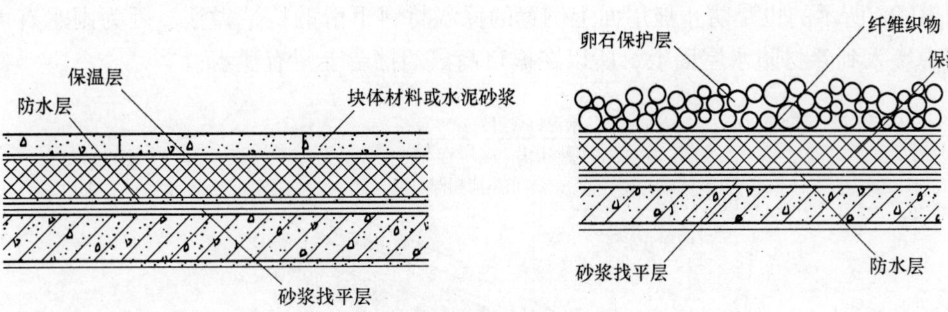

图 10-25 倒铺法保温屋面构造示意图

保温层的施工方法可采用干铺或粘贴板状保温材料，也可采用现场喷涂硬质聚氨酯泡沫塑料。保温层很轻，若不加保护层和埋压，容易被风吹起，或被水漂起，也容易引起老化。保温层上作保护层可防止保温层表面受损和延缓其老化过程。保护层可采用卵石、水泥砂浆、细石混凝土板或地砖等有一定的重量，足以压住保温层的材料，使之不致被风刮动或在雨水积聚时漂起来。保温层上面采用卵石保护层时，保护层和保温板之间应铺设隔离层，隔离层采用耐穿刺、耐久、防腐蚀性能好的聚酯纤维无纺布或纤维织物。铺设时应铺满不露底，无纺布搭接长度为 100mm。卵石应分布均匀，防止超厚，以免增大屋面荷载。细石混凝土板或地砖可用水泥砂浆砌筑。图 10-26 是采用了倒铺法的卷材防水平屋面构造层次的示意图。

现场喷涂硬质聚氨酯泡沫塑料保温层时，其材料与涂料保护层之间应具有兼容性。现场喷涂时，硬质聚氨酯泡沫塑料应做分格处理，以免产生收缩裂缝，缝内用弹性密封材料填塞密实。

图 10-27 是采用了倒铺法做的现浇钢筋混凝土坡屋面的构造示意图。图中为了防止保温材料下滑，从屋面基层中预留了插筋以固定保温板。

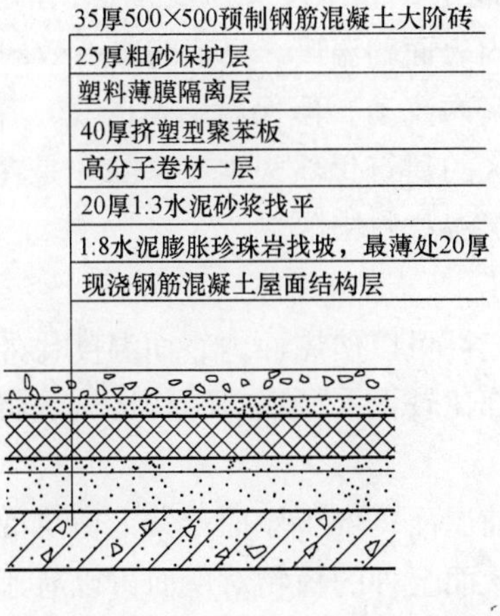

图 10-26 倒铺法卷材防水平屋面构造

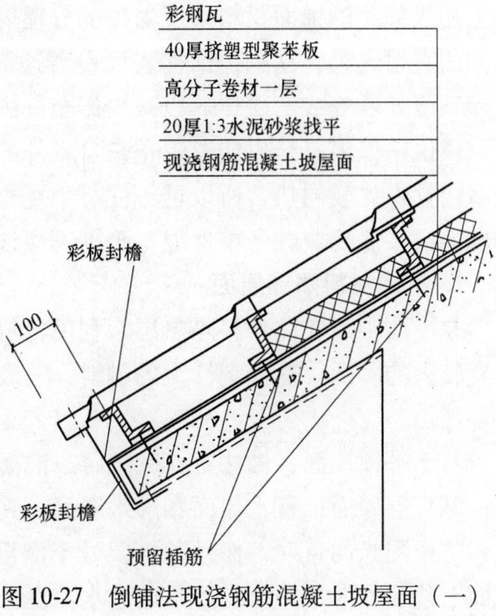

图 10-27 倒铺法现浇钢筋混凝土坡屋面（一）

图 10-28 所示的也是防止坡屋面上倒置的保温材料下滑的构造做法。因为雨水有可能从瓦缝中渗入到卷材防水屋面上，所以在檐口高出的挡台上留有泄水口。

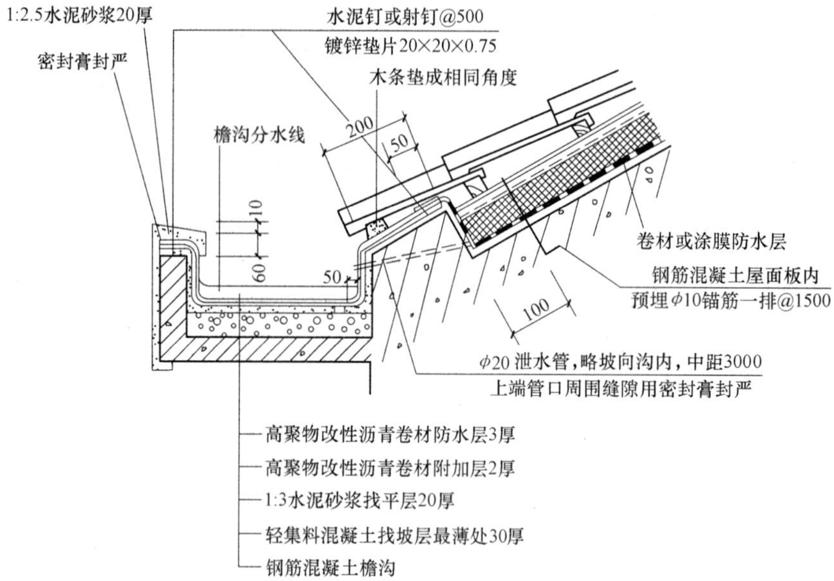

图 10-28　倒铺法现浇钢筋混凝土坡屋面（二）

10.3.2　屋面的隔热

建筑物的热源主要来自太阳光的辐射热，太阳辐射使屋面的表面温度升高，热量传入室内使室温升高，增加室内的制冷能耗。

不同于采暖建筑希望通过阳光的辐射热来取得热能，需要隔热的建筑物正相反，希望能够将一部分来自阳光的能量挡在室外。这除了可以在门窗玻璃上镀反射膜，或者在外面墙上用浅颜色的饰面材料来反射掉部分辐射热，以及在门窗洞口上方做遮阳板以遮挡部分太阳的直射光外，在围护结构表面设置通风的空气间层，利用层间通风带走一部分热量，使屋顶或外墙变成两次传热以减少传至外围护结构内表面的温度，已成为最有效的方法。

虽说贴保温材料也能够阻止来自室外的热量向室内流动，但保温层不透气，容易使人在室内觉得比较闷热，所以透气性对于夏季炎热地区的建筑仍然很重要，除非是在夏热冬冷的地区，需要兼顾冬季保温，否则不应该考虑用保温材料来隔热。

1. 实体材料隔热屋面

在屋面中设实体材料隔热层，利用材料的热稳定性可以使屋面内表面温度比外表面温度有较大的降低。热稳定性大的材料一般表观密度都比较大，所以这种构造做法将使屋面质量增加。

对于平顶屋面，做法有：大阶砖或混凝土板实铺屋面；堆土屋面；其上植草的种植屋面；砾石层屋面；蓄水屋面和淋水屋面。其中种植屋面上种的植物对屋面可以有遮荫的效果，防止阳光的直射，而且种植要处于潮湿状态，其中水分的蒸发也能够带走部分热量。屋面上蓄水和淋水的目的都是通过水蒸发从周围的空气中吸收热量，以减少屋面对热量的吸收。

1）蓄水屋面构造。当屋面的防水等级为Ⅰ级、Ⅱ级时，不宜采用蓄水屋面。蓄水屋面不宜在寒冷地区、地震地区和振动较大的建筑物上采用。蓄水屋面应采用刚性防水层，或在卷材、涂膜防水层上再做刚性复合防水层；卷材、涂膜防水层应采用耐腐蚀、耐霉烂、耐穿刺性能好的材料。蓄水屋面的坡度不宜大于0.5%，在蓄水屋面上要划分若干蓄水区，每区边长不宜大于10m，在变形缝的两侧应分成两个互不连通的蓄水区；长度超过40m的蓄水屋面应设分仓缝；分仓隔墙可采用混凝土或砖砌体；蓄水屋面应设置排水管、溢水口和给水管，排水管应与水落管或其他排水出口连通；蓄水屋面的蓄水深度宜为150～200mm；蓄水屋面泛水的防水层高度，应高出溢水口100mm；蓄水屋面应设置人行通道。蓄水屋面宜采用整体现浇防水混凝土，分仓隔墙可根据屋面工程情况，采用混凝土或砖砌体。

在图10-29中，蓄水屋面的溢水口应距分仓墙顶面100mm；过水孔应设在分仓墙底部，排水管应与水落管连通；分仓缝内应嵌填泡沫塑料，上部用卷材封盖，然后加盖混凝土板。

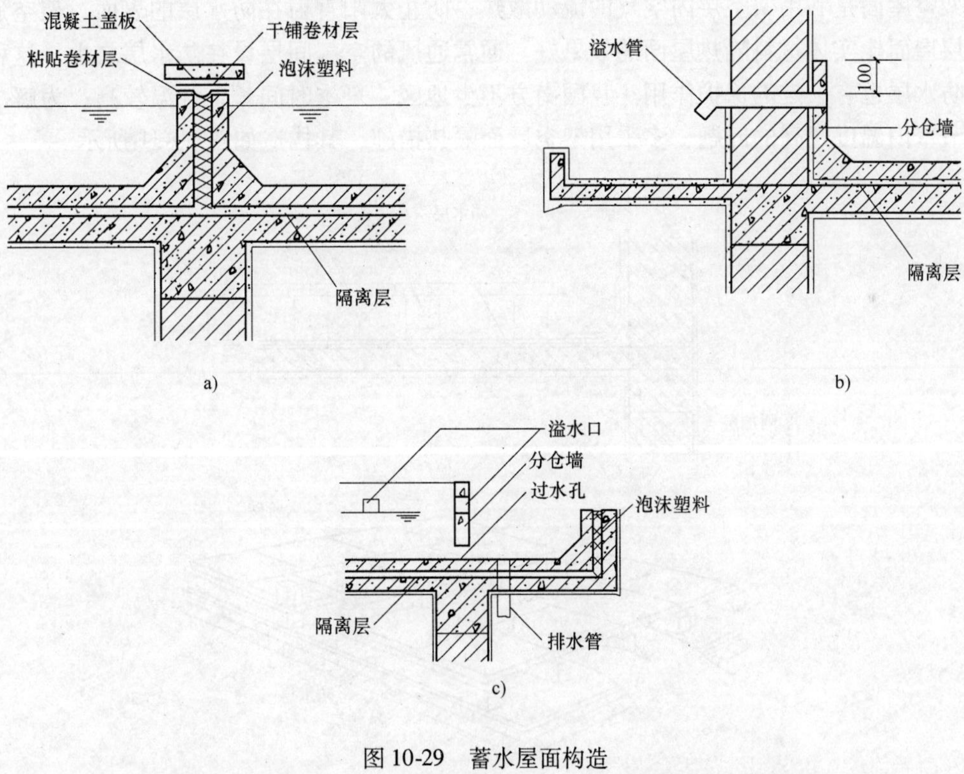

图10-29 蓄水屋面构造

a）蓄水屋面溢水口 b）蓄水屋面分仓缝 c）蓄水屋面排水管、过水孔

2）种植屋面构造。种植屋面应根据地域、气候、建筑环境、建筑功能等条件，选择相适应的屋面构造形式。种植屋面主要有以下一些特点：一是荷载大，二是植物根系穿刺力强，三是要求防水的性能更强，四是返修困难。种植屋面构造和地域气候密切相关，多雨与少雨地区的构造不同，炎热与寒冷地区的构造不同；种植屋面构造还和建筑环境与功

能有关，楼房屋面种植与地下车库、商场的顶板种植，构造也不一样。种植屋面的构造如图 10-30 所示。

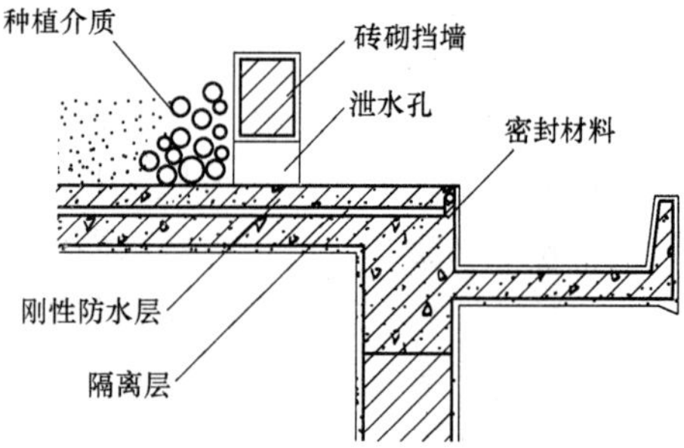

图 10-30　种植屋面的构造

种植屋面的防水层应采用耐腐蚀、耐霉烂、防植物根系穿刺、耐水性好的防水材料，卷材、涂膜防水层上部应设置刚性保护层。种植屋面的防水层长期隐蔽在潮湿甚至水浸的环境中，有些材料经受不住长期浸泡，特别是冷胶粘剂粘合的防水卷材最容易开胶，同时选择材料时要考虑植物根系的穿刺破坏。种植屋面防水层一般应做二道设防，若采用卷材作防水层时，其接缝宜采用焊接法，卷材防水层上部应设细石混凝土保护层。

坡度 20% 以上的屋面可做成梯田式，利用排水层和覆土层找坡。种植屋面上的种植介质四周应设挡墙，挡墙下部应设泄水孔。

2. 架空屋面构造

架空屋面是利用架空层内空气的流动散热，防止太阳直射在防水层的表面。架空通风隔热层屋面比实体材料隔热屋面的效果好。通常通风的空气间层设在防水层之上，这种做法对防水层也有一定的保护作用。我国南方不少地区，夏季时间长，气温较高，为解决炎热季节室内温度过高的问题，多采用架空屋面隔热措施，其构造如图 10-31 所示。

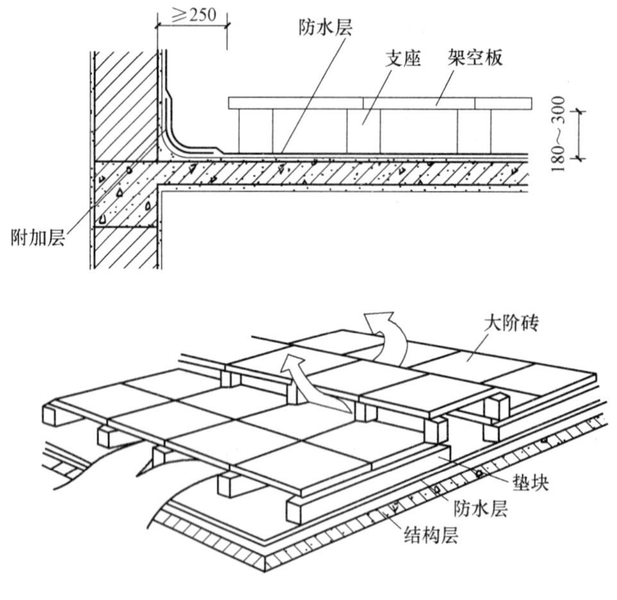

图 10-31　架空屋面构造

架空屋面宜在通风较好的建筑屋面上采用，不宜在寒冷地区使用。但由于城市建筑密度不断加大，不少城市高层建筑林立，造成风力减弱、空气对流较差，严重影响架空屋面的隔热效果。架空屋面架空隔热层的高度，是根据各地情况确定的。太低了隔热效果不明显，太高了通风效果提高不多，且稳定性差。目前，架空屋面的架空隔热层高度宜为

180～300mm；架空板与女儿墙的距离不宜小于250mm。主要是考虑到在保证屋面收缩变形的同时，防止堵塞和便于清理，当然间距也不应过大，否则将降低隔热效果。

通风的空气间层可以用大阶砖或预制混凝土板用垫块或砌砖架空做成。架空层内空气可以在纵横各方向流动。如果把垫块铺成条形，使它与主导风向一致，两端分别处于正压区和负压区，气流会更畅通，降温效果也会更好。房屋进深大于10m时，应在中部设通风口。

通风层也可以用预制的拱形、三角形、槽形混凝土瓦放置在屋面上而形成，这种做法施工方便，用料也省，但屋顶不能上人。

小知识

建筑地面也需要保温，地板和地面保温往往容易被人忽视。实践已经证明，在严寒和寒冷地区的采暖建筑中，接触室外空气的地板，以及不采暖的地下室上面的地板如果不加保温，不仅会增加能耗，而且因地面温度过低，严重影响居民健康；在严寒地区，直接接触土壤的周边地面不加保温则接近墙角的周边地面因温度过低，不仅可能出现结露，而且可能出现结霜，严重影响居民使用。

节能标准从改善室内热环境和控制采暖能耗出发，对地板和地面的保温做出了规定。在严寒和寒冷地区，建筑物底层室内如果采用实铺地面，则对于直接接触土壤的周边地区，也就是从外墙内侧算起2.0m的范围内，应当作保温处理。

此外，如果底层地面之上还有不采暖的地下室，则地下室以上的底层地面应该全部作保温处理。保温层除了放在底层地面的结构面板与地面的饰面层之间之外，还可以考虑放在底层地面的结构面板之下，即地下室的顶板之下。不过实际工程中要这样做需先分析保温层的设置到底与地板的各种管道的架设会有多少相互影响，施工是否方便，是否有利于管道的检修，是否符合相关的防火规范等，权衡利弊，再做决定。

本章回顾

了解建筑节能的意义和目标是深入地掌握建筑节能构造的第一步。

本章重点介绍了目前应用较为广泛的墙体节能构造、屋面节能构造。墙体节能构造包括：外墙外保温、外墙内保温、外墙夹芯保温以及单一材料节能墙体。外墙外保温的保温效果最好，目前应用也最为广泛。重点掌握聚苯板的外墙外保温构造。屋面节能构造包括：屋面的保温和屋面的隔热。屋面保温构造中倒铺法屋面构造目前在屋面节能构造中应用最广泛，应重点掌握。屋面隔热构造中架空屋面和种植屋面都是良好的有效隔热的屋面构造做法。

知识应用

请你对所在的城市目前在建筑节能方面采取了哪些措施做一调查，写出1000～1500字的总结。

要求：可以到施工现场调查，也可以从网络上收集资料。学会市场调查、信息采集，以此掌握建筑节能方面的新产品、新工艺、新方法。

第 11 章　单层工业厂房

知识储备

厂房是为工业生产服务的。本章对单层装配式工业厂房的主要构件和基本构造一一作了介绍。

通过本章的学习，我们应该：

了解单层装配式工业厂房整体结构布置，厂房的结构构件和各构件的作用、构件选型；了解工业厂房各组成部分的构造原理、构造层次和构造做法。

11.1　单层工业厂房的主要构件

导入案例

对于冶金、机械制造、机电制造、纺织以及某些化工工厂，往往设有较重的机械与设备，产品较重且轮廓尺寸较大，因而多建造单层工业厂房。那么，什么是工业厂房？工业厂房与民用建筑有什么不同呢？主要承重构件是什么呢？

单层工业厂房的形式是以生产工艺布置方案为基础，综合考虑生产设备、厂内交通、采光、通风、卫生、结构和施工诸多因素而确定的。单层工业厂房按承重结构的不同可分为墙承重结构和骨架承重结构两种类型。

1）墙承重结构由墙（或带壁柱砖墙）和钢筋混凝土屋架（或屋面梁）组成，屋架支承在砖墙上。如厂房设有吊车，可在壁柱上搁置吊车梁。这种结构仅适用于厂房跨度、高度、吊车荷载较小的中小型厂房，不宜用于地震区，如图 11-1 所示。

图 11-1　墙承重结构

2）骨架承重结构由横向排架和纵向联系构件组成。横向排架包括屋架（或屋面大梁）、柱子、柱基础等；纵向联系构件包括大型屋面板、檩条、吊车梁、纵向支撑等构件。它们与柱连接组成空间体系，以保证横向排架的稳定性，如图 11-2 所示。横向排架中的柱子、柱基础、屋架以及吊车梁是厂房的主要承重构件，厂房所受的各项荷载都要通过排架传至地基。

本章以骨架承重结构构件为例，说明单层工业厂房的组成。

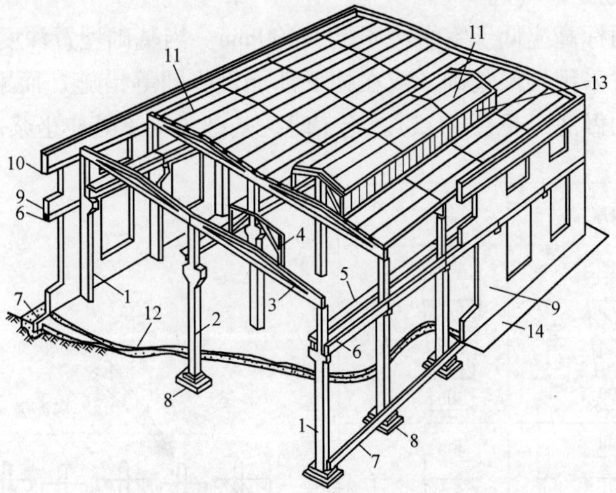

图 11-2　骨架承重结构

1—边列柱　2—中列柱　3—屋面大梁　4—天窗架　5—吊车梁　6—连系梁　7—基础梁　8—基础　9—外墙　10—圈梁　11—屋面板　12—地面　13—天窗扇　14—散水

11.1.1　基础与基础梁

1. 基础

基础是建筑地面以下的承重构件，是建筑的下部结构。基础承受建筑物上部结构传下来的全部荷载，并把这些荷载同本身的重量一起传递到地基上，起着承上传下的作用，是厂房结构中的重要承重构件。单层工业厂房的基础通常采用杯形基础，见图 11-3。杯形基础指现场浇筑带有杯口状的插孔，便于预制柱插入杯口内，并用 C20 的细石混凝土将柱子四周的缝隙填实固定的一种基础。

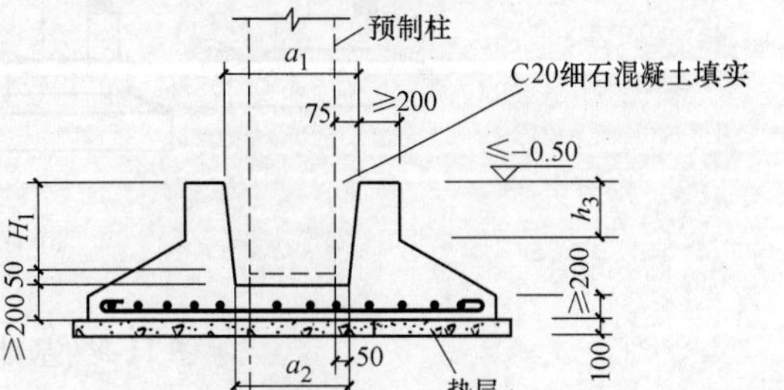

图 11-3　杯形基础

2. 基础梁

基础梁是架设在相邻独立基础之间、用以支承砌体墙身的承重构件。当厂房采用钢筋混凝土柱承重时，可采用基础梁来承托围护墙的重量，并把它传给柱了基础，而不另作墙基础。基础梁长度的标志尺寸一般为

6m，在抗风柱间的基础梁长度也有4.5m的。厂房墙体上的行人通道处仍设基础梁，但通行车辆的大门不应设基础梁，以防折断。

基础梁多采用上宽下窄的梯形截面，顶面宽度是按砌体墙身的厚度而定，梁高则是根据柱距而选用（见图11-4）。

基础梁的顶面标高应低于室内地坪50～100mm。当基础埋置深度不同时，可采取在基础顶面加柱墩，或采用长颈基础，或在柱下部加设牛腿等措施，而不宜采用深置基础梁、增加墙体工程量的做法（见图11-5）。施工时，基础梁支承处应坐浆。

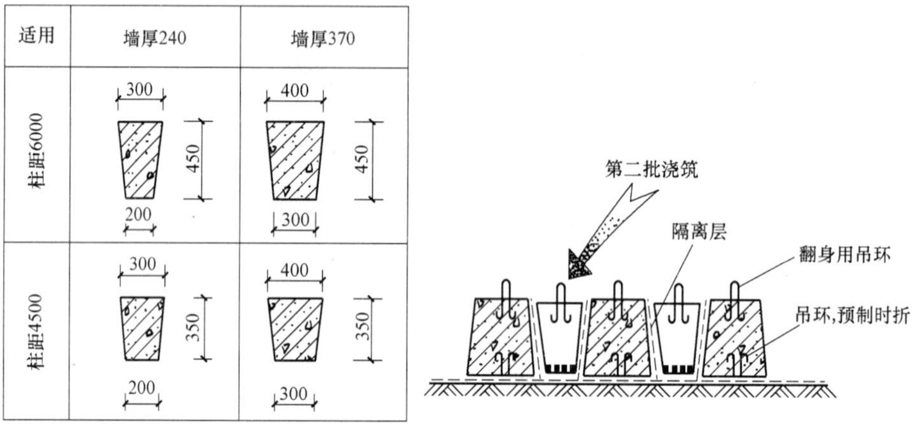

a)　　b)

图11-4　基础梁的截面形式和现场制作方法

a）截面形式　b）现场制作方法

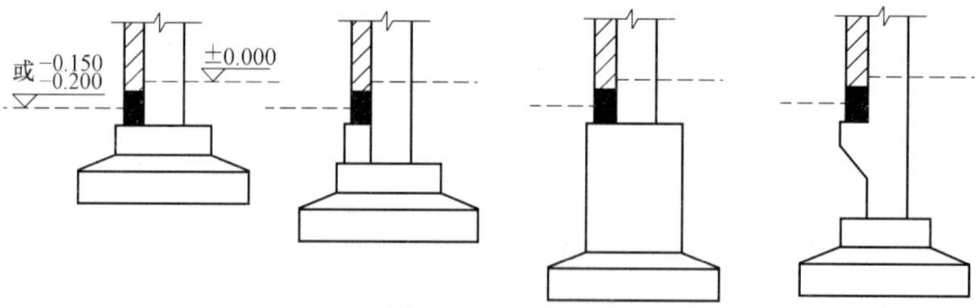

a)　　b)　　c)　　d)

图11-5　基础梁搁置支座的做法

a）基础梁直接放在基础上　b）基础梁直接放在柱墩上

c）基础梁放在长颈基础上　d）基础梁放在牛腿

11.1.2　柱与柱间支撑

1. 柱

柱是工业厂房中最主要的承重构件。一般多采用钢筋混凝土柱。

按截面形式分为单肢柱（包括矩形、工字形截面）和双肢柱（包括平腹杆、斜腹杆、双肢管柱）两大类。常见柱的形式见图11-6。

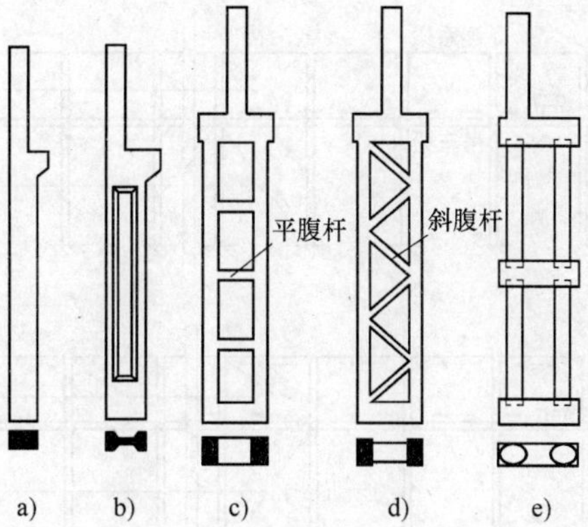

图 11-6 钢筋混凝土柱

a）矩形柱 b）工字形柱 c）平腹杆双肢柱 d）斜腹杆双肢柱 e）双肢管柱

在单层厂房结构中，通常利用柱侧伸出来的牛腿来支承屋架、托架、吊车梁和连系梁等构件。牛腿按受力分为短牛腿和长牛腿两类。柱与厂房其他构件之间的连接通常需要在柱上预先埋设铁件，如柱与屋架、柱与连系梁或圈梁、柱与吊车梁、柱与砖墙或墙板及柱间支撑等相互连接处，均须在柱上预埋铁件，如钢板、螺栓、锚拉钢筋等。在施工时，预埋件要按设计要求准确地预埋在柱子上，不能遗漏，见图 11-7。

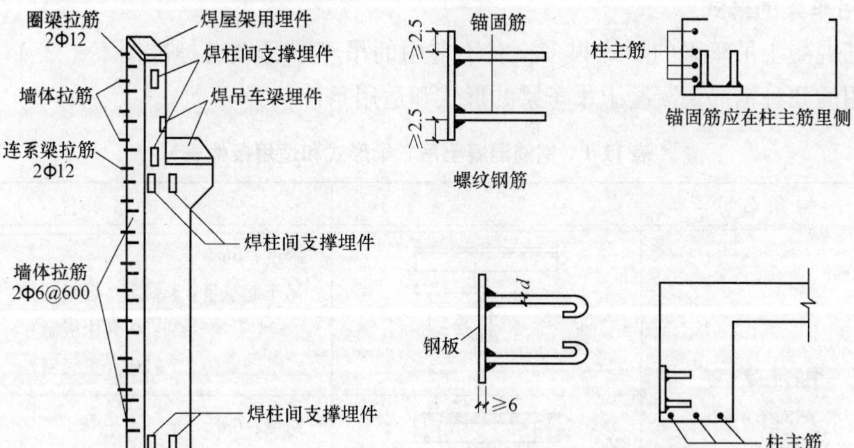

图 11-7 柱的预埋件

2. 柱间支撑

柱间支撑的作用主要是提高厂房的纵向刚度和稳定性，并保证结构构件在安装和使用阶段的稳定和安全，同时起传递水平荷载或地震荷载的作用。

柱间支撑以牛腿为界线，分为上部柱间支撑与下部柱间支撑。上部柱间支撑承受作用于山墙及天窗端壁上的风荷载并保证厂房上部的纵向刚度。下部柱间支撑承受上部柱间支撑传来的荷载、吊车梁传来的吊车纵向水平荷载和纵向地震用并将它们传给基础（见图 11-8）。

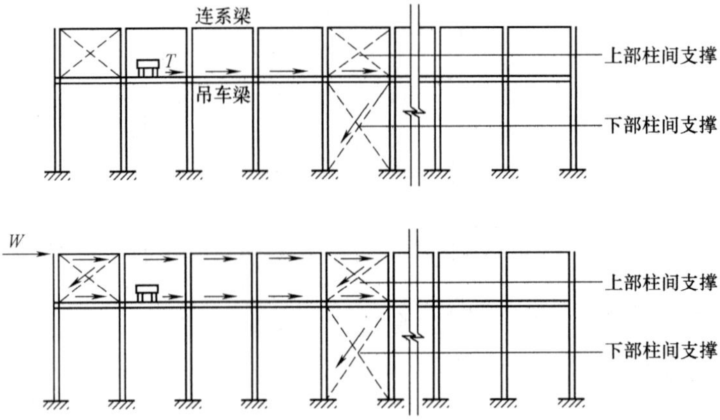

图 11-8　柱间支撑作用示意图

11.1.3　吊车梁

当厂房设有桥式或梁式吊车时，需要在柱子牛腿上设吊车梁。吊车的轮子沿吊车梁上铺设的轨道行驶。吊车梁承受吊车荷载并传给柱子，同时也增加了骨架的纵向刚度和稳定性。因此，吊车梁是厂房结构中的一个重要构件。

1. 吊车梁的形式

钢筋混凝土吊车梁的形式很多，对于常用的吊车梁已编有标准图集，表 11-1 列出了目前应用的几种钢筋混凝土吊车梁的形式和适用条件。

表 11-1　钢筋混凝土吊车梁形式和适用条件表

序号	构条名称	形　式	适用条件
1	钢筋混凝土等截面吊车梁	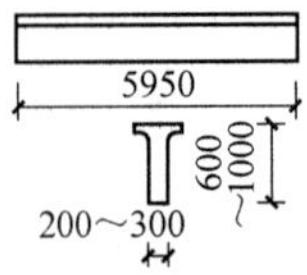	跨度：6m 吊车起重量：3～75t（轻级制） 3～30t（中级制） 5～20t（重级制）
		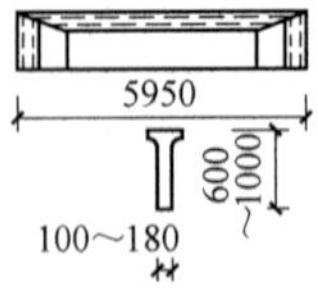	跨度：6m 吊车起重量：3～50t（轻级制） 3～30t（中级制） 5～20t（重级制）
2	预应力混凝土等截面吊车梁	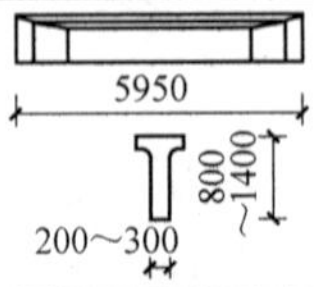	跨度：6m 吊车起重量：5～75t（重级制）
		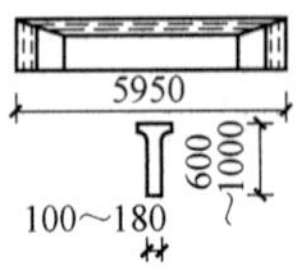	跨度：6m 吊车起重量：5～75t（中级制） 5～50t（重级制）

（续）

序号	构条名称	形　式	适用条件
3	预应力混凝土鱼腹式吊车梁		跨度：6m 吊车起重量：10～120t（重级制）
4	预应力混凝土折线式吊车梁	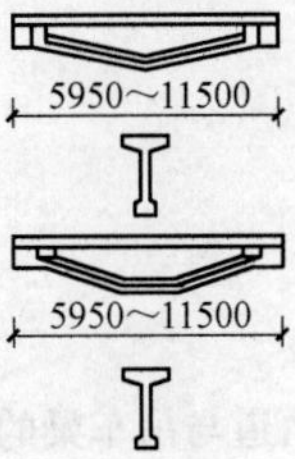	跨度：6m 吊车起重量：10～120t（重级制）
5	轻型桁架式吊车梁	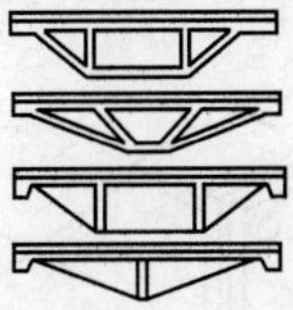	跨度：4～6m 吊车起重量：≤5t

2. 吊车梁与柱的连接

吊车梁上翼缘与柱间用钢板或角钢焊接，下部通过吊车梁底部的预埋角钢与柱牛腿顶面的预埋钢板焊接。吊车梁与梁之间，吊车梁与柱之间的空隙用 C20 细石混凝土填实，见图 11-9。

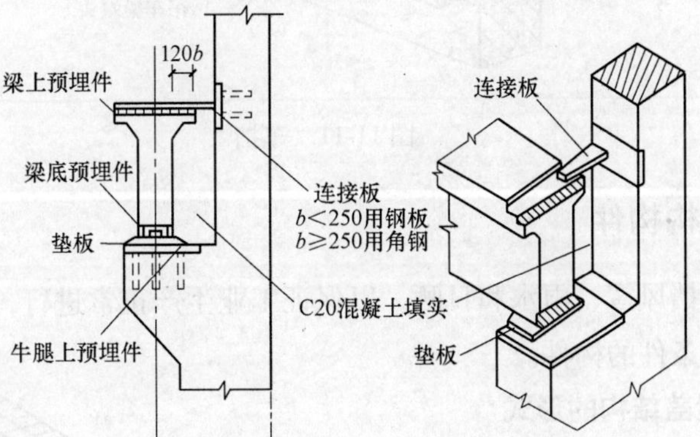

图 11-9　吊车梁与柱的连接

3. 吊车轨道的安装与车挡

吊车轨道与吊车梁一般采用垫板和螺栓连接的方法，见图 11-10。为防止吊车行驶中来不及刹车而撞到山墙上，应限制吊车的行驶范围，在吊车梁的末端设置车挡，一般用螺栓固定在吊车梁的翼缘上，见图 11-11。

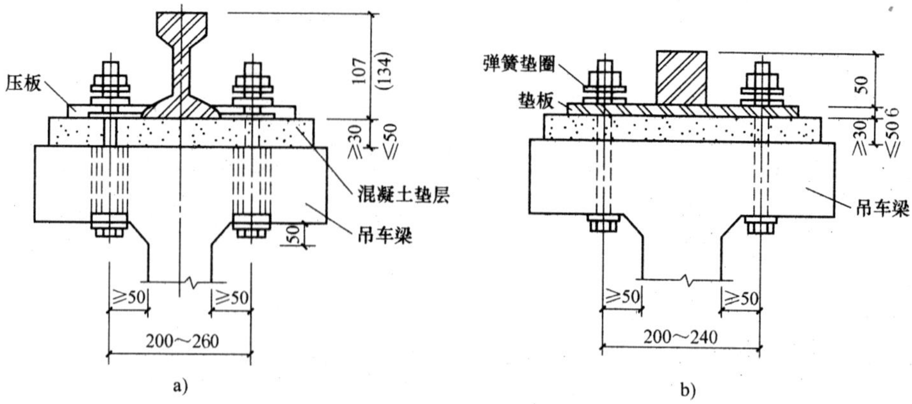

图 11-10　吊车轨道与吊车梁的连接

a）重型吊车轨道　b）轻型吊车轨道

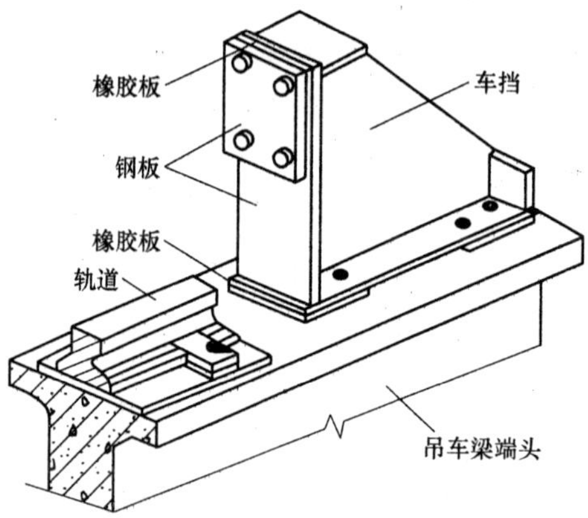

图 11-11　车挡

11.1.4　屋盖结构构件

屋盖是用来遮挡风雪、雨水和日晒，以保证工业生产正常进行，维护车间的机械设备和改善工人的劳动条件的构件。

1. 单层厂房屋盖结构的形式

目前单层厂房屋盖结构的形式基本上分为无檩和有檩两种体系。

1）有檩体系屋盖。见图 11-12a，它通常采用小型屋面板（或瓦材）和檩条构成，屋面板支承在檩条上。有檩屋盖的构件小而轻，便于运输和吊装，其整体刚度虽较小，但可满足一般中小型厂房的要求。

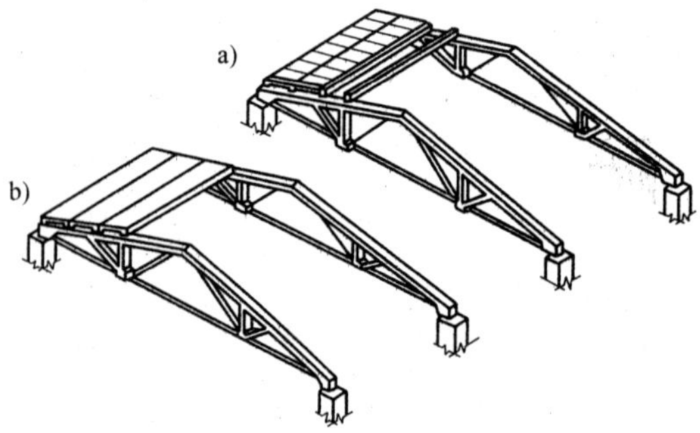

图 11-12　屋盖的结构类型

a）有檩体系屋盖　b）无檩体系屋盖

2）无檩体系屋盖。见图 11-12b，它通常采用大型屋面板，板直接焊牢（一般应有三个焊点）在屋架或屋面梁上，不需要檩条。这种屋盖体系的整体性比较好，能保证整个厂房结构有较大的空间刚度，适用于保温车间和对刚度要求较高的具有较大起重重量吊车的大、中型厂房。

2. 屋盖的主要承重构件

1）屋面梁或屋架屋面梁或屋架是屋盖的主要承重构件，直接承受屋面荷载及安装在屋架上的顶棚、悬挂吊车和其他工艺设备的重量。

屋面梁一般为工字形薄腹梁，分为单坡和双坡两种。其构造简单，高度小，重心低，施工方便，但自重大。装配式单层工业厂房中，常用的屋架是钢筋混凝土三角形屋架。跨度较大时，常采用预应力钢筋混凝土折线形、梯形和拱形屋架。屋面梁或屋架的形式见图11-13。

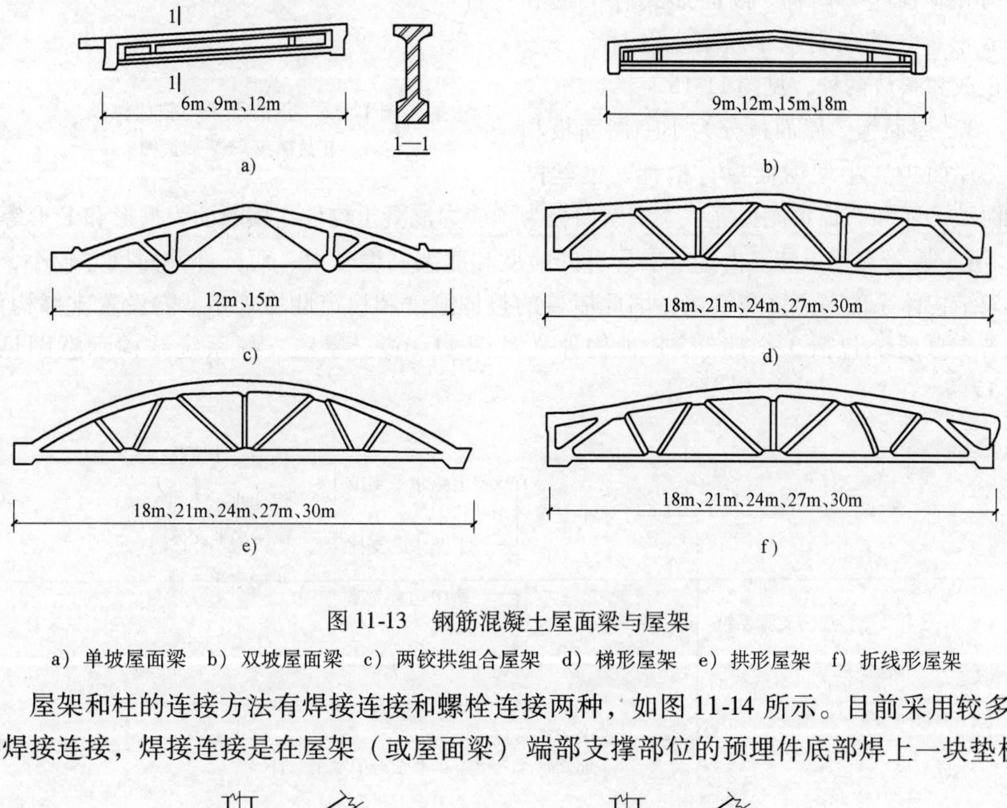

图11-13　钢筋混凝土屋面梁与屋架

a）单坡屋面梁　b）双坡屋面梁　c）两铰拱组合屋架　d）梯形屋架　e）拱形屋架　f）折线形屋架

屋架和柱的连接方法有焊接连接和螺栓连接两种，如图11-14所示。目前采用较多的为焊接连接，焊接连接是在屋架（或屋面梁）端部支撑部位的预埋件底部焊上一块垫板，

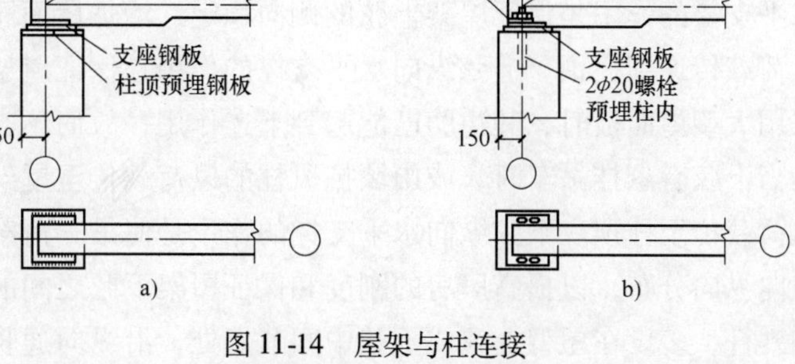

图11-14　屋架与柱连接

a）焊接连接　b）螺栓连接

待屋架（或屋面梁）就位校正后，与柱顶预埋钢板焊接牢固。螺栓连接方式，是在柱顶伸出预埋螺栓，在屋架（或屋面梁）端部支撑部位焊上带有缺口的支撑钢板，就位纠正后，用螺母拧紧。

2）檩条。在有檩体系屋盖中，檩条搁在屋架或屋面梁上，支承小型屋面板并将屋面荷载传给屋架或屋面梁。它与屋架的连接应牢固，使其与支撑构件共同组成整体，以保证厂房的空间刚度，可靠地传递水平荷载。常采用钢筋混凝土檩条，有预应力和非预应力两种。断面形式有 T 形和倒 L 形等。檩条支承于屋架上弦杆，一般有正放和斜放两种，见图 11-15。

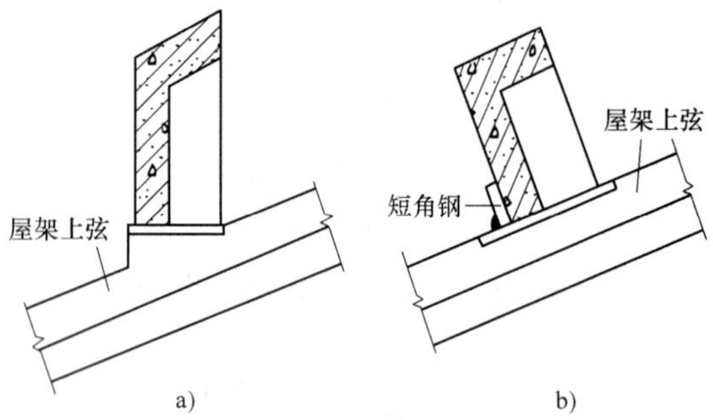

图 11-15　正放檩条与斜放檩条
a）正放檩条　b）斜放檩条

3）屋面板。屋面板分为小型屋面板和大型屋面板。小型屋面板有槽瓦、钢丝网水泥波形瓦和石棉水泥瓦等。大型屋面板为预应力混凝土构件，横断面为槽形和 F 形等。

4）屋盖支撑系统。由于单层厂房的跨度和座架高度较大，而杆件截面尺寸较小，且排架结构体系的节点多属铰接，因此屋盖的整体刚度和稳定性均较差，需设置支撑构件。屋盖支撑系统包括 3 个部分、8 种构件（见图 11-16）。屋盖支撑系统结构示意图见图 11-17。

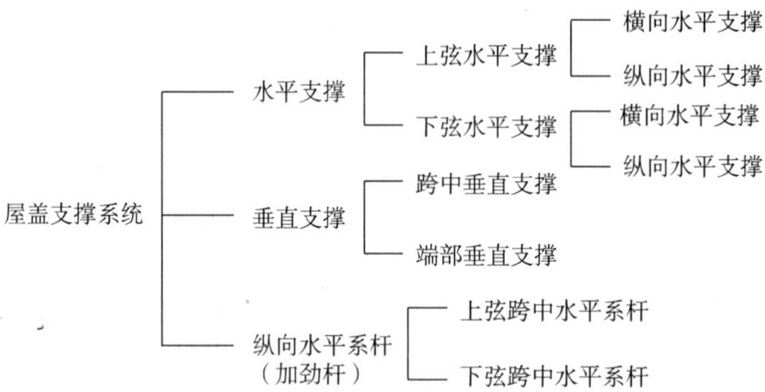

图 11-16　屋盖支撑系统

上弦横向水平支撑的作用是保证屋架上弦的侧向稳定，增加屋面刚度，将抗风柱作用在屋架上弦的风荷载传递到柱顶。上弦纵向水平支撑的作用是保证屋架与屋架上弦之间的相对位置，当采用大型屋面板时，其边肋已能起到上述作用，故而不必设置。下弦横向水平支撑的作用是当下弦有悬挂吊车时，或山墙抗风柱的风荷载传至屋架下弦时，能保证纵向水平荷载或风荷载传至柱顶。下弦纵向水平支撑的作用是使吊车荷载产生的柱顶横向荷载或横向风荷载向纵向分布，以提高厂房的刚度和保证屋架下弦之间的相对位置。纵向水平系杆，也称加劲杆，多设在屋架上弦或下弦中间节点处，沿纵向通长设置。当设有凸起的天窗时，屋面脊部因不设屋面板而有空洞，致使屋架侧向失稳，因此应设置一道水平系

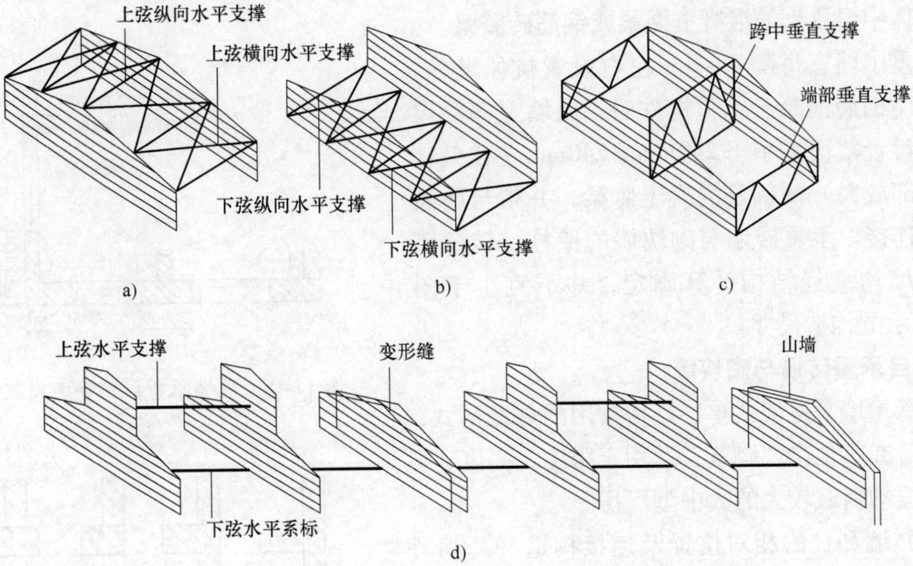

图 11-17　屋盖支撑系统结构示意图

a）上弦水平支撑　b）下弦水平支撑　c）垂直支撑　d）水平系杆

杆。屋架垂直支撑的作用是保证屋架在使用和安装阶段的侧向稳定，提高厂房的整体刚度。跨中垂直支撑设在屋架跨度的中部。当屋架为梯形、折线形和矩形屋架时，应设置端部垂直支撑，三角形屋架则不需设置。

11.2　单层工业厂房的构造

导入案例

单层工业厂房与民用建筑一样，也需要满足很多构造做法。单层厂房构造包括哪些？都有哪些构造做法不同于民用建筑呢？下面给予介绍。

单层厂房构造包括外墙、天窗、屋面、地面等方面，下面分别给予描述。

11.2.1　砖外墙

单层工业厂房的墙体，包括外墙、内墙和隔墙。其中，外墙按其材料类别可分为砖墙、砌块墙、板材墙等；按其承重形式可分为承重墙、自承重墙和框架墙等。这里着重介绍砖外墙构造。

1. 承重砖墙与砌块墙

承重墙是指除了承受自身重力外还承受其他外荷载的墙体，如砖混结构中的大部分墙体。砌块墙是指起填充作用的非承重的墙体。

承重砖墙及砌块墙的高度一般不宜过高。为了增加其刚度、稳定性和承载能力，通常平面每隔一定间距应设置壁柱。当地基较弱或有较大振动荷载等不利因素时，还应根据需要在墙体中设置钢筋混凝土圈梁或钢筋砖圈梁。

承重山墙宜每隔 4 ~ 6m 左右设置抗风壁柱，屋面采用钢筋混凝土承重构件时，山墙上部沿屋面板应设置截面不小于 240mm × 240mm（在壁柱处宜局部放大）的钢筋混凝土卧梁，并须与屋面板妥善连接。承重砖墙与砌块墙的壁柱、转角墙及窗间墙均应经结构计算确定，并不宜小于图 11-18所示的构造尺寸。

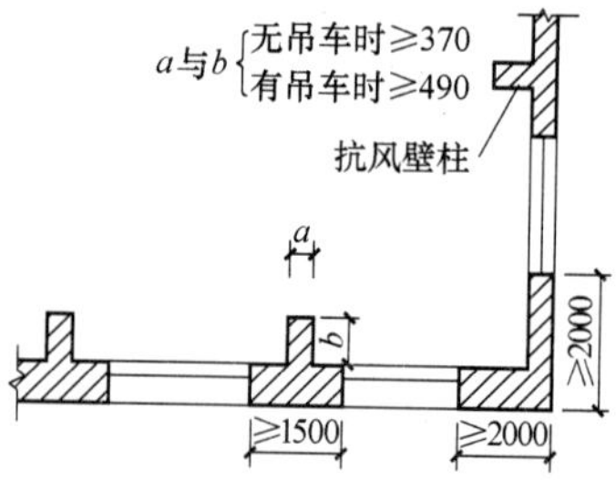

图 11-18　砖墙承重厂房平面局部

2. 自承重砖墙与砌块墙

自承重墙是排架式单层厂房常用的外墙形式，可以由砖或其他砌块砌筑，适用于跨度、高度、风荷载和振动荷载较大的大中型厂房。

（1）墙和柱的相对位置及连接构造　厂房外墙和柱的相对位置通常可以有四种构造方案，见图 11-19。墙和柱的连接构造中最简单常用的做法是采用钢筋拉结，见图 11-20；女儿墙的拉接构造见图 11-21；抗风柱的连接构造见图 11-22。

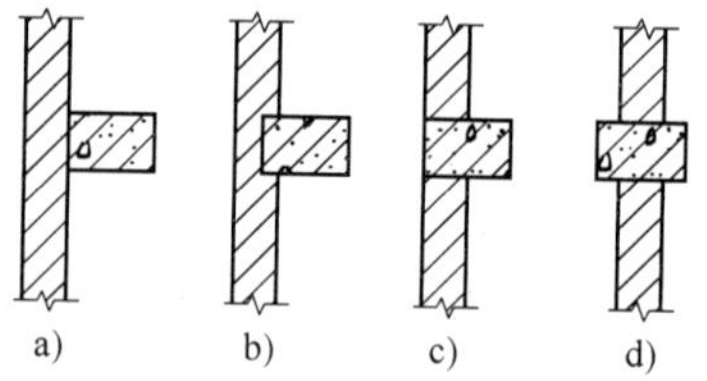

图 11-19　厂房外墙与柱的相对位置

a）墙体在柱子的外侧　b）柱子部分嵌入墙内

c）墙体外缘与柱子外缘重合　d）墙体在柱中

（2）自承重砖墙的下部构造　厂房基础一般较深，自承重砌体墙采用条形基础常不够经济，并会由于和排架柱基础沉降不一致而导致墙面开裂，所以通常把自承重墙砌筑在简支于柱子基础顶面的基础梁上，如图 11-23 所示。要求基础梁顶面的标高低于室内地面 50mm，并高于室外地面 100mm，这样车间的室内外地面高差一般为 150mm。

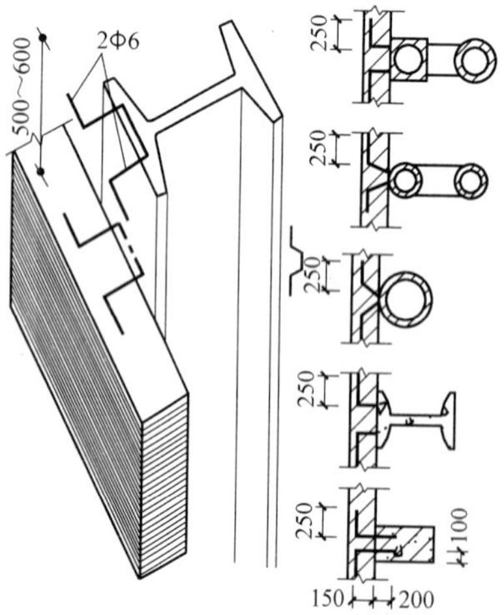

图 11-20　墙和柱的连接

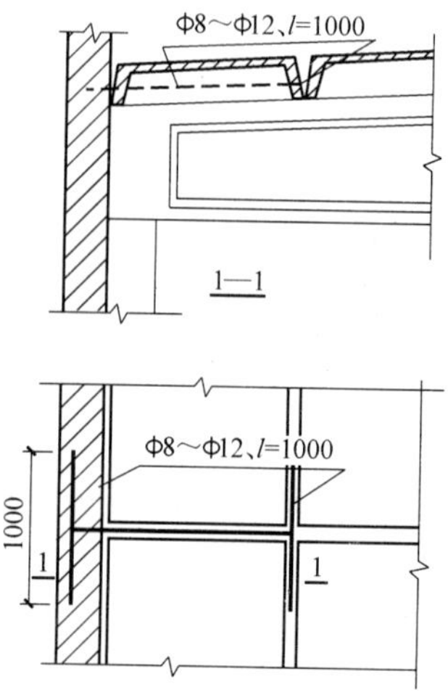

图 11-21　女儿墙与屋面的拉接构造

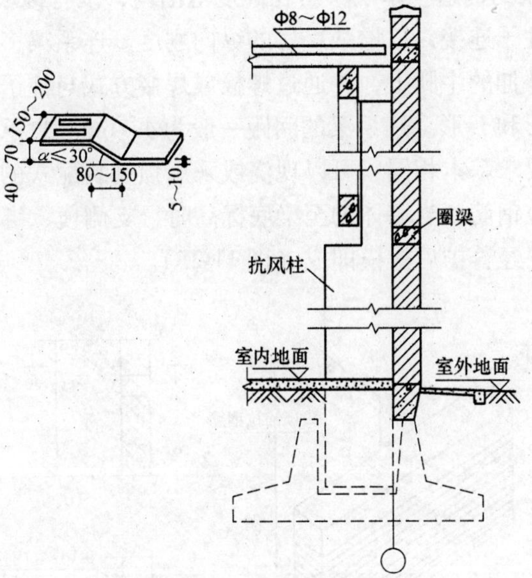

图 11-22　山墙与抗风柱的连接

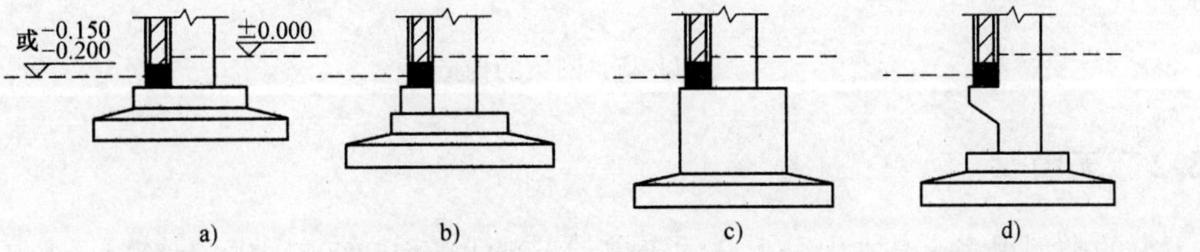

图 11-23　自承重砖墙下部构造

a）基础梁设置在杯口上　b）基础梁设置在垫块上　c）高杯基础的杯口上　d）基础梁设置在小牛腿

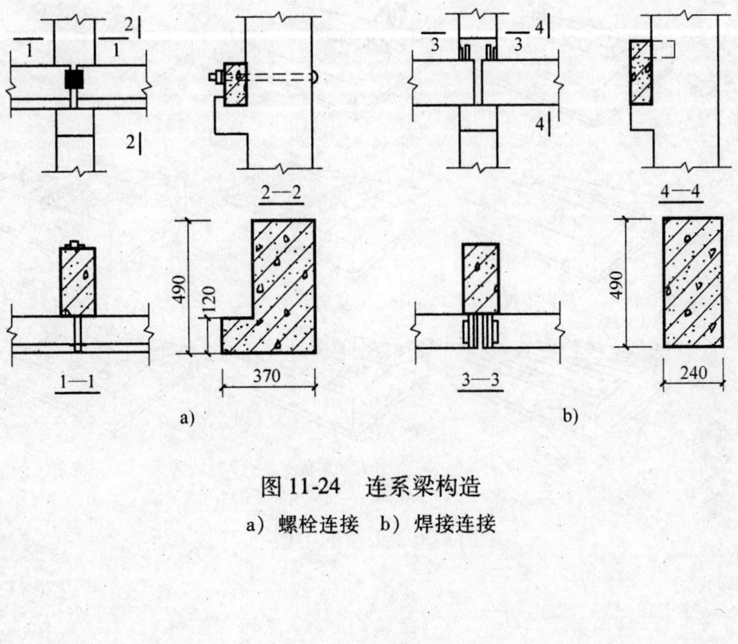

图 11-24　连系梁构造

a）螺栓连接　b）焊接连接

（3）连系梁与圈梁的构造　单层厂房在高度范围内，没有楼板层相连接，一般靠设置连系梁与厂房的排架柱子连接，以增强厂房的纵向刚度。连系梁多为预制装配式和装配整体式，支承在排架柱外伸的牛腿上，并通过螺栓或焊接方式与柱子相连接（图 11-24）。梁的截面形状一般为矩形和 L 形。连系梁的间距一般为 4 ~ 6m。自承重墙的圈梁设置要求与承重墙中的圈梁设置要求基本相同，可以现浇或采用预制装配式的。现浇圈梁一般是先在柱子上预留外伸的锚拉钢筋，当墙体砌至梁底标高时，支侧模、绑扎钢筋骨架并与锚筋连牢，然后浇灌混凝土，经养护后拆模即成（图 11-25）。

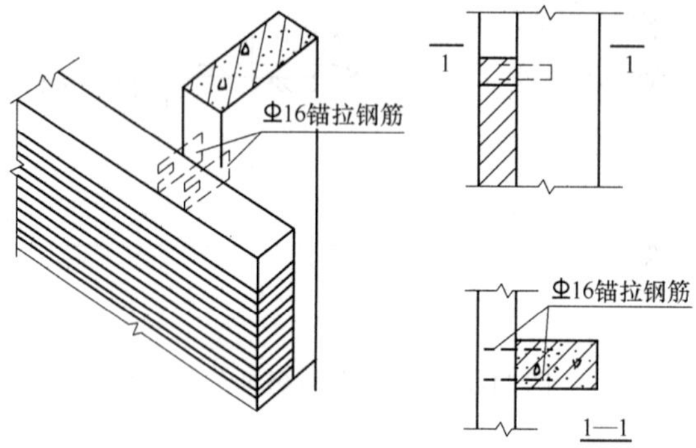

图 11-25　圈梁的构造

11.2.2　天窗

天窗的类型很多，基本上分上凸式天窗、下沉式天窗和平天窗三大类型。上凸式天窗有矩形、M 形、三角形；下沉式天窗有纵向下沉、横向下沉、天井式；平天窗有采光带、采光屋面板和采光罩。图 11-26 为天窗类型示意图。

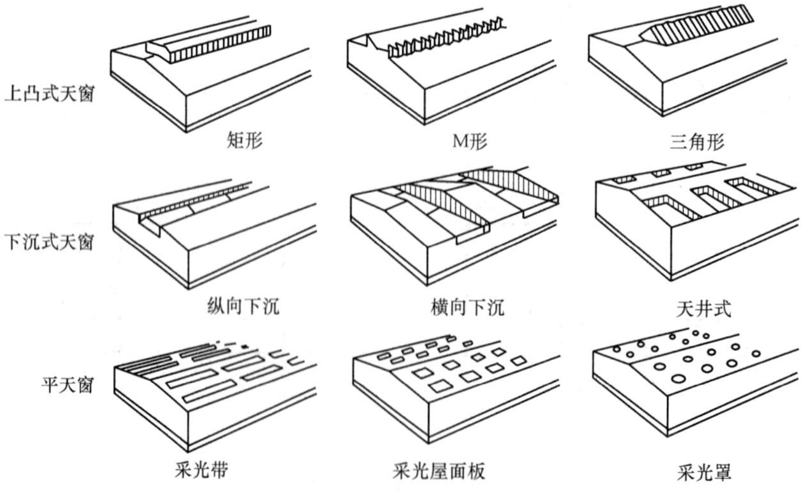

图 11-26　天窗的类型

1. 矩形天窗

矩形天窗主要由天窗架、天窗扇、天窗屋面板、天窗侧板及天窗端壁等构件组成，如图 11-27 所示。

1）天窗架。天窗架是天窗的承重构件，它支承在屋架上弦上。天窗架常用钢筋混凝土或型钢制作。钢筋混凝土天窗架与钢筋混凝土屋架配合使用，它的形式一般为 Π 形或 W 形，也可做成双 Y 形，如图 11-28a 所示。目前标准天窗架宽度采用 3m 倍数，即 6m、9m、12m 等。为了便于制作和安装，6m 和 9m 宽的天窗架通常用两块预制构件拼装而成。12m 宽的天窗架则由三块预制构件拼装而成。钢天窗架的质量轻，制作及吊装均方便，除用于钢天窗上外，也可用于钢筋混凝土屋架上。钢天窗架常用的有桁架式和多压杆式两种，如图 11-28b 所示。

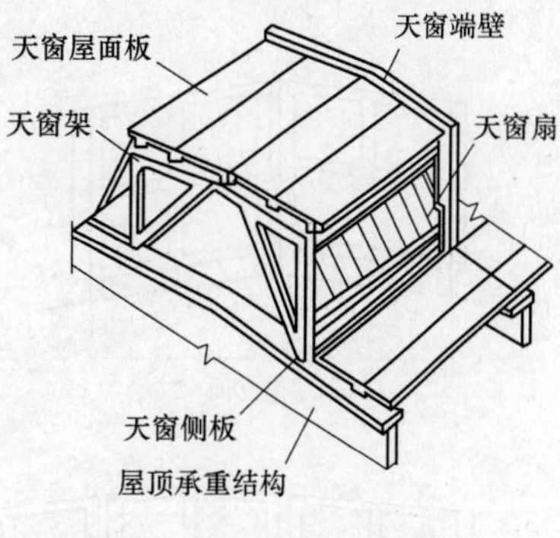

图 11-27　矩形天窗的组成

2）天窗扇。矩形天窗设置天窗扇的作用是采光、通风和挡雨。天窗扇可用木材、钢材及塑料等材料制作，由于钢天窗扇具有坚固、耐久、耐高温、不易变形和关闭较严密等优点，故被广泛采用。钢天窗扇的开启方式有上悬式和中悬式两种。

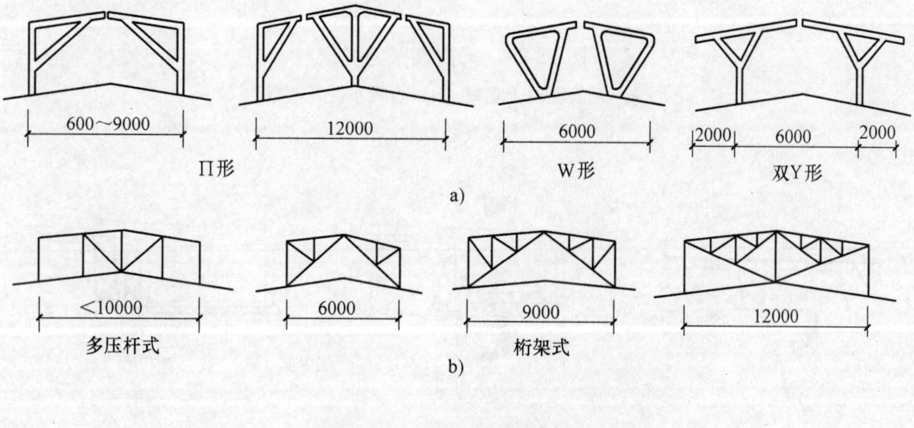

图 11-28　天窗架形式示例
a）钢筋混凝土天窗架　b）钢天窗架

3）天窗端壁。天窗端壁即天窗端部的山墙，起承重和围护作用。通常采用预制钢筋混凝土端壁板（图 11-29a）或钢天窗架石棉水泥瓦端壁（图 11-29b），前者用于钢筋混凝土屋架，后者多用于钢屋架。

4）天窗屋面板和檐口。天窗的屋顶构造一般与厂房屋顶构造相同。当采用钢筋混凝土天窗架，无檩体系的大型屋面板时，其檐口构造有两类。

① 带挑檐的屋面板。无组织排水的挑檐出挑长度一般为 500mm，若采用上悬式天窗扇，因防雨较好故出挑长度可小于 500mm；若采用中悬式天窗扇时，因防雨较差，其出挑长度可大于 500mm（图 11-30a）。

② 设檐沟板。有组织排水可采用带檐沟屋面板（图 11-30b），或者在钢筋混凝土天窗架端部预埋铁件焊接钢牛腿，支承天沟（图 11-30c）。需要保温的厂房，天窗屋面应设保温层。

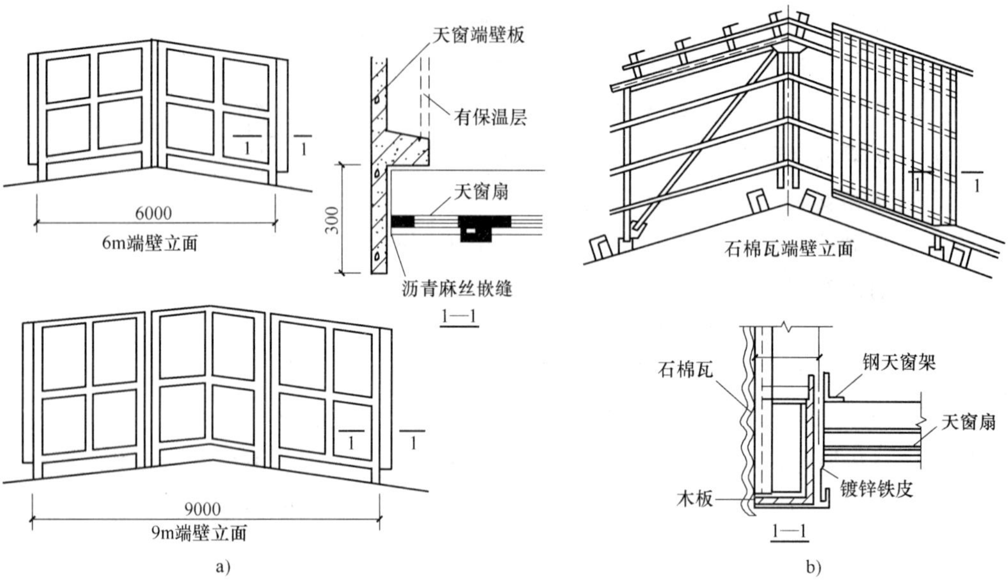

图 11-29　天窗端壁的类型

a）钢筋混凝土端壁　b）石棉水泥瓦端壁

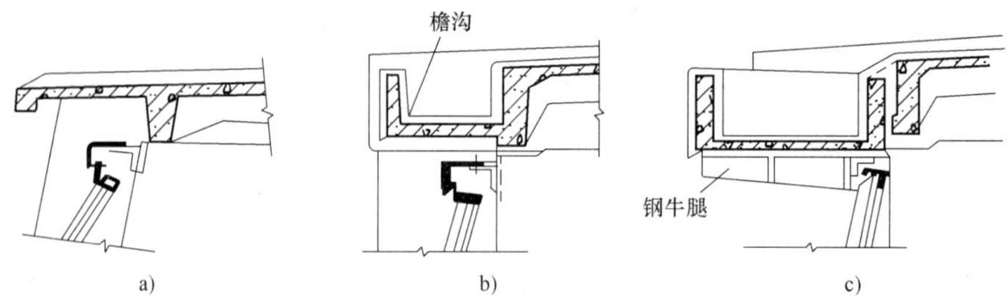

图 11-30　钢筋混凝土天窗檐口

a）挑檐板　b）带檐沟屋面板　c）牛腿支承槽沟板

5）天窗侧板。天窗扇下部需设置天窗侧板，侧板的作用是防止雨水溅入车间及防止因屋面积雪挡住天窗扇。从屋面至侧板上缘的距离，一般为 300mm，积雪较深的地区，可采用 500mm。侧板的形式应与屋面板构造相适应。当采用钢筋混凝土门字形天窗架、钢筋混凝土大型屋面板时，则侧板采用长度与天窗架间距相同的钢筋混凝土槽板（图 11-31a），它与天窗架的连接方法是在天窗架下端相应位置预埋铁件，然后用短角钢焊接，将槽板置于角钢上，再将槽板的预埋件与角钢焊接。图 11-31a 表示车间需要保温，所以屋面及天窗屋面均设有保温层，侧板也应设保温层。图 11-31b 是采用钢筋混凝土小型侧板，小型侧板一端支承在屋面上，另一端靠在天窗窗框角钢下档的外侧。当屋面为有檩体系时，则侧板常采用石棉瓦、压型钢板等轻质材料，见图 11-32。

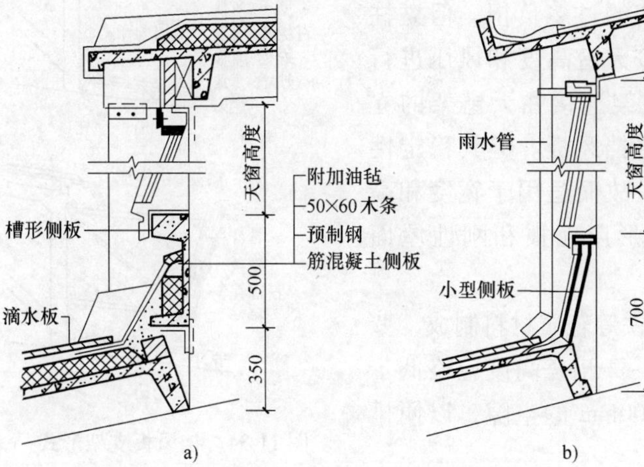

图 11-31 钢筋混凝土侧板

a）槽形侧板 b）小型侧板

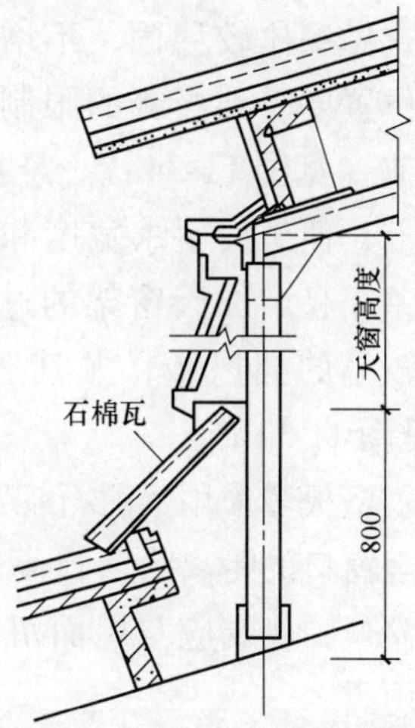

图 11-32 钢天窗架轻质侧板

2. 避风天窗

热加工车间，如锻造、铸造车间在生产中产生大量热量和烟尘，需随时排出。在这些车间的屋顶设置挡风板，可使天窗口处能经常处于负压区，保证天窗的通风效率（见图 11-33）。避风天窗的挡风板由支架、壁板和挡雨板组成。

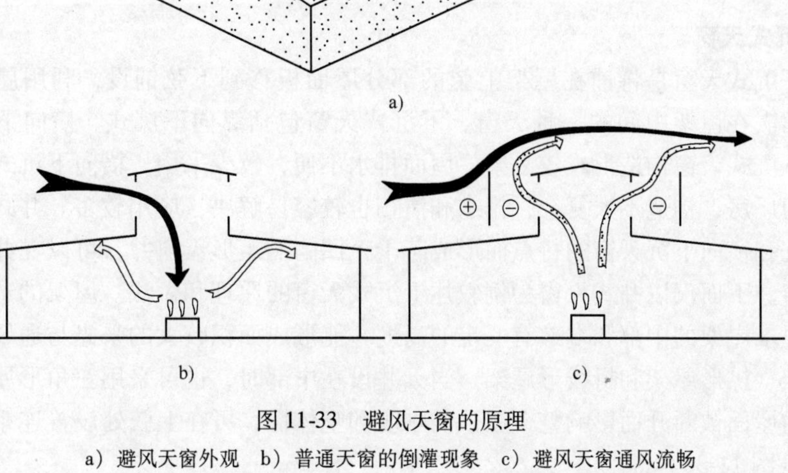

图 11-33 避风天窗的原理

a）避风天窗外观 b）普通天窗的倒灌现象 c）避风天窗通风流畅

支架一般用型钢制作，它的固定方式有立柱式和悬挑式两种。立柱式利用屋面板的缝隙作混凝土墩，将立柱焊于其上，立柱的顶端与天窗架之间用连杆相接。立柱式做法比较稳固，不增加天窗架的过多负担。但立柱的位置要受到板缝的限制，不便按天窗高度和风压进行调节（见图11-34a）。悬挑式将支架连接在天窗架的立柱上，便于按要求宽度和角度设置挡风板。但其稳定性较差，且增加天窗架的过多负担，故而适用于宽度和高度较小的挡风板，尤其适用于F形屋面板和刚性屋面（见图11-34b）。

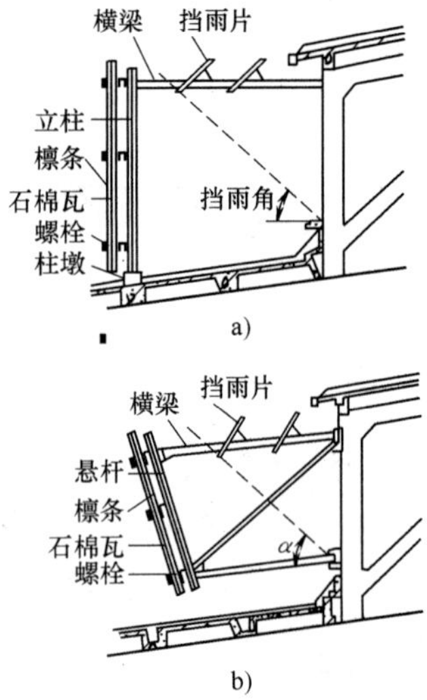

图11-34　挡风板支架形式

a）立柱式垂直挡风板

b）悬挑式倾斜挡风板

壁板多采用水泥石棉瓦或瓦垅铁等轻质材料制成，壁板至窗口的距离为窗口高度的1.5～2倍，高度应略低于天窗口，底端应与屋面留有50～200mm的空隙，以便排除雨雪。

避风天窗不需安装窗扇，因而飘雨会进入室内。为此，应在不影响通风排气的前提下，按飘雨的常见角度设置挡雨设施。挡雨板可用钢板、塑料、玻璃钢、石棉瓦等材料制成。挡雨板的形式见图11-35。

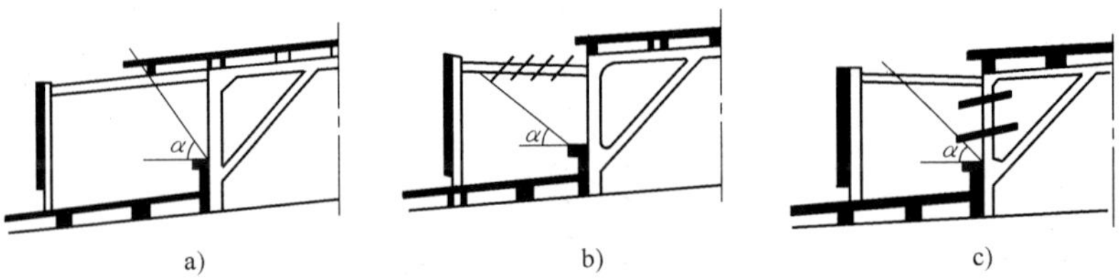

图11-35　挡雨板的形式

a）大挑檐挡雨板　b）水平口挡雨板　c）垂直口挡雨板

3. 下沉式天窗

所谓下沉式天窗是将铺在屋架上弦的部分屋面板移到下弦铺设，利用屋架本身的高度，组成凹嵌在屋架中间的一种天窗。下沉式天窗包括纵向下沉式、横向下沉式和天井式。纵向下沉式天窗构造形式较复杂，屋面排水不便，较少采用。横向下沉式天窗适用于朝向不好的厂房，构造不太复杂，排水和清扫也较容易解决，应用较多。井式天窗是综合了纵向下沉和横向下沉天窗的特点而形成若干个凹陷的矩形天窗井，可以在井的四壁或三壁设置天窗。下面仅以井式天窗为例叙述下沉式天窗的原理和做法。屋架的选型：凡下沉式天窗均要求屋架的中部和端部有一定的高度才能形成面积较大的采光与通风口，故宜采用梯形屋架、拱形屋架和折线形屋架，当天井设在中部时，也可采用三角形屋架。由于天窗井上方的屋面被断开而影响整个屋顶的刚度和整体性，可在上弦处设置连系杆件或铺设空格板（见图11-36）。

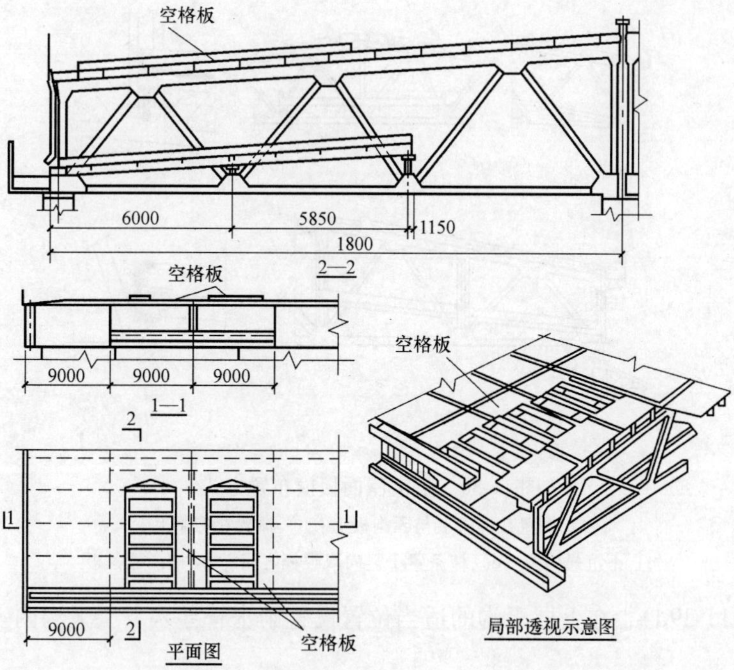

图 11-36　井式天窗的井口空格板

下沉部分的屋面板可采用纵向布置或横向布置。纵向布置是将下沉的屋面板沿厂房的纵向直接搁置在屋架下弦上，这种布置方式适用于仅有竖向腹杆的屋架和卡口形屋面板。屋面板上表面是水平的，在其上面垫坡做防水层（见图 11-37）。横向布置是先在屋架下弦节点处搁置檩条，在檩条上横向搁置下沉屋面板。檩条在支座处的高度可以减小，即采用下卧式檩条；或采用槽形檩条，将下沉屋面板搁置在槽形檩条下翼缘内侧（见图 11-38）。

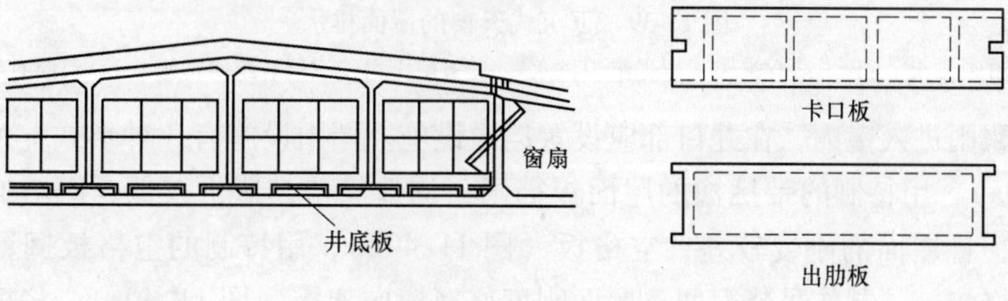

图 11-37　下沉屋面板纵向布置方式

天井式天窗的排水问题包括上层屋面的排水和下沉屋面的排水。天井式天窗有边侧天窗和中间天窗两种，中间位置的天井式天窗的下沉屋面必须采用有组织排水方式，而边侧的天井式天窗的上下层屋面的排水有如下几种方式：上下层屋面均为无组织排水（见图 11-39a），这种做法构造简单，造价较低，适用于降雨量较少的地区；上层屋面有组织排水、下沉屋面无组织排水（见图 11-39b），适用于下沉屋面面积较小的情况；上层屋面无组织排水，下沉屋面有组织排水（见图 11-39c），下层屋面檐口处设置通长天沟，并兼作清扫屋面灰尘的走道，但应加设栏杆，上层屋面的雨水可落入下层天沟内；双层屋面有组

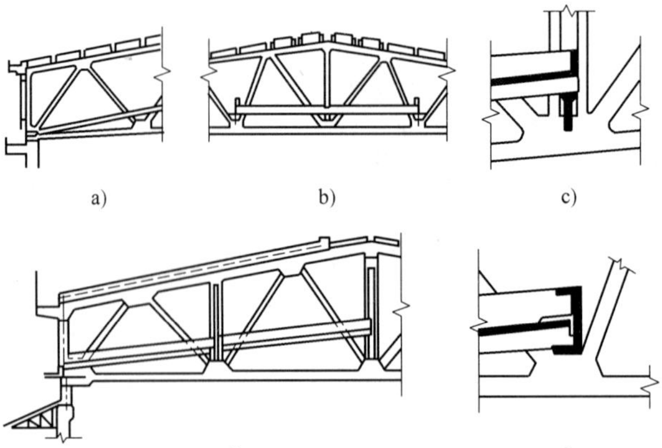

a)　b)　c)　d)　e)

图 11-38　下沉屋面板横布置方式

a）搁置在檩条上与天沟板上　b）搁置在檩条上
c）下沉式檩条　d）檩条置于竖向双腹杆之间　e）槽形檩条板

织排水（见图 11-39d），在上层天沟的适当位置设置雨水管导入下层天沟内。

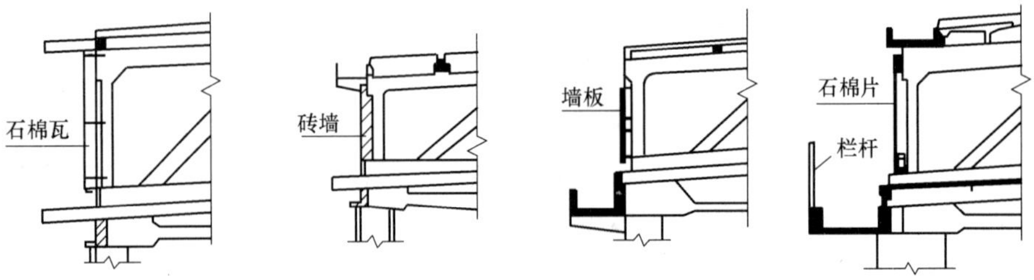

a)　b)　c)　d)

图 11-39　下沉式天窗的屋面排水

a）双层无组织排水　b）上层有组织下层无组织排水　c）上层无组织下层有组织排水　d）双层有组织排水

为避免飘雨进入室内，在井口部应设置挡雨设施。挡雨设施有 3 种形式：加长屋面板（见图 11-40a），用特制的带挑檐的屋面板挡雨，构造简单，造价较低，但增加了屋面板的规格类型，且屋面的刚度较差；空格板（图 11-40b），用特制的空格板搁置在屋架之间，板的规格统一，制作吊装简便，屋面刚度好；横向架板（图 11-40c），将横向板架在纵向板上而形成井口挡雨板，对纵向板受力不利，也增加了板的类型，但材料消耗较少。

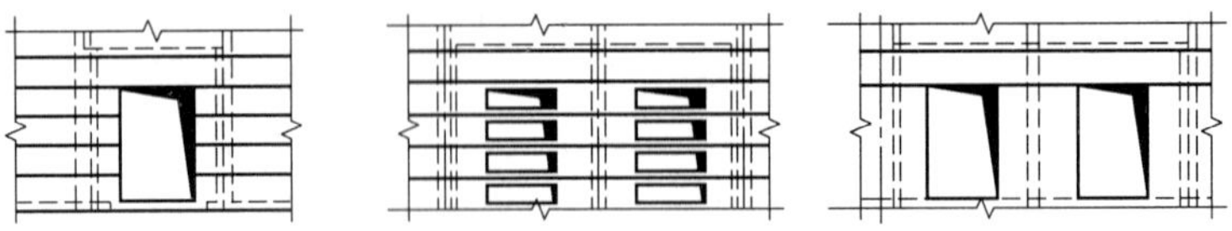

a)　b)　c)

图 11-40　井式天窗的挡雨设施

a）加长屋面板　b）空格板　c）横向架板

4. 平天窗

平天窗的类型有采光屋面板、采光罩和采光带 3 种类型。

采光屋面板是在定型的屋面板上开设窗洞，安装平板透光材料，可做成固定式或开启式，见图 11-41。通风式采光屋面板是将采光孔壁的一侧加高并设置可开启的侧窗，采光板呈倾斜状，既可以通风，又可以采光，且倾斜的采光面可减少积雪、积灰、便于排水。这种做法较矩形天窗简单、经济、自重也轻（见图 11-42）。

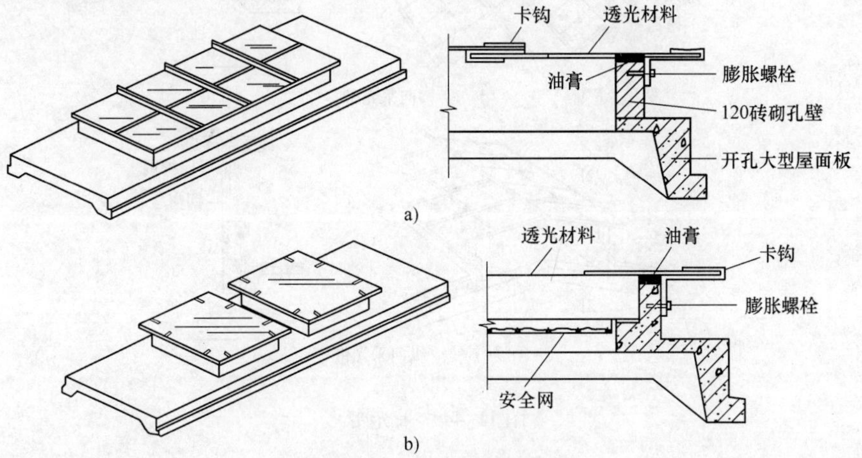

图 11-41　采光屋面板构造
a）大孔板　b）小孔板

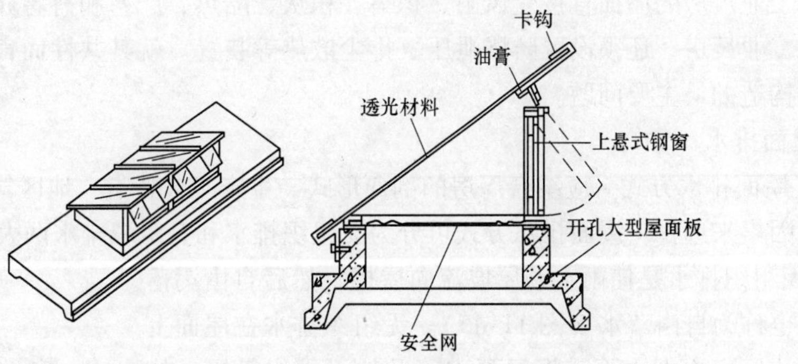

图 11-42　通风式采光屋面板

采光罩在屋面板上开洞并安装弧形透光材料，也有固定式和开启式两种（见图 11-43）。

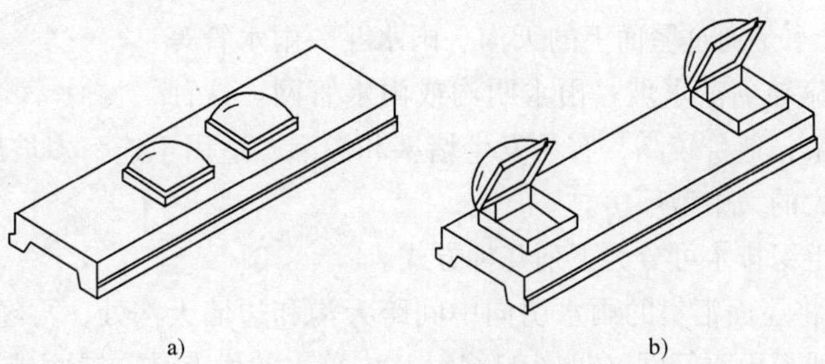

图 11-43　采光罩
a）固定式　b）开启式

采光带在屋顶上将屋面板隔开一些距离，做成通长的平天窗。槽瓦屋面宜做横向采光带，而屋面板宜作纵向采光带（图11-44）。

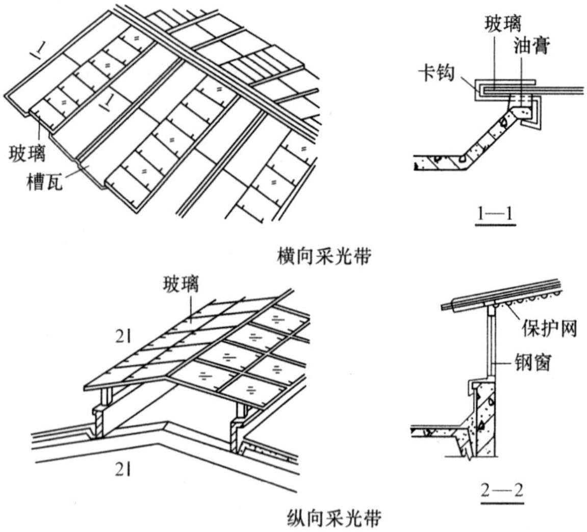

图11-44　采光带

11.2.3　屋面

单层工业厂房的屋面直接受风雨、积雪、积灰、酷热、严寒和有害介质的影响，还有一些特殊工业厂房，还须设置防爆泄压、排尘散热等装置。就其共性而言，屋面排水和防水是屋面构造的最主要问题。

1. 屋面排水

（1）屋面排水方式　应结合厂房的剖面形式、生产工艺特点、地区气候状况、技术经济条件等因素来选择。屋面排水方式可分为无组织排水和有组织排水两大类。

1）无组织排水是使雨水顺屋坡流向屋檐，然后自由泻落到地面，也称为自由落水（图11-45）。无组织排水在屋面上不设天沟，厂房内部也不需设置雨水管及地下雨水管网，构造简单、施工方便、造价较低，不易发生泄漏。它适用于檐高较低的单跨双面坡的小型厂房。

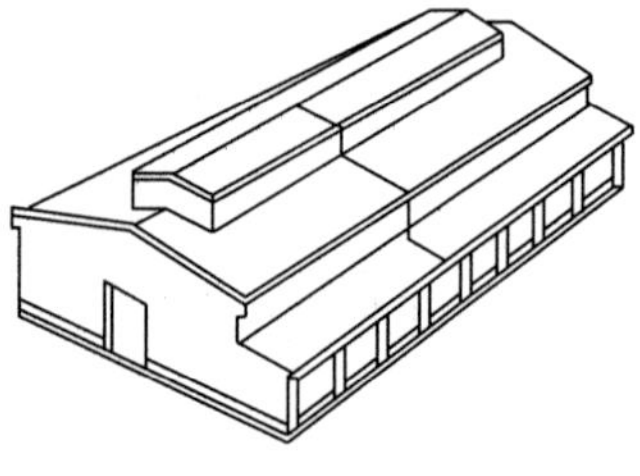

图11-45　无组织排水示意

2）有组织排水是通过屋面上的天沟、雨水斗、雨水管等有组织地将雨水疏导到散水坡、雨水明沟或雨水管网。这种排水方式构造复杂，造价较高，容易发生堵塞和渗漏，适用于连跨多坡屋面和檐口较高、屋面集水面积较大的大中型厂房。

厂房屋面有组织排水可分为下列几种方式。

① 内落水。将屋面汇集的雨水引向中间跨天沟和边墙天沟处，再经雨水斗引入厂房内的雨水竖管及地下雨水管网（见图11-46）。内落水的优点是：屋面排水组织比较灵活，多用于多跨工业厂房。

② 内落外排水。在多跨厂房内可用水平悬吊管将雨水斗连通到外墙的雨水竖管处，悬吊管穿过外墙，使雨水在墙外经竖管排入地下雨水管网或明沟内（见图 11-47）。也可将竖管设在墙内侧从墙角处穿出室外。水平悬吊管可沿屋架横向设置，亦可沿柱子纵向设置。

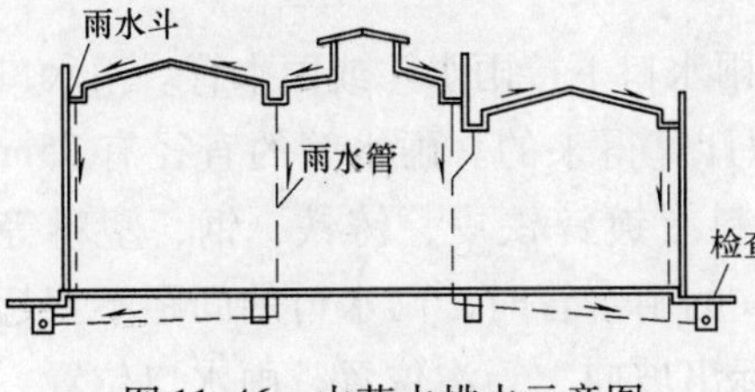

图 11-46　内落水排水示意图

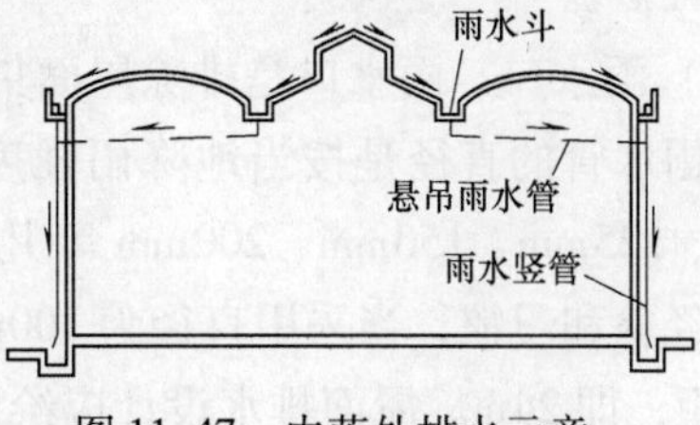

图 11-47　内落外排水示意

③ 檐沟外排水。当厂房较高，或降雨量较大，不宜作无组织排水时，可在厂房檐口处做檐沟外排水。即在檐口处设置檐沟板用来汇集雨水，并安装雨水斗连接雨水竖管，见图 11-48。

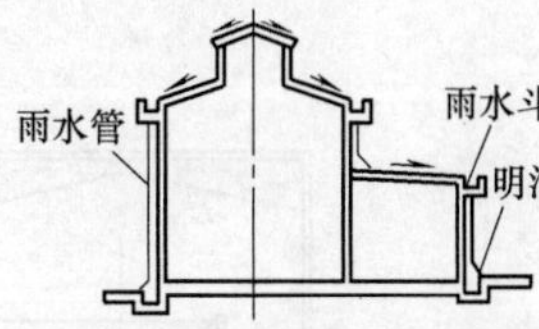

图 11-48　檐沟外排水示意

④ 长天沟外排水。长天沟外排水是沿厂房屋面的长度做贯通的天沟，并利用天沟的纵向坡度将雨水引向端部山墙外部的雨水竖管排出（见图 11-49）。长天沟板端部做溢流口，以防止在暴雨时因竖向雨水管来不及泄水而发生天沟漫水现象（见图 11-50）。

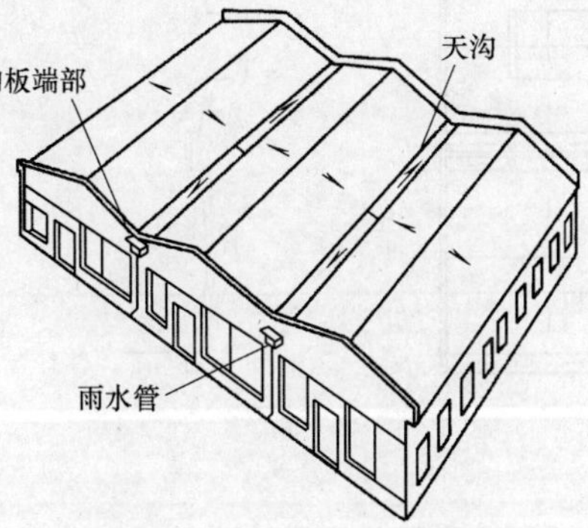

图 11-49　长天沟示意

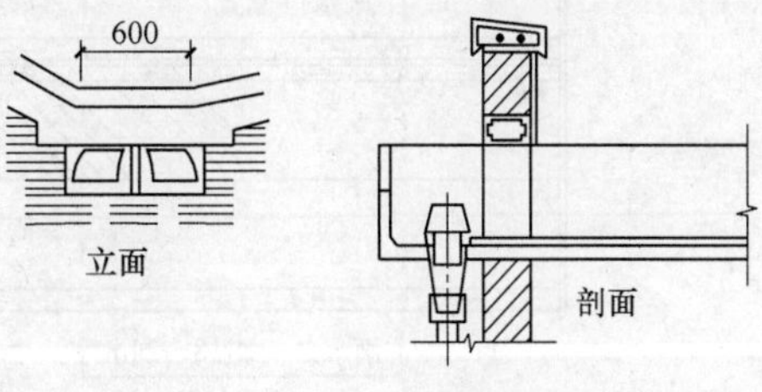

图 11-50　长天沟端部溢流口

（2）排水坡度　屋面具有合适的坡度，才能使雨水顺利地排除。合理的排水坡度与屋面的防水材料、屋盖构造、屋架形式、地区降雨量等都有密切关系。我国厂房现在常用的屋面防水方式有油毡卷材防水、构件自防水和刚性防水等数种。构件自防水屋面中又有嵌缝式和搭盖式两种形式。各种不同防水材料的屋面排水坡度可参见表 11-2。

表 11-2　屋面坡度选择参考表

防水类型	卷材防水	构件自防水			
		嵌缝式	F 板	槽瓦	石棉瓦等
选择范围	1:4 ~ 1:50	1:4 ~ 1:10	1:3 ~ 1:8	1:2.5 ~ 1:5	1:2 ~ 1:5
常用坡度	1:5 ~ 1:10	1:5 ~ 1:8	1:4 ~ 1:5	1:3 ~ 1:4	1:2.5 ~ 1:4

(3) 屋面天沟　屋面天沟包括在屋面中部的天沟和在檐口部位的檐沟。天沟的形成有两种方式：一种是铺设天沟板，天沟板是水平搁置的构件，必须按雨水口的位置垫置排水坡；另一种是直接在屋面板上用垫置方法按雨水口位置形成排水坡，其纵向坡度一般为0.5% ~1% 。

(4) 雨水口　雨水口是排除屋面集水的出口，雨水口下接雨水斗或雨水管。雨水口的间距和雨水管的直径是按当地降雨强度和集水面积计算得来的。雨水管的直径有75mm、100mm、125mm、150mm、200mm等几种规格，材料有镀锌铁皮、铸铁、钢、塑料等多种。按经验和习惯，当采用直径为100mm或125mm的雨水管时，雨水口的间距不宜超过4个柱距，即24m。屋面排水设计应绘制布置图，标出坡向、天沟位置、雨水口位置、分水与汇水线、排水横坡与纵坡和与上述部位相关的轴线编号（图11-51）。

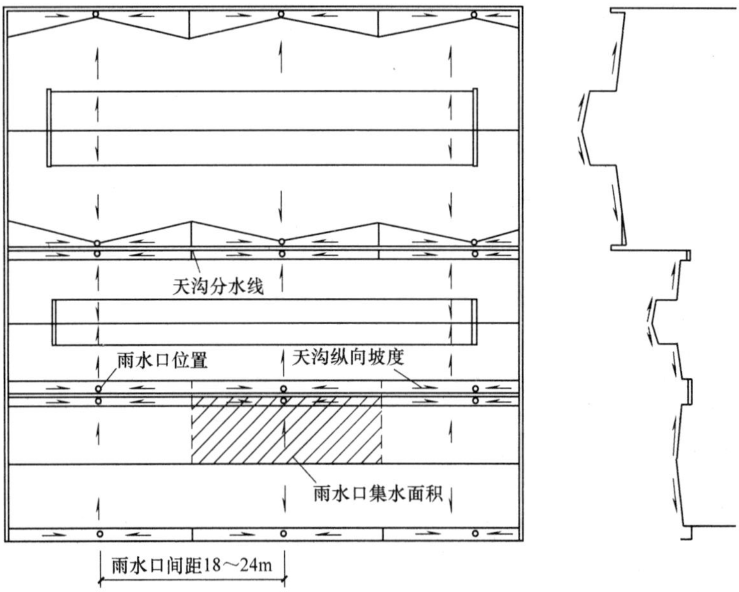

图11-51　屋面排水布置图

2. 屋面防水

单层厂房屋面防水有卷材防水、刚性防水、构件自防水和瓦屋面防水等几种，分述如下。

1）卷材防水。该屋面在单层厂房中的做法与民用房屋类似，但屋面基层稍异。单层厂房卷材屋面基层必须保证一定的刚度和不易变形的要求，才能保证防水质量。因卷材具有一定的弹性和韧性，因此常用于有振动要求的厂房屋面。

2）刚性防水。该屋面一般是采用在大型屋面板上现浇一层细石混凝土的防水做法。

3）构件自防水。该屋面是利用屋面板本身的密实性和平整度（或者再加涂防水涂料）、大坡度，再配合油膏嵌缝及油毡贴缝或者靠板与板相搭接盖缝等措施，以达到防水的目的。构件自防水屋面，按照板缝的构造方式可分为嵌缝（脊带）式和搭盖式两种基本类型。

3. 屋面保温、隔热

厂房屋面保温、隔热与民用房屋做法类似，但应注意保温一般只在采暖及空调厂房中考虑。保温层大多数设在屋面板上，如民用房屋中平屋顶所述，此处从略。设在屋面板下的保温层构造如图11-52所示，主要用于构件自防水。厂房屋面隔热，除有空调的厂房外，一般只是在炎热地区较低矮的厂房才作隔热处理。如厂房屋面高度大于9m，可不隔热，主要靠通风解决屋面散热问题；如厂房屋面高度小于或等于9m，但大于6m，且高度大于跨度的1/2时不需隔热；若高度小于或等于跨度的1/2时可隔热；如厂房屋面高度小于或等于6m，则需隔热。

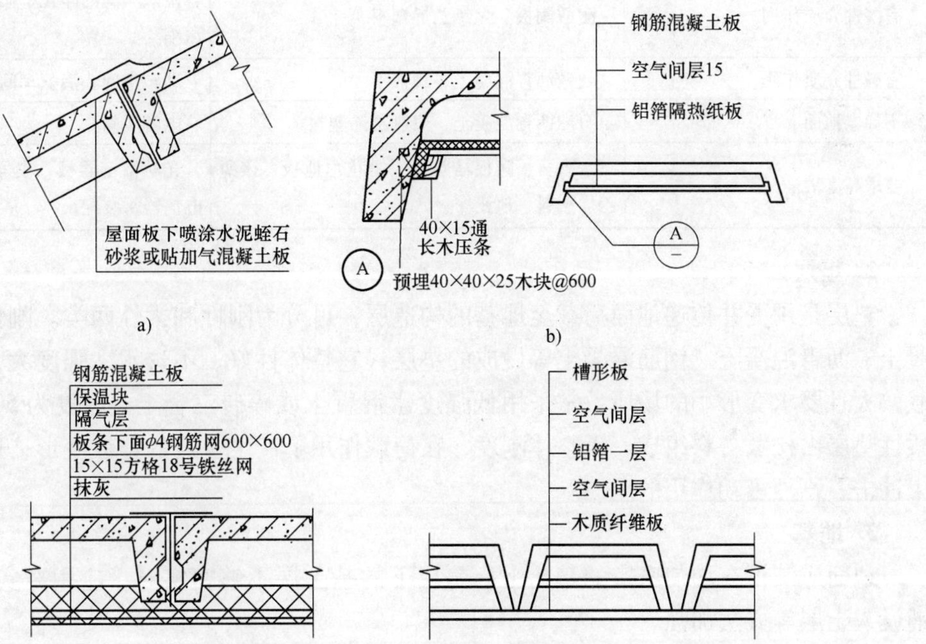

图11-52　屋面板下设保温层构造

a）直接喷涂　b）钉铝箔隔热纸板　c）吊保温块板条抹灰　d）同b）（加钉木质纤维板）

11.2.4　地面

工业建筑地面一般由面层、垫层和地基组成。为了满足一些特殊要求还要增设结合层、找平层、防水层、保温层、隔声层等功能层次。现将主要层次分述如下。

1. 面层选择

面层是直接承受各种物理和化学作用的表面层。应根据生产特征、使用要求和影响地面的各种因素来选择地面，可参见表11-3。

表 11-3　地面面层选择

生产特征及对垫层使用要求	适宜的面层	生产特征举例
机动车行驶、受坚硬物体磨损	混凝土、铁屑水泥、粗石	行车通道、仓库、钢绳车间等
坚硬物体对地面产生冲击（10kg 以内）	混凝土、块石、缸砖	机械加工车间、金属结构车间等
坚硬物体对地面有较大冲击（50kg 以上）	矿渣、碎石、素土	铸造、锻压、冲压、废钢处理等
受高温作用地段（500℃以上）	矿渣、凸缘铸铁板、素土	铸造车间的熔化浇铸工段、轧钢车间加热和轧机工段、玻璃熔制工段
有水和其他中性液体作用地段	混凝土、水磨石、陶板	选矿车间、造纸车间
有防爆要求	菱苦土、木砖沥青砂浆	精密车间、氢气车间、火药仓库等
有酸性介质作用	耐酸陶板、聚氯乙烯塑料	硫酸车间的净化、硝酸车间的吸收浓缩
有碱性介质作用	耐碱沥青混凝土、陶板	纯碱车间、液氨车间、碱熔炉工段
不导电地面	石油沥青混凝土、聚氯乙烯塑料	电解车间
要求高度清洁	水磨石、陶板马赛克、拼花木地板、聚氯乙烯塑料、地漆布	光学精密器械、仪器仪表、钟表、电信器材装配

2. 垫层

垫层是承受并传递地面荷载至地基的构造层，可分为刚性和柔性两类。刚性垫层指混凝土、沥青混凝土、钢筋混凝土等做成的垫层，它整体性好、不透水、强度大，适用于荷载较大且要求变形小的场所，常采用低强度素混凝土或碎砖三合土，厚度为 50 ~ 100mm；柔性垫层由松散材料组成，无整体刚度，在荷载作用下产生一定的塑性变形，适用于有较大冲击、剧烈震动作用的地面。

3. 地基

地面应铺设在均匀密实的基土上。垫层下的基土层不够密实时，应用夯实、掺骨料、铺设灰土层等方法加强。

4. 细部构造

（1）变形缝　图 11-53 为地面变形缝示例。

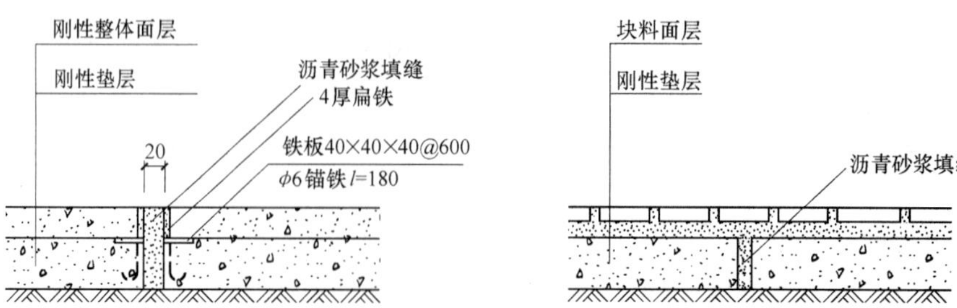

图 11-53　变形缝构造

（2）交界缝　如图 11-54 所示。

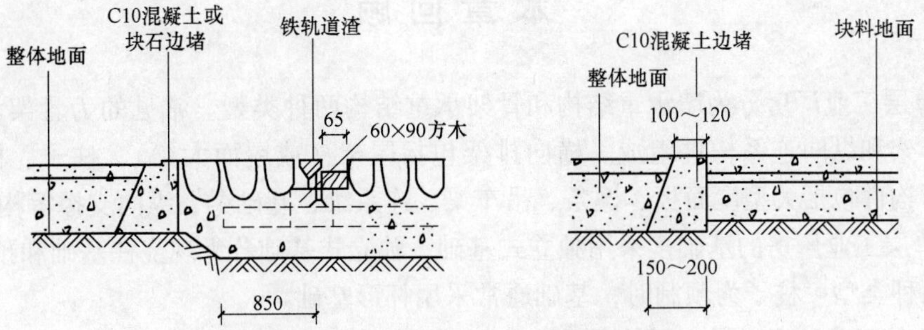

图 11-54　不同地面接缝与铁路路轨接缝

（3）地沟　图 11-55 为一般地沟构造示意，沟壁多用砖砌，考虑土壤侧压力，厚度一般不小于 240mm。

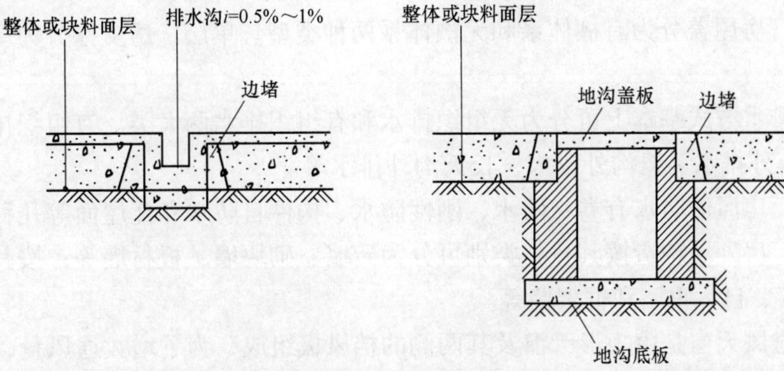

图 11-55　排水沟及地沟

（4）坡道　图 11-56 为一坡道构造示意图。

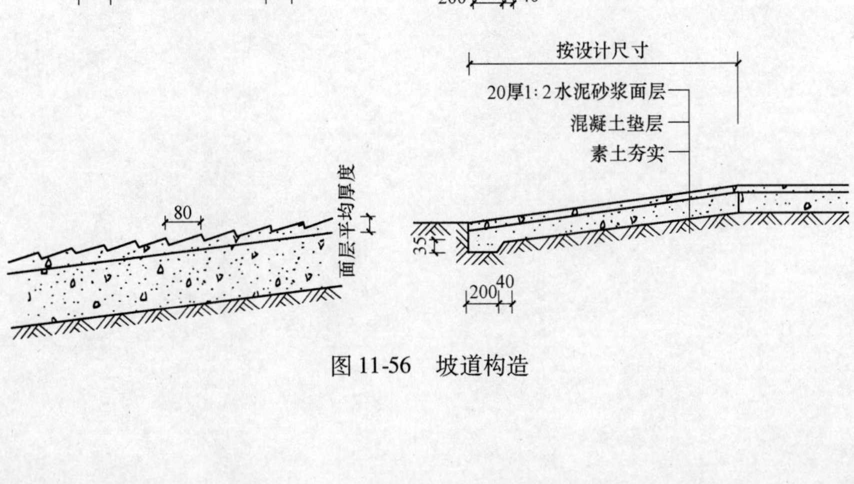

图 11-56　坡道构造

本 章 回 顾

1. 单层工业厂房分为墙承重结构和骨架承重结构两种类型。常见的为骨架承重结构，由横向排架和纵向连系构件组成。横向排架包括屋架（或屋面大梁）、柱子、柱基础等；纵向连系构件包括大型屋面板、檩条、吊车梁、连系梁、基础梁、纵向支撑等构件。

2. 单层工业厂房的基础多采用独立式基础。独立式基础分为现浇柱基础和预制装配式柱基础两种类型。柱子为预制时，基础通常采用杯形基础。

3. 柱是工业厂房中最主要的承重构件。目前一般多采用钢筋混凝土柱，按截面形式分为单肢柱和双肢柱两大类。

4. 吊车梁承受吊车荷载，并传给柱子，同时也增加了骨架的纵向刚度和稳定性。吊车梁的类型有T形、工字形、鱼腹式等。

5. 单层厂房屋盖分为有檩体系和无檩体系两种类型。单层厂房支撑分为屋盖支撑和柱间支撑。

6. 屋面排水方式基本上可分为无组织排水和有组织排水两大类。有组织排水又可分为内落水、内落外排水、檐沟外排水、长天沟外排水等。

7. 单层厂房屋面防水有卷材防水、刚性防水、构件自防水和瓦屋面等几种。

8. 单层厂房外墙构造按其材料类别可分为砖墙、砌块墙、板材墙等；按其承重形式则可分为承重墙、自承重墙和框架墙等。

9. 矩形避风天窗是由矩形天窗及其两侧的档风板组成，为了增大通风量，可以不设窗扇。解决防雨的措施是采用挑檐屋面板、水平口挡雨片、垂直口挡雨板。

10. 井式天窗由井底板、井口板、挡风侧墙及挡雨设施组成。井式天窗的井底板既可横向布置，也可纵向布置。

11. 承重墙的构造更要重视其刚度和稳定性。在大型板材墙中，墙板布置以横向布置为主。板柱连接有刚性和柔性两类。板缝处理的首要任务是防水。轻质板材墙有石棉水泥波瓦墙和压型钢板墙两种。

专业识图篇

第 12 章　建筑施工图识读

知识储备

建筑工程施工图多数是采用正投影法按照国家建筑制图标准及一定的比例绘制的。通过水平和正面、侧面投影图及剖面图将建筑物的形体及内部构造等反映出来。

通过本章的学习，我们应该：

掌握建筑施工图的识读方法；了解建筑工程施工图的组成内容；重点掌握建筑平、立、剖面图及建筑详图的识读。

12.1　建筑工程图基本知识

导入案例

一栋建筑物（如教学楼）有各种形状（三维空间体），又要满足各种功能要求，需要用哪些图样才能把它的真实形状和功能反映出来？

12.1.1　建筑工程图的概念和分类

1. 建筑工程图的概念及作用

建造房屋要经过两个基本过程，一是设计，二是施工。设计时需要把想象中的建筑物用图形表示出来，这种图形统称为建筑工程图。建筑工程图是用来反映房屋的功能组合、房屋内外貌和设计意图的图样；为施工服务的图样称为房屋施工图，简称施工图。一套施工图，是由建筑、结构、水、暖、电及预算等工种共同配合，经过正常的设计程序编制而成，是进行施工的依据；正确地识读施工图是正确反映和实施设计意图的第一步，也是进行施工及工程管理的前提和必要条件。

建筑施工图是根据正投影原理和相关的专业知识绘制的工程图样，其主要任务在于表示房屋的内外形状、平面布置、楼层层高及建筑构造、装饰做法等。它是其他各类施工图的基础和先导，是指导土建工程施工的主要依据之一。建筑施工图主要用来作为施工放线、砌筑基础及墙身、铺设楼板、楼梯、屋顶、安装门窗、室内装饰及编制预算和施工组织计划等的依据。本章主要介绍建筑施工图的识读。

2. 建筑工程图的分类和编排顺序

建筑工程图由于专业分工不同，根据其内容和作用分为建筑施工图、结构施工图和设备施工图。

1）建筑施工图。简称建施，它一般包括总平面图、建筑平面图、建筑立面图、建筑剖面图和建筑详图。

2）结构施工图。简称结施，它一般包括基础图、结构平面布置图和各构件的结构详图及结构构造详图。

3）设备施工图。简称设施，它一般包括给水排水、采暖通风，以及电器照明设备的布置、安装要求，其中有平面布置图、系统图和详图。

一套建筑工程施工图按图样目录、总说明、总平面、建筑、结构、水、暖、电等施工图顺序编排。各工种图样的编排，一般是全局性图样在前，表明局部的图样在后；先施工的在前，后施工的在后；重要图样在前，次要图样在后。为了图样的保存和查阅，必须对每张图样进行编号。房屋施工图按照建筑施工图、结构施工图、设备施工图分别分类进行编号。如在建筑施工图中分别编出“建施 1”、“建施 2”……，具体编号方法请参见附录 A。

12.1.2　整套图样的识读方法

1. 读图应具备的基本知识

施工图是根据投影原理绘制的，用图样表明房屋建筑的设计及构造做法。因此，要看懂施工图的内容，必须具备一定的基本知识。

1）掌握做投影图的原理和建筑形体的各种表示方法。

2）熟悉房屋建筑的基本构造。

3）熟悉施工图中常用的图例、符号、线型、尺寸和比例的意义。

2. 读图的方法和步骤

看图的方法一般是：从外向里看，从大到小看，从粗到细看，图样与说明对照看，建筑与结构对照看。先粗看一遍，了解工程的概貌，而后再细读。

读图的一般步骤：先看目录，了解总体情况，图样总共有多少张；然后按图样目录对照各类图样是否齐全，再细读图样内容。

试一试

利用前面学到的知识，怎样把你所在教室的建筑功能表达出来？动手画一画。

12.2　建筑施工图识读

导入案例

一套简单的建筑工程施工图就有一二十张，一套大型复杂建筑物的工程图会有几十张、上百张甚至几百张之多，包括了各专业的施工图样；而其中的建筑施工图是各专业的基础图，怎样读懂建筑施工图，并通过图样进行施工呢？这是我们本节重点解决的问题。

12.2.1 首页图和建筑总平面图

1. 施工首页图

首页图也称为施工总说明，主要对图样上未能详细注写的用料和做法等要求做出具体的文字说明。中小型房屋的施工总说明，一般放在建筑施工图的第一页。有时施工总说明与结构总说明合并，成为整套施工图的首页，放在施工图的最前面，故称为首页图。首页图一般包括图样目录、建筑设计说明、工程做法、门窗表等。具体内容详见附录 A。

（1）图样目录识读 拿到一套建筑工程施工图，首先应读清楚图样目录，它是查阅图样的主要依据。通过目录可以知道一套建筑施工图都有什么内容、有多少张图，一般包括图样的类别、编号、图名及备注等栏目，以表格形式列出；整套图样的目录，有建筑施工图目录、结构施工图目录及设备施工图目录，表 12-1 为某工程图样目录摘录。

表 12-1 某工程图样目录摘录

图别与图号	图 名	图 幅	备 注
建施—00	总平面图	1 号	
建施—01	设计说明 门窗表	1 号	
建施—02	工程做法	1 号	
建施—03	地下室平面图	1 号	
建施—04	一层平面图	1 号	
建施—05	标准层平面图	1 号	
建施—06	顶层平面图	1 号	
建施—07	屋顶平面图	1 号	
建施—08	①～㉑立面图	1 号	
建施—09	㉑～①立面图	1 号	
建施—10	Ⓐ～Ⓕ立面图	1 号	
建施—11	1—1 剖面图	1 号	
建施—12	墙身详图	1 号	
建施—13	楼梯详图	2 号	
建施—14	卫生间详图	2 号	
建施—15	天窗详图	2 号	
结施－01	结构设计说明	1 号	
结施－02	基础图	1 号	
结施－03	柱子、剪力墙平面图	1 号	
结施－04	柱子平面配筋图	1 号	
结施－05	梁配筋图（一）	1 号	
结施－06	梁配筋图（二）	1 号	
结施－07	楼板结构平面图（一）	1 号	
结施－08	楼板结构平面图（二）	1 号	
结施－09	屋顶结构平面图	1 号	
结施－10	楼梯配筋图	1 号	

试一试

找一套完整的施工图，对照图样目录，与每张建筑施工图右下角的标题栏中图别一一校对，并统计校对结果。

（2）建筑设计说明　设计说明因工程性质、规模大小，内容有很大的不同，主要包含以下项目。

1）本施工图的设计依据。一般包括批准的设计任务书、合同文号及其内容，国家有关法律、方针政策及规定，采用新技术、设备、材料和新结构情况，工程所在地区的自然条件，建筑场地的工程地质条件；水、暖、电及煤气供应情况，交通道路条件；规划要求及人防、环保、消防、用地、抗震的依据等。

2）工程项目的概况。一般包括工程项目规模、项目的组成内容，承担设计的范围与分工。如建筑名称、建设地点、建设单位、建筑面积、建筑占地面积、建筑工程等级、设计使用年限、建筑层数和高度、防火设计建筑分类和耐火等级、地下室防水等级、抗震设防烈度等。

3）技术经济指标。主要技术经济指标一般根据建筑物不同的使用要求给出，如住宅的套型和套数（包括每套的建筑面积、使用面积、阳台建筑面积；房间的使用面积可在平面图中标出），旅馆的客房间数和床位数，医院的门诊人次和住院部的床位数，车库的停车泊位数等。

试一试

读一读附录 A 的建筑设计说明你都明白了什么？找一找建筑面积、层数和高度是多少。

（3）工程做法及门窗表　工程做法除用文字说明外，也可用表格形式表达，主要是对建筑各部位构造做法加以详细说明。例如，墙、地面、楼面、屋面以及踢脚、散水等部位做法的详细表达，若采用标准图集中的做法，应注明所采用标准图集的代号、做法编号，如有改变，可在备注中说明，参见表 12-2。

表 12-2　工程做法表

项目	使用部位（编号）	做法（标准图集）	备　　注
屋面			
地面			
楼面			
墙裙			
内墙面			
天棚			

门窗表是对建筑物中所有不同类型的门窗统计后列成的表，以备施工预算时所需。在门窗表中应反映门窗的类型、大小、所用标准图集及其类型编号，如有特殊要求，应在备注中加以说明，详细内容见表12-3。

表12-3 门窗表

类别	设计编号	洞口尺寸/mm		樘数	图集名称	材料及选用类型	备注
		宽	高				
门							
窗							

试一试

将教室的工程做法和门窗进行统计并填入表12-2、表12-3中。

2. 总平面图

总平面图是将拟建工程附近一定范围内的建筑物、构筑物及其自然状况，用水平投影的方法和相应的图例画出的图样。它主要反映原有建筑物与新建建筑物的平面形状、所在位置、朝向、标高、占地面积和邻界情况等内容。总平面图是新建房屋定位、施工放线、土方施工及施工总平面设计和其他工程管线设置的依据。

（1）总平面图的基本内容

1）总平面图是用正投影原理绘制的，具有如下基本内容。

① 标明道路红线和建筑物红线的范围，新建的各种建筑物及构筑物的名称、层数、具体位置、标高、道路以及各种管线布置系统等总体布局。

② 确定建筑物的平面位置，一般是根据原有房屋或道路来作为新建工程的定位依据。修建成片住宅、较大的公共建筑物、工厂或地形较复杂时，用坐标确定房屋及道路转折点的位置。

③ 标明建筑物首层地面的绝对标高，室外地坪、道路的绝对标高。根据标高可以知道土方填挖情况，看出地面的坡度以及水流方向。

④ 用指北针来标明总平面范围内整体的朝向，也可用风玫瑰图，它既能表示朝向，又能显示出该地区的风向频率和风速。

⑤ 根据工程的需要，有时总平面图中除平面设计外，还应标明竖向布置图，以计算出施工中土方填挖数量。在管道综合图上，标明引进的电缆线，供热、供煤气、自来水管线以及污水管线等与建筑物的距离和管线间距，如遇到复杂管线时，应加断面图以标明各管线交叉时的位置和标高。在绿化及建筑小品布置图中，标明绿地及植物配置，人行道及铺地的定位等。

2）总平面图实例。图12-1是某师范大学拟建高级知识分子住宅楼的总平面图，图中包括下列主要内容。

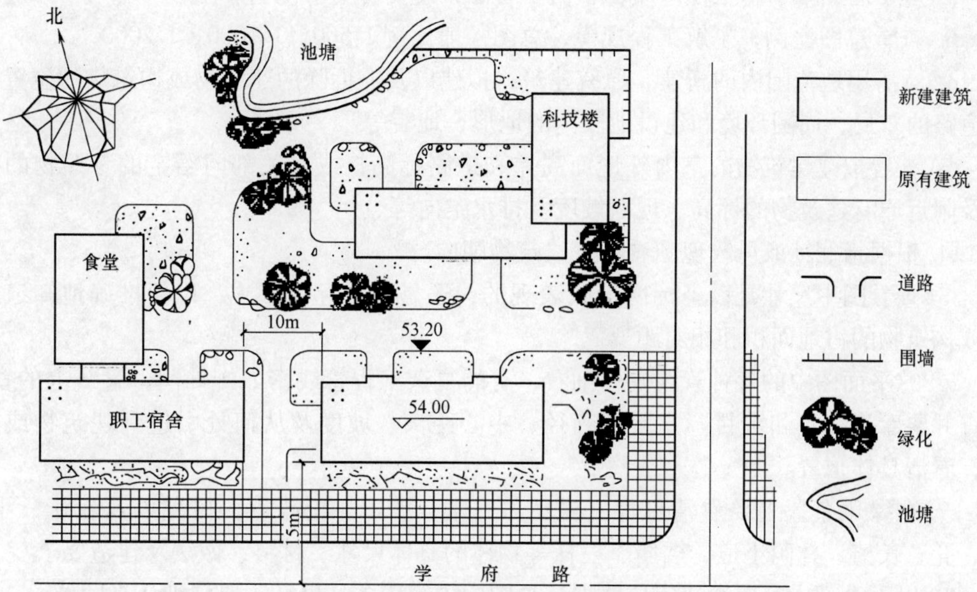

图 12-1　总平面图 1∶500

① 新建建筑物。在图 12-1 总平面图中，拟建房屋是按 1∶500 的比例，用粗实线框表示，原有建筑用细实线框表示，并在线框内，用小黑点表示建筑层数，有几点就是几层。

② 新建建筑物的定位。总平面图的主要任务是确定新建建筑物的位置，通常是利用原有建筑物、道路等来定位的。在图 12-1 中，拟建住宅楼的西墙面距原有职工宿舍楼 10m，楼房与学府路平行，其南墙面距路中心线为 15m。

③ 绝对标高。在总平面图中，用绝对标高表示高度数值，单位为 m。在图 12-1 中，拟建房屋楼底层地面的绝对标高是 54m。楼外整平地面的绝对标高是 53. 20m。标高数值书写在标高符号横线上。

（2）建筑总平面图识读

1）建筑总平面图识读方法。

① 了解图名、比例。

② 了解工程性质、用地范围、地形地貌和周围环境情况。

③ 了解建筑的朝向和风向。

④ 了解建筑的平面形状和准确位置。

⑤ 了解新建房屋四周的道路、绿化。

⑥ 了解建筑物周围的给水、排水、供暖和供电的位置，管线布置走向。

2）识读总平面图注意事项。

① 总平面图的内容大多数是用符号表示的，所以在看图之前要先熟悉图例符号的意义；表 1-6 为常用的图例索引，摘自《总图制图标准》（GB/T 50103—2001）。

② 新建建筑物外形（一般以 ±0. 000 高度处的外墙定位轴线或外墙面线为准）用粗实线表示。需要时，地面以上建筑用中粗实线表示，地面以下建筑用细虚线表示。

a. 从平面图中了解工程性质，不但要看图，还要看文字说明。

b. 查看总图比例，了解工程规模，总图一般比例1:500，1:1000，1:2000。

c. 看清用地范围内的新建、原有建筑，拟建以及需拆除的建筑物或构筑物的位置，新旧道路的布局，周围环境和建设地段内的地形、地貌等。

③ 查看拟建建筑物的室内外地面高差和道路标高，或有关部门给定的参照物的标高以及附近原有建筑物的标高、地面坡度及排水走向等。

④ 根据指北针或风玫瑰图看清楚建筑物朝向。

⑤ 查看图中尺寸是以坐标网形式表现的，还是一般标注形式，以便准确地知道建筑物或构筑物的占地面积和相对距离。

⑥ 总平面图中的各种管线要仔细看，有的复杂工程管线密如蜘蛛网，管线上的窨井、检查井要看清编号和数目。要看清管径、中心距离、坡度及从何处引进到建筑物或构筑物，看清具体位置。

⑦ 在绿化布置上要看清草坪、树丛、乔木、灌木、松墙等，树种以及花坛、小品、桌、凳、长椅、林荫小道、矮墙、栏杆等物体的具体尺寸、材料、做法及建造要求。

⑧ 以上全部内容要查清定位依据。总图中内容较多且繁杂，要仔细认真阅读。

试一试

找出图12-1总平面图中的比例和新建建筑物朝向、形状和准确位置、绝对标高。

小知识

设计使用年限：指进行建筑物设计时，考虑各种影响因素的年限，也叫做设计基准期，我国规定的设计基准期是50年；但设计基准期并不等于建筑物的寿命，超过50年后，建筑物不一定损坏而不能使用，只是建筑物完成预定的各种功能的能力越来越差。

抗震设防烈度：按国家规定的权限批准作为一个地区抗震设防依据的地震烈度；地震烈度是一次地震对某一地区影响的强烈程度；抗震设防烈度为6度及以上地区的建筑，必须进行抗震设计。

绝对标高：我国把青岛市外的黄海海平面作为零点所测定的高度尺寸，称为绝对标高。在总平面图中，用绝对标高表示高度数值，单位为m。

相对标高：在建筑物的施工图上要注明许多标高，如果全用绝对标高，不但数字繁琐，且不易得出各部分的高差。因此除总平面图外，一般采用相对标高，即把首层室内主要地坪标高定为相对标高的零点（±0.000），并在建筑工程总说明中说明相对标高与绝对标高的关系。拟建工程的首层地坪标高由当地附近的水准点（绝对标高）来测定。

12.2.2 建筑平面图

建筑平面图主要表示房屋的平面形状、大小，内部分割和使用功能（如出入口、各房间的关系、楼梯和走廊的位置等），墙体、柱材料和厚度，门窗类型与位置。它是房屋施工图中最基本的图样之一，同时也是施工放线、砌筑墙体、安装门窗和编制预算的主要依据。

1. 建筑平面图形成及内容

假想用一个水平剖切面沿房屋的门、窗洞口的位置（距地面1m左右）把整个房屋切开，移去上面部分，对其下面部分作水平面投影，所得的水平剖面图，即为建筑平面图，简称平面图，如图 12-2 所示。

一般来说，房屋有几层，就应该有几个平面图，沿房屋底层门窗洞口剖切所得到的平面图称为底层平面图，沿二层门窗洞口剖切所得到的平面图称为二层平面图，以此类推，可得三层、四层……平面图，最高一层的平面图称为顶层平面图。但是，有些楼层除标高不同外，其余的平面布置相同，这时可以用一个平面图表示，这样的平面图称为标准层平面图。所以，一般房屋有底层平面图、标准层平面图、顶层平面图。另外，还应有屋顶平面图，它是由屋顶的上方向下作屋顶外形的水平投影而得到的平面图，用它来表示屋顶的情况，如屋面排水的方向、坡度、雨水管位置及屋顶的构造等，如图 12-4 所示。

建筑平面图的方向宜与总平面图方向一致。

图 12-2 所示为一栋单元式住宅的底层平面图（局部），图 12-3 所示为二层单元平面

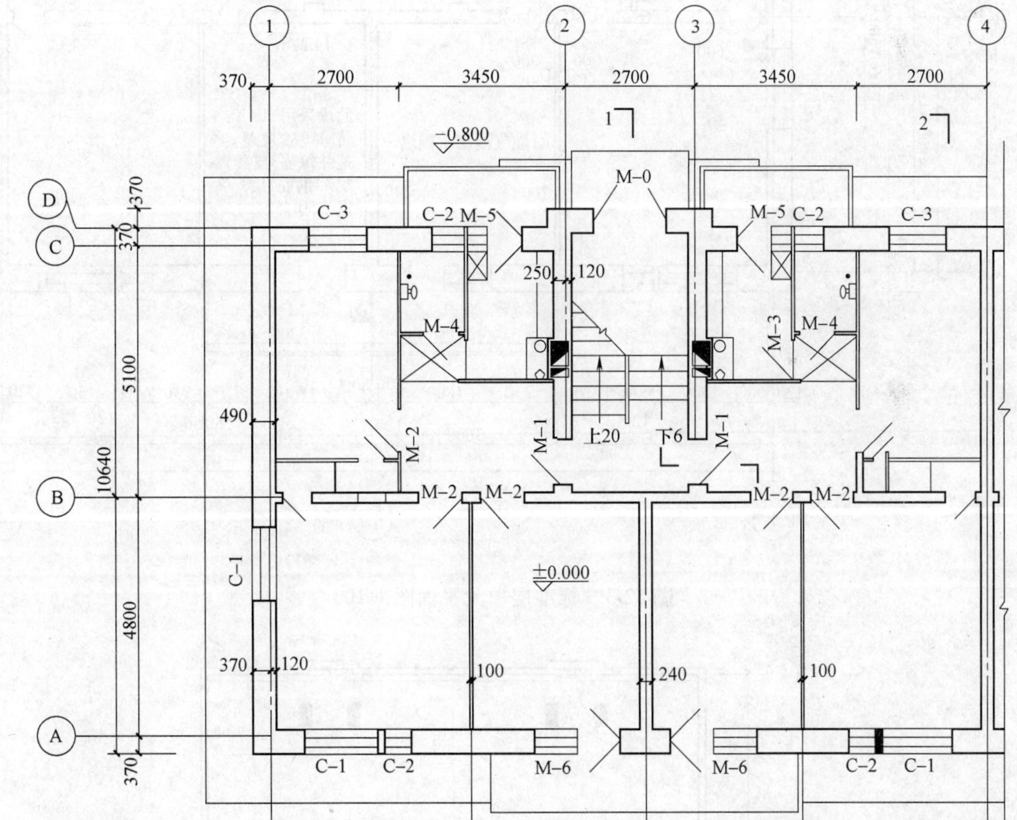

图 12-2　底层平面图 1:100

图。图 12-4 所示为屋顶平面图。

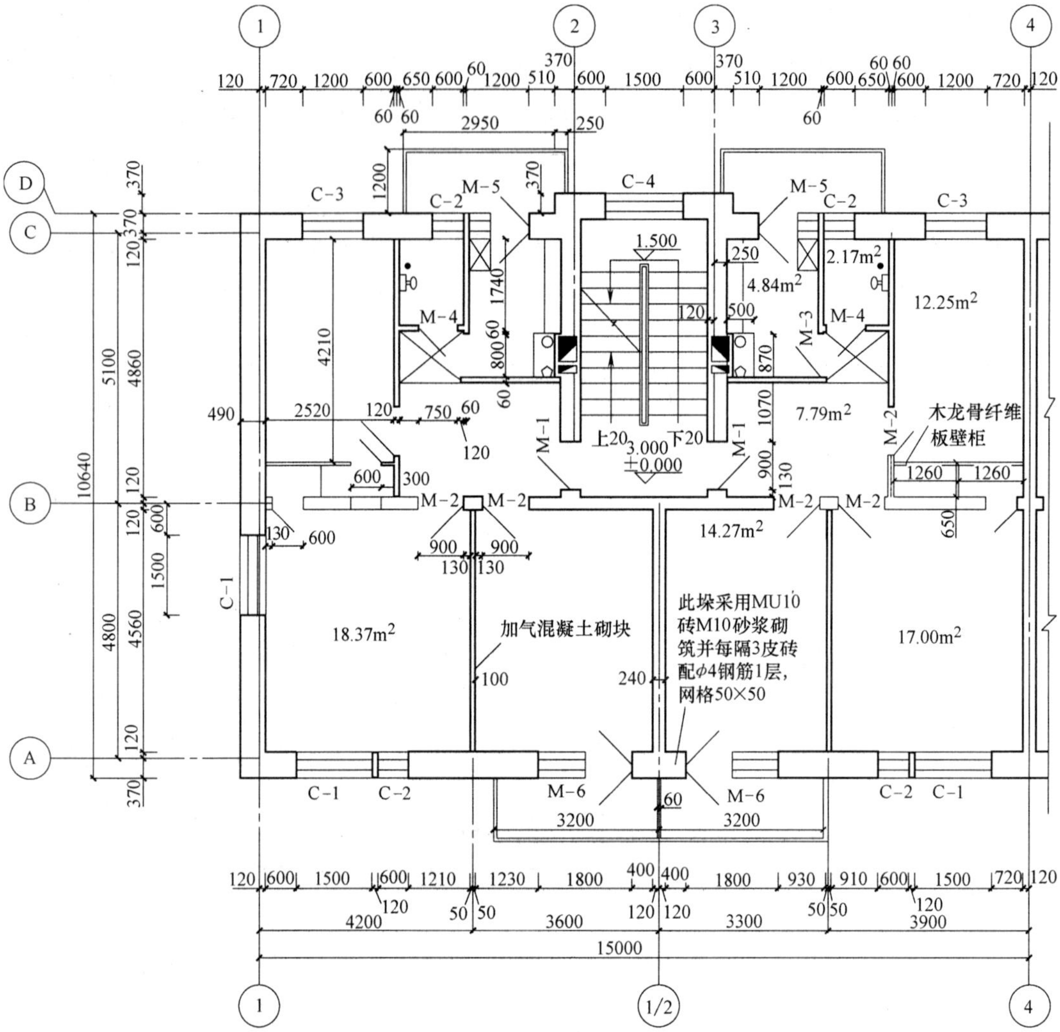

图 12-3　标准层单元平面图 1:100

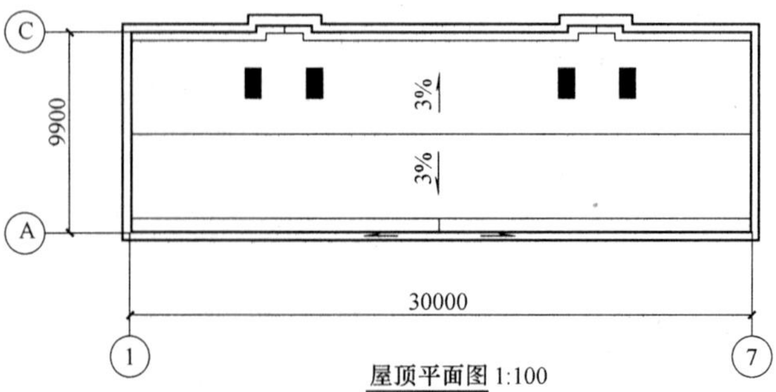

图 12-4　屋顶平面图

建筑平面图上主要反映以下内容。

1）所有墙、柱的定位轴线及其编号、尺寸。

2）所有房间的名称及门窗编号、位置、大小及开启方向。

3）三道尺寸线：横向、纵向的总长尺寸；轴线间距尺寸（墙、柱距，跨度）；细部尺寸（门窗洞口尺寸，洞口边到轴线间的距离尺寸，墙、柱宽等）。图 12-3 中，住宅楼的总长为 30.74m，总宽为 10.64m ；中间一道是轴间尺寸，一般表示房间的开间和进深。例如，图中的 3600、3300、2700 等尺寸便是开间尺寸；4800、5100 则是进深尺寸；最里一道是表示门窗洞口宽、墙垛宽等细部尺寸，如图 12-3 所示。

4）注出室内外的高差及室内楼地面的标高。

5）表示电梯、楼梯、自动扶梯上下行方向及主要尺寸、规格、编号。

6）详图的索引和标准图集的索引，剖切线位置及编号等。

7）主要建筑设备、固定家具的位置，如卫生洁具、雨水管、水池、案台、隔断等。

8）表示阳台、雨篷、台阶、斜坡、烟道、通风道、管井、消防梯、散水、排水沟、花池等的尺寸及位置。

9）综合反映其他工种如水、暖、电、煤气等对土建工程的要求，如地沟、配电箱、消火栓、预埋件等的预留洞在墙或楼板上位置及尺寸。

10）底层平面图上应标明指北针，如图 12-2 所示。

11）屋顶平面图的基本内容，如图 12-4 所示。具体识读以下几方面内容。

① 屋面平面图有轴线及轴线编号，有分水线、汇水线，坡向符号及坡度，雨水口，出屋面的人孔，爬梯、挑檐，并有索引的内容。有时还有女儿墙，出屋面的楼梯间等。

② 如果是坡屋面的平面图，屋面的坡度可以用直角三角形来表示。

③ 在屋面标高不同时，屋面平面可以按不同的标高分别绘制，在下一层平面上表示过的屋面，不应再绘制在上一层平面上；也可以将不同标高的屋面画在一起，但应注明不同的标高（均注结构板面）。根据图样复杂程度来选择绘制方法。

12）一般平面图采用的比例是 1:100、1:150、1:200 来绘制。根据工程性质及复杂程度，必要时可选择绘制局部放大图。

2. 建筑平面图识读

（1）图名及比例　先从标题栏中了解工程名称、平面图的图名、比例等内容，如一层平面图、二层平面图、……，比例为 1:100。

（2）建筑物的朝向和总平面布置、形状、尺寸　根据图中指北针的方向可知建筑物朝向，如图 12-2 所示知建筑物朝向为东北向，一层总长 30.74m，总宽 10.64m，形状长方形。通过这些尺寸，可计算出房屋的用地面积，建筑面积等；建筑占地面积为首层外墙外边线所包围的面积；建筑面积是指各层建筑外墙结构的外围水平面积之和。从图中墙的分隔情况和房间的名称，可以了解到房屋内部各房间的配置、用途、数量及其相互间的关系。按每个区域的使用功能去记，是对图样加深记忆的最好办法。

（3）定位轴线编号及其间距、各部分的尺寸　根据轴线编号及间距读清楚各部分的尺寸，注意三道尺寸线，细部尺寸的和是否能对应相应开间的尺寸，开间的总和是否与总长吻合。如有不清楚要记一下问题，各细部的位置及大小尺寸，如门窗洞宽和位置、柱的大小和位置等，都应与轴线联系起来。

（4）建筑物中各部位的标高　在平面图中，对建筑物各组成部分，如地面、楼面、楼梯平台面、室外台阶面、阳台地面等，应分别注明标高。这些标高均采用相对标高，即相对于标高零点（±0.000）的标高，如图 12-2 所示。

（5）门窗位置和编号、数量　图 12-2 中 M_1、M_2、M_3……，C_1、C_2、C_3……等表示门和窗的编号，不同的编号说明门窗的类型不同，阅读时要与门窗明细表对照。至于门窗的细部做法，要看门窗构造详图。

（6）建筑剖面图的剖切位置、索引标志　在底层平面图中的适当位置画建筑剖面图的剖切位置和剖视方向，以便与剖面图对照阅读，读图时注意剖切线是否转折等；索引标志表示的细部做法或采用标准图集做法，通过索引符号找出所在的图纸位置或标准图集号，以便施工人员查阅，如图 12-2 中 1—1 及 2—2 剖面。

（7）其他细部　楼梯、搁板、墙洞等位置及尺寸，各专业设备布置情况，卫生间的便池、洗手池等，读图时注意位置、尺寸及形式。

试一试

找出建筑平面图中的比例；一层平面图的总长、总宽，各房间的尺寸；计算建筑物占地面积和建筑面积；找出底层平面图与标准层平面图的区别。对照图中的门窗进行统计。

12.2.3　建筑立面图

建筑立面造型是建筑物的外部形象，是建筑艺术的表现，同时也反映着设计者的审美意识、设计手法及建筑材料的应用、色彩的选用等；建筑立面图主要用来表示建筑物的立面和外形轮廓，并标明外墙装修要求，是建筑物室外装修主要依据。

1. 建筑立面图形成及内容

在与房屋立面平行的投影面上所作的正投影图，就是建筑立面图，简称立面图。其中反映出房屋主要的外貌特征的立面图称为正立面图，其余的相应称为北立面图和侧立面图等；也可按房屋的朝向来划分，如图 12-5 为北立面图，图 12-6 为南立面图，图 12-7 为东立面图等。有时也按轴线编号来命名，如①~⑦立面图。图 12-5 是北立面图，也是⑦~①立面图局部），图 12-6 是南立面图，也是①~⑦立面图（局部）。建筑立面图主要反映以下内容。

1）画出建筑物外轮廓及主要结构和建筑构造部件的位置，如可以看见的室外地面线、房屋的勒脚、台阶、花池、门、窗、雨篷、阳台、室外楼梯、墙体外边线、檐口、屋顶、雨水管、墙面分格线等内容。

2）标出建筑物立面上的主要标高。一般有以下内容。

① 室外地坪的标高。

② 台阶顶面的标高。

③ 各层门窗洞口标高。

④ 阳台扶手、雨篷上下皮的标高。

⑤ 外墙面上突出的装饰物的标高。

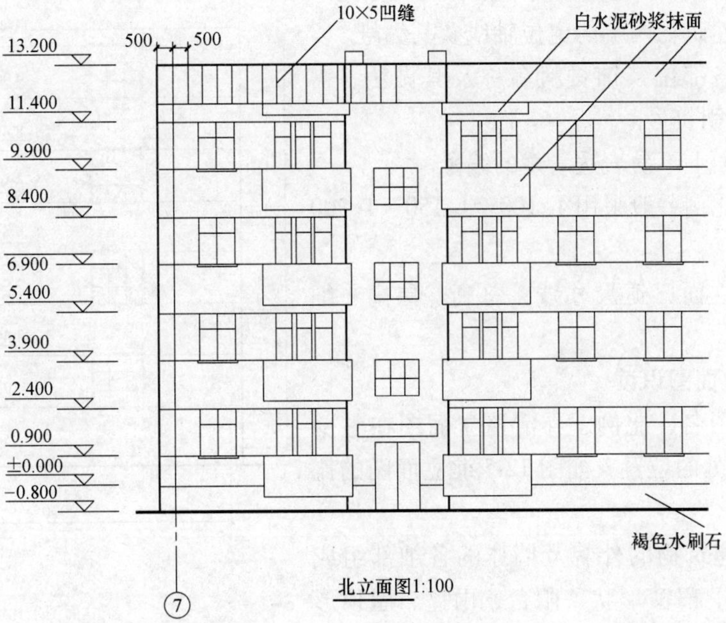

图 12-5　北立面图

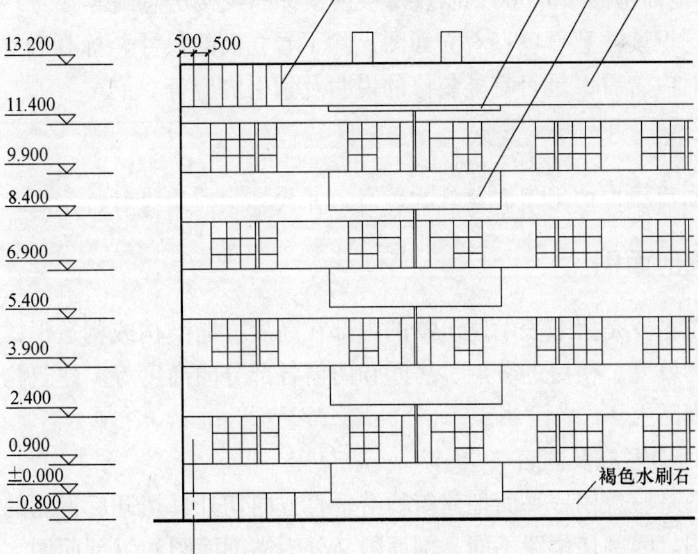

图 12-6　南立面图

⑥ 檐口部位的标高。

⑦ 屋顶上水箱、电梯机房、楼梯间的标高。

3）注出建筑物两端的定位轴线及其编号。

4）注出各部位装饰材料名称及其做法、需详图表示的索引符号。

5）在平面上不易表达清楚的编号。

6）图样比例一般采用 1:100、1:150、1:200 来绘制。

7）墙的立面三道尺寸线：总高、层高、细部尺寸。

2. 建筑立面图识读

1）了解图名、比例，弄清该立面图在整个建筑形体中所处的位置。如图 12-5 北立面图的比例为 1:100。

2）了解建筑物的外貌及墙体的各细部组成部分。如台阶、门窗形状、阳台、雨篷、屋顶形状及位置。

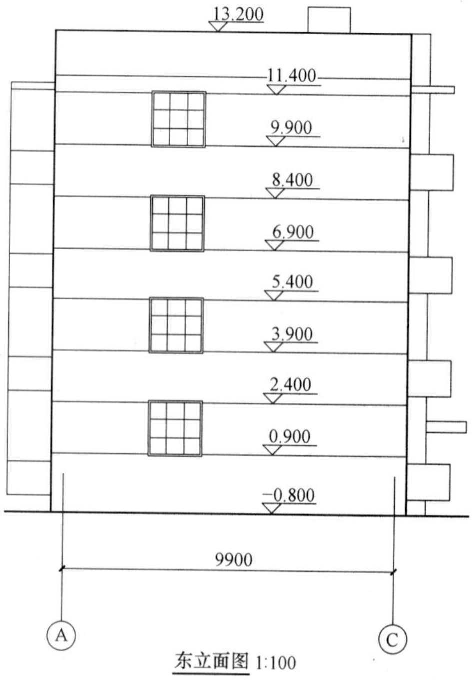

图 12-7　东立面图

3）了解建筑物的外装修做法与所用材料。如图 12-6 南立面图中白水泥砂浆抹面、褐色水刷石。

4）了解建筑物各部位的高度尺寸、关键部位的标高。如图 12-5 所示，室外地面标高 -0.800，室内地面标高 ±0.000，以及每层窗顶标高及楼房总高等。

建筑立面图识读注意事项：看立面图，除了看立面的尺寸、标高和立面外观外，还应注意与平面图对应着看，是否有外装修的说明及索引内容等。

试一试

找出建筑立面图中的比例和建筑物总高，并找一找外装修材料作法。

12.2.4　建筑剖面图

建筑剖面图主要是用来表示建筑物的内部在高度方向结构或构造形式、分层情况及高度等。如屋顶的坡度、楼房的分层、房间和门窗各部分的高度等。建筑物的竖向尺寸主要标注在建筑剖面图上。

1. 建筑剖面图形成及内容

建筑剖面图是假想用一平面把建筑物沿垂直方向切开，切开后得到的切面部分的正投影图叫做剖面图。因剖切位置不同，剖面图又分为横剖面图和纵剖面图。剖面图一般选择建筑物内部做法有代表性、空间变化比较复杂的部位，如楼梯间，并应尽量使剖切面通过门窗洞口。剖切位置应在底层建筑平面图上用剖切线标出，建筑剖面图的图名应与平面图的剖切符号一致；剖切线的长线表示剖切位置，短线表示剖视方向，剖切位置的编号写在表示剖视方向的一方；根据建筑物的平面情况，剖切线可以转折一次，详见图 12-2 中

1—1、2—2 剖面。

建筑剖面图一般包含以下内容。

1）表示被剖切到的墙、柱、梁及其定位轴线编号。

2）表示被剖切到的主要结构和建筑构造部件，如室内外地面、各层楼板、屋顶、檐口、女儿墙、门窗、楼梯、阳台、雨篷、台阶、防潮层、踢脚板、散水、明沟等剖切后可见的内容。

3）标注高度尺寸与标高。

① 高度尺寸：应标注门窗洞口高度、层间高度和建筑总高度三道尺寸线。

② 标高：室内外地面、各层楼板、平台、屋面板、檐口、女儿墙顶、雨篷板，高出屋面的建筑物、构造物及其他特殊构件的标高。

4）表示楼地面及屋顶构造做法，构造详图的索引符号。

5）剖面图的比例应与平面图和立面图的比例一致，因此在剖面图上一般不画材料图符号。

2. 建筑剖面图识读

（1）建筑剖面图识读的主要内容

1）了解图名、比例，根据剖切符号查阅该剖面图在底层建筑平面图中的剖切位置、剖视方向，大致了解建筑被剖切的部分和未被剖切但可见部分。例如，图 12-8 的 1—1 剖

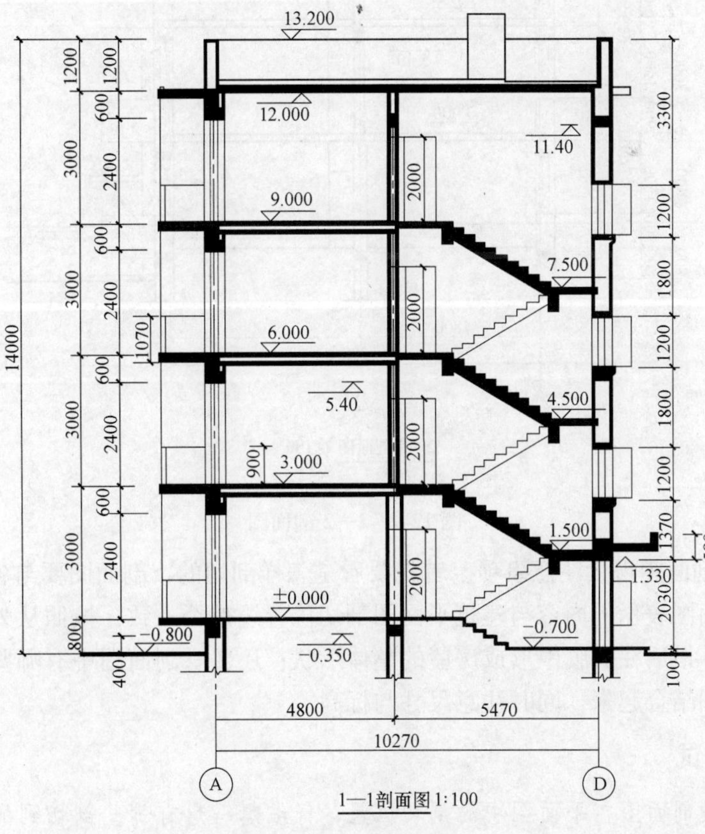

图 12-8　1—1 剖面图

面图，它的剖切位置由底层平面图（图 12-2）中可看出，是通过单元入口、楼梯间及一个阳面居室的部位，是阶梯剖面图，剖视方向是自右向左。

2）详细了解建筑物被剖切的部分，如墙体、楼板、楼梯和屋顶。

3）详细了解建筑物未被剖切但可见部分。

4）了解剖面图上各部位的高度尺寸、主要部位的标高。例如，图 12-8 的 1—1 剖面图中，房屋总高 14m，层高 3m，窗高 2. 4m。

5）了解构造详图的索引符号位置及编号。剖面图中不能详细表达的地方，有时用详图索引，并另画详图表示。

图 12-9 所示 2—2 剖面图的剖切位置是通过有代表性的阳面、阴面两个居室，内纵墙和壁柜的部位，剖视方向也是自右向左。

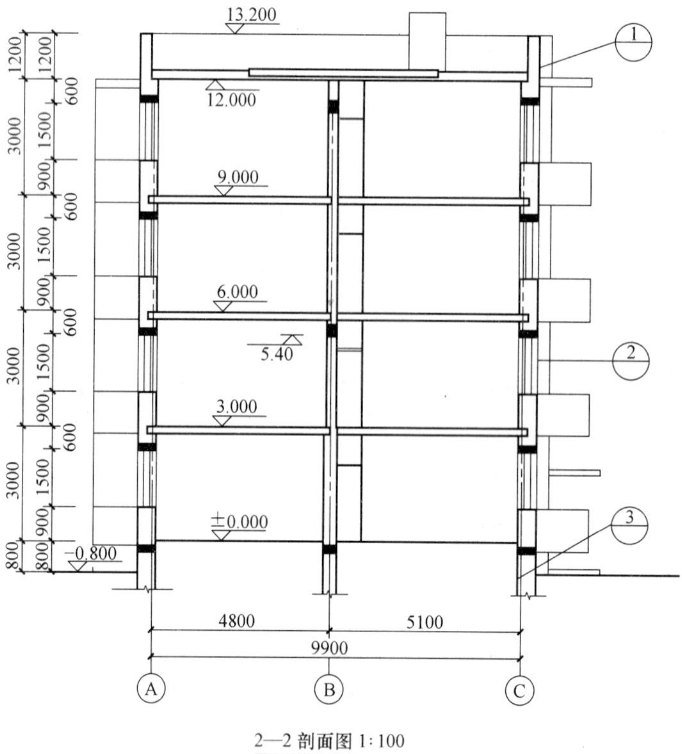

图 12-9　2—2 剖面图

（2）建筑剖面图识读注意事项　首先要看是怎样剖切的，剖面图要与各层平面图对应着看，核对剖面图表示的内容与建筑平面图剖切位置线是否一致；按照从外到内、从上到下，反复查阅，最后在头脑中形成房屋的整体形状；还要看剖面图中有哪些索引内容，有些部位要与详图结合起来，同时注意尺寸与标高。

试一试

找出建筑横剖面图在平面图中的剖切位置，仔细想一想有哪些剖切到的部分，并指出此建筑物的层高。

相关链接

从以上介绍可以看出，平、立、剖面图相互之间既有区别，又紧密联系。平面图可以说明建筑物各部分在水平方向的尺寸和位置，却无法表明它们的高度；立面图能说明建筑物外形的长、宽、高尺寸，却无法表明它的内部关系；而剖面图则能说明建筑物内部高度方向的布置情况。因此，只有通过平、立、剖三种图相互配合才能完整地说明建筑物从内到外、从水平到垂直的全貌。

12.2.5　建筑详图

建筑的平、立、剖面图表达建筑的平面布置、外部形状和主要尺寸，但因反应的内容多，比例小，对建筑的细部构造难以表达清楚。为了满足施工与预算的要求，对建筑物的细部构造按正投影的原理，用较大的比例详细地表达出来，这种图称为建筑详图，也叫做大样图，是建筑平、立、剖面图的补充说明。建筑详图的特点是比例大，反映的内容详尽，将工程的细部构造、形状、大小、材料、做法等一一表达清楚，并严格编制索引符号，以便查阅。建筑详图常用的比例有 1:50、1:20、1:10、1:5、1:2、1:1 等。

1. 建筑详图的内容

1）表示建筑构配件的详细构造及连接关系（如门、窗、楼梯、阳台等）。

2）表示建筑物细部及剖面节点的形式、做法、用料、规格及详细尺寸（如檐口、窗台、明沟、楼梯扶手、踏步、楼地面等）。

3）表明施工要求及制作方法。

建筑详图主要有：外墙详图、楼梯详图、阳台详图、门窗详图等。下面介绍建筑图中使用最多的几种详图识读方法。

2. 建筑详图的识读

（1）详图索引标志　为了方便查阅详图，在平、立、剖面图中，常常用索引标志符号注明已画出详图的位置、详图的编号以及详图所在的图样编号。同时在详图上也要注明详图的编号和被索引的图样的编号，这种表示方法叫详图索引。如图 12-9 所示的墙体节点详图索引符号。

（2）外墙详图　外墙详图也叫外墙大样图，是建筑剖面图上外墙体的放大图样，表达外墙与地面、楼面、屋面的构造连接情况以及檐口、门窗顶、窗台、勒脚、防潮层、散水、明沟的尺寸、材料及做法等构造情况。墙身剖面详图配合建筑平面图可以为砌墙、室内外装修、立面窗口、放预制构件等提供做法，并为编制工程施工预算和材料准备提供依据。

在多层房屋中，各层构造情况基本相同，可只画墙脚、檐口和中间部分三个节点，门窗一般采用标准图集。为简化作图，通常采用省略画法，即在门窗洞口处断开。

1）外墙详图的基本内容。

① 墙脚。外墙墙脚主要指一层窗台及以下部分，包括散水（或明沟）、防潮层、勒脚、一层地面、踢脚等部分的形状、大小、材料及其构造情况。

② 中间部分。主要包括楼层、门窗过梁及圈梁的形状、大小、材料及其构造情况，

还应表示出楼板与外墙的关系。

③ 檐口。应表示出屋顶、檐口、女儿墙及屋顶圈梁的形状、大小、材料及其构造情况。

墙身详图一般用 1:20 比例绘制，由于比例较大，各部分构造均应详细表达出来，并画出相应图例符号。

2）外墙详图的识读方法。

① 了解墙身详图的图名，根据详图剖切平面的编号，与平面图中的剖切位置或立面图上的详图索引标志、朝向、轴线编号要对应，完全一致。

② 了解外墙厚度与轴线的关系，轴线是在墙中还是偏向一侧的，墙上有哪些不同的变化，其具体位置及尺寸需明确。

③ 看图是从下到上或从上到下的顺序，一个节点、一个节点地看，了解墙面各部位的详细构造、尺寸、做法，并与材料作法表对应。

④ 先从第一个节点识读，如了解墙脚构造。

⑤ 了解中间结点，如图 12-10 中外窗台挑出墙面 60mm。

⑥ 了解檐口部位的做法。

图 12-10 所示为外墙身剖面详图，它实际是图 12-9 中 2—2 剖面图墙体的局部放大图。

3）外墙详图的识读注意事项。

① 墙身详图可以明确、清楚地表示出每项工程中绝大部分主体装修做法，所以除了读懂图的全部内容外，还应仔细与平、立、剖和其他专业的图样联系阅读。例如，勒脚下面的基础墙做法要与结构施工图的基础平面图和剖面图联系阅读；楼层与檐口、阳台、雨篷等也应和结构施工图的各层楼板平面图和剖面节点联系阅读。这样才能加深理解并从中清楚图样相互间的联系和发现可能出现的问题。

② 要反复校核图内尺寸、标高是否一致，并与该工程其他专业的图样反复校核，有时会出现本专业图样之间或与其他专业图样之间在尺寸、标高，甚至做法上产生不一致现象，给施工人员阅读图样或施工带来很多困难。

③ 每条可见轮廓线可能代表一种材料做法，所以不能忽视每一条可见轮廓线。

（3）楼梯详图　楼梯是多层与高层建筑中上下层之间的垂直交通与疏散的基本设施，其构造较为复杂，所以需要有详图专门说明。楼梯的组成构件，在前面第 7 章中已讲述。楼梯详图主要表示楼梯的类型，平、剖面尺寸，结构形式及踏步、栏杆等装修做法，是楼梯施工放样的主要依据。楼梯详图一般包括楼梯平面图、楼梯剖面图和楼梯踏步、栏杆节点详图。一般尽可能地将楼梯详图全部画在一张施工图上，且平、剖面图的比例一致，以便对照阅读。楼梯详图比例放大绘制，以便清楚地表达详细构造。

1）楼梯平面图。它是用一个假想的水平面在该层向上走的第一个梯段中部剖切，向下投影而形成的投影图；也可以说是建筑平面图中楼梯间的比例放大后画出的图样，常用的比例为 1:50。除底层和顶层平面图外，中间无论多少层，只要各层楼梯做法完全相同，可只画一个平面图，称为标准层楼梯平面图。楼梯平面图要表达出楼梯间墙身轴线，楼梯间的长宽尺寸，楼梯的跑数，每跑楼梯的宽度及踏步数，踏步的宽度，休息平台的位置、尺寸及标高。

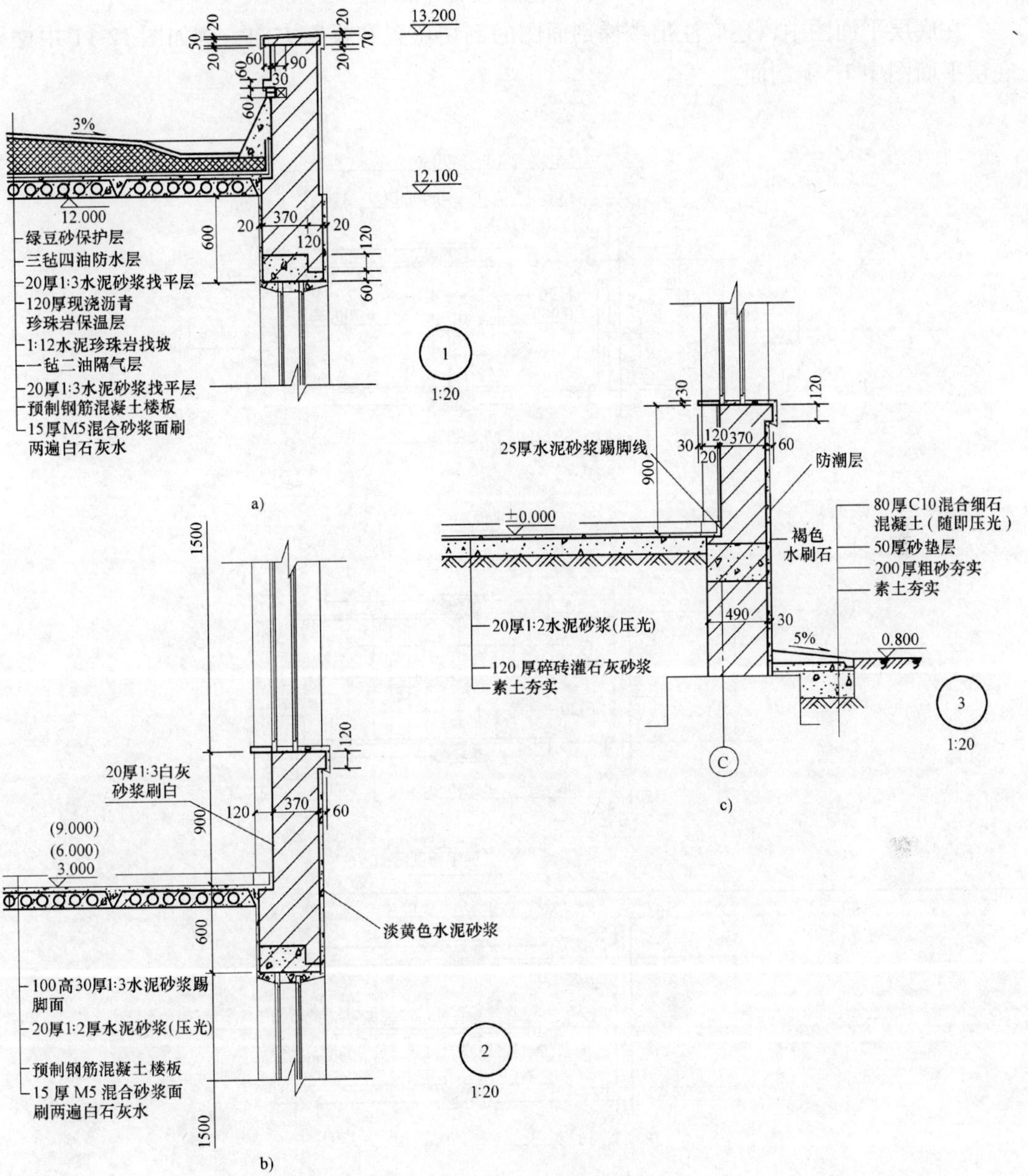

图 12-10　外墙身剖面图

a）屋顶、女儿墙节点　b）窗台、窗顶节点　c）勒脚、散水节点

楼梯平面图识读：根据轴线编号，了解楼梯间在房屋中的位置；了解楼梯间、梯段、梯井、平台的尺寸、构造形式，楼梯踏步的宽度和踏步数；了解楼梯的走向，栏杆设置及楼梯上下起步位置；了解楼层标高和休息平台标高。

图 12-11 所示底层平面图为水平剖切平面沿底层上行第一梯段及单元入口门洞的某一位置切开时而得到；当水平剖切平面沿二层上行第一梯段及梯间窗洞口的某一位置切开

时，便可得到图 12-11 中所示的二层楼梯平面图；当水平剖切平面沿顶层门窗洞口的某一位置切开时，便可得到图 12-11 中所示的顶层楼梯平面图。

在底层平面图中，还应注出楼梯剖面图的剖切位置和投影方向。例如图 12-11 中楼梯底层平面图中 1—1 剖面。

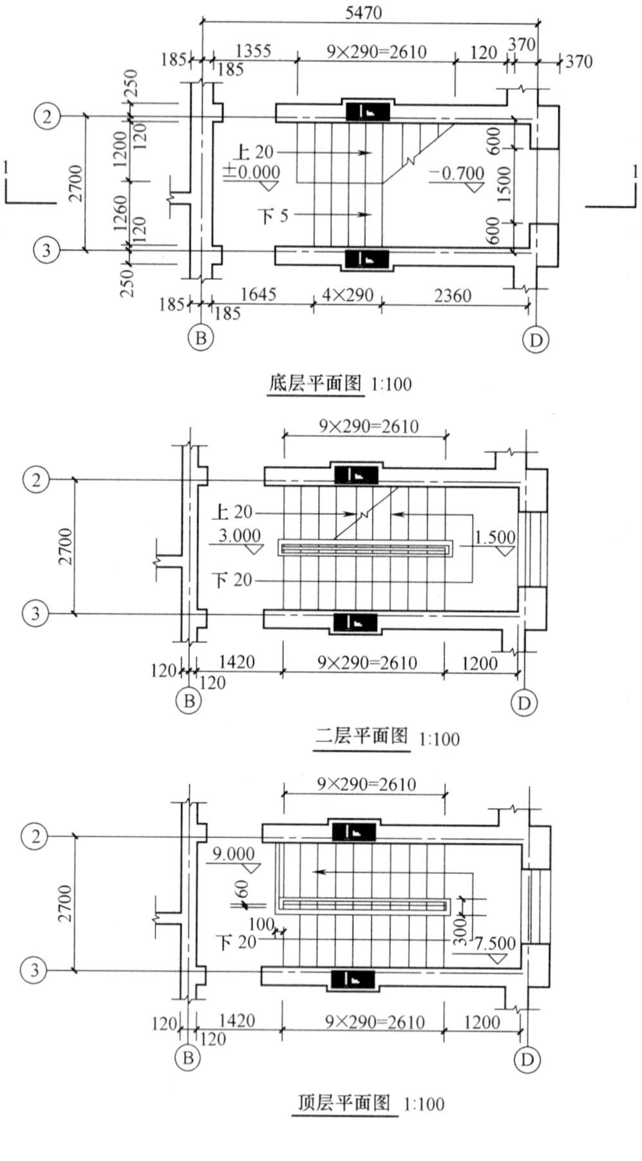

图 12-11　楼梯平面图

试一试

找出图 12-11 楼梯平面图中楼梯间的尺寸，对照楼梯详图仔细数一数各层有几个踏步，踏步的宽度为多少？

2）楼梯剖面图。用一个假想的铅垂面通过各层的一个梯段和门窗洞口将楼梯垂直剖切，向另一个未剖切到的梯段方向投影所作的剖面图，即为楼梯剖面图。楼梯剖面图重点表明楼梯间的竖向关系，其常用比例为 1∶50。如果各层楼梯构造相同，且踏步尺寸和数量相同，楼梯剖面图可只画底层、中间层和顶层剖面图，其余部分用折断线将其省略。楼梯剖面图应注明各楼层面、平台面、楼梯间窗洞的标高、踏步的数量及栏杆的高度等，还要表示出楼梯栏杆、扶手和踏步详图，表明栏杆的式样、高度、尺寸、材料及构造做法等。

楼梯剖面图识读：了解楼梯的构造形式，如图 12-12 所示楼梯的结构形式为板式楼梯；了解楼梯梯段数、踏步级数，如图 12-12 所示每段踏步级数为 10 级；了解楼梯竖向和进深方向尺寸，如楼层标高、平台标高等；了解梯段、平台、栏杆、扶手等的构造及材料说明；了解图中的索引符号。

图 12-12 所示为 1—1 楼梯剖面图。它的剖切位置和投影方向已表示在图 12-11 的底层平面图中。该剖面图实际是建筑剖面图（图 12-8）的局部放大图。它主要表明各梯段、休息平台的形式和构造。由图 12-12 可以看出，这是一个现浇钢筋混凝土板式楼梯，每层有两个梯段。

在楼梯平面图中，每梯段踏步面的个数均比楼梯剖面图中对应的踏步个数少一个，这是因为平面图中梯段的最上面一个踏步面与楼面平齐。

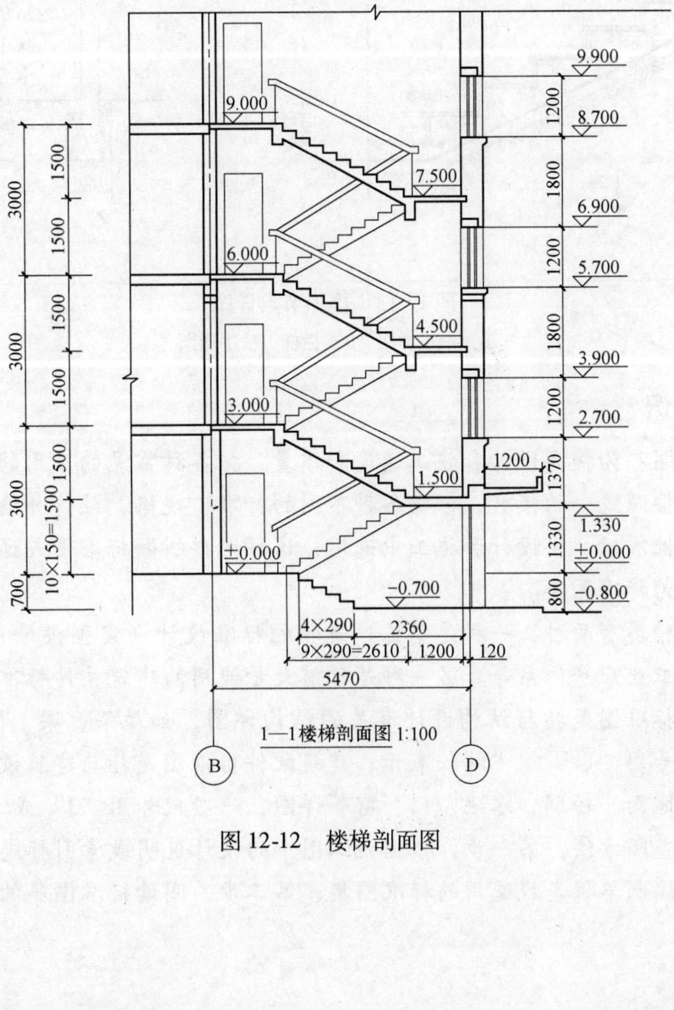

图 12-12　楼梯剖面图

试一试

找出楼梯剖面图中楼层和休息平台的标高；楼梯为何种构造形式？若为钢筋混凝土楼梯，计算一个梯段所用混凝土的体积。

3）楼梯节点详图。楼梯节点详图主要表达楼梯栏杆、踏步、扶手的做法。如采用标准图集，则直接引用标准图集代号；如采用特殊形式，则用较大的比例如 1∶10、1∶5、1∶2、1∶1 详细表示其形状、尺寸、所用材料及具体做法，如图 12-13 所示。

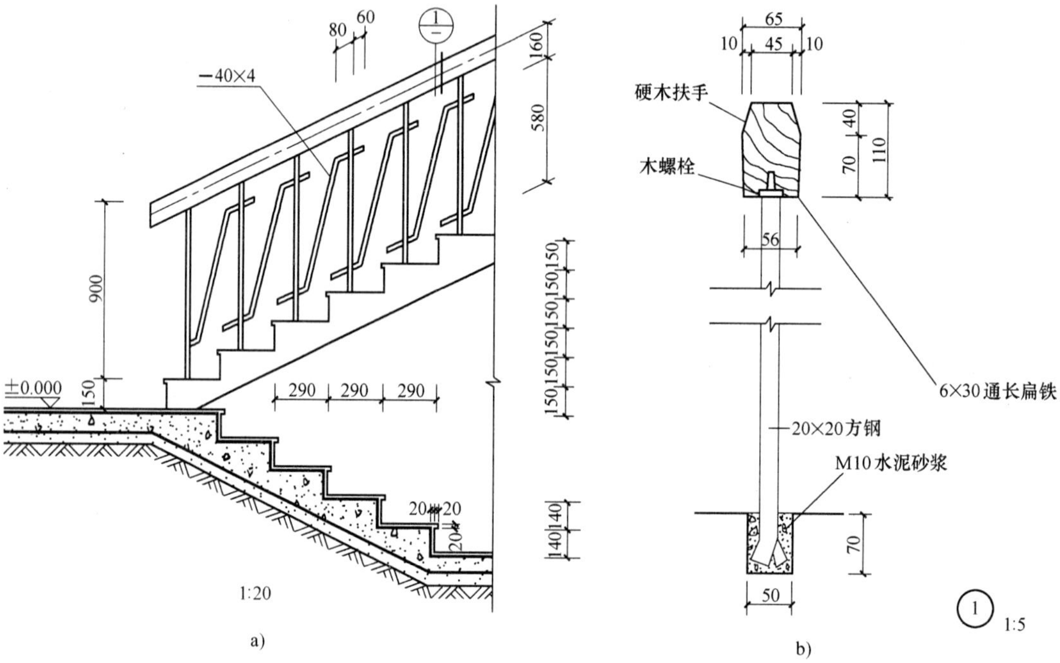

图 12-13　楼梯节点详图

a）踏步详图　b）栏杆、扶手详图

小知识

什么是标准图？为提高设计和施工速度和质量，把各种常见的多用的建筑物以及它们的构件、配件，按照统一的模数，根据各种不同的标准、规格，设计并绘制出成套的施工图，经有关部门批准后，供设计和施工中选用，这种图样叫做标准图或通用图。把它们编号装订成册，即为标准图集。

标准图集的种类有两种，一种是整栋建筑物的标准设计（定型设计），如住宅、中小学教学楼，单层工业厂房体系等。另一种是目前大量使用的建筑构件标准图和建筑配件标准图。建筑构件标准图是指与结构设计有关的结构详图，如屋架、梁、板、楼梯、阳台、雨篷等，一般代号用“G”或“结”表示；建筑配件标准图是指与建筑设计有关的建筑详图，如屋面、楼地面、粉刷、水池、门、窗等详图，一般代号用“J”或“建”表示。

标准图集的查阅方法，第一步，根据施工图中的设计说明或索引标志注明的标准图集的名称、编号及编制单位查找选用的标准图集；第二步，阅读标准图集的说明，了解其编制的依据、适用范围、施工要求及注意事项，然后根据标准图集内的构、配件代号，找到所需的详图。一般构、配件的代号，都用它们名称的汉语拼音第一个字母表示（详见“国标”有关规定）。

12.3 学习和审核建筑工程施工图

12.3.1 概述

一套建筑工程施工图，包括图样目录、总说明、总平面、建筑、结构、水、暖、电等施工图；每个专业都有各专业的编号、编排顺序，各专业的建筑工程施工图，应按图样内容的主次关系系统地编排。工程管理人员，要熟悉工程图的基本情况，才能确定工程规模，制定合理的工程管理措施，所以在学习和审核施工图时，要通过施工图来了解工程的总体情况。一般情况下，基本图在前，详图在后；总体图在前，局部图在后；主要部分在前，次要部分在后；布置图在前，构件图在后；先施工的图在前，后施工的图在后。在审核和识读建筑工程施工图时，要掌握正确的识读方法和步骤。

12.3.2 学习和审核建筑工程施工图

在识读整套建筑工程施工图样时，应按照“了解总体、顺序看图、前后对照、重点细读”的原则来看图。

1. 了解总体

拿到建筑工程施工图后首先根据目录、总平面图和施工总说明，大致了解工程概况；对照目录检查图样是否齐全，采用哪些标准图集，并准备齐标准图集。然后，根据建筑平、立、剖面图，大体上想象一下建筑物的立体形象及内部布置。

2. 顺序看图

在总体了解建筑物的情况后，根据施工的先后顺序，从基础到墙体（或柱）、结构的平面布置以及各专业的相互联系和制约，建筑构造及装修的顺序等都要仔细阅读有关图样。

3. 前后对照

在看建筑工程施工图时，要注意平面图与立面图和剖面图对照着看，建筑施工图与结构施工图对照着看，土建施工图与设备施工图对照着看，以便对整个工程施工情况及技术要求做到心中有数。

4. 重点细读

在对整个工程情况了解之后，根据不同的专业、分工细读；各个专业有各自的重点，在对专业重点细读时，要将遇到的问题一一记录下来及时向设计部门反映，必要时可形成文字发给设计部门。在熟悉各专业施工图的基础上，工程开工前，一般安排设计、施工及建设单位技术人员统一进行图样会审。

总之，要想熟练地识读建筑工程施工图，除了掌握投影原理外，还要熟悉国家有关部门规定的建筑制图统一标准，并且必须掌握各专业施工图的用途、图示内容和表达方法。

此外，还要经常深入施工现场，对照图样，观察实物，这是提高识图能力的最好方法。

本章回顾

1. 建筑工程图由于专业分工不同，根据其内容和作用分为：建筑施工图、结构施工图和设备施工图。

2. 建筑施工图（建施）它一般包括总平面图、建筑平面图、建筑立面图、建筑剖面图和建筑详图。其主要任务在于表示房屋的内外形状、平面布置、楼层层高及建筑构造、装饰做法等，是其他各类施工图的基础和先导，是指导土建工程施工的主要依据之一。

3. 总平面图主要反映原有建筑物与新建建筑物的平面形状、所在位置、朝向、标高、占地面积和邻界情况等内容。总平面图是新建房屋定位、施工放线、土方施工及施工总平面设计和其他工程管线设置的依据。

4. 假想用一个水平剖切面沿房屋的门、窗洞口的位置（距地面1m左右）把整个房屋切开，移去上面部分，对其下面部分作水平面投影，所得的水平剖面图，即为建筑平面图，一般房屋有底层平面图、标准层平面图、顶层平面图；另外，还应有屋顶平面图。

5. 在与房屋立面平行的投影面上所作的正投影图，就是建筑立面图。主要用来表示建筑物的立面和外形轮廓，并标明外墙装修要求，是建筑物室外装修的主要依据。

6. 建筑剖面图是假想用一平面将建筑物沿垂直方向切开，切开后得到的切面部分的正投影图。因剖切位置不同，剖面图又分为横剖面图和纵剖面图。建筑剖面图主要是用来表示建筑物的内部在高度方向结构或构造形式、分层情况及高度等。建筑物的竖向尺寸主要标注在剖面图上。

7. 根据施工与预算的要求，对建筑物的细部构造按正投影的原理，用较大的比例详细地表达出来，这种图称为建筑详图，也叫做大样图，是建筑平、立、剖面图的补充说明。详图的特点是比例大，反映的内容详尽，将工程的细部构造、形状、大小、材料、做法等一一表达清楚。建筑详图主要有：外墙详图、楼梯详图、阳台详图、门窗详图等。

8. 一套建筑工程施工图，包括图样目录，总说明，总平面、建筑、结构、水、暖、电、等施工图；各专业的建筑工程施工图，应按图样内容的主次关系系统地编排；工程管理人员，要熟悉工程图的基本情况，才能确定工程规模，制定合理的工程管理措施。在识读整套建筑工程施工图样时，应按照“了解总体、顺序看图、前后对照、重点细读”的原则来看图。

参考文献

[1] 卢传贤．土木工程制图［M］．北京：中国建筑工业出版社，2004.

[2] 刘志杰，张素敏．土木工程制图［M］．北京：中国建材工业出版社，2004.

[3] 钟建．建筑装饰制图学［M］．北京：高等教育出版社，2002.

[4] 吴书琛．建筑识图与构造［M］．北京：高等教育出版社，2002.

[5] 赵研．建筑识图与构造［M］．北京：中国建筑工业出版社，2003.

[6] 徐占发．建筑节能技术实用手册［M］．北京：机械工业出版社，2005.

[7] 栾景阳．建筑节能［M］．郑州：黄河水利出版社，2006.

[8] 北京土木建筑协会．建筑节能工程设计手册［M］．北京：经济科学出版社，2005.

[9] 赵研．房屋建筑学［M］．北京：高等教育出版社，2002.

[10] 张小平，吴运华，贾丽冥，等．建筑识图与房屋构造［M］．武汉：武汉理工大学出版社，2005.

[11] 编委会．建筑施工图识读与应用实例［M］．北京：中国建材工业出版社，2006.

[12] 程志胜，王文仲，卜宪华．建筑识图与构造［M］．北京：机械工业出版社，2002.

[13] 刘谊才，李金星，程久平．新编建筑识图与构造［M］．合肥：安徽科学技术出版社，2001.

[14] 胡建琴，崔岩．房屋建筑学［M］．北京：清华大学出版社，2007.

附　录

附录 A　某教学楼建筑施工图

建筑设计说明

一、施工图设计依据

1. 甲方认可的方案图及相应的平面图、立面图、剖面图。
2. 国家及××省现行的有关建筑设计、防火、节能等法规和规范。

二、工程概况

本工程建设地点为××市××路××号×××××××学校2#教学楼，位置详见总平面图；总建筑面积为6218.68m^2，框架结构，地上主体6层，局部5层或7层，室内外高差0.850m，室内相对标高±0.000。相对于1#教学楼的相对标高±0.000，总高度为23.950m。耐久年限为50年，抗震设防裂度为七度，建筑分类及耐火等级为二类。本教学楼共分A和B两个区域，分别为A区主体6层，B区主体5层，位置详见分区平面图；本施工图主要表达A区部分。

三、图样表达

本工程施工图中所注尺寸单位，除标高为米外，其余尺寸均以毫米计。

壁龛$\frac{宽\times高\times深}{洞底距地}$○$\underline{工种代号}$　墙洞$\frac{宽\times高}{洞底距地}$○$\underline{工种代号}$

四、墙体

1. 地上外围护墙体为250厚加气混凝土砌体，内隔墙除卫生间及特殊注明外均为200厚加气混凝土砌体。卫生间隔墙及女儿墙为240厚KP1型烧结多孔砖。
2. 墙体上预留洞位置和尺寸应与相关专业图样配合进行预留。
3. 墙体、柱子与门窗等配件的固定连接除注明外，可根据位置需要采用射钉、膨胀螺栓、预埋铁件等方式，施工时视情况而定，但一定要保证连接在其上物体的牢固性和安全性。

五、防水做法

1. 屋面防水根据《屋面工程技术规范》（GB 50207—1994）；屋面做法及所用部位详见《构造做法表》。
2. 卫生间防水采用通用型K11柔性防水浆料，防水涂料沿墙上翻500。卫生间隔断参见02J915 $\frac{1}{40}$，卫生间蹲位见02J915 $\frac{-}{70}$，卫生间小便槽见02J915 $\frac{-}{71}$，卫生间楼地面见构造做法表。
3. 屋面防水层施工前必须认真核对屋面预留孔洞的位置，待穿越的管道安装后方可施工。
4. 女儿墙泛水见99J201-1 $\frac{2}{19}$，出水口见99J201-1 $\frac{-}{29}$，管道泛水99J201-1 $\frac{1}{14}$。

六、室外装修

外墙做法详见立面图。施工中先做出样板，待商定后再大面积施工。

七、室内装修

1. 内墙面、楼地面等具体做法详见《构造做法表》。
2. 内墙所有阳角均做2000高护角，做法参见03J502-1 $\frac{6}{101}$。
3. 所有窗内窗台压顶做法参照96SJ102（二）$\frac{2}{16}$。

八、门窗

1. 平开门立樘均居墙中。
2. 除图样注明外门窗立樘均墙中，开启窗扇加纱扇；门窗用80系列塑钢门窗，卫生间窗采用5厚磨砂玻璃，其余采用5厚白玻璃；气密性不低于二级。
3. 木门五金均按其所选标准图配套选用，塑钢门窗五金均按92SJ704（一）选用。
4. 底层窗均加防护网，做法由甲方选定。
5. 所有室内窗台到室内地面底于800时，应做不锈钢护窗栏杆，参见04J101 $\frac{3}{35}$。

九、油漆防腐

1. 木门油漆见《构造做法表》，颜色均应在施工前做出样板，经设计单位和甲方同意后方可施工。
2. 所有金属管件均应先做防锈处理后，刷防锈漆一遍，刮腻子、打磨，再刷黑色瓷漆二遍。
3. 所有预埋木砖均需做防腐处理，木制构件与砌体连接部位须满涂防腐油。
4. 栏杆扶手采用不锈钢管材料者，其焊接处、转折处均需打磨光滑、抛光。做法参见99SJ403 $\frac{4}{23}$。

十、其他

1. 所有内外装修材料的颜色、产品质量以及材料替换等，均需甲方、设计单位、施工单位三方认定后方可施工。
2. 土建施工必须与水、电配合施工，凡预留洞穿墙、梁、板等，需对准设备图施工。
3. 所有管道穿楼板处均在安装后下部使用细石混凝土浇实，并用密封膏灌缝，上部高出地面20mm。
4. 防火门窗应选用有资质厂家产品，开启方向应严格按图施工。
5. 玻璃黑板做法参见03J502-1 $\frac{2}{102}$，讲台做法参见98ZJ501 $\frac{A}{38}$，$a\times b=4000\times800$。
6. 有关泛水详见99J201-1 $\frac{1}{44}$，雨水落水管采用ϕ100PVC管及配件。
7. 有地漏处应在1m范围内做1%的坡，坡向地漏。
8. 设计中选用的标准图不论采用局部节点还是全部详图，均应全面配合施工。

施工图中除注明外，均需按照国家有关施工及验收规范及规定执行。

图样目录

序号	图号	图样内容
1	JS15-01	建筑设计说明　图样目录
2	JS15-02	构造做法表　门窗表
3	JS15-03	总平面图　分区平面图
4	JS15-04	一层平面图
5	JS15-05	二层平面图
6	JS15-06	三层平面图
7	JS15-07	四、五层平面图
8	JS15-08	六层平面图
9	JS15-09	屋顶平面图
10	JS15-10	⑭~①立面图
11	JS15-11	①~⑭立面图
12	JS15-12	Ⓒ~Ⓓ立面图
13	JS15-13	Ⓓ~Ⓒ立面图、节点详图
14	JS15-14	门窗详图、1—1剖面图
15	JS15-15	楼梯详图

×××××设计院				资质等级　乙　级	证书编号	
				工程名称	××××××2#教学楼	
				项　目　A区	合同编号	2004-12
项目负责人		专业负责人		设计说明 图样目录	设计编号	2004-12
		校对			图　别	建施
审定		设计			图　号	JS15-01
审核		制图			日　期	2005.01

图　A-1

构造做法表

项目	使用部位	构造层次及做法	备注
屋面	除出屋面楼梯间外其他屋面	• 35 厚 490×490，C20 预制钢筋混凝土板（ϕ4 钢筋双向@150），1:2 水泥砂浆填缝 • M2.5 砂浆砌 120×120 砖三皮，双向中距 500 • 3 厚 SBS 改性沥青防水卷材 • 3 厚氯丁沥青防水涂料 • 刷基层处理剂一遍 • 20 厚 1:2.5 水泥砂浆找平层 • 20 厚（最薄处）1:8 水泥加气混凝土碎渣找 2% 坡 • 干铺 150 厚加气混凝土砌块 • 钢筋混凝土屋面板，表面清扫干净	
屋面	出屋面楼梯间外屋面	• 4 厚 SBS 改性沥青防水卷材，表面带页岩保护层 • 刷基层处理剂一遍 • 20 厚 1:2.5 水泥砂浆找平层 • 20 厚(最薄处)1:8 水泥加气混凝土碎渣找 2% 坡 • 干铺 150 厚加气混凝土砌块 • 钢筋混凝土屋面板，表面清扫干净	
地面	一层楼梯间、走道、展厅、入口大厅	• 8～10 厚地砖铺实拍平，水泥浆擦缝 • 25 厚 1:4 干硬性水泥砂浆，面上撒素水泥 • 素水泥浆结合层一道 • 80 厚 C10 混凝土 • 素土夯实	米黄色地板砖规格 500×500 黑色地板砖围边宽×长=150×300
地面	一层卫生间	• 8～10 厚地砖铺实拍平，水泥浆擦缝 • 25 厚 1:4 干硬性水泥砂浆，面上撒素水泥 • 1.5 厚防水涂料，面撒黄沙，四周沿墙上翻 150 高 • 刷基层处理剂一遍 • 15 厚 1:2 水泥砂浆找平 • 50 厚 C20 细实混凝土找 1% 坡，最薄处不小于 20 • 80 厚 C10 混凝土 • 素土夯实	米黄色防滑地板砖规格 500×500，防水涂料选用通用 K11 型防水浆料
楼面	二层至六层除卫生间外所有房间	• 8～10 厚地砖铺实拍平，水泥浆擦缝 • 25 厚 1:4 干硬性水泥砂浆，面上撒素水泥 • 素水泥浆结合层一道 • 钢筋混凝土楼板	米黄色地板砖规格 500×500 黑色地板砖围边宽×长=150×300
楼面	二层至六层卫生间	• 8～10 厚地砖铺实拍平，水泥浆擦缝 • 25 厚 1:4 干硬性水泥砂浆，面上撒素水泥 • 1.5 厚防水涂料，面撒黄沙，四周沿墙上翻 150 高 • 刷基层处理剂一遍 • 15 厚 1:2 水泥砂浆找平 • 50 厚 C20 细实混凝土找 1% 坡，最薄处不小于 20 • 钢筋混凝土楼板	米黄色防滑地板砖规格 500×500，防水涂料选用通用 K11 型防水浆料
内墙面	走廊、楼梯及无水池设施的所有房间	• 刷 801 胶素水泥砂浆一遍，配合比为 801:水=1:4 • 15 厚 1:1:6 水泥石灰砂浆，分两次抹成 • 5 厚 1:0.5:3 水泥石灰砂浆 • 满刮腻子一遍，刷底漆一道 • 乳胶漆二遍	亚白色
内墙面	所有卫生间	• 刷 801 胶素水泥砂浆一遍，配合比为 801:水=1:4 • 15 厚 2:1:8 水泥石灰砂浆，分两次抹成 • 3～4 厚 1:1 水泥砂浆加水重 20% 801 胶镶贴 • 4～5 厚釉面砖，白水泥浆擦缝	高度至顶棚底
顶棚	除卫生间所有房间	• 钢筋混凝土板底面清理干净 • 7 厚 1:1:4 水泥石灰砂浆 • 5 厚 1:0.5:3 水泥石灰砂浆 • 满刮腻子一遍，刷底漆一道 • 乳胶漆二遍	亚白色
顶棚	所有卫生间	• 钢筋混凝土板底面清理干净 • 7 厚 1:3 水泥砂浆 • 5 厚 1:2 水泥砂浆 • 满刮腻子一遍，刷底漆一道 • 乳胶漆二遍	亚白色
踢脚	除卫生间及走道外所有房间	• 刷 801 胶素水泥砂浆一遍，配合比为 801:水=1:4 • 17 厚 2:1:8 水泥石灰砂浆，分两次抹成 • 3～4 厚 1:1 水泥砂浆加水重 20% 801 胶镶贴 • 8～10 厚釉面砖，水泥浆擦缝	高 150
墙裙	走道	• 刷 801 胶素水泥砂浆一遍，配合比为 801:水=1:4 • 17 厚 2:1:8 水泥石灰砂浆，分两次抹成 • 3～4 厚 1:1 水泥砂浆加水重 20% 801 胶镶贴 • 4～5 厚釉面砖，白水泥浆擦缝	高 2100
外墙	主体外墙	• 刷 801 胶素水泥砂浆一遍，配合比为 801:水=1:4 • 15 厚 2:1:8 水泥石灰砂浆，分两次抹成 • 刷素水泥浆一遍 • 4～5 厚 1:1 水泥砂浆加水重 20% 801 胶镶贴 • 8～10 厚面砖，水泥浆擦缝	灰色
外墙	柱面	• 30 厚 1:2.5 水泥砂浆，分层灌浆 • 20～30 厚黑色花岗岩板（背面用双股 16 号铜丝绑扎与墙面固定）水泥浆擦缝	黑色
外墙	局部外墙及雨篷	• 刷 801 胶素水泥砂浆一遍，配合比为 801:水=1:4 • 15 厚 2:1:8 水泥石灰砂浆，分两次抹成 • 5 厚 1:2.5 水泥砂浆 • 外墙乳胶漆涂料喷刷二遍	砖红色外墙乳胶漆涂料分格缝宽 10mm 深 5mm 弧形黑色
油漆	木门	• 木基层清理、除垢、打磨等 • 刮腻子、磨光 • 底油一遍 • 磁漆二遍	外门红色内门米黄色
台阶	所有出入口	• 20 厚花岗岩板表面机刨，水泥浆擦缝 • 30 厚 1:4 干硬性水泥砂浆，面上撒素水泥 • 素水泥浆结合层一道 • 60 厚 C15 混凝土台阶（不包括三角部分） • 300 厚三七灰土 • 素土夯实	
散水	所有散水	• 60 厚 C15 混凝土，面上加 5 厚 1:1 水泥砂浆随打随抹光 • 150 厚三七灰土 • 素土夯实，向外坡 4%	30m 间距设缝与外墙设缝缝宽 25mm 内填沥青砂

注：本表未列出项目请详见图样及有关图集

门 窗 表

类型	序号	门窗编号	洞口尺寸（$B\times H$）	采用图集编号	1F	2F	3F	4F	5F	6F	7F	合计	备注
窗	1	C-1	2700×1900	80 系列塑钢窗	0	15	21	21	21	23	0	101	见建施 JS15-14
窗	2	C-1′	2700×2300	80 系列塑钢窗	11	0	0	0	0	0	0	11	见建施 JS15-14
窗	3	C-2	1800×1900	80 系列塑钢窗	0	10	12	12	12	4	0	50	见建施 JS15-14
窗	4	C-2′	1800×2300	80 系列塑钢窗	3	0	0	0	0	0	0	3	见建施 JS15-14
窗	5	C-3	2050×1700	80 系列塑钢窗	10	10	10	10	10	10	0	60	见建施 JS15-14
窗	6	C-3′	1300×1700	80 系列塑钢窗	10	10	10	10	10	10	0	60	
窗	7	C-4	1700×1900	80 系列塑钢窗	0	1	1	1	1	1	0	5	见建施 JS15-14
窗	8	C-5	1500×1900	80 系列塑钢窗	0	1	1	1	1	0	0	4	见建施 JS15-14
窗	9	C-5′	1500×2300	80 系列塑钢窗	1	0	0	0	0	0	0	1	见建施 JS15-14
窗	10	C-WK	现场确定	无框玻璃窗									10 厚白玻璃甲方自定
门	11	WM-1	3400×3300	无框玻璃门	1	0	0	0	0	0	0	0	10 厚白玻璃甲方自定
门	12	WM-2	2600×3300	无框玻璃门	1	0	0	0	0	0	0	0	10 厚白玻璃甲方自定
门	13	M-1	1000×2700	88ZJ601-M24-1027	8	14	20	20	20	20	0	102	
门	14	M-2	900×2100	88ZJ601-M21-0921	2	2	2	2	2	2	0	12	
门	15	M-3	1800×2600	88ZJ601-M24-1827 外装电动卷帘门	2	0	0	0	0	0	0	2	卷帘门参 88ZJ611 JM305-2424
门	16	FM-1	2400×2100	乙级防火门	1	1	1	1	1	1	0	6	甲方自定
门	17	FM-2	3600×2100	乙级防火门	2	1	1	1	1	1	0	7	甲方自定
门	18	FM-3	1800×2100	甲级防火门	0	1	1	1	1	0	0	4	甲方自定
门	19	FM-4	1000×2100	乙级防火门	0	0	0	0	0	0	1	1	甲方自定
门	20	FM-5	900×1800	乙级防火门	1	1	1	1	1	1	0	6	底距地 300 甲方自定
门	21	FM-6	600×1800	乙级防火门	1	1	1	1	1	1	0	6	底距地 300 甲方自定
门	22	FM-7	1200×2100	甲级防火门	2	0	0	0	0	0	0	2	甲方自定
门	23	MC-1	2400×2700	80 系列塑钢门	1	0	0	0	0	0	0	1	见建施 JS15-14

×××××设计院				资质等级 乙 级	证书编号	
				工程名称 ××××××2#教学楼		
				项 目 A 区	合同编号	2004-12
项目负责人		专业负责人		构造做法表 门窗表	设计编号	2004-12
		校对			图 别	建施
审定		设计			图 号	JS15-02
审核		制图			日 期	2005.01

图 A-2

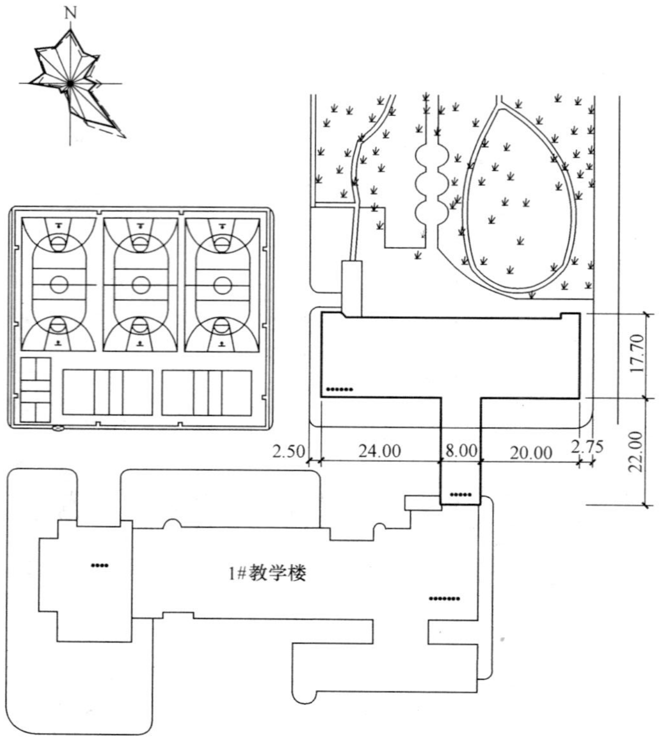

总平面图 1:500

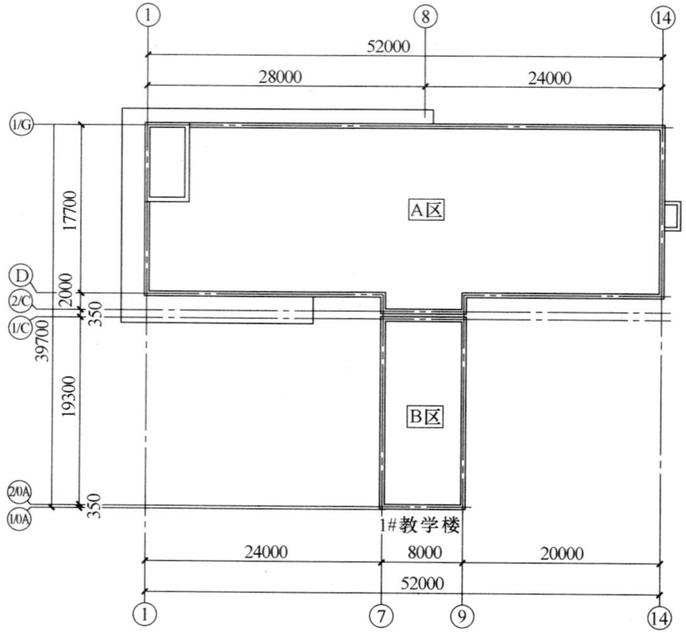

分区平面图 1:250

×××××设计院				资质等级 乙 级	证书编号	
				工程名称	×××××××2#教学楼	
				项 目 A区	合同编号	2004-12
项目负责人		专业负责人		总平面图 分区平面图	设计编号	2004-12
		校 对			图 别	建 施
审定		设 计			图 号	JS15-03
审核		制 图			日 期	2005.01

图 A-3

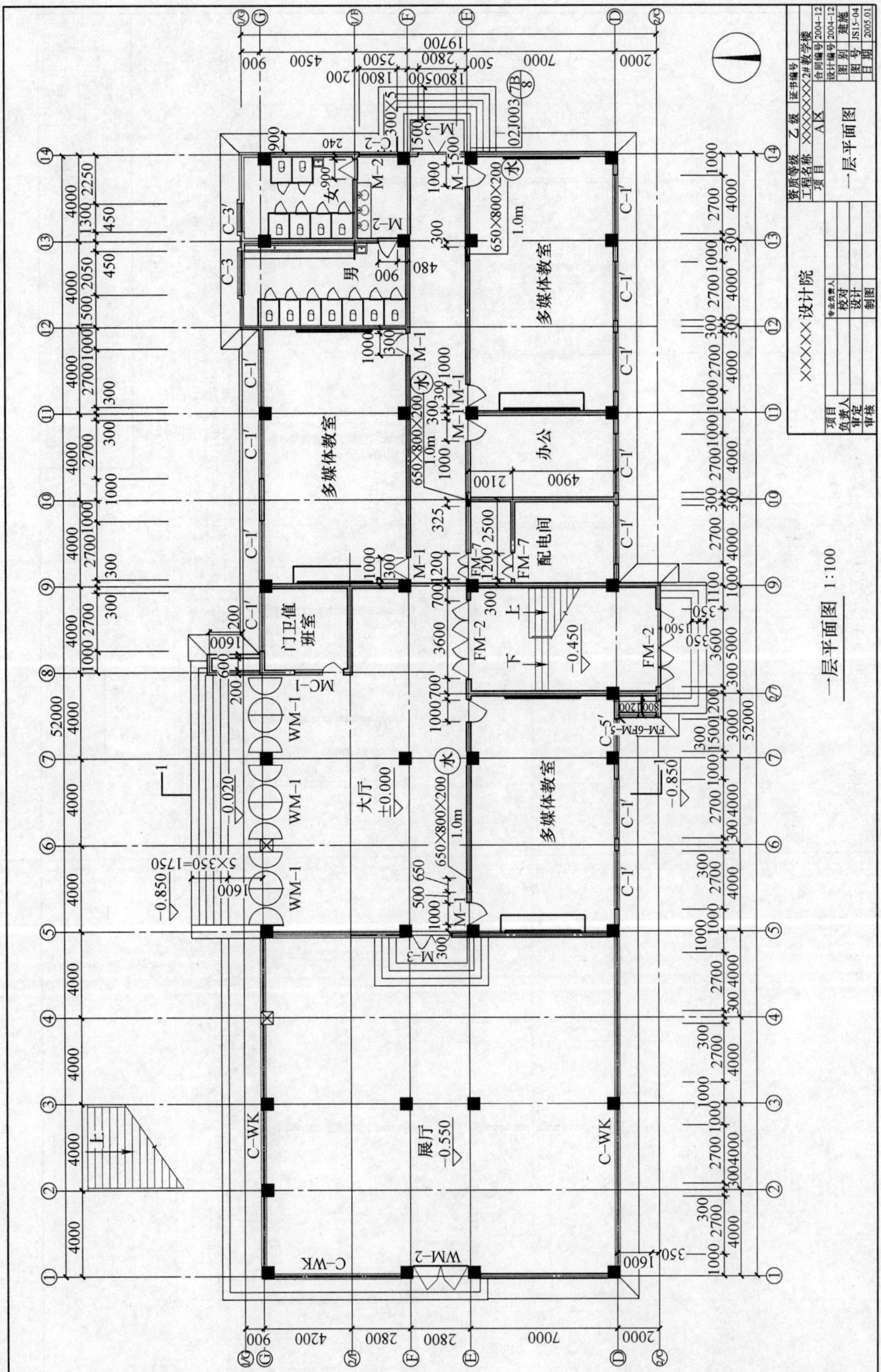

图 A-4

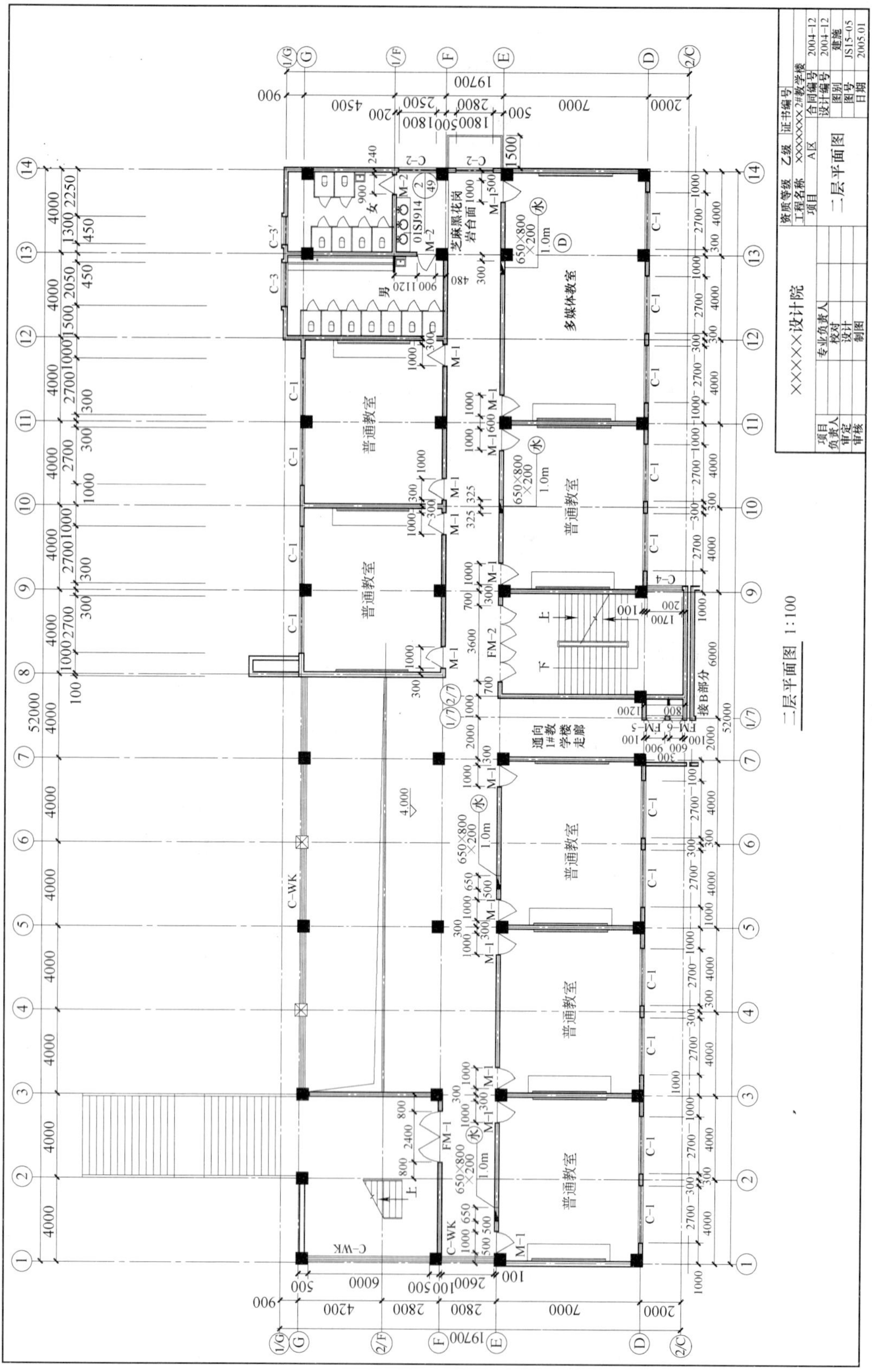

图 A-5

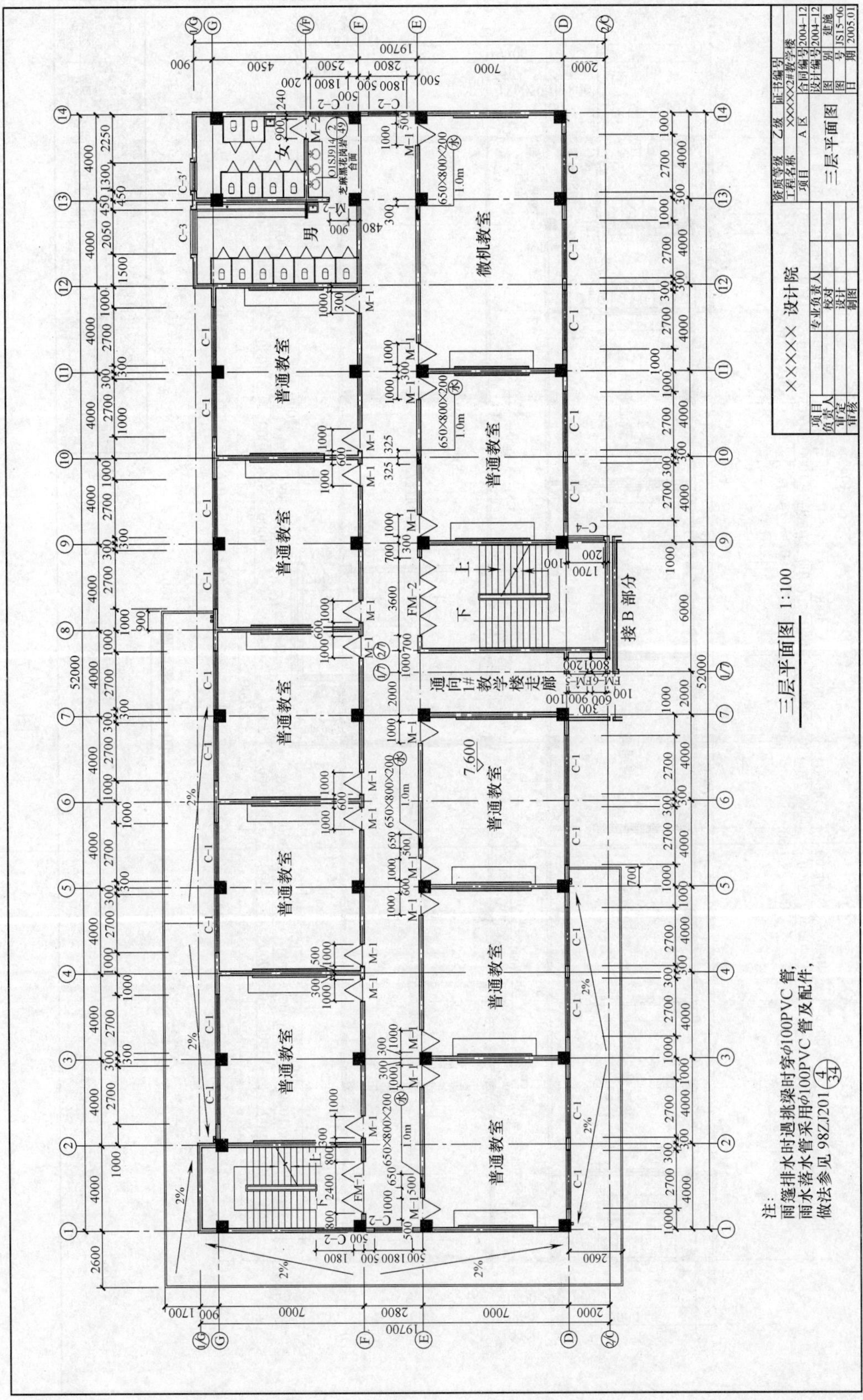
三层平面图 1:100
注：
雨篷排水时遇挑梁时穿φ100PVC管，
雨水落水管采用φ100PVC管及配件，
做法参见98ZJ201 4/34
普通教室
微机教室
男
女
通向1#教学楼走廊
接B部分
××××× 设计院
三层平面图

图　A-6

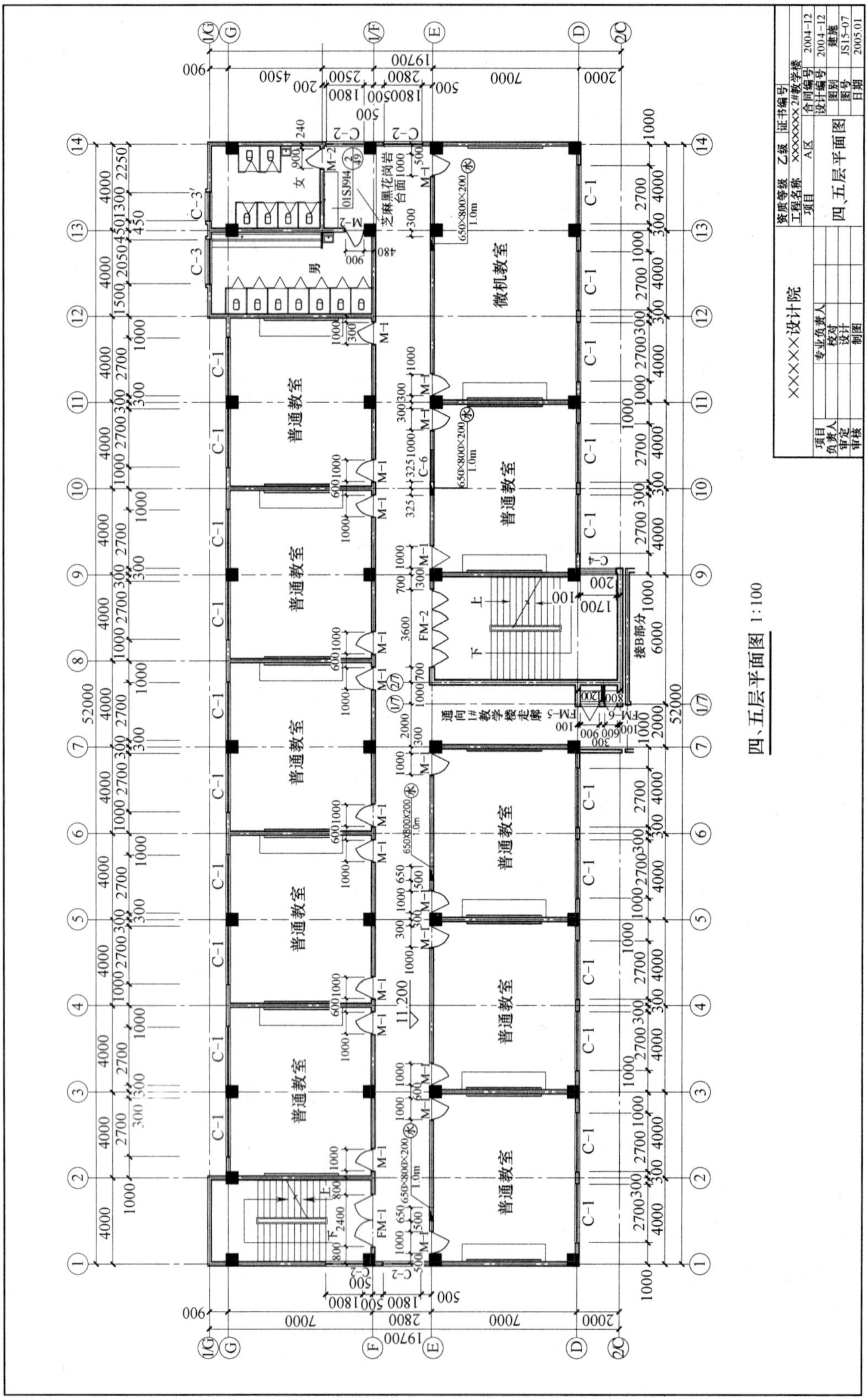
四、五层平面图 1:100
××××设计院
四、五层平面图
普通教室
微机教室
男
女
通向1#教学楼走廊
接B部分
52000
19700

图 A-7

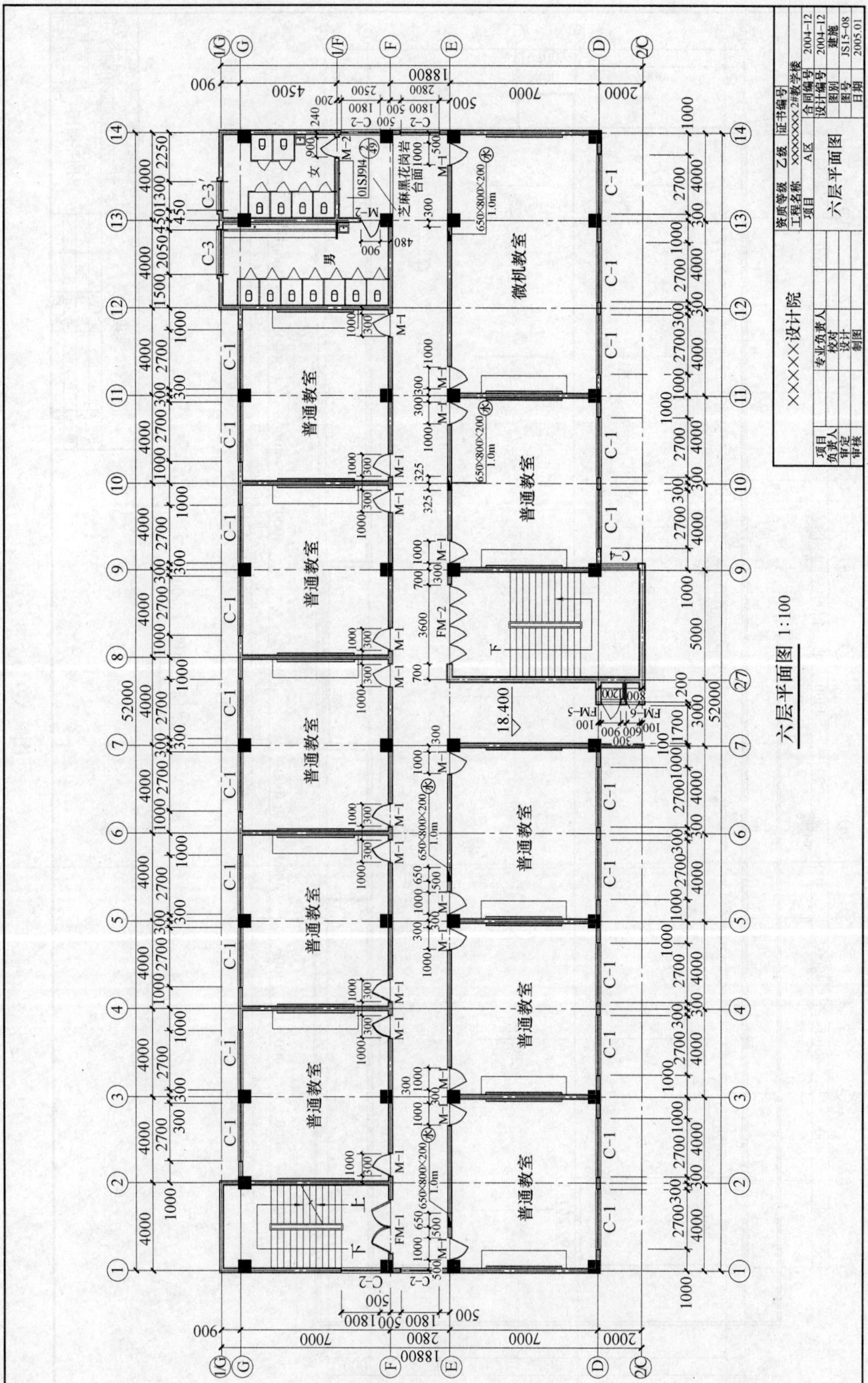

图　A-8

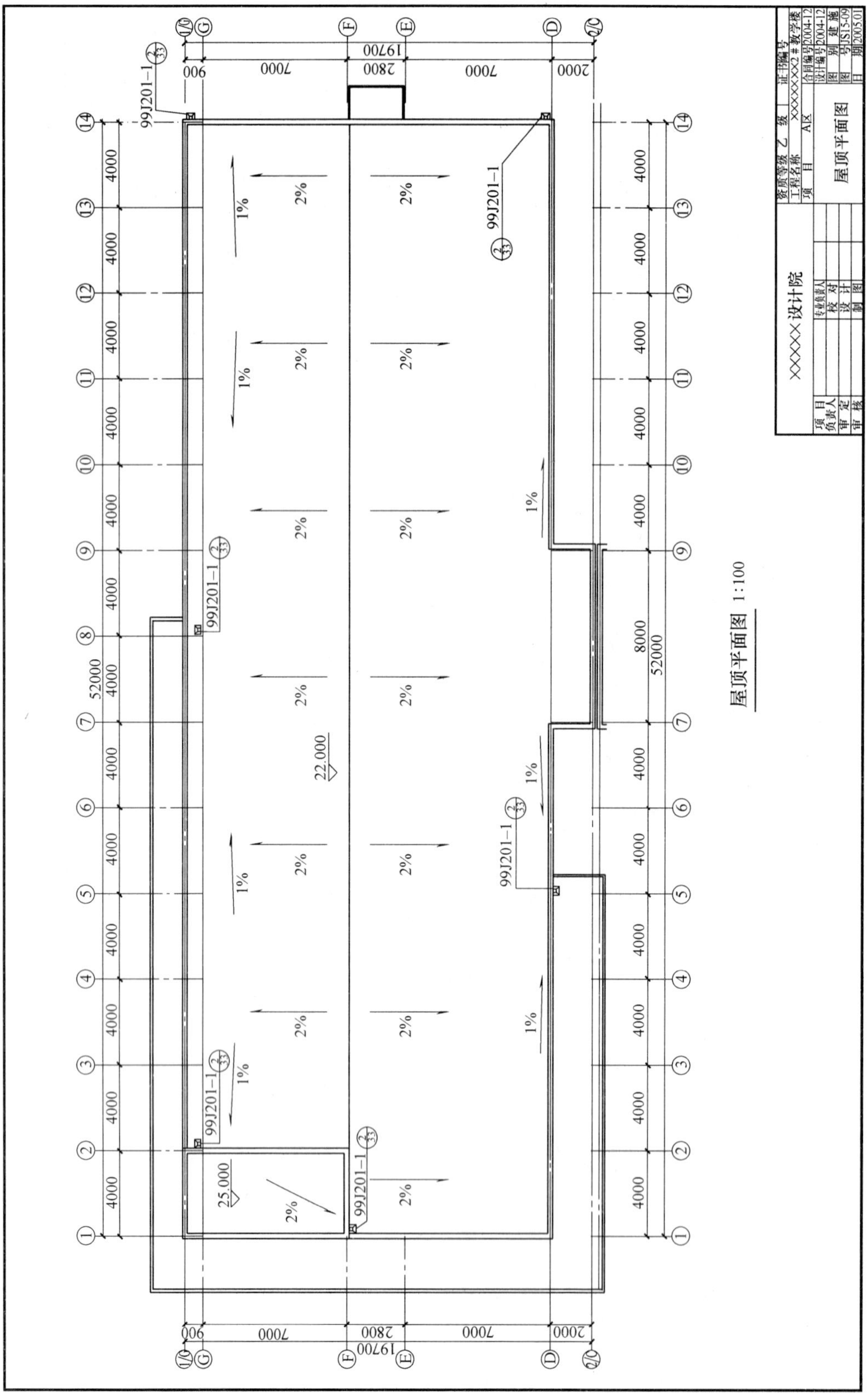

图 A-9

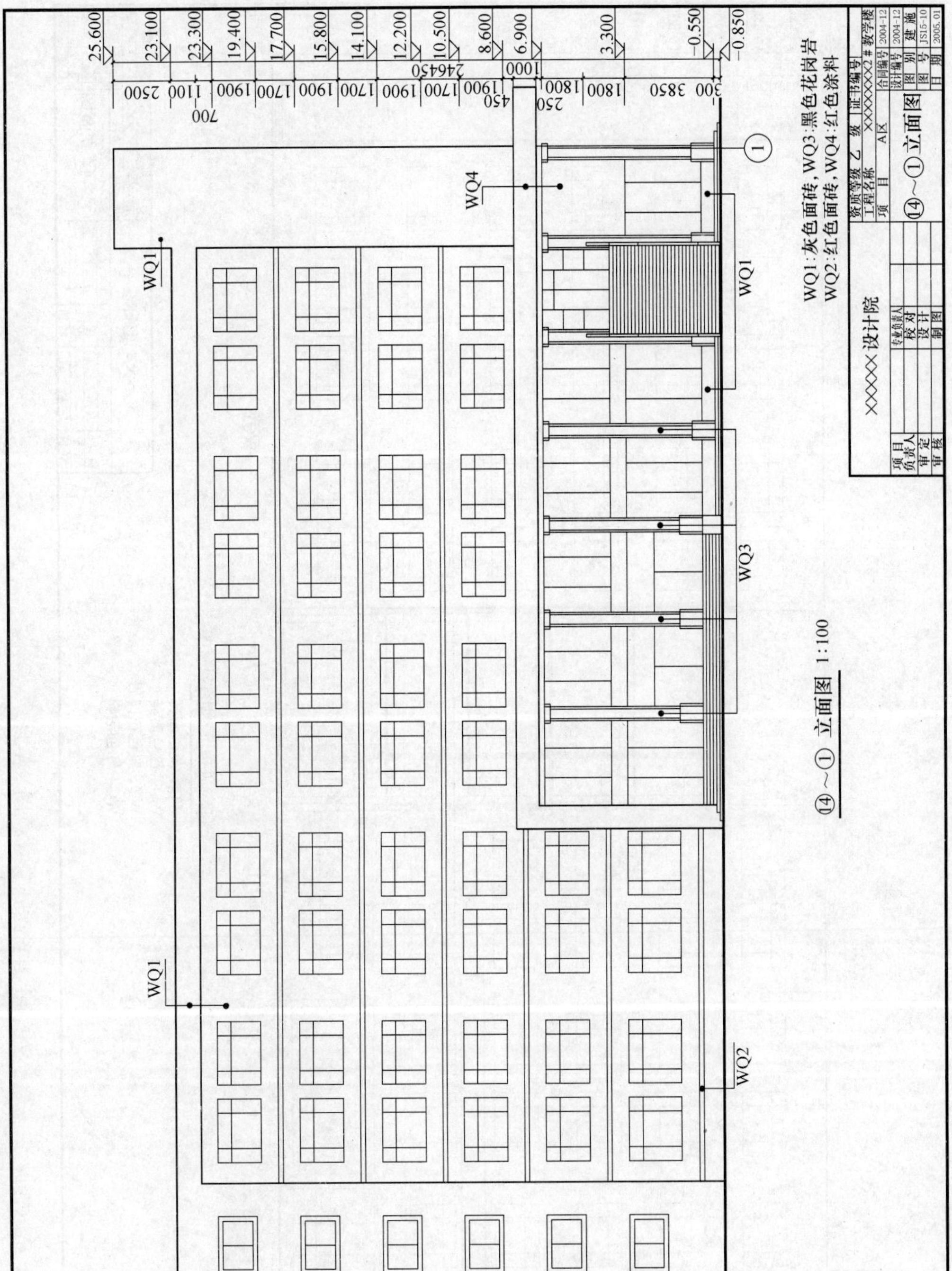

⑭～① 立面图 1:100
WQ1:灰色面砖，WQ3:黑色花岗岩
WQ2:红色面砖，WQ4:红色涂料
××××设计院
⑭～①立面图
WQ1
WQ2
WQ3
WQ4

图 A-10

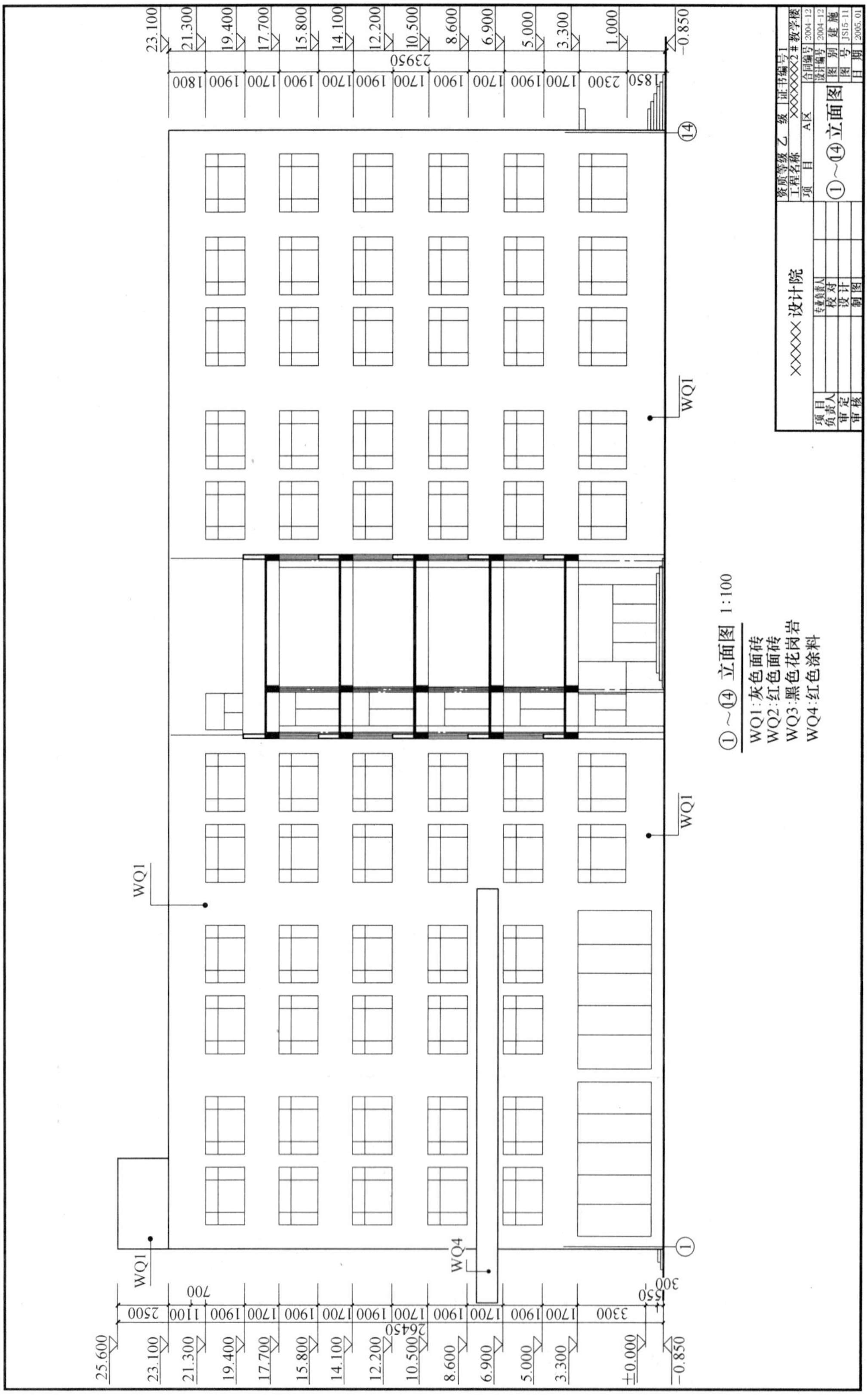
①～⑭ 立面图 1:100
WQ1:灰色面砖
WQ2:红色面砖
WQ3:黑色花岗岩
WQ4:红色涂料
××××设计院
①～⑭立面图
23950
26450

图 A-11

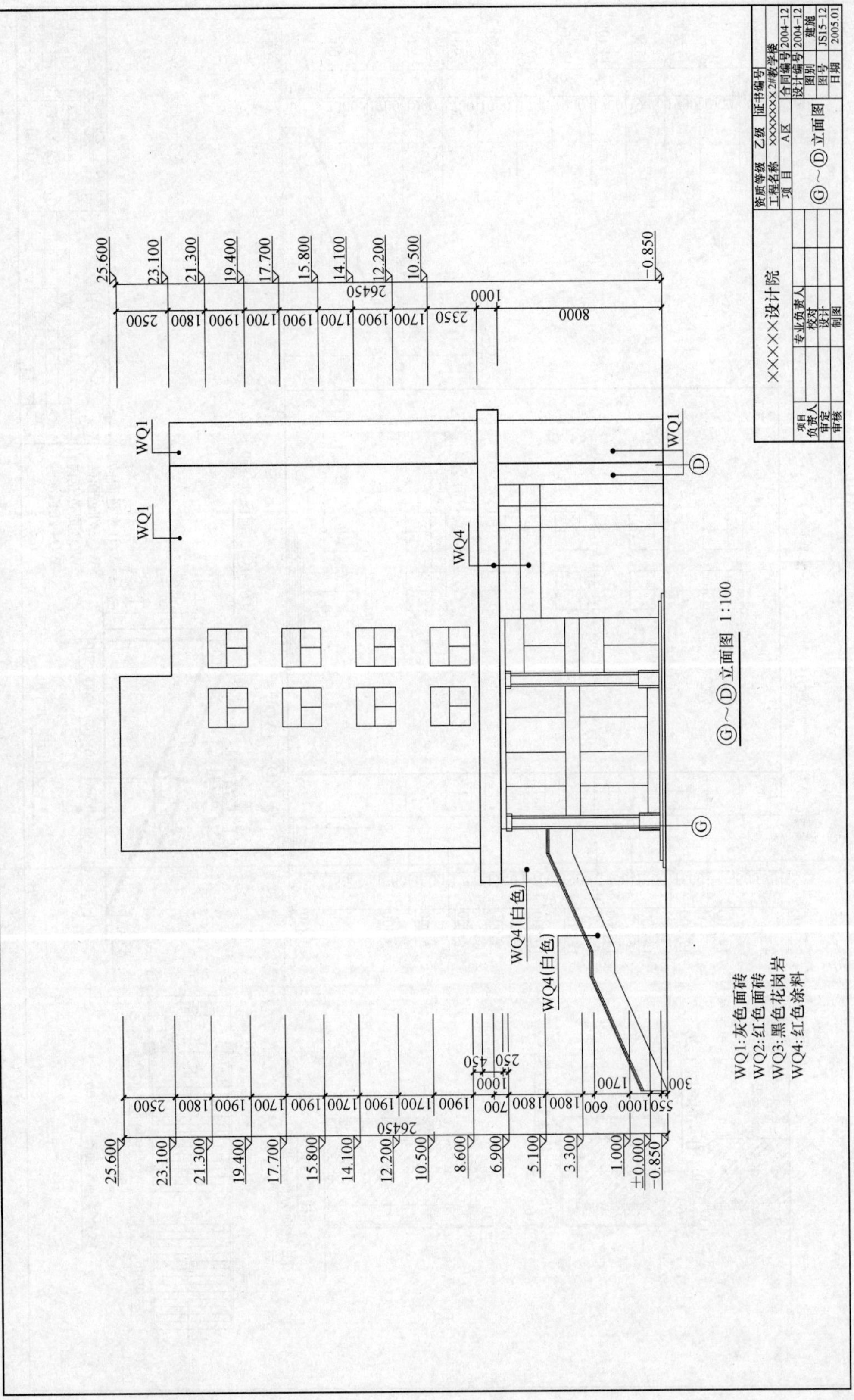

图 A-12

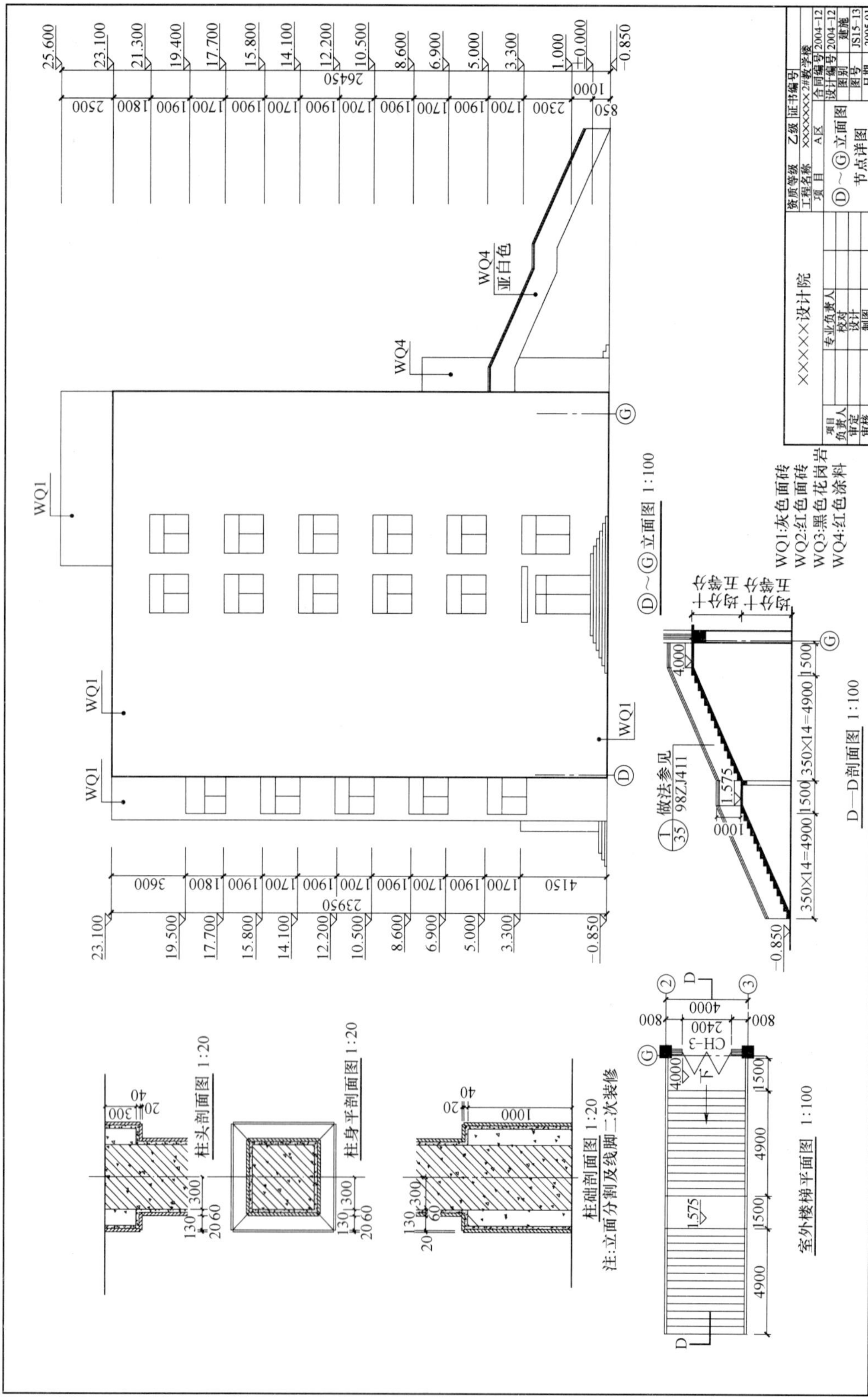
D～G立面图 1:100
D—D剖面图 1:100
室外楼梯平面图 1:100
柱头剖面图 1:20
柱身平剖面图 1:20
柱础剖面图 1:20
注:立面分割及线脚二次装修
WQ1:灰色面砖
WQ2:红色面砖
WQ3:黑色花岗岩
WQ4:红色涂料
××××设计院

图 A-13

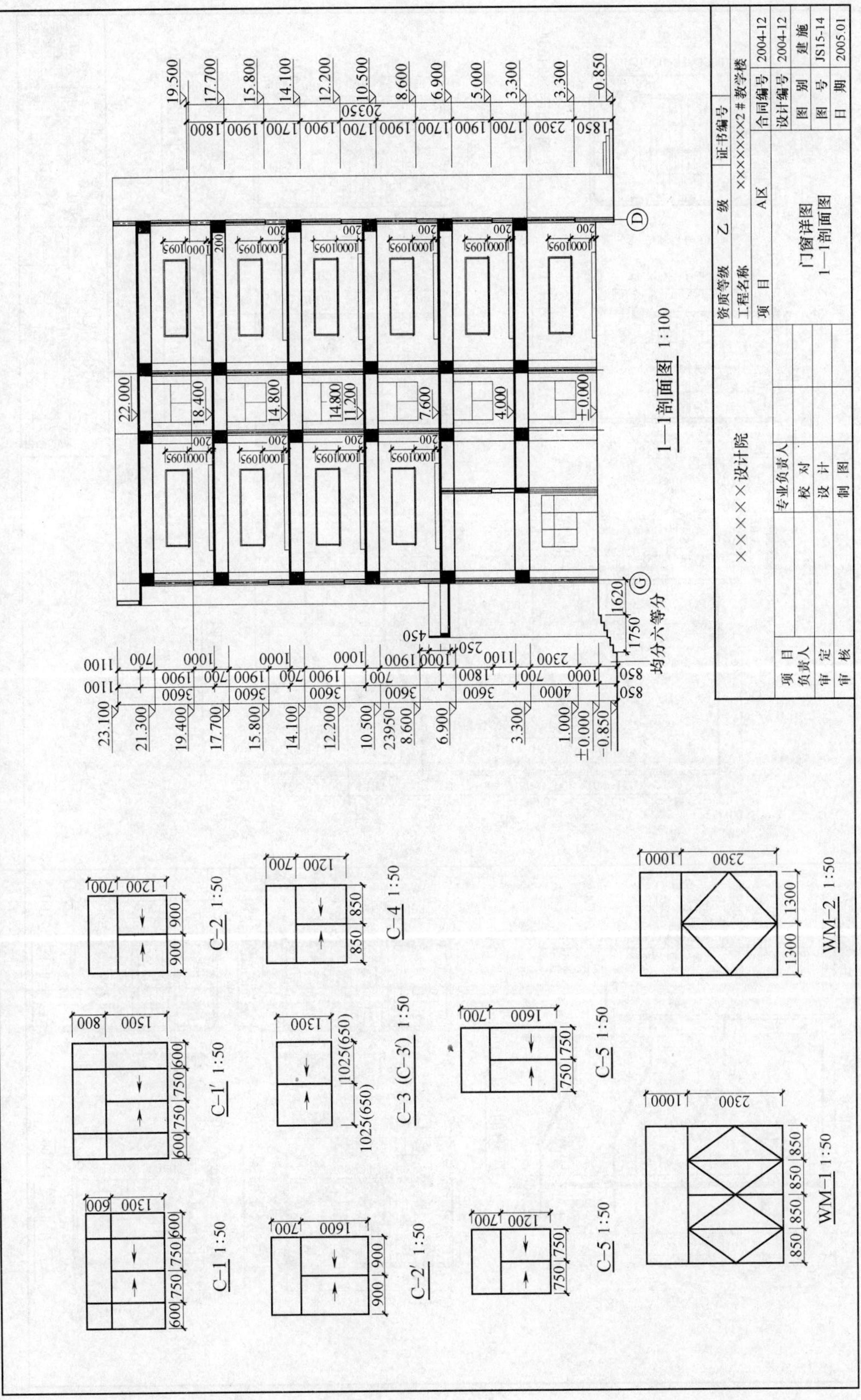

图 A-14

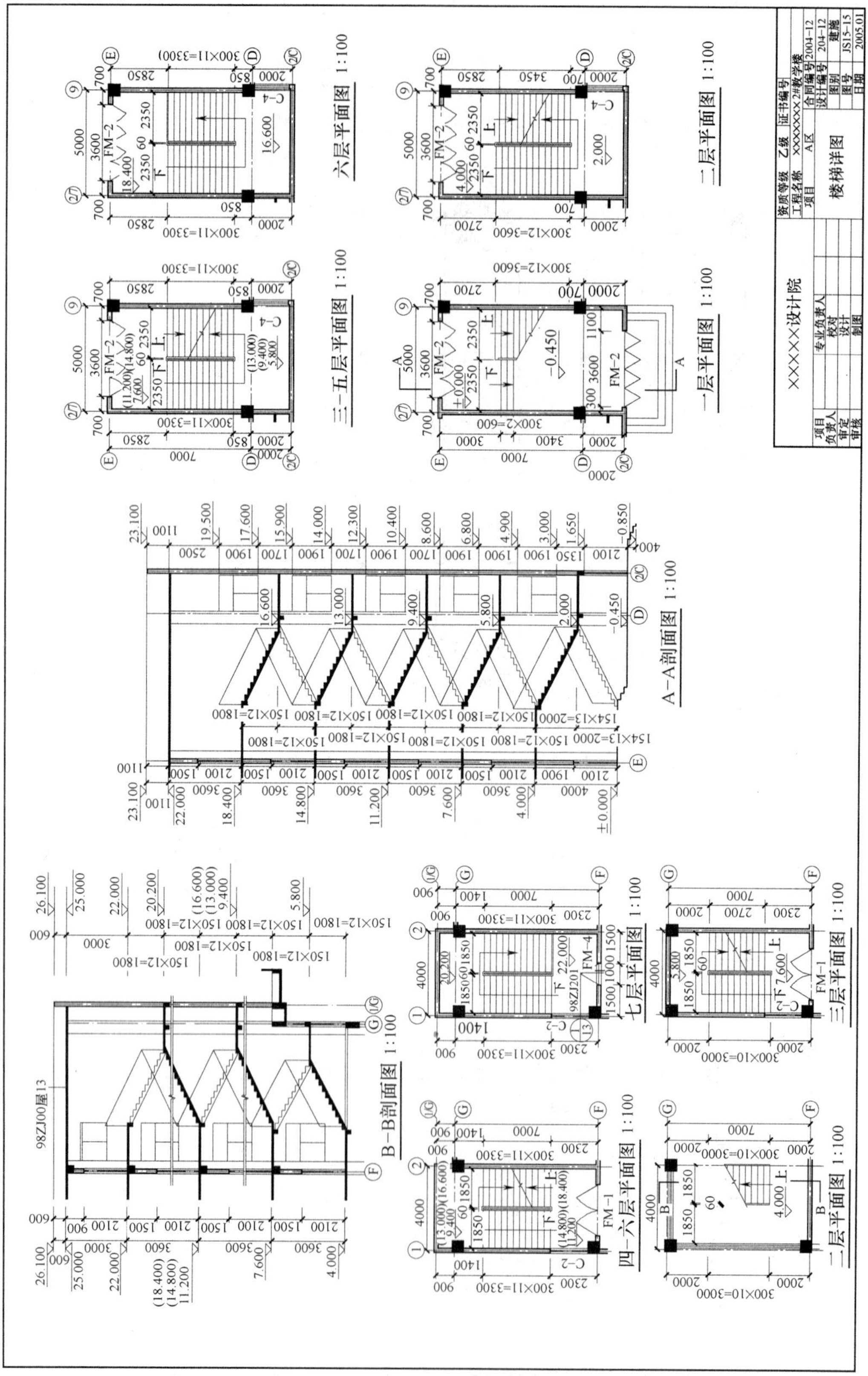
六层平面图 1:100
三-五层平面图 1:100
二层平面图 1:100
一层平面图 1:100
A-A剖面图 1:100
B-B剖面图 1:100
七层平面图 1:100
四-六层平面图 1:100
三层平面图 1:100
二层平面图 1:100
××××设计院
楼梯详图

图 A-15

目　录

本教材的参考教学为102学时，各章的学时分配见下表。

章　次	课程内容	合　计	课时分配		
			理论教学	实践练习	现场教学
第1章	建筑制图国家标准及制图用具	8	6	4	
第2章	图样的画法	16	14	2	
第3章	房屋构造的基本知识	4	2		2
第4章	基础与地下室	4	4		
第5章	墙体	10	6	2	2
第6章	楼地面	6	6		
第7章	楼梯与电梯	6	4	2	
第8章	屋顶	10	6	2	2
第9章	门窗	4	4		
第10章	建筑节能	6	4		2
第11章	单层工业厂房	2	2		
第12章	建筑施工图识读	24	12	10	2
合　计		102	70	22	10

本书由河南建筑职业技术学院高级讲师白丽红任主编，高级讲师魏玉琴任副主编，高级讲师郭庆华任主审。参加编写的有河南建筑职业技术学院白丽红（第1章、第2章、第5章）、魏玉琴（第12章）、宋乔（第10章）、王琛（第3章、第4章）、张丽（第6章），三门峡中等专业学校关惠君（第8章、第9章部分内容）、尚峰梅（第7章、第9章部分内容）、河南省交通职业技术学院贾彦丽（第11章），附图由河南建筑职业技术学院许洪奎提供。

由于采用创新的教材编写方式以及编者水平所限，书中难免出现疏漏和差错之处，敬请读者提出批评和改进意见。

编　者

前　　言

随着职业技术教育改革的深化，建筑类职业院校迫切需要一套符合现代学生知识水平、突出实用性、技能性的教材，以使学生能更好地适应新世纪对建筑工程一线工作的高素质劳动者和专门人才的需要。

建筑识图与构造是一门实践性很强的专业基础课，其教材着力于提高学生职业技能和技术服务能力以适应企业的需求。因此，在教学内容、课程体系和编写风格上着重贯彻了以下几点：

1. 打破传统的课程划分，将建筑制图、房屋构造有机结合起来，融合穿插编排，建立新的课程体系。为在有限的时间内把最需要的知识和技能传授给学生，同时也便于学生抓住重点、提高学习效率，教材在章首列有知识储备，书后配有形式各异的练习题目，力求达到学得容易、教得轻松的目的。

2. 内容上更新力度大。增加建筑节能有关内容，而且单独成为一章，树立建筑节能理念，认识其重要意义。对传统的投影知识则作了较大幅度的精简，突出其图样的识读、形体的表面积及体积计算，淡化图样的绘制。

3. 采用以任务为导向的编写方式。打破传统，以案例提出任务，阐述知识点，然后通过相互链接完成任务。设置小知识，扩大学生的知识面。

4. 注重能力的培养。讲述方式上从体的投影入手，强调投影分析，使投影原理与读图更好地结合起来，读图与计算结合起来，以加强培养空间几何抽象能力；在作业、练习中采用形式各异的题目，以加强培养应用计算能力。

5. 贯彻新的制图标准。本书的插图，除了讲解构造方法的示意图外，还选编了一些典型构造图穿插在各章节之内，这些均采用最新的制图标准绘制。目的是加强学生识读工程图的训练，引导学生逐步看懂建筑构配件图集和施工图。

全书共三篇12章。第一篇为建筑识图基础篇，介绍了国家建筑制图标准的有关内容、制图仪器和工具的使用方法、图样的画法；第二篇为建筑构造篇，包括民用建筑构造方法和建筑节能的做法，单层工业厂房主要构件组成及构造方法；第三篇为专业识图篇。

本书突出职业技术教育特点，采用最新房屋建筑制图统一标准，并且将建筑节能的新技术、新方法编入本书。同时，各章节均附有知识储备、小知识、知识回顾，书后附有独立的练习题册，达到学、练同步的目的。

本书适用于高职建筑工程技术专业、工程管理专业和中职建筑工程施工专业、工程造价等专业的教学，也可作为土建类相关培训及技术人员的自学参考书。

本书配有电子课件，选用本书作为教材的老师可联系责任编辑（010-88379197）索取。

图书在版编目（CIP）数据

建筑识图与构造／白丽红主编．—北京：机械工业出版社，2008.10（2016.8重印）

（职业教育建筑类规划教材）

ISBN 978-7-111-25267-2

Ⅰ.建… Ⅱ.白… Ⅲ.①建筑制图-识图法-职业教育-教材 ②建筑构造-识图法-职业教育-教材 Ⅳ.TU2

中国版本图书馆CIP数据核字（2008）第154567号

机械工业出版社（北京市百万庄大街22号 邮政编码100037）

策划编辑：陈 俞 责任编辑：朱元刚

版式设计：霍永明 责任校对：陈延翔

封面设计 陈 沛 责任印制：乔 宇

北京玥实印刷有限公司印刷

2016年8月第1版第9次印刷

184mm×260mm · 19.25印张 · 439千字

标准书号：ISBN 978-7-111-25267-2

定价：37.00元

凡购本书，如有缺页、倒页、脱页，由本社发行部调换

电话服务

服务咨询热线：010-88379833

读者购书热线：010-88379649

网络服务

机 工 官 网：www.cmpbook.com

机 工 官 博：weibo.com/cmp1952

教育服务网：www.cmpedu.com

金 书 网：www.golden-book.com

职业教育建筑类规划教材

建筑识图与构造

主　编　白丽红
副主编　魏玉琴
参　编　宋　乔　王　琛　张　丽
关惠君　尚峰梅　贾彦丽
主　审　郭庆华

机械工业出版社

附录 B
建筑识图与构造练习题册

学校：________________

班级：________________

学号：________________

姓名：________________

思考与练习 1

1.1　GB/T 50001—2001 规定：A2 图幅 $b \times l$（mm × mm）尺寸是（　　）。

A. 210 × 297　　B. 420 × 594　　C. 841 × 1189

1.2　绘制工程图时，主要可见的轮廓线应是（　　）。

A. 粗实线　　B. 中粗实线　　C. 细实线

1.3　绘制土建图（施工图）主要采用的图是（　　）。

A. 透视图　　B. 轴测图　　C. 多面正投影图

1.4　半径、直径、角度与弧长的尺寸起止符号，宜用（　　）。

A. 箭头　　B. 中粗斜短线　　C. 小圆黑点

1.5　注坡度时，在坡度数字下，应加注坡度符号，坡度符号的箭头，一般应指向（　　）。

A. 下坡　　B. 上坡　　C. 前方

1.6　通用详图的定位轴线是（　　）。

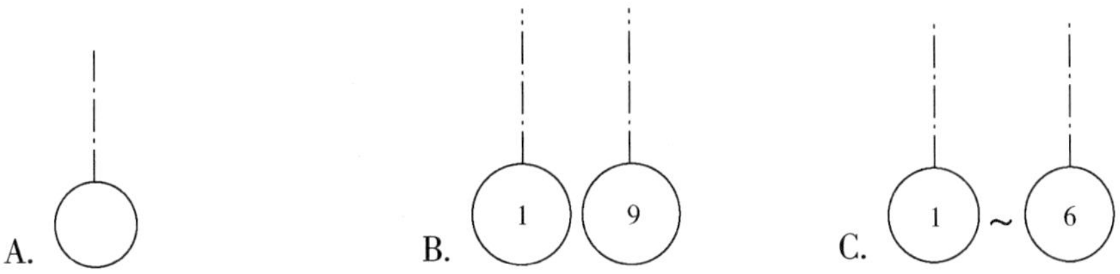

1.7　标高数字的单位，应是（　　）。

A. m　　B. mm　　C. cm

1.8　在施工图中，索引出的详图，如与被索引的图样在同一张图纸内，应采用的索引符号为（　　）。

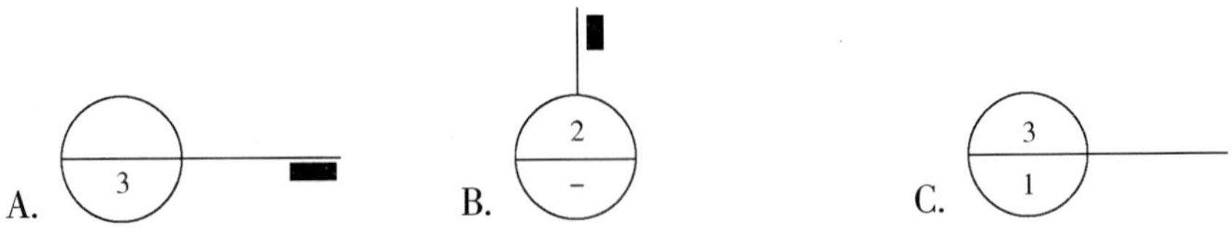

1.9　在施工图中，详图和被索引的图样如不在同一张图纸内，应采用的详图符号为（　　）。

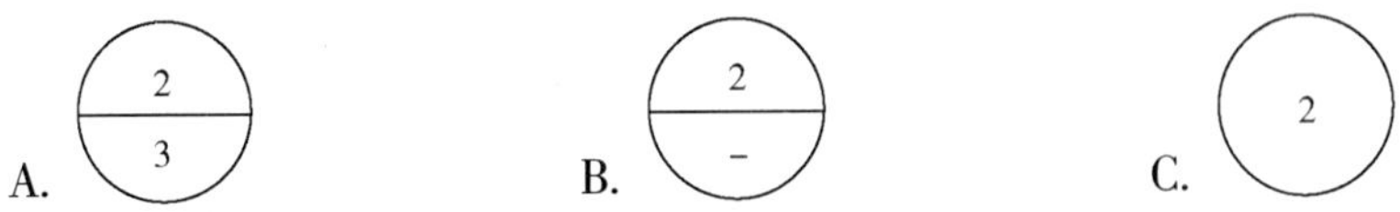

1.10　如图 B-1 所示，窗洞口的高度为（　　）。

A. 2.7m　　B. 0.9m　　C. 1.8m

1.11　已知两个标高数，求两个标高之间的距离，可以按（　　）的方法计算。

A. 同号相加，异号相减　　B. 同号相减，异号相加

C. 相减　　D. 相加

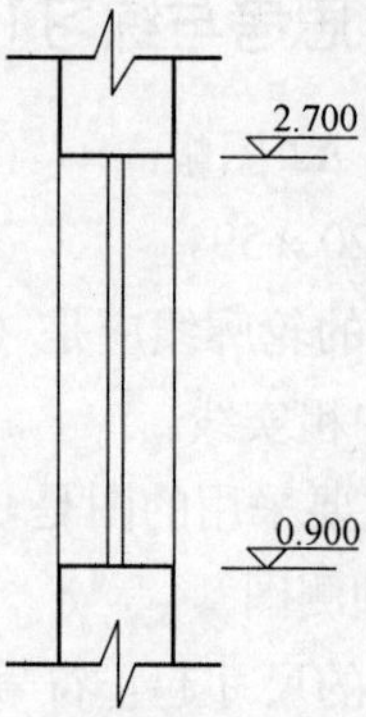

图 B-1

1.12 图框线用________画出。

1.13 图样中的尺寸，以 mm 为单位时，________（需，不需）标注计量单位的代号或名称；如采用其他单位，则________（必须，也不必）注明相应计量单位的代号或名称。

1.14 平面图定位轴线的编号，宜标注在____方与____方。横向编号应用__________，从左至右顺序编写，竖向编号应用大写____________，从下至上编写。

1.15 请查阅建筑制图的其他标准，完成下列连线题目。

表 B-1

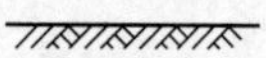	素土夯实		石材
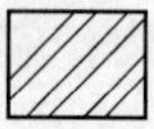	混凝土		
	金属		钢筋混凝土
	木材	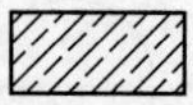	多孔材料

1.16 计算题

从设计图上量得某梁长 20cm，图的比例是 1:30，计算该梁实际长度是多少？

思考与练习 2

2.1-1 投影线垂直于投影面时，所做形体的平行投影，称为________图。施工图基本上都是用________法绘制的。

2.1-2 在正投影图中，线段按照它与投影面的不同位置，可分为投影面________

线、投影面________线和________线三种。

2.1-3　在正投影图中，平面按照它与投影面的不同位置，可分为投影面________面、投影面________面和________面三种。

2.1-4　三面投影图是按________法绘制的多面投影图。

2.1-5　三面投影图之间的关系是________、________、________。

2.1-6　镜像投影法主要用于绘制________平面图，可以反映________面实形。

2.1-7　在正投影图中，当线段平行投影面时，其投影为（　　）。

A. 反映实长　　B. 积聚一点　　C. 其投影小于实长

2.1-8　正投影图中，当平面垂直投影面时，其投影为（　　）。

A. 反映实形　　B. 积聚成一条线　　C. 其投影类似于实形

2.1-9　在三面投影体系中 H 面的展平方向是（　　）。

A. H 面永不动　　B. H 面绕 OX 轴向右转　　C. H 面绕 OX 轴向下转 90°

2.1-10　培养学生既动脑又动手的能力：请学生自己用纸折出三面投影体系的模型。

2.1-11　在图 B-2 三面投影图中的横线上注写图名，并在尺寸线上标注出“长”、“宽”、“高”字样。

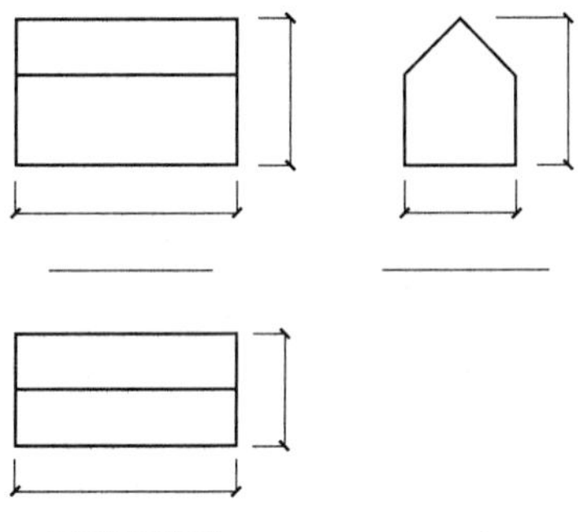

图 B-2　两坡屋面房屋三面投影图

2.1-12　绘制出图 2-6 的镜像投影图，试比较其水平投影图和镜像投影图的不同点。

2.2-1　基本形体按其表面的几何性质，可分为________体和________体两类。

2.2-2　球的投影图可只画________个，但在尺寸标注时，球的半径尺寸数字前加注符号________，球的直径尺寸数字前加注符号________。

2.2-3　轴测图是一种________投影图。它用________个投影图表示出形体的形状。

2.2-4　正等测图，轴间角均为____________，轴向变形系数也相等，均为__________。

2.2-5　指出教室内的讲台、梁等构配件为何种几何体？

2.2-6　写出图 2-19a ~ d 所示形体的表面积和体积的表达式，图 2-19e ~ f 所示形体

的体积的表达式。

____

____。

2. 2-7　计算图 2-22、图 2-25、图 2-28b ~ c 所示形体的体积。

2. 2-8　计算图 2-41 踏面和踢面的面积和。

2. 2-9　形体的左右方位，在六面投影图中方位与空间方位相反的图是（　　）。

A. 正立面图　　B. 平面图　　C. 背立面图

2. 2-10　在形体的立面图中，可以查出形体的尺寸（　　）。

A. 长　　B. 宽　　C. 高

2. 2-11　六面投影图中哪些图之间同时受“长对正，高平齐”的投影规律的约束（　　）。

A. 正立面图、平面图、左侧立面图　　B. 正立面图、背立面图、左侧立面图

C. 正立面图、左侧立面图、右侧立面图　　D. 正立面图、平面图、右侧立面图

2. 2-12　六面投影图中哪些图之间受“宽相等”的投影规律的约束（　　）。

A. 底面图与右侧立面图　　B. 平面图与右侧立面图

C. 正立面图与左侧立面图　　D. 正立面图与背立面图

2. 2-13　识读形体投影图时要进行哪两步分析（　　）。

A. 位置分析　　B. 形体分析　　C. 线面分析　　D. 投影分析

2. 2-14　在六面投影图中，能表示出前后方位的图有（　　）。

A. 正立面图　　B. 左侧立面图　　C. 平面图　　D. 背立面图

2. 2-15　从给出形体两投影图推想出它的侧面图是（　　）。

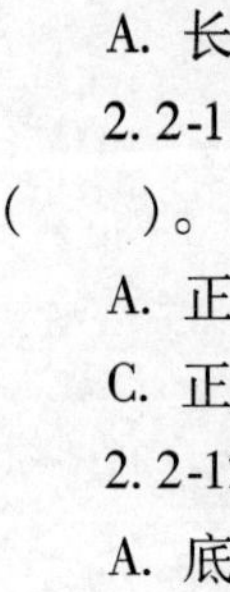

A

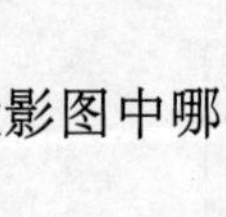

B

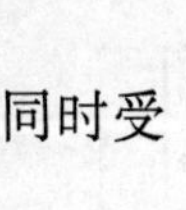

C

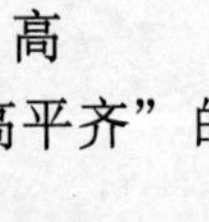

D

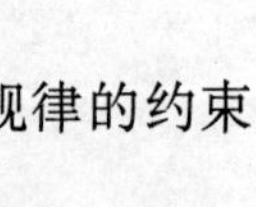

2. 2-16　根据图 B-3 的三面投影，画出其正等测图。

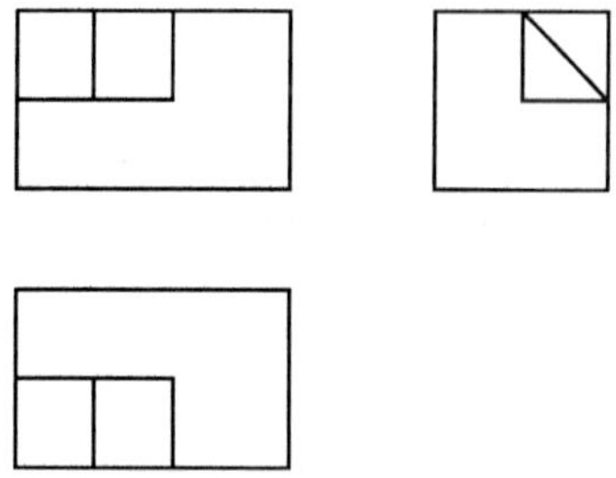

图 B-3　画正等测图

2. 2-17　补全图 B-4 投影图中所缺的线。

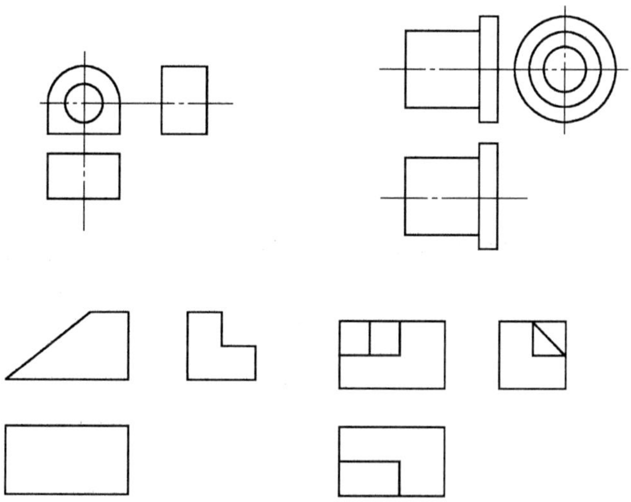

图 B-4　在投影图上补线

2. 2-18　根据图 B-5 组合体的两面投影图，补画第三面投影图。

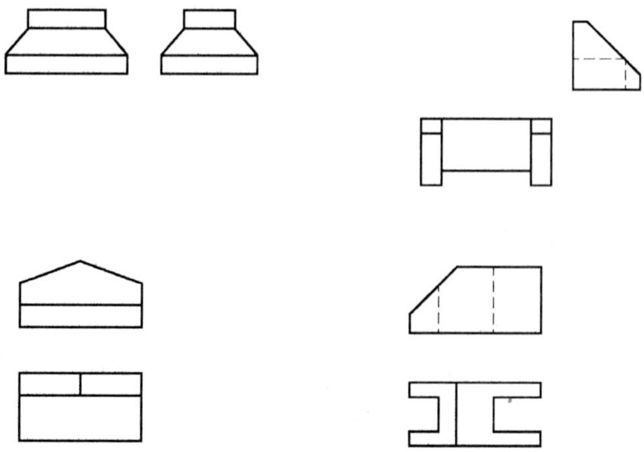

图 B-5　补画第三面投影图

2.3-1　剖面图的剖切符号由________线、________线和________组成。

2.3-2　断面图的剖切符号由________线和________组成。

2.3-3　剖面图画的是________投影，而断面图画的是________的投影。

2.3-4　将图 B-6 中水池的 V、W 投影图改为 1—1、2—2 剖面图。

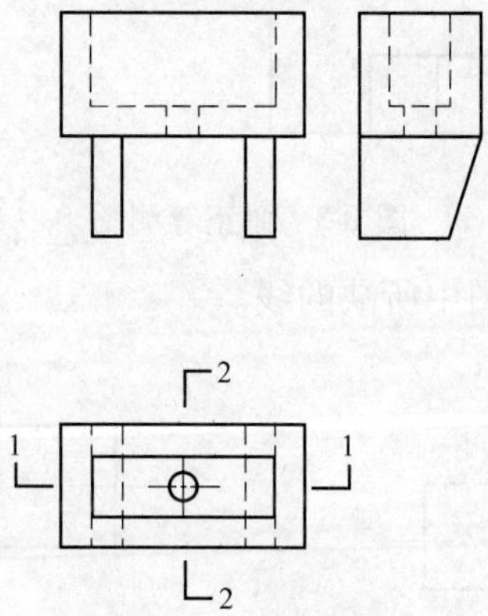

图 B-6　画剖面图

2.3-5　根据图 B-7 窗洞口的立面图和 2—2 剖面图，补绘窗洞口的 1—1 剖面图。

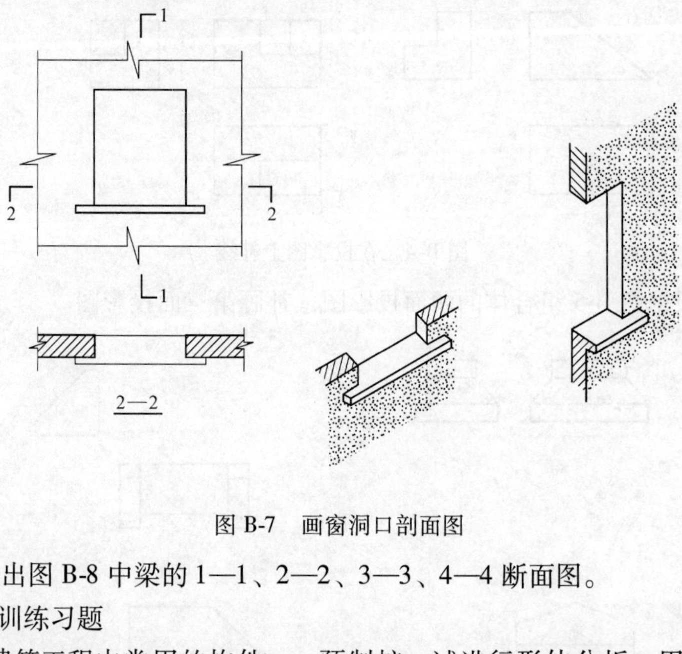

图 B-7　画窗洞口剖面图

2.3-6　作出图 B-8 中梁的 1—1、2—2、3—3、4—4 断面图。

2.3-7　实训练习题

图 B-9 是建筑工程中常用的构件——预制桩。试进行形体分析，用所学的图样画法图示出其形状、大小及所用材料。并计算出其体积。图样应线型分明、清晰，所标尺寸齐全、准确，用尽量少的图样，表达清楚，且符合制图标准的要求。

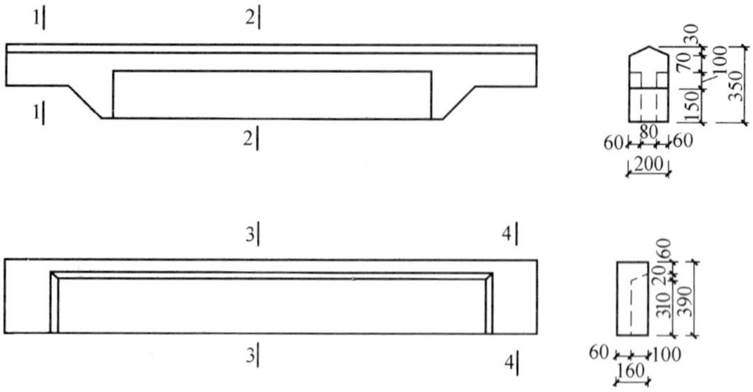

图 B-8　画梁的断面图

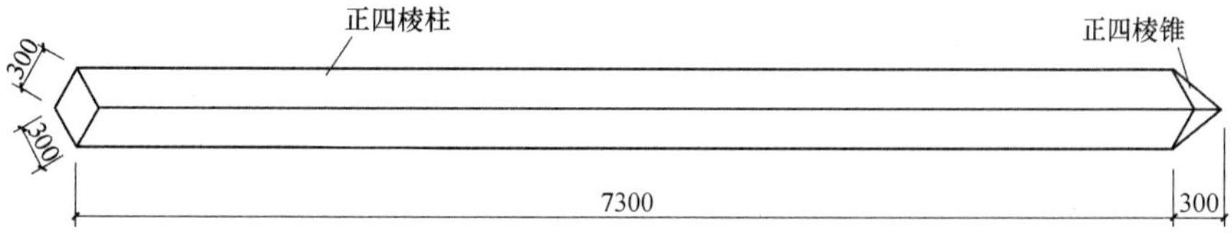

图 B-9　预制桩

思考与练习 3

3.1　按照建造建筑所采用的施工方法，建筑可以分为________、________、________。

3.2　房屋六大组成部分是________、________、________、________、________、________。

3.3　绘出下列图 B-10 中图形的定位轴线。

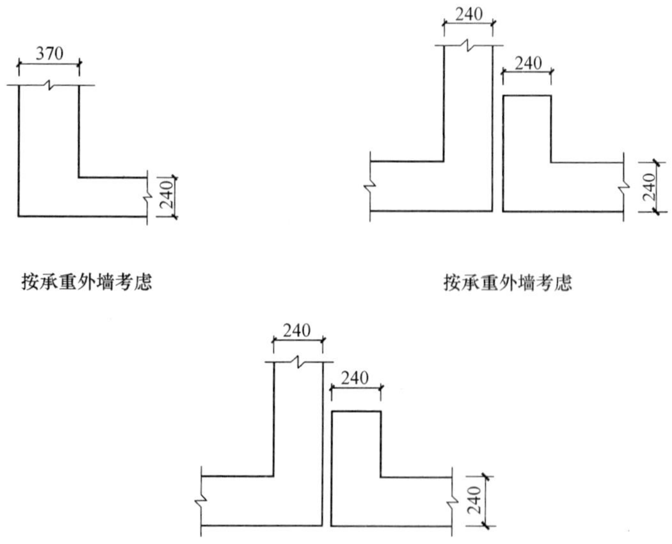

图　B-10

[判断题]

3.4 目前，多层工业厂房和仓库、办公楼、旅馆、医院、学校、商场等广为采用框架结构。(　　)

3.5 混合结构体系是指同一结构体系中采用两种或两种以上材料组成的承重结构，包括砖混结构、内框架结构和底层框架结构等。(　　)

3.6 钢筋混凝土结构中梁、楼板、楼梯、屋架、屋面板均为钢筋混凝土，墙、柱用砖或其他材料。(　　)

3.7 房屋是由基础、承重墙、非承重墙、柱、梁、楼面板、屋面板、门窗等构配件组成的。(　　)

3.8 以钢筋混凝土结构作为承重的建筑物称为混合结构体系。(　　)

3.9 房屋按用途可以分为民用建筑、农业建筑、工程构筑物。(　　)

[选择题]

3.10 民用建筑包括(　　)。

A. 农业建筑工程构筑物　　B. 饲养场、农机站

C. 居住建筑和公共建筑　　D. 居住建筑、仓库

3.11 钢筋混凝土结构中，未采用钢筋混凝土作材料的是(　　)。

A. 梁　　B. 柱　　C. 屋架　　D. 墙

3.12 不属于民用建筑构造组成的是(　　)。

A. 门窗　　B. 地基　　C. 楼梯　　D. 雨篷

思考与练习4

[填空题]

4.1 基础按其所采用材料和受力特点分，有________和________；按构造形式分，有________、________、________、________、________等。

4.2 砖基础大放脚的砌筑方法有____________________、____________________两种。

4.3 砖石墙下基础常用________________，柱下基础常用________________。

4.4 筏形基础有________________和________________两种。

4.5 地下室一般由________、________、________、________、________等几部分组成。

4.6 当最高水位低于地下室底板__________时，地下室构造一般只做防潮处理。

4.7 地下室防水构造做法基本有________、________、________3种。

[判断题]

4.8 建筑物埋置在土层中的那部分承重结构称为基础，也叫地基。(　　)

4.9 垫层在基础的最下部，直接与地基接触。(　　)

4.10 基础大放脚是指基础下部逐级放大的台阶。(　　)

4.11　支承基础传来荷载的土（岩）层才称为地基。(　　)

4.12　应用自然土层做地基的称天然地基。(　　)

［选择题］

4.13　基础的埋置深度指（　　）。

A. 室外设计地坪至基础底面的垂直距离

B. 室内设计地坪至基础底面的垂直距离

C. 基础顶面至基础底面的垂直距离

4.14　基础应尽可能地埋在冰冻线（　　）。

A. 以下　　B. 以上　　C. 均可

4.15　砖基础由基础墙和大放脚组成，基础的宽高比为（　　）。

A. 1∶1.52　　B. 1∶1　　C. 1∶1.5

4.16　当建筑上部荷载比较大而地基承载力比较小，此时较适合采用（　　）。

A. 刚性基础　　B. 独立式基础　　C. 柔性基础

思考与练习 5

5.1　按施工方式不同，常见的墙面装修可分为______、______、______、______和__________等五类。

5.2　墙面装修的作用有________、________、__________。

5.3　墙体按构造方式不同，有________、________、__________。

5.4　墙体按施工方式不同可分为________、________、________。

5.5　标准砖的规格为____________________，砌筑砖墙时，必须保证上下皮砖缝____________________搭接，避免形成通缝。

5.6　常见的隔墙有____________、________________和________________。

5.7　变形缝包括________、________和________。

5.8　伸缩缝要求将建筑物从______________________________分开；沉降缝要求建筑物从______________________________分开。当既设伸缩缝又设防震缝时，缝宽按________处理。

5.9　墙体勒脚部位的水平防潮层一般设于（　　）。

A. 基础顶面

B. 底层地坪混凝土结构层之间的砖缝中

C. 底层地坪混凝土结构层之下 60mm 处

D. 室外地坪之上 60mm 处

5.10　关于变形缝的构造做法，下列哪个是不正确的。(　　)

A. 当建筑物的长度或宽度超过一定限度时，要设伸缩缝

B. 在沉降缝处应将基础以上的墙体、楼板全部分开，基础可不分开

C. 当建筑物竖向高度相差悬殊时，应设伸缩缝

5.11　下列哪种做法不是墙体的加固做法（　　）。

A. 当墙体长度超过一定限度时，在墙体局部位置增设壁柱

B. 设置圈梁

C. 设置钢筋混凝土构造柱

D. 在墙体适当位置用砌块砌筑

5.12　图 B-11 中砖墙的组砌方式是（　　）。

A. 梅花丁　　B. 多顺一丁　　C. 一顺一丁　　D. 全顺式

5.13　图 B-12 中砖墙的组砌方式是（　　）。

A. 梅花丁　　B. 多顺一丁　　C. 全顺式　　D. 一顺一丁

图　B-11

图　B-12

5.14　散水的坡度一般为（　　）。

A. 2%　~ 3%　　B. 1% ~3%　　C. 3%　~ 5%

5.15　悬挑式窗台应挑（　　）mm。

A. 30　　B. 60　　C. 120

5.16　散水的宽度一般为 600 ~ 1000mm，且应比屋面挑檐宽出（　　）。

A. 300mm　　B. 200mm　　C. 500mm

5.17　防潮层顶面标高一般为（　　）。

A. 0.030　　B. －0.450　　C. －0.060

5.18　请在图 B-13 中表示出外墙墙身水平防潮层和垂直防潮层的位置。

5.19　图 B-14 中圈梁被窗洞口截断，请在图中画出附加圈梁并标注相关尺寸。

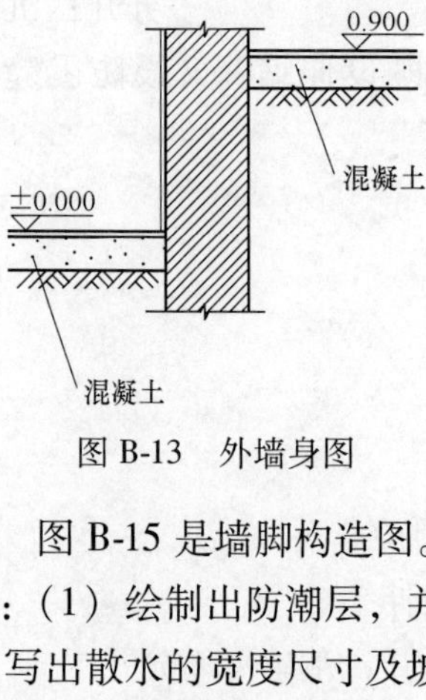

图 B-13　外墙身图

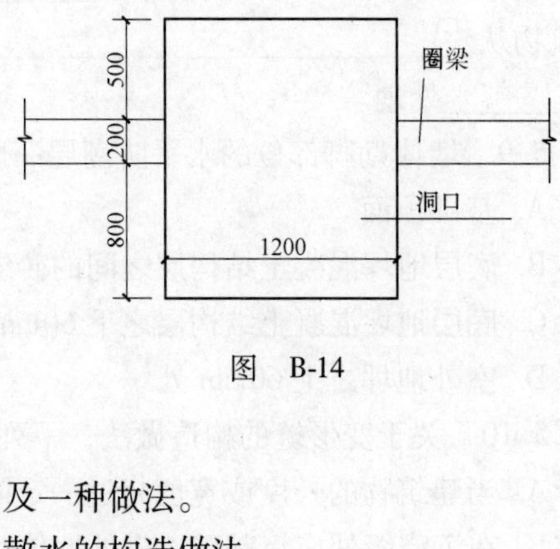

图　B-14

5.20　图 B-15 是墙脚构造图。

要求：（1）绘制出防潮层，并标出其标高及一种做法。

（2）写出散水的宽度尺寸及坡度值，标出散水的构造做法。

（3）标出一种勒脚的做法。

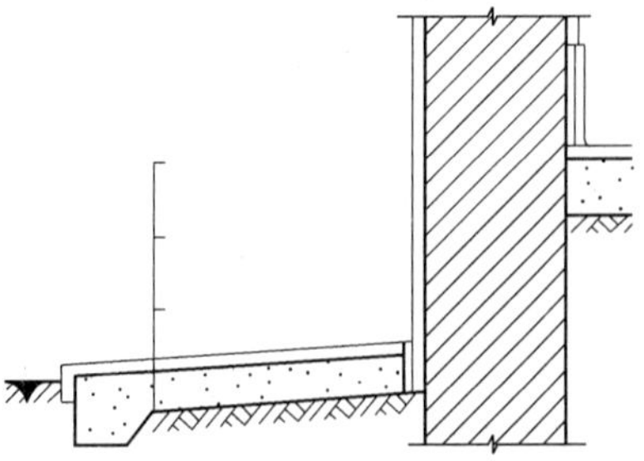

图　B-15

5.21　在下面空白处画出内、外墙伸缩缝构造处理各一个。

5.22　图 B-16 为沉降缝内墙盖缝构造图，找出图中的错误并进行修改。

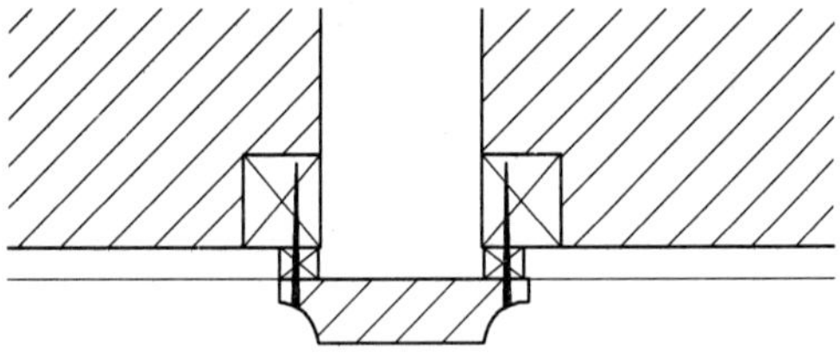

图　B-16

思考与练习 6

6.1　楼地面包括__________和__________，是分隔建筑空间的水平承重构件。

6.2　楼面主要有__________、__________和__________三部分组成。

6.3　地面主要有__________、__________和__________三部分组成，其中垫层有刚性垫层和__________垫层之分。

6.4　楼板根据使用材料不同，可分为__________、__________、__________和木楼板等。

6.5　钢筋混凝土楼板根据施工方法不同，可分为__________、__________及装配整体式三种。

6.6　现浇钢筋混凝土楼板可分为__________、__________和__________，以板式和梁板式最为常用。

6.7　当板式楼板的长边与短边之比大于 2 时，荷载主要沿短边方向传递，板基本上只在短边方向上弯曲，这种板称为__________；当板式楼板的长边与短边之小于等

于2时，荷载沿两个方向传递，板在两个方向上产生弯曲，称为__________。

6.8 根据梁的构造情况，梁板式楼板可分为__________、复梁式和__________式楼板。

6.9 将楼板直接支承在柱上的楼板称为______________。

6.10 常用的钢筋混凝土楼板，根据其截面形状可分为__________、__________和空心板三种类型。

6.11 预制板直接搁置在砖墙或梁上时，均应有足够的支承长度。支承于梁上时其搁置长度不小于__________，支承于墙上时其搁置长度不小于__________。

6.12 预制钢筋混凝土楼板上设置隔墙时，通常将隔墙设置在__________。

6.13 水磨石地面的常规做法是先用10～20mm厚1:3的水泥________、________，按设计图采用1:1水泥砂浆固定________，再用10～15mm厚1:1.5～1:2.5水泥白石子浆抹面，________约一周后用磨石机磨光，最后用________清洗，________保护。

6.14 水泥制品块和基层连接方式有两种：当块体________且________时，常在板下干铺一层20～40mm厚的________，校正后用________嵌填板缝，该做法简单、造价低，便于维修，但不易________；当预制块________且________时，则采用12～20mm厚1:3 ________作结合层，之后用1:1水泥砂浆________，此法坚实、平整。

6.15 软质聚氯乙烯塑料地毡的施工是在____________后按照设计弹线，在塑料板底涂满____________ 1～2遍之后进行铺贴。地面的拼接方法是先切割成________，然后用三角形塑料焊条、电热焊枪焊接。

6.16 木地面按照构造分为______式、________式和________式三种。楼层木地面在构造上，分为________硬木楼地面和________硬木楼地面，均属于__________式。

6.17 顶棚的目的是为了保证房间________、________、________和装饰效果，按其构造方式分为____________和____________两种。

6.18 吊筋连接龙骨和楼板或屋面板，把龙骨和面板的重量传递给承重结构层。与承重结构层的固定方法有：__________锚固、__________锚固、__________锚固和__________锚固。

6.19 阳台按照其与外墙的相对位置分为____________、____________和____________。

6.20 未封闭阳台为室外构件，需做排水措施。阳台地面一般__________室内30mm以上，以防止雨水倒灌；同时，阳台地面向排水口做__________的坡。阳台排水有__________和__________两种。

6.21 钢筋混凝土雨篷较大时由__________、__________、__________组成，构造与楼板相同；较小时做成__________构件，由雨篷梁和板组成。

6.22 简述楼地面的设计要求有哪些。

____。

6.23　简述预制板的板缝构造要求。

____

____。

6.24　水磨石地面分格的作用是什么？

____

____。

6.25　悬吊式顶棚应满足什么要求？

____

____。

6.26　标出图 B-17 中水泥砂浆地面的构造做法，并标出踢脚高度。

6.27　写出图 B-18 中大理石地面的构造做法。

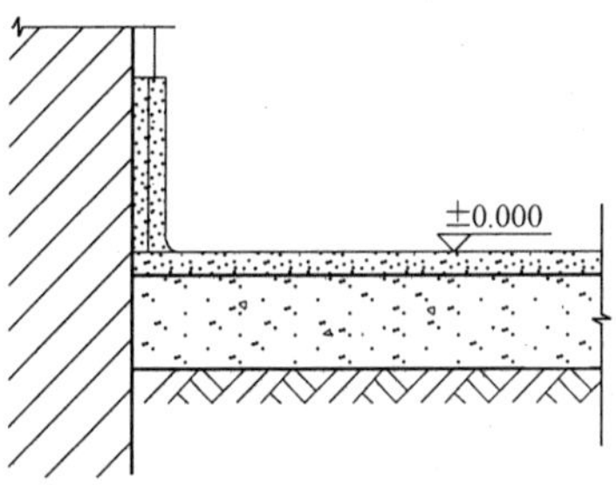

图　B-17

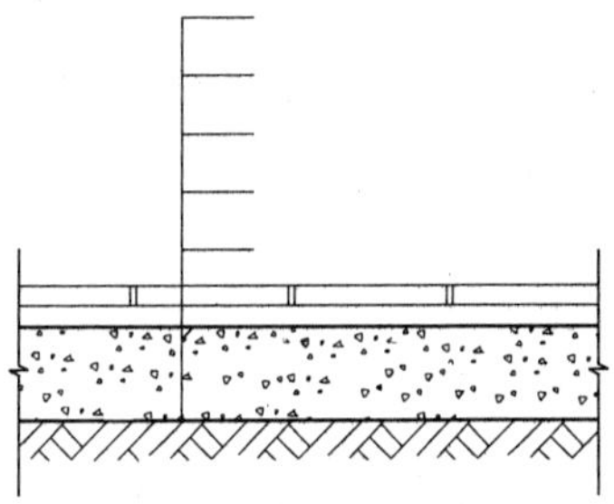

图　B-18

6.28　图 B-19 为空心板和承重墙的关系图，找出图中的错误并进行修改。

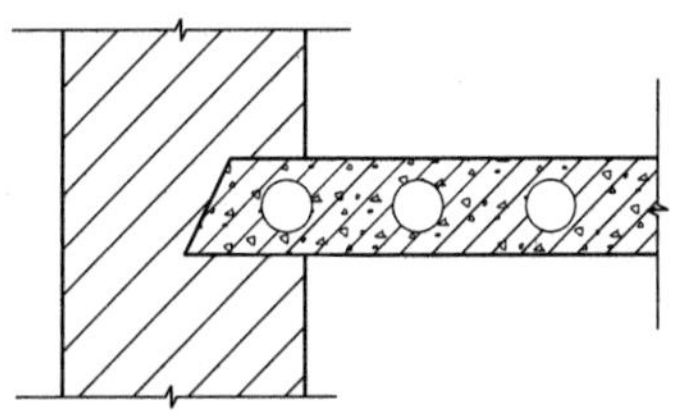

图　B-19

思考与练习 7

7.1　楼梯一般由________、________、________三部分组成。

7.2　楼梯的坡度应控制在____________°至____________°之间。

7.3　楼梯平台深度不应小于楼梯________。

7.4　通常确定楼梯段宽度的因素是该楼的（　　）。

A. 使用要求　　B. 家具尺寸　　C. 人流数　　D. 楼层高度

7.5　确定楼梯坡度应根据（　　）。

A. 使用性质和层高　　　　B. 使用性质和要求

C. 楼梯间进深和层高　　　　D. 楼梯间进深和使用性质

7.6　在楼梯形式中，不宜用于疏散楼梯的是（　　）。

A. 直跑楼梯　　B. 两跑楼梯　　C. 剪刀楼梯　　D. 螺旋形楼梯

7.7　小学的楼梯栏杆应采用不易攀登的构造，垂直杆件间的净距不应大于(　　)mm。

A. 100　　B. 110　　C. 150　　D. 300

7.8　下面有关台阶方面的描述哪个是不正确的（　　）。

A. 室内外台阶踏步宽度不宜小于300mm

B. 踏步高度不宜大于150mm

C. 室外台阶踏步数不应少于3级

D. 室内台阶踏步数不应少于2级

7.9　钢筋混凝土楼梯的结构形式有________和________。

7.10　不增加梯段长度的情况下，为了增加踏步面的宽度，常用的方法是________________。

7.11　楼梯踏步高度成人以________左右较适宜，踏步宽度以________左右为宜，不应窄于________；踏步出挑一般为________。

7.12　电梯由________、________和________三部分组成。

7.13　［拓展题］请查阅相关资料确定：电梯根据用途的不同可以分为乘客电梯、________、病床电梯、________、载货电梯、________。

7.14　根据自动扶梯在建筑中的位置及建筑平面布局，自动扶梯的布置形式主要有________、________两种。

7.15　轮椅坡道的宽度不应小于________m。

7.16　为了满足使用要求，台阶顶部平台的宽度应大于所连通的门洞口宽度，一般至少每边宽出________mm。室外台阶顶部平台的深度不应小于________m。

7.17　标出图B-20中现浇钢筋混凝土板式楼梯的构造组成。

7.18　标出图B-21中现浇钢筋混凝土梁板式楼梯的构造组成。

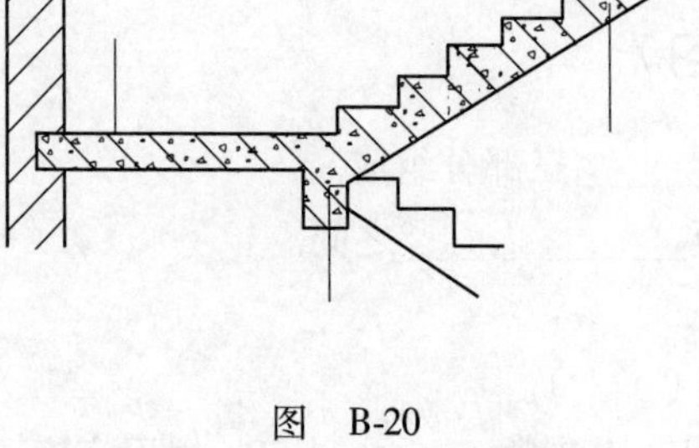

图　B-20

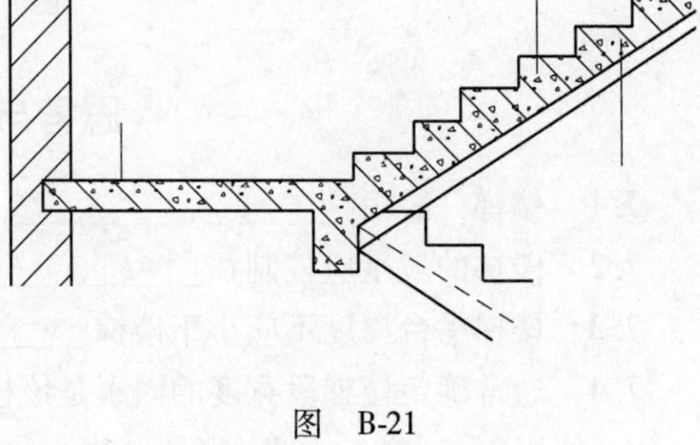

图　B-21

7.19　填出图 B-22 中楼梯底层及标准层平面图（楼梯形式为双跑平行楼梯）。

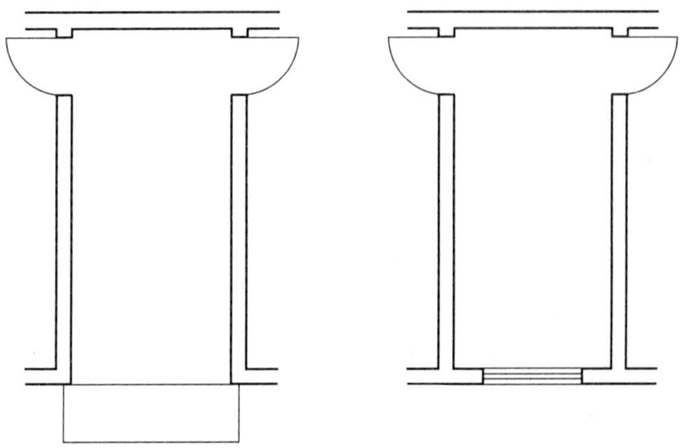

图　B-22

思考与练习 8

8.1　屋顶是房屋的重要组成部分，其主要作用有＿＿＿＿、＿＿＿＿和＿＿＿＿。

8.2　屋顶的类型按外形和坡度分为＿＿＿＿、＿＿＿＿、＿＿＿＿。

8.3　屋顶坡度的表示方法有＿＿＿＿、＿＿＿＿、＿＿＿＿。

8.4　影响屋顶坡度的主要因素有＿＿＿＿、屋顶结构形式、地理气候条件、＿＿＿＿及＿＿＿＿要求等方面。

8.5　［判断题］一般情况下，屋面防水材料单块面积越小，所要求的屋面排水坡度越大。（　　）

8.6　［拓展题］请查阅相关资料确定：下面柔性防水屋面坡度设置合理的一项是（　　）。

A. 3%　　B. 1%　　C. 1∶3　　D. 25°

8.7　屋顶是建筑物最上面起维护和承重作用的构件，屋顶构造设计的核心是（　　）。

A. 承重　　B. 保温隔热　　C. 防水和排水　　D. 隔声和防火

8.8　简述屋顶设计应满足哪些要求。

＿＿＿＿＿＿＿＿＿＿＿＿＿＿＿＿＿＿＿＿＿＿＿＿＿＿＿＿＿＿

＿＿＿＿＿＿＿＿＿＿＿＿＿＿＿＿＿＿＿＿＿＿＿＿＿＿＿＿＿＿。

8.9　平屋面的坡度主要由＿＿＿＿和＿＿＿＿形成。

8.10　平屋顶采用卷材或混凝土防水时，若为不上人屋面，一般采用＿＿＿＿的坡度，常用坡度为＿＿＿＿；若为上人屋面，则做 1% ~2% 的坡度。

8.11　屋面排水方式分＿＿＿＿和＿＿＿＿两大类。

8.12　下列哪种建筑的屋面应采用有组织排水方式（　　）。

A. 高度较低的简单建筑　　B. 积灰多的屋面

C. 有腐蚀介质的屋面　　D. 降雨量较大地区的屋面

8.13 屋面排水区一般按每个雨水口（管径100mm）排除（　　）m^2 屋面（水平投影）的雨水来划分。

A. 100～200　　B. 150～200　　C. 70 ～ 140　　D. 200～250

8.14 平屋顶防水主要有铺贴卷材类__________和整浇混凝土__________两类。

8.15 柔性防水屋面是______________________________的屋面。

8.16 下面平屋顶卷材防水屋面油毡铺贴方法正确的是（　　）。

A. 油毡平行于屋脊时，从檐口到屋脊方向铺设

B. 油毡平行于屋脊时，从屋脊到檐口方向铺设

C. 油毡铺设时，应顺常年主导风向铺设

D. 油毡接头处，短边搭接应不小于70mm

8.17 屋面防水中泛水高度最小值为（　　）mm。

A. 150　　B. 200　　C. 250　　D. 300

8.18 刚性防水屋面主要指______________________屋面防水构造方法。

8.19 提高刚性防水屋面防水性能的措施有____________、提高混凝土的防水性能、______________、______________。

8.20 刚性屋面的浮筑层可用的材料为（　　）。

A. 水泥砂浆　　B. 石灰砂浆　　C. 细石混凝土　　D. 防水砂浆

8.21 屋面分仓缝处常用的密封材料为（　　）。

A. 水泥砂浆　　B. 油膏　　C. 细石混凝土　　D. 防水砂浆

8.22 平屋顶的保温材料常用的有三类，即______________、______________、______________。

8.23 简述平屋顶的隔热措施。

____

____。

8.24 坡屋顶的承重结构主要由________、________、________或屋架等组成。

8.25 坡屋顶的承重方式主要有以下两类，即______________________和______________。

8.26 顺水条是截面为（20～30）mm×6 mm的木条，沿坡度方向钉在望板上，间距为________ mm，其主要作用是____________，因其顺水方向故俗称“顺水压毡条”。

8.27 小青瓦要求屋面坡度不小于____________。小青瓦有盖瓦、底瓦、滴水瓦之分，一般应________________。

8.28 下列不是斜屋顶优点的一项是（　　）。

A. 防水、排水好　　B. 建筑造形丰富

C. 增加建筑的使用面积　　D. 构造简单，施工方便

8.29 在图B-23中标出上人有保温层的柔性防水屋面构造作法。

8.30 在图B-24中标出不上人无保温层的柔性防水屋面构造作法。

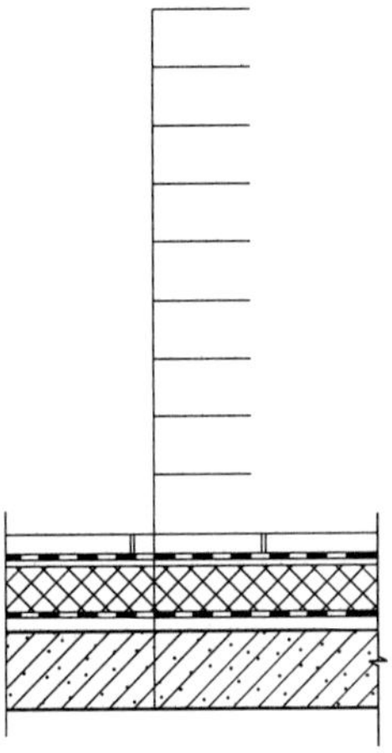

图　B-23

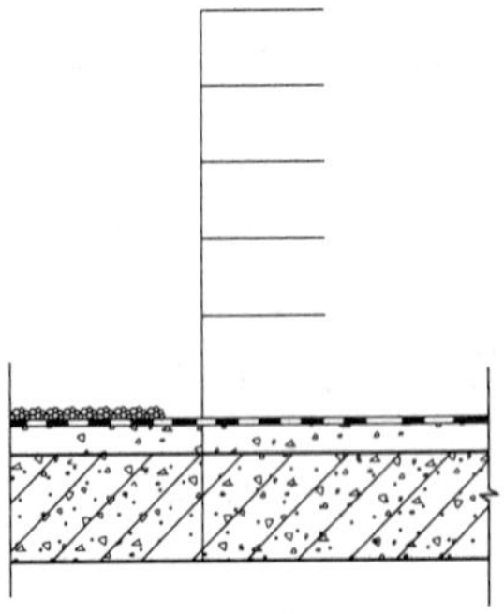

图　B-24

思考与练习 9

9.1　木门窗的安装方法有________和____________两种。

9.2　门的主要作用是（　　）。

A. 交通联系　　B. 采光通风　　C. 隔声　　D. 保温

9.3　在图 B-25 木门框构造示意图中，A 为____________，B 为____________。

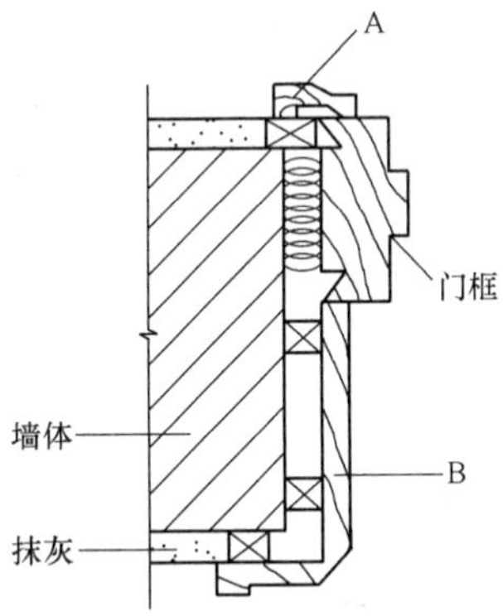

图 B-25　木门窗构造示意图

9.4　塑钢门窗有哪些优点？其构造如何？

____

____。

9.5　木门窗有哪些优点？其构造如何？

____

____。

9.6 铝合金门窗有哪些优点？其构造如何？

____

____。

9.7 建筑中遮阳措施有哪些？

____

____。

9.8 建筑中遮阳板布置有哪些类型？

____

____。

9.9 指出图 B-26 平开木窗剖面图中各部位的名称。

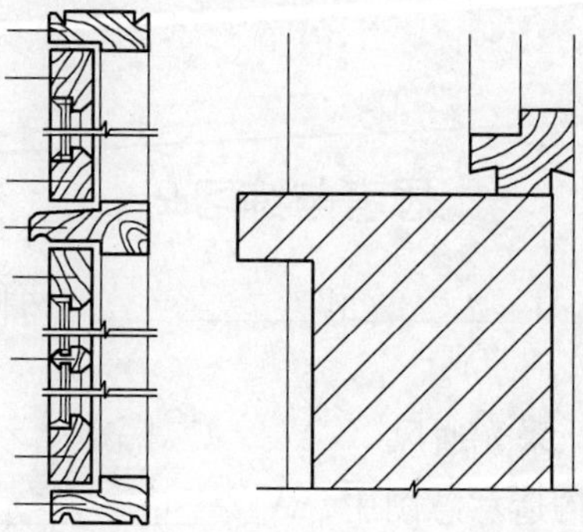

图 B-26

9.10 补绘悬挑式外窗台构造图（图 B-26），并标出尺寸和排水坡度。

思考与练习 10

10.1 屋顶节能的意义有哪些？

____

____。

10.2 屋顶节能构造措施包括________和________。

10.3 常见的屋顶保温构造措施有________和________。

10.4 常见的屋顶隔热构造措施有______、______、______。

10.5 倒铺法保温屋面是将______做在______之上的构造做法。

10.6 对于平顶屋面的节能，我们可以采取的措施有（ ）。

A. 架空屋面，并在架空层填充袋装膨胀珍珠岩、岩棉等保温材料

B. 实铺加气混凝土块，或架空设置加气混凝土块

C. 采用倒置屋面

D. 种植屋面

10.7　下列哪种情况不适合做蓄水屋面（　　）。

A. 当屋面有防水等级为Ⅰ级、Ⅱ级时

B. 在寒冷地区

C. 地震地区

D. 振动较大的建筑物

10.8　对坡屋顶节能，我们可以采取的措施有（　　）。

A. 在坡屋面上顺坡铺设岩棉或玻璃棉毡

B. 在天棚上铺设岩棉或玻璃棉毡

C. 在坡屋面上直接喷洒松散材料，如膨胀珍珠岩等

10.9　种植屋面的特点有（　　）。

A. 荷载大　　B. 植物根系穿刺力强

C. 要求防水的性能更强　　D. 返修困难

10.10　适合做地面保温的材料有（　　）。

A. 挤塑型聚苯板　　B. 膨胀珍珠岩板　　C. 加气混凝土块　　D. 岩棉板

思考与练习 11

11.1　基础梁是______________。基础梁的作用是______________。它的梁顶标高较室内地坪应低______________。

11.2　柱间支撑的作用是______________。它的支撑形式及适用范围有______________。

11.3　屋盖支撑系统包括__________、__________和__________。

11.4　下弦横向水平支撑的作用是______________。下弦纵向水平支撑的作用是______________。

11.5　采用避风天窗的条件是______________，避风原理是______________。平天窗是______________，有哪几种类型？

11.6　屋面排水方式有__________和__________。长天沟外排水是__________，适用于__________。

11.7　屋面构造做法最主要的问题是______________，屋面防水层做法有__________、__________、__________和瓦屋面等几种。

11.8　矩形避风天窗由__________和__________组成，为了增大通风量，可以不设窗扇。解决防雨的措施是__________。

思考与练习12

12.1　一套建筑工程施工图根据专业的不同分为__________施工图、__________施工图和__________施工图三部分。

12.2　建筑施工图通常由首页图、总平面图、__________图、__________图、__________图和__________图所组成。

12.3　建筑总平面图是新建房屋____________________及施工总平面设计和其他工程管线设置的依据。

12.4　施工图上标高一般采用相对标高。在总平面图上或设计说明中应注明相对标高与绝对标高的关系。绝对标高是指____________________；相对标高是指______________________________。

12.5　在总平面图上新建建筑的图例是__________，拆除建筑的图例是__________，砖和混凝土围墙的图例是__________。

12.6　假想用一个水平剖切面沿____________________，移去上面部分，对其下面部分作水平面投影，所得的水平剖面图，即为__________，简称__________。

12.7　建筑平面图是房屋施工图中最基本的图样之一，同时也是__________、砌筑墙体和编制预算的主要依据。

12.8　建筑平面图中的平面尺寸均采用__________为单位，而表明楼地面、楼梯平台和室外地面等的标高，则采用______为单位。

12.9　建筑立面图是将建筑物的外立面向与其__________的投影面进行投射所得到的投影图。

12.10　表明建筑剖面图剖切位置的剖切线及其编号应表示在__________层平面图上。

12.11　对于构造节点详图，要注明__________和__________，以便对照阅读。

12.12　图12-2中房屋总宽为__________ mm。

12.13　建筑施工图中被剖切到的墙（柱）用__________线表示。

12.14　图12-3中C-3宽为__________ mm，M-2宽为__________ mm。

12.15　图12-2中承重外墙厚为__________ mm，加气混凝土砌块（砌筑的内横墙）厚为__________ mm。

12.16　图12-3中阳台挑出墙外__________ mm。

12.17　底层平面图12-2中C-2数量为__________樘。

12.18　平面图、剖面图、立面图在建筑工程图比例选用中常用（　　）。

A. 1:500 、1:200、1:100　　　　B. 1:1000、1:200 、1:50

C. 1:50、1:100、1:200　　　　D. 1:50、1:25 、1:10

12.19　楼梯详图一般包括__________、__________、__________。

12.20　识读图 B-27 的南立面图，回答：

（1）若按立面图两端的轴线编号标注，该南立面图可以称为__________立面图；

（2）阳台侧面装修做法：________________；

（3）立面图的外形轮廓线用__________线表示，室外地坪线用__________线表示；

（4）室外地坪标高为__________，女儿墙的压顶面处的标高为__________；

（5）房屋的总高度为__________ m。

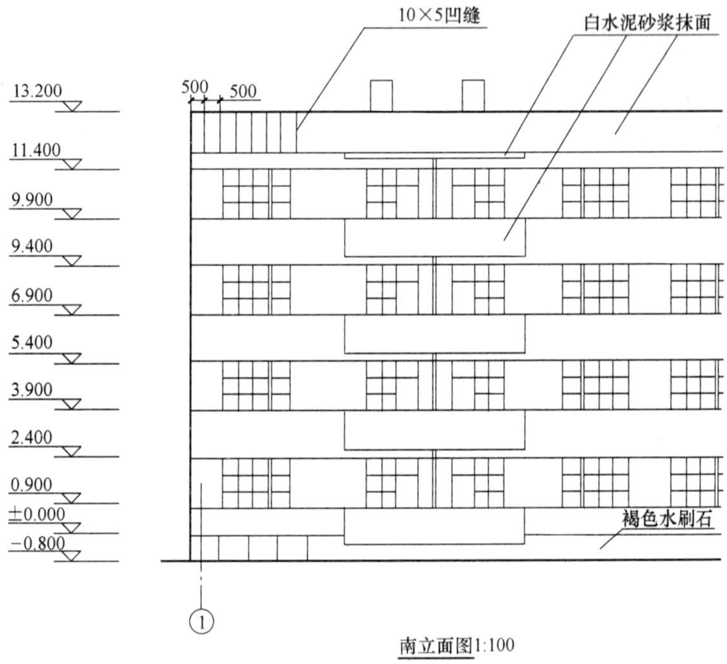

图　B-27

12.21　识读图 B-28 的剖面图，回答：

（1）室内外高差为__________ m；

（2）各层层高为__________ m；

（3）窗台距楼地面高度为__________ mm；

（4）窗高度为__________ mm；

（5）女儿墙高为__________ mm；

（6）涂黑部分建筑材料是__________；

（7）房屋共__________层。

12.22　识读图 12-11 楼梯平面图，回答：

（1）楼梯间开间为__________ mm，进深为__________ mm；

（2）梯井宽为__________ mm，平台深度为__________ mm；

（3）每个踏步踏面宽为__________ mm；

（4）底层平面图中“上 20”表示__________；

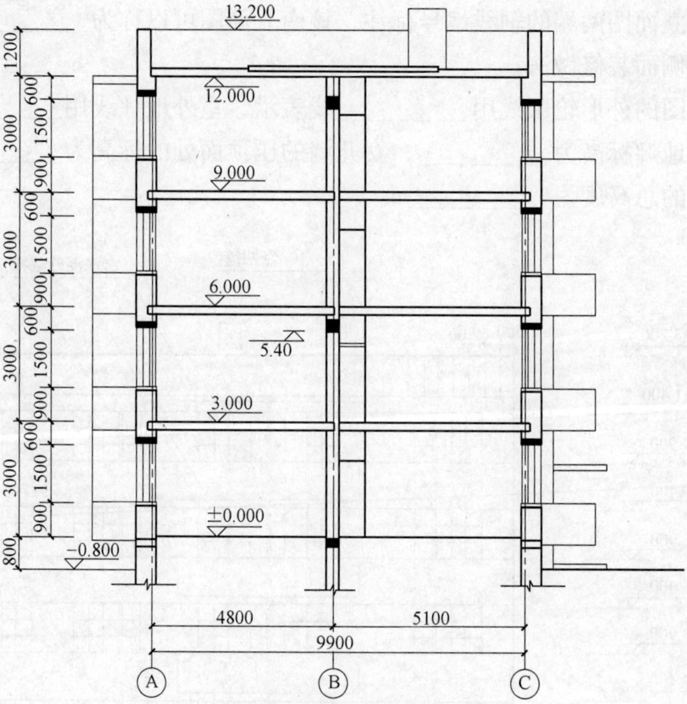

2—2剖面图 1:100

图 B-28

(5) 底层平面图中标高“-0.700”表示________。

[是非题]

12.23 一套完整的房屋施工图，按其内容和作用可以分为三大类：建筑施工图、结构施工图、设备施工图。 (   )

12.24 比值大于1的比例称之为放大比例，比值小于1的比例称之为缩小比例。 (   )

12.25 断面的剖切符号用粗实线表示，且仅用投射方向线而不用剖切位置线。 (   )

12.26 平面图、剖面图、立面图常用比例有1:500、1:1000、1:2000。 (   )

12.27 建筑总平面图是一个建设项目的总体布局示意，其表示新建房屋的平面布置、具体位置以及周边情况。 (   )

12.28 在建筑总平面图图例中，原有的建筑物用细实线表示，计划扩建的预留地或建筑物用中实虚线表示，拆除的建筑物用粗实线表示。 (   )

12.29 在建筑配件图例中，门的代号为m表示，窗用C来表示。 (   )

12.30 在总平面图中，一般根据原有建筑物或道路来定位新建房屋的平面位置，也可以用坐标来定位。 (   )

12.31　建筑平面图是用一水平剖面将房屋门窗洞口剖开，移去上部分，剖面以下部分的水平投影图。（　　）

12.32　用来表示建筑物主要结构或构件位置的单点长画线，叫做定位轴线。（　　）

12.33　对房屋的前后左右各个方向所作的正投影图，简称建筑立面图。（　　）

12.34　用于室内墙面装修施工和编制工程预算，且表示建筑物体型、外貌和室内装修要求的图样是立面图。（　　）

12.35　建筑剖面图简称剖面图，一般是指建筑物的垂直剖面图，且多为横向剖切形式。（　　）

12.36　剖视的剖切符号中一般剖切位置线的长度为 4～6mm。（　　）

12.37　剖视的剖切符号中一般投射方向线的长度为 6～10mm。（　　）

12.38　断面的剖切符号仅用投射方向线而不用剖切位置线。（　　）

12.39　对于图中需要另画详图表示的局部或构件，为了读图方便，应在图中的相应位置以索引符号标出。（　　）

12.40　施工图中的引出线用中实线表示。（　　）

12.41　施工图中的引出线由水平方向的直线或与水平方向成 30°、45°、60°、90°的直线或上述角度再折为水平线组成。（　　）

12.42　同时引出几个相同部分的引出线，引出线可互相平行，也可画成集中于一点。（　　）

12.43　多层构造或多层管道共用引出线，应通过被引出的各层。文字说明注写在水平线的上方或端部，说明的顺序由下而上，与被说明的层次一致。（　　）

12.44　施工图中的定位轴线用单点长画线表示。（　　）

12.45　轴线的编号写在轴线端部的圆内。（　　）

12.46　标注坡度时，应加注坡度符号“→”。（　　）

12.47　一个详图适用于几根轴线时，应同时注明各有关轴线的编号。（　　）

12.48　总平面图室外地坪标高符号，宜用途黑的三角形表示。（　　）

12.49　标高数字应以 mm 为单位，注写到小数点以后第三位。（　　）

12.50　［**实训课题**］对照附录 A，完成以下内容（或找一套完整的建筑施工图，现场教学。根据不同的专业要求，可有重点地自行选择实训内容要求）。

1. 在总平面图上找出新建建筑物的绝对标高是多少，新建建筑的图例、原有建筑物的图例分别是什么？

____

____。

2. 图中房屋总宽度 、总高度、总长度是多少？

____

____。

3. 统计图中门窗数量，并与门窗表中的数据比较，是否相符。

____

____。

4. 对照平面图和剖面图找出图中被剖切到的墙（柱）。

5. 根据图中外墙厚，加气混凝土砌块（砌筑的内横墙）的厚度，计算墙体的体积。

____

____。

6. 计算教室的使用面积，卫生间的平面尺寸。

____

____。

7. 底层平面图中室内外高差是多少？

____。

8. 找出平面图、剖面图、立面图的比例并对照其轴线位置是否一致。

____。

9. 识读立面图，找出立面图两端的轴线编号标注是什么？

____。

10. 立面图的墙面外装修材料都有哪些？

____

____。

11. 各层层高为多少 m？窗高度、女儿墙高为多少 mm？

____。

12. 房屋共几层？

____。

13. 对照楼梯详图指出楼梯的形式、每层踏步数及踏步尺寸，以及楼梯间开间与进深为多少 mm？

____。

14. 叙述楼地面做法及屋面做法。

____

____。

15．计算建筑占地面积及建筑面积，并与建筑说明中的数据比较。

____

____。